清华大学优秀博士学位论文丛书

铝合金结构环槽铆钉连接及梁柱节点受力机理与设计方法

王中兴（Wang Zhongxing）著

Mechanism and Design of Swage-Locking Pinned Connections and Beam-to-Column Joints in Aluminium Alloy Structures

清华大学出版社
北 京

内 容 简 介

铝合金材料的比强度高、耐腐蚀性能优良，近年来在建筑结构中发展迅速且前景广阔。铝合金目前主要应用于大跨空间和桥梁结构，但由于缺乏合理可靠的梁柱连接形式及相关研究，在框架结构中的应用还十分有限。结构常用的铝合金材料可焊性差，所以紧固件连接自然成为其最佳选择。本书结合力学性能优异的新型紧固件“环槽铆钉”，提出了可有效连接铝合金结构构件的节点形式，并以此为聚焦，开展了试验、数值与理论相结合的系统性深入研究，希望为广大学者与工程师提供有益参考。

图书在版编目(CIP)数据

铝合金结构环槽铆钉连接及梁柱节点受力机理与设计方法/王中兴著. —北京：清华大学出版社，2022.3

(清华大学优秀博士学位论文丛书)

ISBN 978-7-302-59717-9

Ⅰ. ①铝…　Ⅱ. ①王…　Ⅲ. ①铝合金－轻金属结构－结构设计－研究　Ⅳ. ①TU395

中国版本图书馆 CIP 数据核字(2021)第 276767 号

责任编辑：戚　亚
封面设计：傅瑞学
责任校对：王淑云
责任印制：丛怀宇

出版发行：清华大学出版社
网　　址：http://www.tup.com.cn，http://www.wqbook.com
地　　址：北京清华大学学研大厦 A 座　　邮　　编：100084
社 总 机：010-83470000　　邮　　购：010-62786544
投稿与读者服务：010-62776969，c-service@tup.tsinghua.edu.cn
质量反馈：010-62772015，zhiliang@tup.tsinghua.edu.cn
印 装 者：三河市铭诚印务有限公司
经　　销：全国新华书店
开　　本：155mm×235mm　　**印　　张**：21.75　　**字　　数**：366 千字
版　　次：2022 年 4 月第 1 版　　**印　　次**：2022 年 4 月第 1 次印刷
定　　价：149.00 元

产品编号：092585-01

一流博士生教育
体现一流大学人才培养的高度(代丛书序)[①]

人才培养是大学的根本任务。只有培养出一流人才的高校,才能够成为世界一流大学。本科教育是培养一流人才最重要的基础,是一流大学的底色,体现了学校的传统和特色。博士生教育是学历教育的最高层次,体现出一所大学人才培养的高度,代表着一个国家的人才培养水平。清华大学正在全面推进综合改革,深化教育教学改革,探索建立完善的博士生选拔培养机制,不断提升博士生培养质量。

学术精神的培养是博士生教育的根本

学术精神是大学精神的重要组成部分,是学者与学术群体在学术活动中坚守的价值准则。大学对学术精神的追求,反映了一所大学对学术的重视、对真理的热爱和对功利性目标的摒弃。博士生教育要培养有志于追求学术的人,其根本在于学术精神的培养。

无论古今中外,博士这一称号都和学问、学术紧密联系在一起,和知识探索密切相关。我国的博士一词起源于2000多年前的战国时期,是一种学官名。博士任职者负责保管文献档案、编撰著述,须知识渊博并负有传授学问的职责。东汉学者应劭在《汉官仪》中写道:“博者,通博古今;士者,辩于然否。”后来,人们逐渐把精通某种职业的专门人才称为博士。博士作为一种学位,最早产生于12世纪,最初它是加入教师行会的一种资格证书。19世纪初,德国柏林大学成立,其哲学院取代了以往神学院在大学中的地位,在大学发展的历史上首次产生了由哲学院授予的哲学博士学位,并赋予了哲学博士深层次的教育内涵,即推崇学术自由、创造新知识。哲学博士的设立标志着现代博士生教育的开端,博士则被定义为独立从事学术研究、具备创造新知识能力的人,是学术精神的传承者和光大者。

---

① 本文首发于《光明日报》,2017年12月5日。

博士生学习期间是培养学术精神最重要的阶段。博士生需要接受严谨的学术训练，开展深入的学术研究，并通过发表学术论文、参与学术活动及博士论文答辩等环节，证明自身的学术能力。更重要的是，博士生要培养学术志趣，把对学术的热爱融入生命之中，把捍卫真理作为毕生的追求。博士生更要学会如何面对干扰和诱惑，远离功利，保持安静、从容的心态。学术精神，特别是其中所蕴含的科学理性精神、学术奉献精神，不仅对博士生未来的学术事业至关重要，对博士生一生的发展都大有裨益。

独创性和批判性思维是博士生最重要的素质

博士生需要具备很多素质，包括逻辑推理、言语表达、沟通协作等，但是最重要的素质是独创性和批判性思维。

学术重视传承，但更看重突破和创新。博士生作为学术事业的后备力量，要立志于追求独创性。独创意味着独立和创造，没有独立精神，往往很难产生创造性的成果。1929 年 6 月 3 日，在清华大学国学院导师王国维逝世二周年之际，国学院师生为纪念这位杰出的学者，募款修造“海宁王静安先生纪念碑”，同为国学院导师的陈寅恪先生撰写了碑铭，其中写道：“先生之著述，或有时而不章；先生之学说，或有时而可商；惟此独立之精神，自由之思想，历千万祀，与天壤而同久，共三光而永光。”这是对于一位学者的极高评价。中国著名的史学家、文学家司马迁所讲的“究天人之际，通古今之变，成一家之言”也是强调要在古今贯通中形成自己独立的见解，并努力达到新的高度。博士生应该以“独立之精神、自由之思想”来要求自己，不断创造新的学术成果。

诺贝尔物理学奖获得者杨振宁先生曾在 20 世纪 80 年代初对到访纽约州立大学石溪分校的 90 多名中国学生、学者提出：“独创性是科学工作者最重要的素质。”杨先生主张做研究的人一定要有独创的精神、独到的见解和独立研究的能力。在科技如此发达的今天，学术上的独创性变得越来越难，也愈加珍贵和重要。博士生要树立敢为天下先的志向，在独创性上下功夫，勇于挑战最前沿的科学问题。

批判性思维是一种遵循逻辑规则、不断质疑和反省的思维方式，具有批判性思维的人勇于挑战自己，敢于挑战权威。批判性思维的缺乏往往被认为是中国学生特有的弱项，也是我们在博士生培养方面存在的一个普遍问题。2001 年，美国卡内基基金会开展了一项“卡内基博士生教育创新计划”，针对博士生教育进行调研，并发布了研究报告。该报告指出：在美国和欧洲,培养学生保持批判而质疑的眼光看待自己、同行和导师的观点同样非常不容易,批判性思维的培养必须成为博士生培养项目的组成部分。

对于博士生而言,批判性思维的养成要从如何面对权威开始。为了鼓励学生质疑学术权威、挑战现有学术范式,培养学生的挑战精神和创新能力,清华大学在2013年发起"巅峰对话",由学生自主邀请各学科领域具有国际影响力的学术大师与清华学生同台对话。该活动迄今已经举办了21期,先后邀请17位诺贝尔奖、3位图灵奖、1位菲尔兹奖获得者参与对话。诺贝尔化学奖得主巴里·夏普莱斯(Barry Sharpless)在2013年11月来清华参加"巅峰对话"时,对于清华学生的质疑精神印象深刻。他在接受媒体采访时谈道:"清华的学生无所畏惧,请原谅我的措辞,但他们真的很有胆量。"这是我听到的对清华学生的最高评价,博士生就应该具备这样的勇气和能力。培养批判性思维更难的一层是要有勇气不断否定自己,有一种不断超越自己的精神。爱因斯坦说:"在真理的认识方面,任何以权威自居的人,必将在上帝的嬉笑中垮台。"这句名言应该成为每一位从事学术研究的博士生的箴言。

提高博士生培养质量有赖于构建全方位的博士生教育体系

一流的博士生教育要有一流的教育理念,需要构建全方位的教育体系,把教育理念落实到博士生培养的各个环节中。

在博士生选拔方面,不能简单按考分录取,而是要侧重评价学术志趣和创新潜力。知识结构固然重要,但学术志趣和创新潜力更关键,考分不能完全反映学生的学术潜质。清华大学在经过多年试点探索的基础上,于2016年开始全面实行博士生招生"申请-审核"制,从原来的按照考试分数招收博士生,转变为按科研创新能力、专业学术潜质招收,并给予院系、学科、导师更大的自主权。《清华大学"申请-审核"制实施办法》明晰了导师和院系在考核、遴选和推荐上的权力和职责,同时确定了规范的流程及监管要求。

在博士生指导教师资格确认方面,不能论资排辈,要更看重教师的学术活力及研究工作的前沿性。博士生教育质量的提升关键在于教师,要让更多、更优秀的教师参与到博士生教育中来。清华大学从2009年开始探索将博士生导师评定权下放到各学位评定分委员会,允许评聘一部分优秀副教授担任博士生导师。近年来,学校在推进教师人事制度改革过程中,明确教研系列助理教授可以独立指导博士生,让富有创造活力的青年教师指导优秀的青年学生,师生相互促进、共同成长。

在促进博士生交流方面，要努力突破学科领域的界限，注重搭建跨学科的平台。跨学科交流是激发博士生学术创造力的重要途径，博士生要努力提升在交叉学科领域开展科研工作的能力。清华大学于2014年创办了"微沙龙"平台，同学们可以通过微信平台随时发布学术话题，寻觅学术伙伴。3年来，博士生参与和发起"微沙龙"12 000多场，参与博士生达38 000多人次。"微沙龙"促进了不同学科学生之间的思想碰撞，激发了同学们的学术志趣。清华于2002年创办了博士生论坛，论坛由同学自己组织，师生共同参与。博士生论坛持续举办了500期，开展了18 000多场学术报告，切实起到了师生互动、教学相长、学科交融、促进交流的作用。学校积极资助博士生到世界一流大学开展交流与合作研究，超过60%的博士生有海外访学经历。清华于2011年设立了发展中国家博士生项目，鼓励学生到发展中国家亲身体验和调研，在全球化背景下研究发展中国家的各类问题。

在博士学位评定方面，权力要进一步下放，学术判断应该由各领域的学者来负责。院系二级学术单位应该在评定博士论文水平上拥有更多的权力，也应担负更多的责任。清华大学从2015年开始把学位论文的评审职责授权给各学位评定分委员会，学位论文质量和学位评审过程主要由各学位分委员会进行把关，校学位委员会负责学位管理整体工作，负责制度建设和争议事项处理。

全面提高人才培养能力是建设世界一流大学的核心。博士生培养质量的提升是大学办学质量提升的重要标志。我们要高度重视、充分发挥博士生教育的战略性、引领性作用，面向世界、勇于进取，树立自信、保持特色，不断推动一流大学的人才培养迈向新的高度。

邱勇

清华大学校长

2017年12月5日

丛书序二

以学术型人才培养为主的博士生教育，肩负着培养具有国际竞争力的高层次学术创新人才的重任，是国家发展战略的重要组成部分，是清华大学人才培养的重中之重。

作为首批设立研究生院的高校，清华大学自20世纪80年代初开始，立足国家和社会需要，结合校内实际情况，不断推动博士生教育改革。为了提供适宜博士生成长的学术环境，我校一方面不断地营造浓厚的学术氛围，一方面大力推动培养模式创新探索。我校从多年前就已开始运行一系列博士生培养专项基金和特色项目，激励博士生潜心学术、锐意创新，拓宽博士生的国际视野，倡导跨学科研究与交流，不断提升博士生培养质量。

博士生是最具创造力的学术研究新生力量，思维活跃，求真求实。他们在导师的指导下进入本领域研究前沿，吸取本领域最新的研究成果，拓宽人类的认知边界，不断取得创新性成果。这套优秀博士学位论文丛书，不仅是我校博士生研究工作前沿成果的体现，也是我校博士生学术精神传承和光大的体现。

这套丛书的每一篇论文均来自学校新近每年评选的校级优秀博士学位论文。为了鼓励创新，激励优秀的博士生脱颖而出，同时激励导师悉心指导，我校评选校级优秀博士学位论文已有20多年。评选出的优秀博士学位论文代表了我校各学科最优秀的博士学位论文的水平。为了传播优秀的博士学位论文成果，更好地推动学术交流与学科建设，促进博士生未来发展和成长，清华大学研究生院与清华大学出版社合作出版这些优秀的博士学位论文。

感谢清华大学出版社，悉心地为每位作者提供专业、细致的写作和出版指导，使这些博士论文以专著方式呈现在读者面前，促进了这些最新的优秀研究成果的快速广泛传播。相信本套丛书的出版可以为国内外各相关领域或交叉领域的在读研究生和科研人员提供有益的参考，为相关学科领域的发展和优秀科研成果的转化起到积极的推动作用。

感谢丛书作者的导师们。这些优秀的博士学位论文，从选题、研究到成文，离不开导师的精心指导。我校优秀的师生导学传统，成就了一项项优秀的研究成果，成就了一大批青年学者，也成就了清华的学术研究。感谢导师们为每篇论文精心撰写序言，帮助读者更好地理解论文。

感谢丛书的作者们。他们优秀的学术成果，连同鲜活的思想、创新的精神、严谨的学风，都为致力于学术研究的后来者树立了榜样。他们本着精益求精的精神，对论文进行了细致的修改完善，使之在具备科学性、前沿性的同时，更具系统性和可读性。

这套丛书涵盖清华众多学科，从论文的选题能够感受到作者们积极参与国家重大战略、社会发展问题、新兴产业创新等的研究热情，能够感受到作者们的国际视野和人文情怀。相信这些年轻作者们勇于承担学术创新重任的社会责任感能够感染和带动越来越多的博士生，将论文书写在祖国的大地上。

祝愿丛书的作者们、读者们和所有从事学术研究的同行们在未来的道路上坚持梦想，百折不挠！在服务国家、奉献社会和造福人类的事业中不断创新，做新时代的引领者。

相信每一位读者在阅读这一本本学术著作的时候，在吸取学术创新成果、享受学术之美的同时，能够将其中所蕴含的科学理性精神和学术奉献精神传播和发扬出去。

清华大学研究生院院长

2018年1月5日

导师序言

随着我国国民经济的发展和工程建设水平的提升，人们对轻质高强且绿色、耐久的建筑结构产生了越来越强烈的需求。铝合金作为一种比强度高、耐腐蚀性能优良、易于挤压成型且外形美观的金属材料，非常符合使用者和设计者的这一期待，且已广泛应用于大跨空间结构、桥梁、偏远地区的结构以及可移动结构中。由于铝合金轻质便携且易于快速拼装，若将此类结构应用于防疫、救灾乃至国防领域，其独特的优势将得以发挥。中国香港特区政府在新冠疫情期间就为隔离迅速增加的感染者修建了铝合金隔离设施。截至目前，世界铝合金产量的25%被用于建筑结构，且这一比例还在提高。由于冶炼技术的改进，电解铝的能耗自1995年至今已降低了75%；同时，结构用铝能实现100%可回收，所以铝合金也被称为“绿色金属”。因此，大力发展铝合金结构十分契合“十四五”规划纲要中对绿色建筑的发展倡议。

铝合金虽有诸多优势，但其可焊性差，在钢结构中最普遍使用的焊接工艺很难应用于铝合金结构，从而导致其连接和节点的构造形式，以及力学性能面临挑战。若不能很好地解决这一问题，铝合金框架、门式刚架和桥梁等结构的发展将被大大限制。王中兴博士正是聚焦于该问题，在本书中提出了以新型紧固件不锈钢环槽铆钉作为连接铝合金构件的元件，解决了铝合金结构板件和构件有效连接的问题。考虑到铝合金结构环槽铆钉连接的特殊性，本书还提出了一系列有针对性、有创造性的新构造与新节点形式，并且被我国新版《铝合金结构技术标准》采纳。然而，新的结构形式必定伴随着新的工作机理和新的结构力学性能，王中兴博士通过试验、数值与理论分析相结合的手段，在本书中系统性地揭示了新型紧固件不锈钢环槽铆钉、铝合金结构环槽铆钉受剪和T形连接以及环槽铆钉连接的铝合金梁柱节点的受力机理，并以此为基础提出了相应的设计方法。

本书提出的环槽铆钉简化数值模型及推导方法、环槽铆钉受剪和T形连接设计理论以及环槽铆钉连接的铝合金梁柱节点设计方法在原理和理论上具有创新性，同时也为实际工程和我国多本标准性文件提供了重要的参考和理论依据。本书获得了2020年清华大学优秀博士学位论文奖励，而且作者本人也被授予了当年的优秀博士毕业生称号。王中兴博士所取得的成果还在 *Journal of Structural Engineering*，ASCE 及 *Engineering Structures* 等结构工程权威期刊上发表，得到了学术同行的高度认可。

本书所述问题属于铝合金结构领域的前沿，并且与工程实际紧密联系，内容系统性强，逻辑连贯、步步深入，希望为从事铝合金乃至金属结构的学术与工业界同行提供有价值的参考，带来启发！

王元清

清华大学土木工程系教授

2021年7月20日

摘　要

铝合金结构比强度高、耐腐蚀性能优良，近年来在建筑结构中发展迅速且前景广阔。铝合金目前主要应用于大跨空间和桥梁结构，但由于缺乏合理可靠的梁柱连接形式及相关研究，在框架结构中的应用还十分有限。建筑结构常用的铝合金材料可焊性差，所以紧固件连接自然成为铝合金结构的最佳选择。本书结合力学性能优异的新型紧固件环槽铆钉，提出了可有效连接铝合金结构构件的节点形式，并紧密围绕铝合金结构环槽铆钉连接与梁柱节点开展了系统性的深入研究；全书的研究对象包含紧固件→连接件→节点三个层次，步步深入地利用试验、数值及理论分析等手段开展了以下主要工作：

(1) 通过试验研究获取了环槽铆钉的预紧力数值及其损失情况，并开展了44个铆钉在不同受力状态下的承载能力测试。建立了环槽铆钉精细化有限元模型和计算效率更高的简化模型，并从数值结果中提取铆钉拉脱过程的特征信息从而对拉脱机理进行揭示，进而推导了拉脱力公式。提出了环槽铆钉承载力设计方法并通过试验与数值结果验证了其准确性。

(2) 开展了23个受剪连接拉伸试验，其中包括3种环槽铆钉布置形式，并考虑了铝合金牌号，铆钉端距、边距和中距对试件受力性能的影响。试验中还测试了4种牌号铝合金板件的材料力学性能和抗滑移系数。以试验为基础，验证了所建立的有限元模型并开发自动计算程序、开展了930个参数分析。在厘清受力机理后，提出了受剪连接设计方法。

(3) 开展了30个环槽铆钉T形连接受拉试验，并基于试验进行了系统性的有限元分析与受力机理研究。在理论和有限元参数分析的支撑下，提出了基于连续强度方法(CSM)考虑铝合金材料非线性特性及考虑铆钉受弯的T形连接设计方法，将设计结果与312个数据点进行对比，验证了其合理性。

(4) 提出了两种环槽铆钉连接的铝合金梁柱节点形式并开展了10个足尺节点的单调加载试验和4个循环加载试验，对节点的承载性能及破坏模式、延性与耗能能力深入分析。建立并验证了相应的有限元模型。

(5) 以上述研究为基础并结合组件法，提出了适用于此类节点的设计方法，包括：初始刚度、承载能力、弯矩-转角全曲线、构造建议及滞回模型。所提出的方法将为我国设计使用环槽铆钉连接的铝合金梁柱节点提供依据。

本书获得国家自然科学基金项目(51878377)资助。

关键词：铝合金结构；环槽铆钉连接；梁柱节点；受力机理；设计方法

Abstract

Due to the sound structural characteristics such as high strength-to-weight ratio and good corrosion resistance of aluminium alloy structures, their applications in construction have been significantly increased over the past few years and the prospect is promising. Currently, aluminium alloys have been mainly applied in large span spacial structures and bridges. However, owing to the lack of proper and reliable types of connections between the beam and column as well as the relevant research, the application of aluminium alloy in frame structures is limited. The commonly used aluminiuim alloy in construction has poor weldability, hence the fastener connected joints become a better alternative. The present book proposed appropriate types of connections which can effectively join aluminium alloy structural members. A systematic and thorough investigation into the behaviour of swage-locking pinned aluminium alloy connections and beam-to-column joints have been carried out. The research topic of the current thesis includes three levels starting from the fastener level moving towards more complicated connection level and joint level. By means of experimental investigation, numerical simulation and theoretical analysis, the following aspects are well addressed:

(1) Experiments were conducted to obtain the preloads and relaxation behaviour of the swage-locking pins. Following this, a total of 44 tests on the load-carrying capacities of the pins were performed under different loading conditions. Refined finite element (FE) models as well as simplified, yet more efficient, FE models were developed on the basis of corresponding experiments and the key characteristic information was extracted from the model to clarify the inherent mechanism. Upon this, pull-out resistance formulae of the swage-locking pins were derived. A design method to determine the resistance of swage-locking pin was

proposed underpinned by both experimental and numerical results.

(2) A total of 23 tests on swage-locking pinned aluminium alloy shear connections with different alloy grades and various geometric variables, including end distances, edge distances and pin spacings, were carried out. The material properties and slip coefficients of the aluminium alloy plates were also measured. Based on the experimental investigation, FE models were validated and utilized to carry out 930 parametric studies conducted by using advanced programming tools to interact with the FE analysis. Following the clarification of the mechanical mechanism of the shear connections, a reliable design method was proposed.

(3) 30 experiments were performed on the swage-locking pin connected aluminium alloy T-stubs and the corresponding FE analyses as well as the mechanism studies were systematically carried out. Based on the theoretical analyses and the large amount of structural performance data generated by tests and FE models, a proper design method considering the non-linear material characteristics of aluminium alloys by the CSM and the bending effect of swage-locking pins was proposed. The method was validated based upon 312 experimentally and numerically obtained data points.

(4) Two new types of aluminium alloy beam-to-column joints connected by swage-locking pins were proposed. 10 monotonic and 4 cyclic tests on the proposed types of joints were conducted to investigate the load-carrying behaviour, failure modes, ductility and energy dissipation capacity. The corresponding FE models were developed and validated.

(5) Based on the aforementioned research results and the component method, design methods for swage-locking pin connected aluminium alloy beam-to-column joints were proposed, including: the initial rotational stiffness, the load-carrying capacity, the whole moment-rotation curve, construction requirements and the hysteresis model. The suggested design methods provide scientific basis for the use and design of swage-locking pinned aluminium alloy beam-to-column joints in China.

The present thesis is supported by the National Natural Science Foundation of China (51878377).

Keywords: aluminium alloy structure; swage-locking pinned connection; beam-to-column joint; mechanical mechanism; design method

目录

Contents

第1章 引言

1.1 选题的背景及意义

钢材以其良好的材料力学性能在最近几十年越来越普遍地应用于建筑结构当中[1-4]。而正是广泛的实际工程应用逐渐暴露出钢结构自身所存在的一些缺陷，其中关键的一点就是其耐腐蚀性较差。针对这一问题，目前主要有两种解决思路：第一是在钢结构本身的基础上提升其抗腐蚀能力，具体措施包括喷涂涂料、增加镀层和阴极保护等[5]；而第二种是从根本上消除腐蚀，即换用耐腐蚀的建筑材料。在耐腐结构材料中，使用较广的是不锈钢和铝合金，而铝合金以相对较低的造价更广泛地应用于桥梁与大跨结构当中，图1.1展示了建成于1950年的北美第一座全铝合金公路桥和建成于1957年的洛克菲勒大学铝合金穹顶礼堂。这两个结构是世界范围内较早的铝合金工程案例且目前均在正常服役中[6-7]，进一步证明了铝合金作为结构材料良好的耐久性和工作性能。且从2016年起，高强铝合金（名义屈服强度超过500 MPa）的研究和工程应用逐渐兴起[8-9]，它的出现补足了结构用铝合金强度不够高的性能短板，使其在强度上甚至可与高强钢及双相型不锈钢匹敌。同时，铝是地壳中最丰富的金属元素，随着冶炼技术的成熟，造价日趋降低。目前我国用于建筑结构的铝合金占到总产量的30%左右，且这一比例还在不断增长[10]。由此可见，进一步发展铝合金结构的基础条件较为成熟，铝合金在结构工程中的应用前景广阔。

Mazzolani在2006年总结了一百多年来铝合金结构发展的特点[11]，他发现铝合金主要应用在三种结构类型中，包括桥梁结构、空间网格结构和偏远地区的拼装结构（如输电塔等）。直至今日，铝合金在结构工程中最主要的应用仍未超出上述范围。然而，铝合金作为一种轻质高强并拥有优良力学性能的金属材料，适合应用于使用更为普遍、量大面广的框架结构当中。且铝合金的比强度（强度与密度之比）高于钢材[12]，相同情况下结构自重更轻、震害下框架所受地震力更小。同时，铝合金适合快速拼装[11]，可用于有

(a) (b)

图 1.1 仍服役中的铝合金结构早期工程

(a) 萨格奈河公路桥(1950，加拿大)[6]；(b) 洛克菲勒大学礼堂(1957，美国)[7]

快速施工要求的框架结构当中，在救灾、抗疫甚至国防建设[13]等特殊场景中可发挥其独特优势；在国家大力提倡装配式结构的今天[14]，它也符合建筑工业化的发展大势。与本书观点不谋而合，铝合金结构领域的重要学者 De Matteis 也建议将铝合金应用于框架结构当中并开展相关的研究[15]。

然而，目前使用铝合金框架的实际工程十分有限，直到 2005 年全欧洲才建成了第一座铝合金框架结构[16]，该结构建于希腊的高烈度地震区，为两层民用建筑，这也是世界范围内有文献记录的第一座铝合金承重框架。经过分析与总结发现，铝合金框架应用进展缓慢主要是由于梁柱之间还没有合理的连接形式以及对铝合金结构连接与节点的研究十分有限。铝合金材料的可焊性较差，结构中常用的铝合金在焊接热影响区材料强度的折减高达 50%[17]；而使用钢螺栓进行连接易产生锈蚀问题[18]、使用不锈钢螺栓易产生严重的螺纹咬死问题[19-20]，所以直到现在，也很少有得到广泛认可的铝合金梁柱节点连接方式。若不解决框架节点的连接问题并进行相关研究，限制铝合金框架使用的桎梏将难以突破，那些已开展的大量与框架结构构件(如受压、受弯及压弯构件等)相关的研究也很难发挥其应有的作用。

基于上述背景，为实现铝合金框架中构件合理有效的连接，本书采纳力学性能优良并已在铝合金空间结构中使用的新型紧固件——环槽铆钉作为基本连接方式，围绕铝合金结构连接与节点的承载性能开展了系统性研究，综合了试验研究、数值模拟和理论推导等多种研究手段，深入分析了所研究对象的受力机理并以设计方法的形式凝练总结了研究成果，对当下的研究与设计工作具有十分重要的意义：

（1）环槽铆钉作为一种新兴的结构紧固件，虽已有工程应用，但相关研究还远远不足，且尚没有规定其承载性能的设计标准。本书开展的关于环槽铆钉力学性能的研究工作可为该种紧固件所连接结构的设计与研究提供关键依据，并为相关标准的制订提供参考。

（2）目前铝合金结构受剪与T形连接的设计标准基本照搬了钢结构螺栓连接的设计条文，而在实际中铝合金表现出明显异于钢材的应力应变特征，环槽铆钉在其中也表现出与螺栓不同的力学行为，两重效应共同导致本书所研究连接的力学性能与受力机理有所不同。本书开展的铝合金结构环槽铆钉连接相关研究为有关条文的修正与完善提供了科学依据，并为合理设计铝合金梁柱节点提供了关键支撑。

（3）本书提出了可合理有效连接铝合金框架构件的梁柱节点形式，为实现工程目标提供了可能；进而围绕所提出的节点开展了系统性的承载性能研究，为实现设计目标提供了依据。

（4）对本课题的研究正值我国修订《铝合金结构设计规范》和编撰《工业建筑抗震设计标准》（此标准将给出铝合金工业厂房与低层框架的设计规定）之际，本书的研究成果将为这两部规范性文件提供基础数据支撑和科学理论依据。同时，本书的研究工作完善了铝合金结构设计理论、推广了铝合金的工程应用，对助推铝合金行业的发展和产业的升级有重要的现实意义。

1.2　铝合金结构的特点和工程应用

1.2.1　铝合金结构的特点

铝合金结构的特点主要由其材料的特点决定。从1827年德国青年化学家维勒第一次制得纯铝[21]，到1884年人类第一次将铝合金用于建筑结构，再到已有铝合金种类超过400种[22]的今天，铝合金在其100多年的应用历史里表现出诸多适用于建筑结构的优势：

（1）自重轻、比强度高。铝合金的密度为钢的三分之一，普通结构用铝合金的名义屈服强度与Q235钢材接近，因此在实现相同设计目标的前提下，使用铝合金更节省材料。而且随着冶炼工艺的发展，屈服强度超过500 MPa的高强铝合金逐渐兴起[8-9]，进一步丰富了铝合金在结构工程中的应用场景。

（2）便于运输、适合快速拼装。这是铝合金结构自重轻的衍生优势，使其适用于偏远地区结构，并可应用在抗震救灾乃至军事行动[23]等特殊场合。

（3）优秀的耐腐蚀性能。铝虽然是活泼金属，但铝与空气中的氧气发生化学反应可在金属表面生成致密的氧化膜从而阻止金属的进一步锈蚀。此特点对结构工程至关重要,它避免了繁重的后期养护维修工作、降低了全寿命周期成本。同时良好的防腐性能使铝合金成为近海结构及潮湿环境结构(如游泳馆顶棚)中最受欢迎的结构材料之一。

(4) 易于挤压成型。这是铝合金区别于大部分结构材料的特点。挤压过程是指铝合金坯料在强大压力作用下通过开孔的模具而产生塑性变形,从而获得理想截面形状的过程。这使铝合金结构无须焊接也可得到形状复杂的截面,极大地丰富了实际工程对截面的选择。

(5) 外形优雅、色泽美观。铝合金天然地具有银白色金属光泽,在作为结构材料的同时起到装饰的作用,通过本书所有实际铝合金结构的照片可印证此特点,而且它还可以通过进一步电解着色或阳极氧化[12]实现更精美的视觉效果。

(6) 无磁性。铝合金是无磁性金属,这在有无磁要求的特殊建筑结构中有着无可替代的优势,最典型的工程案例就是北京航天实验中心的零磁实验室[24]。

(7) 低温下优良的力学性能。铝合金在低温下不发生冷脆,且低温强度、弹模相比常温有所提高[7]。

铝合金结构虽有以上优势,但也存在着两个缺点。第一是其弹性模量低,铝合金材料的弹模仅有钢材的三分之一左右,低弹模使铝合金构件在应力与钢构件相近时变形更大,进而带来更严重的失稳问题。第二是铝合金的可焊性差、焊接热影响区母材强度折减严重。这一问题催生了实际工程寻找合理可靠的紧固件来解决铝合金连接问题,这也是开展本研究的出发点之一。

铝合金除有以上特点外,其材料命名也自成体系,并不是像钢材一样以屈服点作为牌号的标识。铝合金按加工方式分为锻造铝合金与变形铝合金,结构用的铝合金均为后者,按照我国规范《变形铝及铝合金牌号表示方法》(GB/T 16474—2011)[25]的要求采用四位字符体系进行牌号的命名。其中牌号的第1位数字代表铝合金的组别,每组铝合金的主要合金元素总结于表1.1中,本书涉及的铝合金主要为6×××和7×××系列,其中7×××系列铝合金的强度更高。四位字符的第2位表示原始合金的改型情况,最后两位数字没有特殊意义。而铝合金常见的命名中除四位字符外还在最后附加两位状态代号,如6061-T6、7A04-T6等,其中T表示基础状态,6表示细分状态[26]。我国采取的命名方式符合铝合金国际牌号体系协议,与欧洲规范及美国规范中的命名方式一致[25]。

表 1.1　变形铝合金材料分组及其所含成分[25]

组别	所含成分
1×××	纯铝(铝含量不小于 99%)
2×××	以铜为主要合金元素
3×××	以锰为主要合金元素
4×××	以硅为主要合金元素
5×××	以镁为主要合金元素
6×××	以硅和镁为主要合金元素并以 Mg_2Si 相为强化相
7×××	以锌为主要合金元素
8×××	以其他合金为主要合金元素
9×××	备用合金组

1.2.2　铝合金结构的应用现状

铝合金在建筑领域最初是作为装饰与维护材料出现的，如铝合金幕墙与门窗等。随着冶金技术的发展，铝合金的力学性能得以改良而逐渐作为结构主体材料受到广泛应用。概括来说，根据以往的经验，铝合金在如下工程中可发挥其竞争优势[11]：①大跨屋面和空间网格结构；②处于腐蚀和潮湿环境中的结构，其中既包括工业与民用建筑也包括桥梁；③偏远地区的结构；④可移动式结构或有快速装配需求的结构。

铝合金自应用于建筑结构至今已有数以万计的实际工程建成使用，仅铝合金大跨空间结构在 10 年前就已建成超过 6000 座[27]。表 1.2 汇总了近二十年来国内外 10 个典型的铝合金结构案例，每个工程对应的照片列于图 1.2 中。

表 1.2　近 20 年铝合金结构典型工程案例

地区	工程名称	竣工年份	结构类型	所用材料
中国上海	拉斐尔云廊[28]	2020	大跨空间结构	6061-T6
英国布莱顿	i360 移动观光塔[29]	2016	塔桅结构	—
中国南京	牛首山佛顶宫穹顶[30]	2015	大跨空间结构	6061-T6
中国成都	现代五项中心游泳击剑馆[31]	2010	单层网壳	6061-T6
中国北京	西单铝合金人行天桥[32]	2008	桁架桥梁	6082-T6
中国上海	上海国际网球中心[33]	2006	单层柱面网架	6061-T6
荷兰海德尔	铝合金浮桥[34]	2003	浮桥	—
美国加州	亨利多利动物园穹顶[7]	2002	穹顶结构	—

续表

地区	工程名称	竣工年份	结构类型	所用材料
韩国首尔	Yong-San 火车站[35]	2001	穹顶结构	6061-T6
中国上海	上海植物园展览温室[33]	2001	桁架	6061-T6，5083-H321

(a) (b) (c) (d) (e) (f)

图 1.2 近 20 年铝合金结构典型工程案例

(a) 拉斐尔云廊[28]；(b) i360 移动观光塔[29]；(c) 牛首山佛顶宫穹顶[30]；(d) 现代五项中心游泳击剑馆[31]；(e) 西单铝合金人行天桥[32]；(f) 上海国际网球中心[33]；(g) 铝合金浮桥[34]；(h) 亨利多利动物园穹顶[7]；(i) Yong-San 火车站[35]；(j) 上海植物园展览温室[33]

(g) (h)

(i) (j)

图 1.2(续)

通过对铝合金实际工程案例的总结发现，虽然我国铝合金结构的研究与应用起步较晚，但近20年来发展迅猛，在工程体量规模及设计水平上接近甚至赶超欧美等发达国家。已于2020年竣工的上海拉斐尔云廊将成为世界最长的大跨铝合金屋盖[28]。除上述结构外，铝合金在近年来还广泛用于轻型篷房及展厅，如图1.3所示，在这些轻型可移动、拆卸的结构中，铝合金的受欢迎程度已超过钢结构。

(a) (b)

图 1.3 轻型可移动、拆卸的铝合金结构实例

(a) 铝合金篷房(2014，清华大学)；(b) 铝合金展厅外骨架(2019，帝国理工学院)

1.3　环槽铆钉的特点与应用

1.3.1　环槽铆钉的紧固原理与特点

环槽铆钉(swage-locking pin 或 lockbolt)是一种由铆钉杆与钉帽(也称“套环”)组成,在专用铆钉枪的挤压紧固下使钉帽发生塑性变形而与钉杆环槽紧密连接的新型紧固件。

环槽铆钉的起源可追溯至 20 世纪 40 年代,美国 Huck 公司为解决战斗机起降引发的航空母舰螺栓松动问题发明了环槽铆钉[36]。目前常用的环槽铆钉有三种类型,分别为拉断型、短尾型和单面连接型[37],如图 1.4 所示,本书所研究的铆钉类型均为拉断型,也是结构工程中最主要使用的类型。环槽铆钉命名中的“环槽”表示铆钉杆上一圈圈平行的环状沟槽,如图 1.5 所示,这也是铆钉杆与螺栓杆最大的不同,铆钉帽正是在紧固设备强大的压力作用下与环槽之间产生相互作用、发生永久变形而形成稳固的整体。环槽一般采用强度较高的不锈钢或合金钢[38],而且在几何形状上比一般的螺纹间距大、沟槽深,因此能提供较强的机械咬合力。

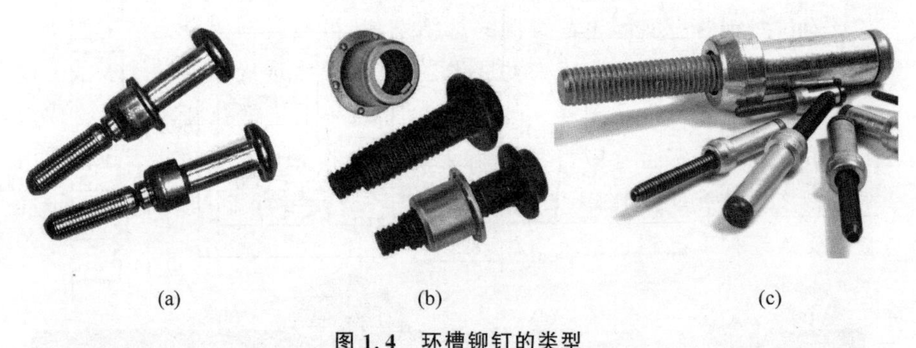

(a)　(b)　(c)

图 1.4　环槽铆钉的类型

(a) 拉断型; (b) 短尾型; (c) 单面连接型

本书所研究的拉断型环槽铆钉的一般紧固过程分为四步,如图 1.5 所示。第 1 步是将环槽铆钉杆穿过待连接板件上预留的铆钉孔,并将钉帽穿过钉杆。第 2 步是使用紧固设备(这里主要指如图 1.6 所示的气动液压或液压式铆钉枪[39])的枪口套住钉帽并用力下沉直至枪口与板件贴合。第 3 步是扣动紧固设备的开关,这时铆钉枪中的夹头套筒在压力的作用下向后拉动铆钉的尾部,同时枪口在反推力的作用下向前移动,进而枪口中的压模挤压钉帽而使其发生塑性变形。最后,当作用于钉杆尾部的拉力超过断颈槽截面的抗拉承载力时钉尾被拉断,钉帽材料也基本填满钉杆环槽。至此紧固过程结束。

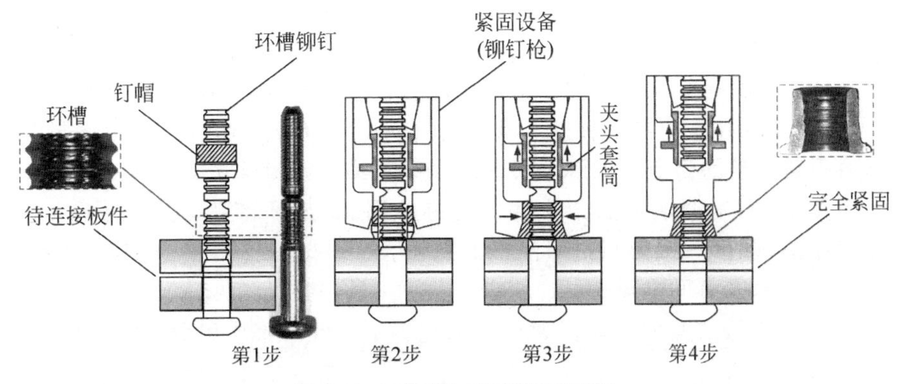

图 1.5 环槽铆钉及其紧固过程

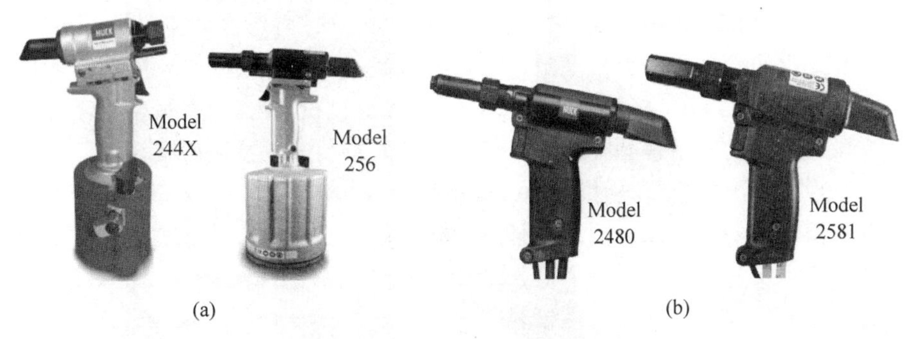

图 1.6 环槽铆钉的紧固设备[39]

(a) 气动液压式铆钉枪; (b) 液压式铆钉枪

相比于传统紧固件如螺栓或普通铆钉,环槽铆钉有以下的优点:

(1) 安装方便。环槽铆钉作为一种冷挤压的紧固件避免了传统热铆的加热过程,而且所需安装空间小[41],为施工带来很大的便利。相比于高强螺栓,环槽铆钉的紧固过程中无需使用扭矩扳手即可施加固定的预紧力值。

(2) 可快速连接。环槽铆钉的连接速度远高于螺栓,操作熟练的工人可在 5 s 内完成一颗铆钉的安装。这样一来,若环槽铆钉能与铝合金结构结合在一起,可进一步发挥铝合金结构快速装配的优势。

(3) 不发生咬扣。虽然环槽铆钉的钉杆和钉帽材料常选择不锈钢,但由前文所述的铆钉紧固原理可知,它不存在咬扣现象。

(4) 防松动、抗振性能优良。由于钉帽塑性流动后与钉杆环槽近乎形成协同工作的整体，因而在振动及往复荷载作用下拥有优异的工作性能。而且环槽铆钉的发明就是为了解决螺栓的松动问题，所以其具有较强的防松动能力。

(5) 疲劳寿命优异。此特点是环槽铆钉良好防松动性能的衍生优点。

当然，环槽铆钉本身也存在一些问题：首先，相比于螺栓来说，环槽铆钉的价格暂时偏高。其次，目前国内用于结构工程的环槽铆钉多为进口，市场上可购买的型号有限。截至本研究完成，实际工程特别是铝合金结构工程中使用的铆钉直径最大为 12.70 mm。但就在最近，我国已推动研制国产环槽铆钉[40]，若能将其成功应用，则有望一并解决上述两个限制环槽铆钉发展的问题。

值得注意的是，在受力特点上，环槽铆钉与螺栓最大的不同在于，当仅有轴向拉力作用时，环槽铆钉的破坏模式为钉帽拉脱，而不会发生钉杆拉断；因此会带来一系列由环槽铆钉连接的板件、节点及结构在受力性能上的不同。但目前各国和地区规范基本没有对环槽铆钉力学性能及其在连接与节点中的设计方法做出规定；我国在 2019 年颁布实施了《环槽铆钉连接副 技术条件》(GB/T 36993—2018)[42]，其中也没有相关的内容。现有规范在这方面的不足也是开展本书特别是第 2 章研究的意义所在。

现行美国铝合金设计手册(*Aluminum Design Manual* 2015)在分类上将环槽铆钉划为与螺栓同类(而非与传统铆钉同类)，从而为这一新型紧固件在工程定位问题上提供了启发。因此在本书后续研究涉及规范对比时，所参考的设计方法均是与螺栓相关的。

1.3.2　环槽铆钉的工程应用

环槽铆钉自发明以来在全球范围得到了广泛的应用，目前在以下领域使用较多[42]：①航空航天；②矿山机械：矿山振动筛中广泛使用了防松动性能优良的环槽铆钉作为紧固件；③车辆工程：环槽铆钉在铁路车辆、重型卡车及货运汽车中使用较多；④轨道交通：在铁轨组件的连接中常采用环槽铆钉以保证可靠的连接[43]。

而在结构工程中，环槽铆钉在应用的广度与深度上虽然均不及上述领域，但是近年来的发展速度呈上升态势，其目前有两个主要的应用场景。第一是钢结构桥梁，以国外的应用为主。图 1.7(a)和(b)分别是美国旧金山-奥克兰海湾大桥和澳大利亚桑盖特 Ironbark 钢桥，均使用了环槽铆钉作为结构主要紧固件。其中 Ironbark 钢桥是在后期的加固维修阶段在其节点板上使用了环槽铆钉[44]。而在国内工程中，环槽铆钉应用最多的就是铝合金大跨空间结构中的盘式节点，两个实际工程案例如图1.7(c)和(d)所示。除了这两个实例外，1.2.2节所介绍的拉斐尔云廊和牛首山佛顶宫穹顶中空间节点的紧固件也均为环槽铆钉，其中拉斐尔云廊还是首个在国内铝合金结构中使用直径为12.70mm的铆钉的工程。

图1.7　环槽铆钉在结构工程中的应用案例

(a) 旧金山-奥克兰海湾大桥(美国)；(b) 桑盖特 Ironbark 钢桥(澳大利亚)；
(c) 上海天文馆(中国)；(d) 宁波某小学艺体楼(中国)
图片来源于网络

1.4　铝合金结构连接与节点的研究现状

目前国内外学者围绕铝合金结构的组成部件进行了相关的研究工作，包括对铝合金的材料力学性能、结构构件的稳定性能、连接件以及节点的受力性能等。本节将主要对其中的连接与节点的研究成果进行总结与梳理，并简要介绍铝合金材料的相关研究。

1.4.1　铝合金材料力学性能

作为连接与节点力学性能的研究基础，本节首先简要介绍铝合金材料力学性能的研究现状。

与普通结构用钢材的应力-应变关系有所区别的是，铝合金的本构关系曲线并没有明显的屈服平台，而是呈现典型的非线性特征，如图1.8所示。一般采用残余应变为0.2%时的应力($\sigma_{0.2}$)代表其屈服强度，也称作“名义屈服强度”[17]。

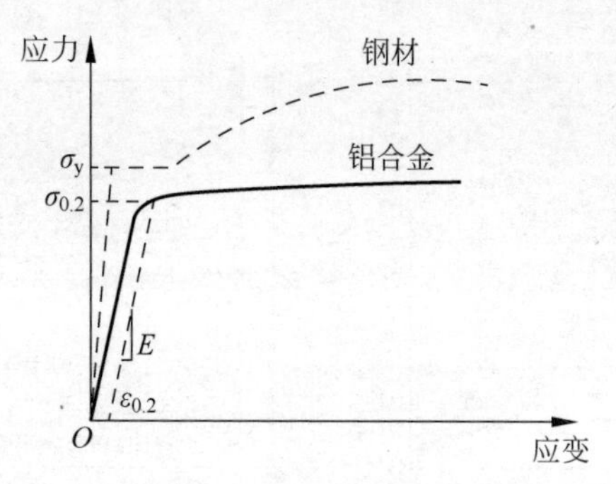

图1.8　铝合金与结构钢材的本构关系对比

目前最常用于表达铝合金应力-应变关系的本构模型为Ramberg-Osgood (R-O)模型[45]，其表达式为

$$\varepsilon=\frac{\sigma}{E}+0.002\left(\frac{\sigma}{\sigma_{0.2}}\right)^n \tag{1-1}$$

式中，E为材料的弹性模量，n为应变硬化指数，一般采用$\ln(2)/\ln(\sigma_{0.2}-\sigma_{0.1})$进行计算[46]，其中$\sigma_{0.1}$为残余应变为0.1%的应力值。为方便研究，SteinHardt[47]利用R-O模型表达铝合金的本构关系，提出了应变硬化指数的简便算法：$n=\sigma_{0.2}/10$。除了最经典的R-O模型以外，还有学者提出了三阶段模型，其中较有代表性的是Mazzolani模型[48]和Baehre模型[46,49]，但由于公式过于复杂，很少有人使用。经过大量的工程与试验检验，R-O模型可以实现对结构用铝合金材料的准确模拟。根据材料性能试验结果，研究人员标定了6061-T6[12,18]，6063-T5[12,50]，6082-T6[50-51]等工程常用铝合金以及高强铝合金7A04-T6[8-9]的R-O模型参数，为后续在连接、节点乃至结构层面开展研究工作提供了重要的依据。本书在试验和数值模拟部分也都采纳这一模型。

除了对铝合金材料进行室温下的静力研究以外，国内外学者还对铝合金材料在高温下[52-54]和循环荷载作用下[55-57]的力学性能开展了试验与数值研究。

1.4.2 铝合金结构连接的力学性能

以下将对铝合金结构紧固件受剪连接和T形连接的研究现状进行梳理与总结。

1.4.2.1 铝合金结构紧固件受剪连接

国内外学者对铝合金结构受剪连接开展了丰富的研究，研究方法包括试验、数值及理论分析，主要研究的对象为螺栓受剪连接。

早在1937年，Miller[58]就对螺栓和铆钉连接的铝合金板进行了试验研究，探究影响其承载力的因素，最终发现四个因素会对孔壁承压性能产生影响：材料强度、紧固件直径、板厚和边距。

Menzemer等人[59-61]在1999—2002年间对铝合金板件螺栓受剪连接进行了大量研究，研究多种因素如材料种类和连接方式(单螺栓或螺栓群连接)等对受剪连接性能的影响。同时这些研究综合了试验和有限元方法，除对孔壁承压进行研究外，还研究了块状撕裂问题。研究发现1994年版的美国铝合金设计手册中关于铝合金板件承压性能的计算公式偏保守。

Wang和Menzemer[62]在2005年研究了剪力滞后效应对螺栓连接的角铝净截面强度的影响，并提出了更准确的剪力滞后折减系数 U 的表达式。该研究是对此前Duun和Moore的试验研究[63]的补充。

张贵祥[64]在2006年研究了铝合金结构螺栓连接的承压性能，考虑的影响因素包括端距、板厚和螺栓直径，并根据分析计算结果提出了铝合金板件承压强度设计公式，石永久与王元清等人[65-66]在2008年与2011年在此研究基础上进行了补充完善。

李静斌等人[67]在2008年对铝合金板件螺栓双剪连接中的剪力不均匀分布问题进行了试验与理论研究，并发现我国和欧洲现行钢结构规范中的相关公式可安全合理地作为铝合金结构设计的依据。

郭小农等人[68]在2014年开展了15个6061-T6铝合金板件螺栓受剪连接试验并进行了大规模参数分析。试验与数值结果表明我国《铝合金结构设计规范》中孔壁承压强度公式是由EC9简单换算得到的且过于保守。最后该研究推导了孔壁承压的理论公式并验证了其准确性。

在常温试验的基础上,郭小农等人还开展了铝合金板件不锈钢螺栓受剪连接高温下的试验[69]与数值[70]研究。

Kim 等人[71-73]在 2014—2019 年对不同牌号(6061-T6 和 7075-T6)的铝合金板件螺栓单剪连接开展了系统性研究,主要考虑了板件卷曲产生的面外位移对受剪连接承载力的影响,并提出了考虑该折减效应的设计公式。

Tajeuna 等人[74]在 2015 年对钢与 6061-T6 铝合金组合板件的螺栓受剪连接进行了试验与有限元研究,重点考虑了螺栓端距、边距、中距以及板厚和连接偏心对承压强度的影响,并提出了受剪连接的优化设计方案。

除上述铝合金板件螺栓受剪连接的研究以外,近年来国内学者对铝合金结构环槽铆钉受剪连接也开展了初步的研究。

邓华和陈伟刚等人[75-76]在 2015 年和 2016 年对铝合金板件环槽铆钉单剪连接进行了试验与数值研究,观察到了铝板顶端纵向撕裂、侧边横向撕裂和环槽铆钉剪断等破坏模式,并结合对试验数据的分析判断,建议按承压型连接对此类搭接连接进行设计。

朱沛华等人[77]在 2020 年对环槽铆钉连接的铝合金盘式节点中杆件翼缘与节点盘所形成的受剪连接进行了深入研究。在试验的基础上建立了考虑材料断裂的数值模型,并提出可计算连接极限承载力的理论公式。

1.4.2.2　铝合金结构紧固件 T 形连接

目前有文献记录的铝合金结构 T 形连接研究都是以螺栓作为紧固件,其中以意大利“路易吉·万维特里”坎帕尼亚大学的 De Matteis 等人的研究最为全面和系统。

De Matteis 等人在 2000 年[78]首先开展了铝合金螺栓 T 形连接的数值研究,通过探究多个因素的影响效应发现铝合金 T 形件的破坏模式与钢结构有区别,而且不同破坏模式之间不容易辨别与区分;该研究为接下来开展的“试验-数值-理论”系统性研究工作奠定了基础。在 2001 和 2003 年,该研究团队分别对 26 个翼缘与腹板焊接的 T 形螺栓连接开展了静力[79]与循环[80]加载试验,并在试验的基础上完成了数值与理论分析[81-82]工作,最后对现行欧洲铝合金结构规范中的设计公式提出了修正建议。

李静斌[83]在 2006 年对 17 个 4.8 级镀锌钢螺栓连接的铝合金 T 形件进行了单调拉伸试验和数值分析,重点对撬力产生的不利影响进行研究,提出了在实际工程中应保证 T 形件翼缘厚度不小于螺栓直径 1.8 倍的设计建议。同时李静斌的研究发现 EC3 对钢结构 T 形件的设计公式可用来准确设计铝合金T形件，此结论被我国现行铝合金结构设计规范所采纳。

张贵祥[64]在2006年对铝合金结构螺栓T形连接进行了有限元分析，并提出了计算撬力的理论公式，但所提出的公式经有限元结果校核后发现偏不安全，仍需进一步修正。

Efthymiou等人[85]在2006年对T形连接开展了有限元分析，通过在有限元模型中考虑铝合金材料的应变强化特征及铝板与螺栓的接触行为而使建立的模型准确反映试验结果。

徐晗等人[84]在2012年对两类共计25个螺栓连接的铝合金T形件开展了拉伸试验，进而根据验证过的数值模型开展了大规模参数分析，在分析数值结果后推导了考虑螺栓杆弯曲的T形连接计算公式，并经验证发现比现行欧规方法有更高的准确度。

Maljaars和De Matteis[86]在2016年首次开展了铝合金结构螺栓T形连接在火灾下的试验研究，并基于试验建立了相应的数值与理论分析模型，最后基于材料在高温下强度退化的特性提出了安全而保守的临界温度建议值。

1.4.3 铝合金节点的力学性能

以下将对铝合金空间结构节点和梁柱节点的相关研究进行总结与分析。

1.4.3.1 铝合金空间结构节点

目前，铝合金结构节点力学性能的研究主要集中于空间结构节点，这些研究大都具有实际工程背景，研究人员以国内学者为主。研究的节点形式包括盘式(也称“板式”)节点、螺栓球节点、毂式节点和铸铝节点，研究的方法综合了试验研究、数值模拟和理论分析，并对各类节点提出了可用于工程设计的计算公式，表1.3汇总了这些形式的铝合金空间结构节点及其研究学者。以这些研究为基础，我国已编撰完成并即将推出《铝合金空间网格结构技术规程》。

表1.3 铝合金空间结构节点的研究汇总

空间结构节点形式	学　者
盘式节点	王元清[87-90]、郭小农[91-92]、徐帅[93]等人
螺栓球节点	孟祥武[94]、钱基宏[95]、郝成新[96]等人
毂式节点	陈志华[97-98]，王亚昌[99]、郑科[100]等人
铸铝节点	施刚[101-102]等人

1.4.3.2　铝合金梁柱节点

Matusiak 在 1999 年[103]针对铝合金焊接梁柱节点开展了试验研究，主要对节点的变形性能和极限承载力进行了分析。但试件中的梁仅为一铝合金板，如图 1.9 所示，并非传统意义上应用于实际结构的梁柱节点。试验中节点的加载方式为沿梁轴向单调受拉，试件材料为 6082-T6 铝合金。

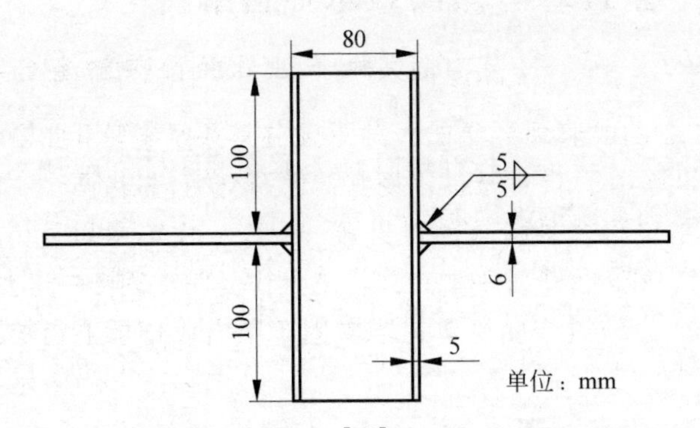

图 1.9　Matusiak 试验研究[103]中铝合金梁柱节点示意图

Spyrakos 和 Ermopoulos[16]在 2005 年对一实际工程中的铝合金框架节点开展了有限元分析，节点所连接的梁柱形式为桁架梁和异形柱，基于数值分析结果提出了 4 种有效的抗震加强措施。

基于 Matusiak 的试验研究[103]，Wang 等人[105]在 2007 年开展了相应的有限元分析，通过引入新开发的弹塑性本构关系 WTM-2D，得到了较好的模拟结果。

李强[104]在 2011 年为估算拼装式铝合金活动房承载力，开展了 6 个梁柱节点的静力加载试验，得到节点的初始刚度为 12 kN · m/rad，进而采用多项式函数拟合了弯矩转角之间的关系式。

同样是以 Matusiak 的试验[103]为基础，Brando 等人[106]在 2014 年通过数值模拟研究了梁柱节点中柱腹板的拉压承载力。数值研究中考虑两个影响因素，分别是铝合金材料的应变强化程度和柱子轴压比。最后提出了在不考虑腹板屈曲情况下的拉压承载力计算公式。该公式可纳入组件法，作为承载力计算中的一项。

蒋首超和张锦骁[107]在 2015 年对 5 组碳纤维布加强的铝合金焊接梁柱节点开展了静力试验研究，所有节点最终均发生焊缝断裂。研究结论是碳纤维布对此类节点可有效加强，但效果存在一定离散性。

De Matteis 等人[15]在 2016 年以综述方式回顾了铝合金结构的发展，提出了可将“组件法”迁移应用到铝合金框架梁柱节点中，并以端板连接节点为例给出了具体的分析方法。但该研究同时指出，在使用组件法之前必须先对铝合金梁柱节点中的组件（如等效 T 形件等）进行充分研究。

杨德鹏[108]在 2017 年对 4 个新型铝木组合结构梁柱节点开展了循环荷载下的试验研究，试验节点采用新型铝合金 U 形件、角件及铝合金填板作为连接件，得到了较好的节点延性与耗能能力。该研究还建立并验证了相应的有限元模型。

刘翔[109]在 2018 年为了对集成式铝合金结构房屋进行整体建模分析，首先利用 ABAQUS 对其中的半刚性框架节点进行数值计算，得到了节点的初始转动刚度。

宁秋君[110]在 2018 年对 4 个铝合金焊接箱型梁柱节点开展了单调加载试验，并对其中的 3 个节点进行了竖向肋板与盖板加强。所有试验节点均在焊缝处断裂。

黄娟娟[111]在 2019 年对 6 个工字形铝合金全焊接节点开展了循环荷载作用下的试验研究。试验中的所有节点都在梁柱对接焊缝附近发生拉断，如图 1.10 所示，均为脆性破坏，最大的节点塑性转角不足 0.02 rad。在试验的基础上黄娟娟还开展了有限元分析，其中发现柱轴压比对节点受力行为的影响甚微。

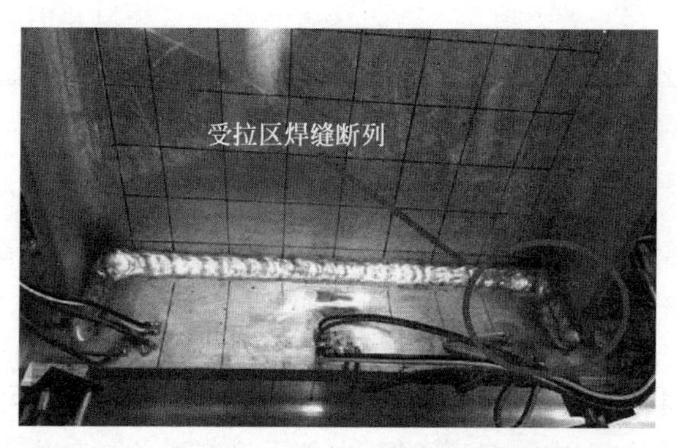

图 1.10 文献[111]中试验节点的典型破坏模式

1.4.4 现有研究的不足

虽然目前国内外学者对铝合金结构连接及节点开展了一定的研究，但仍存在以下不足：

(1) 目前针对铝合金结构连接与节点的研究深度有限，大部分研究局限于试验研究和有限元模拟本身，能有效利用试验与数值方法对得到的数据进行深入分析、厘清连接与节点的受力机理，进而提出适用性强、准确度高的设计方法很少。

(2) 现有研究尤其是关于框架节点及其连接组件的研究系统性不足。要么是对某种连接形式进行了研究而未能进一步开展节点层次的研究；要么是开展了节点的研究而没有做更基础的连接层次的分析。系统性不足导致了难以将研究成果串联成有机的整体，进而为实际工程提供直接的参考。正因如此，目前为止铝合金框架的工程应用仍极为有限。

(3) 对于铝合金板件的受剪连接，现有研究主要集中于板孔承压问题，对端部剪出、块状撕裂及净截面拉断等其他工程中常见的破坏模式少有涉及。而且所研究的铝板材料大部分是 6061-T6，对其他常用铝材研究较少。而受剪连接中的紧固件绝大多数为无预紧力的普通螺栓，而仅有的环槽铆钉受剪连接均为单剪搭接连接，不能完全反应工程中的实际情况。

(4) 对于铝合金结构 T 形连接，现有研究基本没有提出考虑铝合金材料非线性效应的设计方法，基本都是在钢结构 T 形件设计方法的基础上进行有限的修正。同时由于对 T 形连接受力机理的分析不够深入，几乎还没有研究能在设计方法中准确考虑 T 形连接翼缘板与紧固件的破坏模式。目前还没有任何学者对铝合金结构环槽铆钉 T 形连接开展研究。

(5) 相比于铝合金空间结构节点，与梁柱节点相关的研究远远不足。目前仅有的梁柱节点试验研究基本都是关于全焊接节点的，而试验表明全焊接节点在延性与耗能能力方面较差，难以满足设计要求。对可能满足实际工程需求的铝合金框架紧固件连接节点，目前既没有合理的节点形式被提出，更没有与之相关的研究。

1.5　国内外规范中铝合金结构连接与梁柱节点的设计方法

1.5.1　铝合金结构受剪连接的设计方法

1.5.1.1　中国：《铝合金结构设计规范》GB 50429—2007[17] 的设计方法

我国在 2007 年发布了第一部铝合金结构设计的国家标准：《铝合金结构设计规范》GB 50429—2007[17]，其中规定了受剪连接的设计方法。规范

规定普通螺栓或铆钉受剪连接中每个紧固件的承载力设计值取受剪和承压的较小者。其中板件承压承载力设计公式为

$$N_c^b = d \sum t f_c^b \tag{1-2}$$

式中，N_c^b 为铝合金板件承压承载力，d 为紧固件直径，$\sum t$ 为不同受力方向中某一受力方向承压板件总厚度的较小值，f_c^b 为板件承压强度的设计值。为避免复杂的计算公式，将欧洲规范[112]规定的最小端距 $2d_0$ 和常用的紧固件中距 $2.5d_0$ 代入公式进行计算，得到了板件承压强度的设计值是材料抗拉强度 f_u 的 1.16 倍的结论，即 $f_c^b=1.16f_u$。值得注意的是，按照中国规范的假设，公式(1-2)无法计算端距小于的 $2d_0$ 的试件。中国规范中只考虑了板件承压破坏这一种情况，对工程中较为常见且其他国家规范有所规定的端部剪出（shear-out）破坏和块状撕裂（block shear）破坏均无说明，甚至对净截面拉断也没有单独规定，设计者需按照设计原则自行校验。

1.5.1.2 欧洲：EN 1999-1-1(EC9)[112]的设计方法

欧洲铝合金结构设计规范（EC9）基本完全采纳了欧洲钢结构设计规范 EN 1993-1-8(EC3 1-8)[113]中对受剪连接端部剪出、承压、净截面和块状撕裂承载力的设计方法。

首先，EC9 将“端部剪出”看作“承压”的特殊情况，采纳一套公式对这两种承载力（$F_{B,EC9}$）进行设计，在不考虑分项系数的情况下，其计算公式为

$$F_{B,EC9} = k_1 \alpha_b f_u d_{pin} t, \quad 其中 \quad \alpha_b = \min\left(\alpha_d, \frac{f_{up}}{f_u}, 1.0\right) \tag{1-3}$$

式中，d_{pin} 为紧固件直径；t 为所计算承压板件的厚度；α_d 对于顺内力方向的外排紧固件取为 $e_1/3d_0$；内排紧固件取为 $p_1/3d_0-0.25$；d_0 为板孔直径；f_{up} 是紧固件杆材的极限强度；k_1 为考虑紧固件边距和垂直受力方向中距影响的系数，可通过下式进行计算：

$$k_1 = \begin{cases} \min\left(2.8\dfrac{e_2}{d_0} - 1.7, 2.5\right) & \text{（适用于垂直受力方向外排紧固件）} \\ \min\left(1.4\dfrac{p_2}{d_0} - 1.7, 2.5\right) & \text{（适用于垂直受力方向内排紧固件）} \end{cases} \tag{1-4}$$

式(1-3)和式(1-4)中出现的几何参数 e_1，e_2，p_1 和 p_2，分别是紧固件的端距，边距，顺内力方向的中距和垂直内力方向的中距，图 1.11 给出了这些参数的图示。

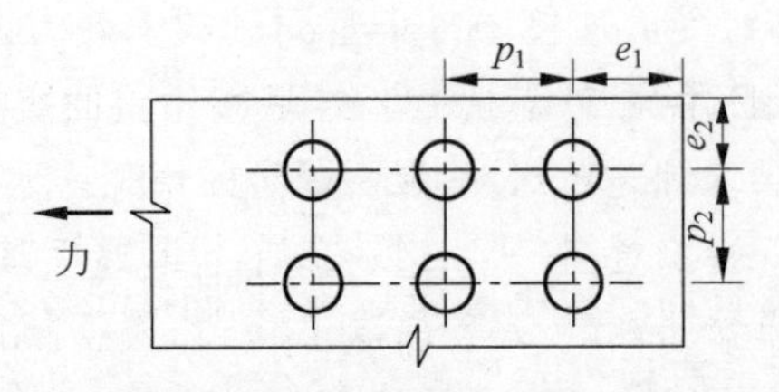

图 1.11　受剪连接中紧固件端距、边距和中距的示意图

对于净截面承载力($F_{NS,EC9}$)，欧洲规范在净截面面积(A_n)与材料抗拉强度(f_u)乘积的基础上考虑了 0.9 的折减系数，即 $F_{NS,EC9}=0.9A_nf_u$。

欧洲规范给出了基于板件净受拉面积(A_{nt})和净受剪面积(A_{nv})的块状撕裂承载力($F_{BS,EC9}$)。块状撕裂是一种发生于垂直受力方向由 2 个及以上紧固件连接的板件上的破坏模式，它包含了垂直受力方向上紧固件之间材料的拉断和顺受力方向紧固件纵列上材料的剪切破坏，如图 1.12 所示，工程中易与净截面破坏模式混淆。根据欧洲规范，块状撕裂承载力的计算方法如下：

$$F_{BS,EC9}=\frac{\sqrt{3}}{3}f_{0.2}A_{nv}+f_uA_{nt} \tag{1-5}$$

式中，$A_{nt}=tl_{nt}$，$A_{nv}=tl_{nv}$，l_{nt} 和 l_{nv} 的定义如图 1.12 所示。

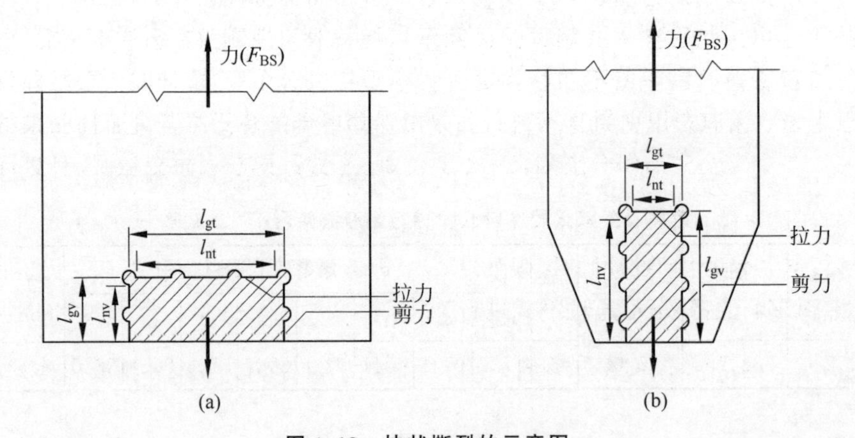

图 1.12　块状撕裂的示意图

(a) 拉力大而剪力小的情况；(b) 拉力小而剪力大的情况

1.5.1.3　美国：Aluminum Design Manual 2015(AA 2015)[114]的设计方法

美国铝合金规范是世界上最先进的铝合金结构设计规范之一，每 5 年修订一次，现行版本为 AA 2015。美国规范也对铝合金结构紧固件受剪连接的端部剪出、承压、净截面与块状撕裂承载力进行了规定。

美国规范也将端部剪出看作承压破坏的特殊情况，但实则是用了两个公式(虽然形式上为一个)来对其承载力($F_{B,AA}$)进行设计：

$$F_{B,AA}=e_1tf_u\leqslant 2d_{pin}tf_u \tag{1-6}$$

此公式实质上认为 $e_1=2d_{pin}$ 是端部剪出破坏和承压破坏的分界线，在端距小于 $2d_{pin}$ 时，承载力随着端距的增加而成比例增加；但当端距大于等于 $2d_{pin}$ 以后，试件的破坏形式转变为承压破坏，此时提高端距则不会增加试件的承载能力。

对于净截面承载力，美国规范直接将净截面面积与材料极限强度的乘积作为设计承载力，即 $F_{NS,AA}=A_nf_u$。

美国规范对于块状撕裂的设计比欧洲规范复杂，它考虑了净受拉面积(A_{nt})和净受剪面积(A_{nv})之间的相对大小对承载力的影响。当 $A_{nt}\geqslant 0.6A_{nv}$，也就是块状撕裂承载力中拉力大而剪力小时(见图 1.12(a))，用公式(1-7)计算；而当 $A_{nt}<0.6A_{nv}$，也就是当块状撕裂承载力中拉力小而剪力大时(见图 1.12(b))，用公式(1-8)进行计算。值得注意的是，在比较 A_{nt} 和 A_{nv} 的相对大小时，考虑材料抗剪强度约为抗拉强度的 0.6 倍，对净受剪面积进行了折减。

$$\text{当 } A_{nt}\geqslant 0.6A_{nv}:\quad F_{BS,AA}=f_{vy}A_{gv}+f_uA_{nt} \tag{1-7}$$

$$\text{当 } A_{nt}<0.6A_{nv}:\quad F_{BS,AA}=f_{vu}A_{nv}+f_{0.2}A_{gt} \tag{1-8}$$

式中，A_{gt} 和 A_{gv} 分别为毛受拉面积和毛受剪面积，等于其板件平面内对应长度(l_{gt} 和 l_{gv}，如图 1.12 所示)与板件厚度 t 的乘积，$f_{vy}=0.6f_{0.2}$ 为剪切屈服强度，$f_{vu}=0.6f_u$ 为剪切极限强度。

1.5.1.4　澳大利亚/新西兰：AS/NZS 1664.1：1997[115]的设计方法

澳大利亚/新西兰铝合金结构设计规范(下文称为"澳洲规范")的设计方法基本来源于美国规范，但稍有改动。现行的澳洲规范是 1997 年发布的，距今已超过 20 年。规范中仅给出了端部剪出，承压破坏和净截面拉断的承载力设计方法，并没有规定块状撕裂应如何计算。

澳洲规范处理端部剪出和承压承载力($F_{B,AS/NZS}$)的思路与美国规范完全相同,但对承压强度 f_B 进行了折减,$F_{B,AS/NZS}$ 和 f_B 分别用式(1-9)和式(1-10)进行计算:

$$F_{B,AS/NZS}=2d_{pin}tf_B \tag{1-9}$$

$$f_B=\begin{cases}\min\left(f_{0.2},\dfrac{f_u}{1.2}\right), & e_1\geqslant 2d_{pin}\\ \dfrac{e_1}{2d_{pin}}\cdot\min\left(f_{0.2},\dfrac{f_u}{1.2}\right), & e_1<2d_{pin}\end{cases} \tag{1-10}$$

而对净截面承载能力 $F_{NS,AS/NZS}$ 的计算,澳洲规范采用了与美国规范相同的公式,即 $F_{NS,AS/NZS}=A_nf_u$。

1.5.1.5　紧固件连接的构造要求

本节之前的内容分析和对比了国内外规范中铝合金结构紧固件受剪连接的计算方法。同时各国和地区规范对于紧固件连接的构造也有着具体而不同的要求。对于最小容许距离的要求,规范考虑的是防止板件在荷载还较小的情况下就被紧固件撕裂,同时不至于在板件承压破坏之前发生净截面拉断;便于施工也是考虑因素之一。表1.4对比了各国和地区规范对最小容许值的要求。而对于最大容许距离,规范考虑的是保证铝合金板件的紧密贴合并防止由于紧固件距离太远而引发板件失稳,中国和欧洲的铝合金设计规范对最大容许距离的要求完全相同,而美国规范和澳洲规范均只对紧固件的中距进行了规定,详见表1.5。

表1.4　各国和地区规范中紧固件端距、边距和中距最小容许值比较

几何参数	各国和地区规范限值			
	中国	欧洲	美国	澳洲
端距 e_1	$2d_0$	$1.2d_0(2.0d_0^*)$	$1.5d_{pin}$	$1.5d_{pin}$
边距 e_2	$1.5d_0$	$1.2d_0(1.5d_0^*)$	$1.5d_{pin}$	$1.5d_{pin}$
顺受力方向中距 p_1	$2.5d_0$	$2.2d_0(2.5d_0^*)$	$2.5d_{pin}$	$2.5d_{pin}$
垂直受力方向中距 p_2	$2.5d_0$	$2.4d_0(3.0d_0^*)$	$2.5d_{pin}$	$2.5d_{pin}$

注:(1)在美国规范和澳洲规范中,中距(p_1 和 p_2)的最小容许值针对的是螺栓,若为普通铆钉则中距最小容许值放宽至 $3.0d_{pin}$。表中其余限值对螺栓和铆钉均适用。

(2)欧洲规范一栏中 * 标注的值为规范推荐的常用值。

表 1.5 各国和地区规范中紧固件端距、边距和中距最大容许值比较

环境	几何参数	各国和地区规范限值		
		中国(欧洲)	美国	澳洲
暴露于大气或腐蚀环境下	端距 e_1 和边距 e_2	$4t+40$ mm	—	—
	受压构件：顺受力方向中距 p_1	$14t$ 或 200 mm 的较小值	板件防失稳验算	
	受拉构件：顺受力方向中距 p_1	外排：$14t$ 或 200 mm 的较小值 内排：$28t$ 或 400 mm 的较小值	$75+20t$ mm	$76+20t$ mm
	受压构件：垂直受力方向中距 p_2	$14t$ 或 200 mm 的较小值	板件防失稳验算	
	受拉构件：垂直受力方向中距 p_2	$14t$ 或 200 mm 的较小值	$75+20t$ mm	$76+20t$ mm
未暴露于大气或腐蚀环境下	端距 e_1 和边距 e_2	$12t$ 或 150 mm 的较大值	—	—
	受压构件：顺受力方向中距 p_1	$14t$ 或 200 mm 的较小值	板件防失稳验算	
	受拉构件：顺受力方向中距 p_1	外排：$21t$ 或 300 mm 的较小值 内排：$42t$ 或 600 mm 的较小值	$75+20t$ mm	$75+20t$ mm
	受压构件：垂直受力方向中距 p_2	$14t$ 或 200 mm 的较小值	板件防失稳验算	
	受拉构件：垂直受力方向中距 p_2	$14t$ 或 200 mm 的较小值	$75+20t$ mm	$75+20t$ mm

1.5.2 铝合金结构 T 形连接的设计方法

在现行的铝合金结构设计规范当中，欧洲铝合金结构设计规范(EC9)[112]和中国《铝合金结构设计规范》(GB 50429－2007)[17]规定了铝合金 T 形连接的设计方法。这两部规范中相应的设计方法均源自欧洲钢结构设计规范(EC3)中对钢结构 T 形连接的计算设计。所有设计方法的设计思路均是首先对 T 形连接的破坏模式进行分类，再针对每类模式给出相应的计算方法。

EC3 和 GB 50429—2007 将 T 形连接的破坏模式分为 3 类，分别是：第 1 类——T 形件螺栓(或铆钉)孔处及 T 形件腹板与翼缘交接处产生塑性铰破坏；第 2 类——T 形件腹板与翼缘交接处产生塑性铰，同时螺栓(或铆钉)被拉断；第 3 类——螺栓(或铆钉)被拉断。而 EC9 则在一定程度上考虑了铝合金材料的特殊性，将 EC3 中第 2 类破坏模式又细分为两个子模

式，分别是2a和2b，而第1类和第3类破坏模式与EC3保持相同。由于铝合金T形件翼缘塑性铰的塑性变形能力较弱，刚一形成往往就发生破坏，此时的螺栓（或铆钉）材料则刚刚达到弹性极限，这种破坏模式被EC9定义为第2a类破坏；而当T形件翼缘较强时，翼缘上的塑性铰还没来得及形成，螺栓（或铆钉）就超过了极限应力而发生了破坏，这种破坏模式被EC9定义为第2b类。EC9定义的这4种破坏模式如图1.13所示。

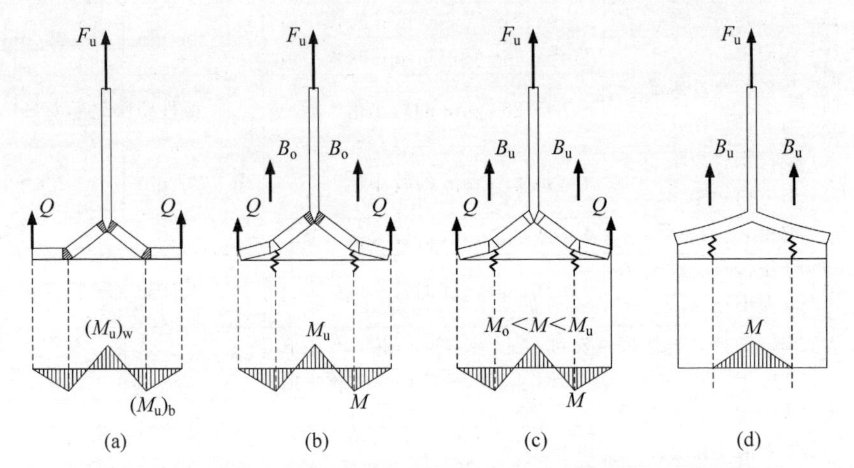

图1.13　欧洲铝合金结构设计规范（EC9）中T形连接的4种破坏模式

(a) 第1类；(b) 第2a类；(c) 第2b类；(d) 第3类

在图1.13中，M_u为T形件翼缘的塑性抵抗弯矩，$(M_u)_w$和$(M_u)_b$分别特指腹板与翼缘交接处和螺栓（或铆钉）处的抵抗弯矩值，B_o和B_u分别为螺栓的屈服和极限承载力，Q为撬力，F_u为试件的极限承载力。由于EC9的4类破坏模式包含了EC3和GB 50429—2007中的3类破坏模式，所以本章将重点介绍EC9中的设计计算方法，如式(1-11)～式(1-14)所示：

第1类：$$F_{1,\mathrm{Rd}}=\frac{2(M_{u,1})_w+2(M_{u,1})_b}{m} \tag{1-11}$$

第2a类：$$F_{2a,\mathrm{Rd}}=\frac{2M_{u,2}+n\sum B_o}{m+n} \tag{1-12}$$

第2b类：$$F_{2b,\mathrm{Rd}}=\frac{2M_{o,2}+n\sum B_u}{m+n} \tag{1-13}$$

第3类：$$F_{3,\mathrm{Rd}}=\sum B_u \tag{1-14}$$

式中，F_{Rd} 为T形连接的设计承载力，$n=e$ 且 $n\leqslant 1.25m$，e 和 m 的定义如图1.14所示。公式中 M_u 和 M_o 下角标中的数字1和2用来表示不同破坏模式所对应的不同抵抗弯矩计算方法，$M_{u,1}$，$M_{u,2}$ 和 $M_{o,2}$ 的计算公式如下：

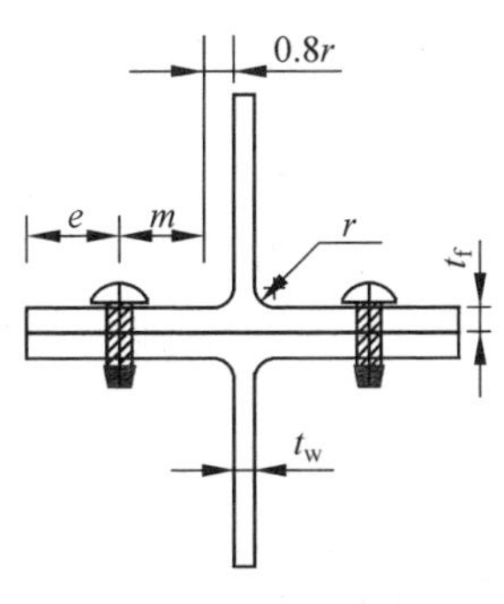

图1.14　T形连接示意图及其关键几何参数

$$M_{u,1}=0.25t_f^2\sum(l_{eff,1}f_u)\frac{1}{k}\frac{1}{\gamma_{M1}} \tag{1-15}$$

$$M_{u,2}=0.25t_f^2\sum(l_{eff,2}f_u)\frac{1}{k}\frac{1}{\gamma_{M1}} \tag{1-16}$$

$$M_{o,2}=0.25t_f^2\sum(l_{eff,2}f_{0.2})\frac{1}{\gamma_{M1}} \tag{1-17}$$

上述公式中的 $l_{eff,1}$ 和 $l_{eff,2}$ 是第1类和第2a类与第2b类破坏模式下T形件翼缘的有效长度。考虑了不同的屈服线模式(圆形或非圆形)对有效长度的影响(详见4.5.6节)，γ_{M1} 为抗力分项系数，$1/k$ 是用来折减材料极限强度 f_u 的系数，由公式(1-18)定义：

$$\frac{1}{k}=\frac{f_{0.2}}{f_u}\left[1+\left(\frac{\varepsilon_u-1.5f_{0.2}/E}{1.5\varepsilon_u-1.5f_{0.2}/E}\right)\left(\frac{f_u-f_{0.2}}{f_{0.2}}\right)\right] \tag{1-18}$$

式中，ε_u 为材料的极限应变。式(1-11)中的 $(M_{u,1})_w$ 和 $(M_{u,1})_b$ 均可以使用式(1-15)进行计算，但在计算 $(M_{u,1})_b$ 时应使用扣除螺栓(或铆钉)孔后的净截面面积。当采用式(1-11)～式(1-14)计算T形连接承载力时，应取4种破坏模式对应承载力的最小值作为试件的设计承载力。

1.5.3　铝合金梁柱节点的设计方法

目前世界主流的铝合金设计规范，包括前文所述的中国、欧洲、美国、澳洲规范中均没有规定对铝合金梁柱节点承载力、刚度以及转动能力的设计方法或评价标准。甚至都没有"照搬"钢结构梁柱节点中相关的设计方法到铝合金节点中。

仅有欧洲铝合金结构设计规范[112]在其附录L中宽泛地对梁柱节点的分类进行了简单的描述，如图1.15所示，分类的主要依据是节点与所连接构件的相对强弱。图1.15(a)表示当节点在刚度、强度或延性任何一方面只要比所连接构件差(节点曲线有任何一部分落在构件曲线之下)，就认为该节点为不完全连接。图1.15(b)所依据的分类准则为节点刚度，当节点的初始刚度小于构件即认为是半刚性连接。图1.15(c)从强度的角度出发，规定当节点的强度小于构件时为不等强连接，反之为等强连接。最后是根据延性来对节点分类，如图 1.15(d)所示。当节点的极限转角超过构件时，该节点为延性节点；而当节点在构件仍处于弹性范围时即失效，则该节点为脆性节点。当节点处于延性与脆性之间时，欧洲规范定义其为半延性。欧洲规范对梁柱节点进行分类的目的是为结构整体分析中的简化计算提供依据。

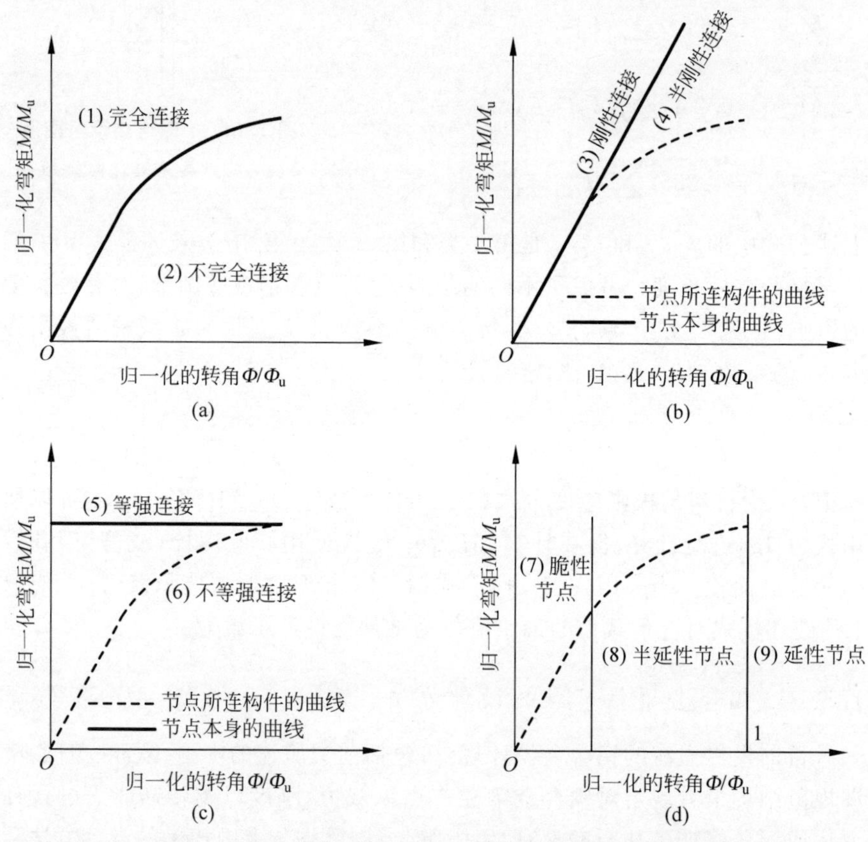

图 1.15　EC9 附录 L[112] 中对梁柱节点的分类及其依据

(a) 依据整体行为分类；(b) 依据刚度分类

(c) 依据强度分类；(d) 依据延性分类

1.5.4　现有设计方法的局限性

虽然现行的各国和地区规范对铝合金结构连接与梁柱节点给出了一些设计方法，但仍存在较大的局限性，具体体现在以下几方面：

（1）大部分设计方法是从钢结构设计规范的条文中照搬过来或仅进行了简单的修改，无法充分体现铝合金材料的特性，即非线性和应变强化行为，设计人员难以对实际结构进行经济合理的设计。

（2）虽然环槽铆钉在铝合金结构中已有所应用，但现行设计规范中并没有对环槽铆钉及其连接的板件或节点做出任何具体的规定，这阻碍了相关工程的发展。

（3）对于铝合金板件受剪连接，有大量研究[50,66,68]已表明现行规范的设计方法大幅低估了连接的实际承载力，造成了不必要的材料浪费。同时中国规范目前只能计算承压强度而未对其他破坏模式下的承载力做出规定。

（4）对于铝合金结构T形连接，现行规范对铝合金材料应变强化行为产生的承载力贡献考虑不足，而且对T形连接工作机理及翼缘屈服机制认识不够充分，从而造成了较严重的承载力低估[84]。同时，现行规范规定的4种T形连接破坏模式与实际情况有差别，需要进行重新的梳理与界定。

（5）规范最大的局限性在于几乎没有铝合金梁柱节点的设计方法，甚至连简单照搬的钢结构设计条文都没有，设计者完全无法通过规范的指导开展设计工作。虽然欧洲规范对节点的分类有简单的规定，但却没有说明如何通过设计公式或理论方法得到这些节点的弯矩-转角曲线。若没有具体的条文，设计者只能开展试验研究或数值模拟，将对实际设计工作带来较大困难并消耗大量时间和财力。

这些规范的不足与局限性大大地制约了我国乃至世界铝合金结构的发展。

1.6　本书主要研究内容

通过总结分析铝合金结构连接及梁柱节点国内外研究现状及现行规范的设计方法，我们充分地认识到现有研究的不足和设计方法的局限性。因此本书以最终实现铝合金框架结构中构件合理有效的连接为目标，并结合我国现行《铝合金结构设计规范》的修订工作，开展了针对铝合金结构环槽铆钉连接及梁柱节点的系统性研究，通过试验研究、数值建模与理论分析，深入地揭示了“紧固件→连接件→节点”的受力机理，进而提出了合理可靠的设计方法。全书的基本框架及主要研究内容如图1.16所示，研究工作可概括如下：

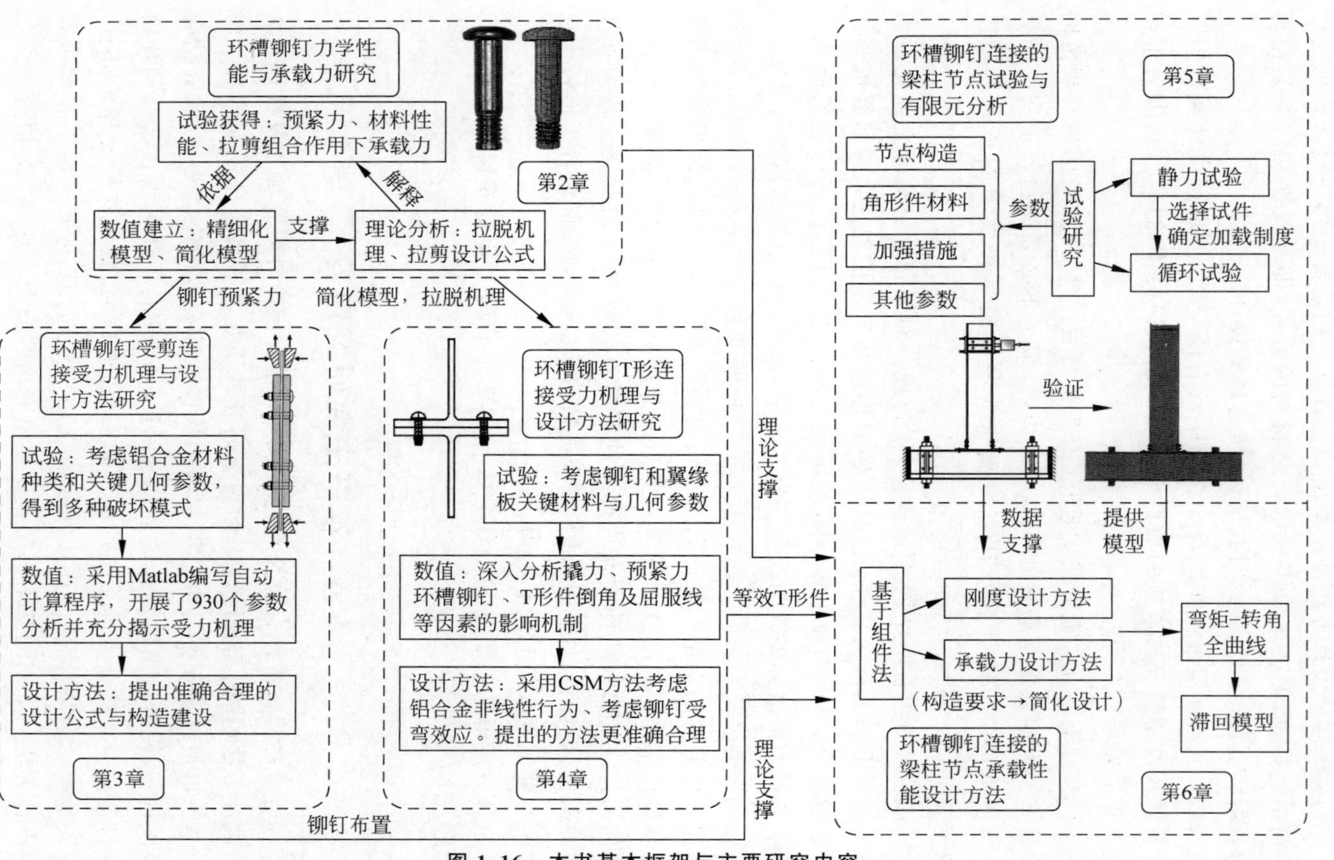

图 1.16 本书基本框架与主要研究内容

(1) 环槽铆钉力学性能与承载力研究(第2章)。

作为连接层次与节点层次的研究基础,首先开展了针对基本紧固件环槽铆钉力学性能与承载力的研究。通过试验获取了环槽铆钉的预紧力数值及其损失情况并开展了44个铆钉在拉力、剪力及拉剪组合作用下承载能力测试。以试验为基础建立了精细化有限元模型,并从中提取铆钉拉脱过程中的受力特征信息从而对拉脱机理进行揭示,然后推导了两种铆钉的拉脱力公式。为实现实际工程可用的高效数值模拟,进一步提出了简化数值模型。以试验与数值方法生成的大量数据为基础,提出了环槽铆钉承载力设计方法并验证了其准确性。

(2) 环槽铆钉受剪连接受力机理与设计方法研究(第3章)。

受剪连接是紧固件连接节点中最普遍的连接形式和组成部件。在进行连接试验之前,首先对受剪连接件中的4种国产铝合金板件的材料力学性能和摩擦面抗滑移系数进行了测试。然后开展了23个受剪连接的拉伸试验,其中包括3种环槽铆钉布置形式,并考虑了铝合金牌号,铆钉端距、边距和中距对试件受力性能的影响。以试验为基础,建立了精细化并考虑材料断裂的有限元模型,经验证可准确模拟受剪连接的力学行为。通过验证的数值模型和基于Matlab开发的自动计算程序,开展了930个参数分析算例,力图通过所生成的大量受力特征信息揭示关键参数的影响机制。最后,在充分认清受力机理的基础上,提出了合理准确的铝合金结构环槽铆钉受剪连接设计方法。

(3) 环槽铆钉T形连接受力机理与设计方法研究(第4章)。

在紧固件连接的梁柱节点中,等效T形件是最重要的结构组件之一,为揭示其受力机理并提出相应的设计方法,本书的第4章开展了30个T形连接受拉试验。试件设计考虑了环槽铆钉与T形件腹板间距离、T形件翼缘厚度、环槽铆钉帽材种类和布置排数等参数对试件受力性能的影响。基于试验,对T形连接开展了系统性的有限元分析与受力机理研究。最后,在上述分析工作和所生成大量数据的基础上,提出了铝合金结构环槽铆钉T形连接承载能力设计方法,并将设计结果与312个试验及有限元数据点进行了对比验证。

(4) 环槽铆钉连接的铝合金梁柱节点承载性能试验与有限元分析(第5章)。

为解决铝合金框架中梁柱有效连接的问题,本书第5章首先创新性地提出了两种环槽铆钉连接的铝合金梁柱节点形式。进而开展了10个足尺节点的单调加载试验，通过改变节点的材料与几何参数探究了其对节点承载能力、初始刚度及变形性能的影响。为进一步探究该类型节点的抗震性能，选取了与静力试验中完全相同的 4 个节点开展循环荷载作用下的试验研究，并着重研究了节点延性、破坏模式及耗能能力的影响因素。最后建立了梁柱节点在静力与循环荷载下的有限元模型，并根据试验结果进行了验证。

(5) 环槽铆钉连接的铝合金梁柱节点承载性能设计方法(第 6 章)。

以第 2～5 章的研究成果为基础，结合组件法的设计思路，本书第 6 章提出了适用于环槽铆钉连接的铝合金梁柱节点初始刚度、承载能力以及弯矩-转角全曲线的设计方法。为简化设计工作并控制实际结构中节点的屈服模式，以参数分析的结果为支撑提出了构造建议及符合此建议的简化设计方法。最后结合循环荷载下的试验结果，第 6 章还提出了抗震设计建议及此类节点的滞回模型。

第2章　环槽铆钉力学性能与承载力研究

2.1　概　　述

作为环槽铆钉受剪连接(第3章)、T形连接(第4章)和环槽铆钉连接的梁柱节点(第5章和第6章)的研究基础,本章开展了环槽铆钉力学性能与承载力的试验、数值及理论研究,以期深入认识这一新型紧固件的工作机理,从而为后续研究提供重要支撑。

本章首先采用专门设计的传感器测量了环槽铆钉的预紧力,进而开展了钉杆材料力学性能的测试和44个铆钉在不同受力状态下的承载性能试验。以试验结果为验证依据,建立了环槽铆钉精细化数值模型并以该模型为基础深入分析了铆钉拉脱的破坏机理。在厘清拉脱机理的基础上,本章结合不同铆钉帽材的特点及其几何参数,推导了拉脱承载力的理论公式。为了在后续连接及节点的数值分析中实现对环槽铆钉所连接结构的高效计算,本章还开发了铆钉的简化模型并标定了所需的关键参数。最后,本章提出铆钉在不同受力角度下的承载力设计方法并进行了验证。

2.2　环槽铆钉预紧力的测量

本书涉及的环槽铆钉共有三种,分别是直径为9.66 mm的铝合金帽、不锈钢帽环槽铆钉和直径为12.70 mm的铝合金帽环槽铆钉。预紧力是环槽铆钉的固有属性,在使用铆钉枪完成紧固后,预紧力就存在于铆钉之中。同一类型铆钉的预紧力值理论上来说是相同的,不会随着紧固设备以及人为操作的变化而改变。预紧力对受剪连接的承载力以及T形连接的初始刚度都有影响,因此在进行连接与节点层次的研究之前,对环槽铆钉的预紧力进行了测量。测量设备为专门设计的R058-3t型压力传感器,如图2.1所示。该传感器的设计量程为30 kN,实际工作时对超量程20%的荷载仍可精确测量。由于每种型号的环槽铆钉的紧固长度为一特定范围(例如:

用于本书受剪连接中的环槽铆钉只能紧固总厚度为25.40～31.75 mm范围的板件),所以在传感器的下方用铝板作为垫板以配合连接。在进行测量之前,采用100 kN压力试验机和标准的压力传感器对R058-3t型压力传感器进行标定,得到了线性良好、可重复度高的标定结果,验证了该传感器良好的工作性能和较高的测量精度。在标定之后,将R058-3t型压力传感器连接至DH 3821型数据采集仪上,对环槽铆钉的预紧力进行测量。若在施工现场量测,传感器还可外接至专用显示牌进行读数。

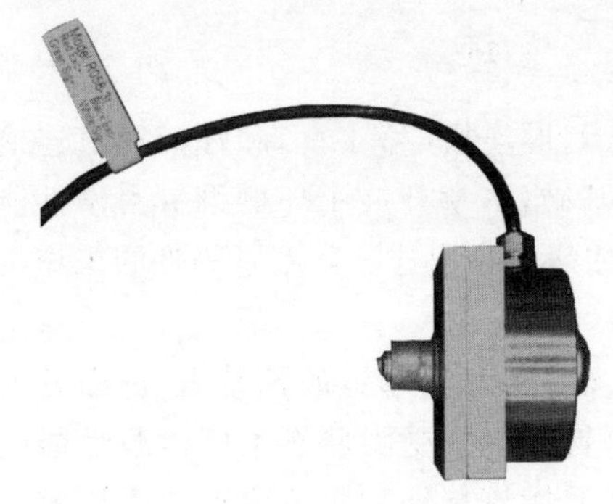

图2.1 预紧力测量装置

首先将环槽铆钉穿过传感器和垫板中间的圆孔,并将铆钉帽放置在铆钉杆上,然后使用配套的液压铆钉枪完成紧固过程,如图2.2所示,详细的紧固步骤见图1.5。在紧固过程中和紧固刚刚完成的1 min内,传感器的示数波动很大,但随着时间的增加逐渐稳定,进而将稳定值记录下来作为该铆钉的预紧力值。将环槽铆钉拆卸之后再测量下一个铆钉的预紧力。环槽铆钉的快速拆卸设备仍处于研发阶段,因此采用精加工机床铣掉钉帽完成拆卸。为保证预紧力测量的准确性和可靠度,对直径为9.66 mm的两种铆钉分别重复测量6次预紧力,得到其预紧力的平均值分别为23.71 kN(铝合金帽)和29.42 kN(不锈钢帽),对应的变异系数(COV值)分别为0.034和0.017,体现出很好的一致性和可重复性。

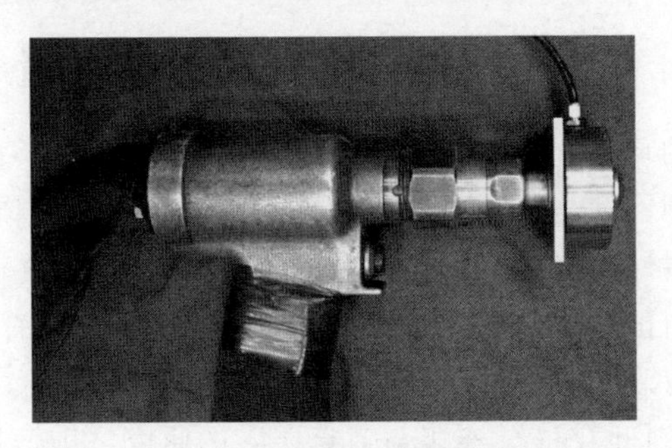

图2.2 预紧力测量现场

由于直径为12.70 mm的铆钉在我国刚刚投入使用,铆钉与紧固设备均稀缺,所以仅通过一个铆钉获取了其预紧力值,数值为24.63 kN。值得注意的是，相比于直径为 9.66 mm 的铆钉，此预紧力数值偏小、可能存在一定偏差，建议在直径为 12.70 mm 的铆钉及其紧固设备更普及后补充更多预紧力测量结果。

虽然环槽铆钉是一种防松动、抗震动的紧固件，但可能存在的预紧力损失会影响实际结构中节点的性能。利用如图 2.1 所示的测量装置监测了环槽铆钉长时间的预紧力变化情况。由于紧固件的绝大部分预紧力损失都发生在连接后的 12 h 之内[116-117]，所以对 3 个直径为 9.66 mm 环槽铆钉在 12 h 内的预紧力变化情况进行了监测。图 2.3 表示了这 3 个环槽铆钉残余预紧力($F_{p,r}$)与初始预紧力($F_{p,C}$)的比值随着时间变化的曲线。由图 2.3 可以发现，85%的预紧力损失都是发生在监测开始的前 6 h 之中，而直到监测结束所有铆钉的预紧力损失不超过初始预紧力的 2%，小于相同情况下钢螺栓和不锈钢螺栓的预紧力损失[116-118]，这一结果验证了环槽铆钉良好的防松动性能。

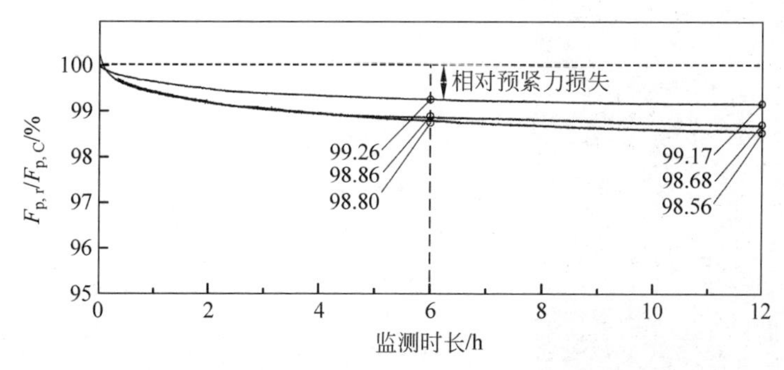

图 2.3　3 个环槽铆钉残余预紧力与初始预紧力的比值随时间变化曲线

2.3　环槽铆钉的承载性能试验研究

2.3.1　钉杆材料力学性能试验

在开展铆钉承载性能试验之前，应首先了解钉杆材料的力学性能。根据铆钉制造商的说明，两种直径的钉杆均为不锈钢材料，但具体牌号未知，厂商也未提供详细的杆材力学性能指标。因此本节根据《金属材料 拉伸试验第 1 部分：室温试验方法》[119]和 AS 1391—2007[120]对铆钉杆材进行了室温拉伸试验。

采用线切割的方式从铆钉杆上取出圆棒拉伸试件进行测试，棒材的端部通过机械加工的方式铣出与夹持棒相匹配的螺纹，以便与加载设备连接。材性试验在 Zwick/Roell Z050 拉伸试验机上进行，如图 2.4(a)所示。试验机自带一对高精度全过程电子引伸计，可以测量试件纵向全过程应变；试验机施加的拉力由其中的力传感器测量。每个棒材的材性试验重复 3 次。由于两种直径为 9.66 mm 的环槽铆钉的钉杆是完全相同的(仅匹配的钉帽不同)，所以在材性试验中不加以区分。材性试验结果汇总于表 2.1 中，表中 E 为材料弹性模量，$f_{0.2}$ 为名义屈服应力(也称"规定非比例伸长应力"，即残余应变为 0.2%时的强度)，f_u 为材料极限强度而 ε_u 为材料达到 f_u 时的总应变，n 为普通 R-O 模型或双阶段 R-O 模型第一段的应变硬化指数，m_u 为双阶段 R-O 模型第 2 段的应变硬化指数。双阶段 R-O 模型用于描述不锈钢材料的本构关系，详细介绍见 3.5.1 节。

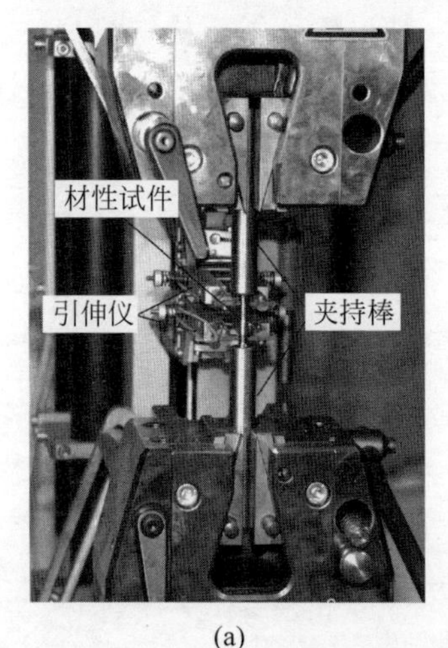

(a)

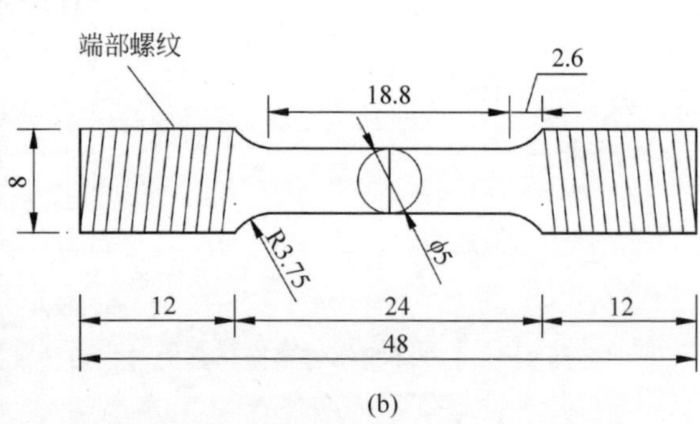

(b)

图 2.4　环槽铆钉棒材的材性试验装置及试件尺寸

(a) 试验装置；(b) 材性试件尺寸(单位：mm)

表 2.1　环槽铆钉钉杆材料力学性能汇总

铆钉直径/mm	E/MPa	$f_{0.2}$/MPa	f_u/MPa	ε_u/%	n	m_u
9.66	204,200	581.7	891.6	17.7	7.9	18.7
12.70	185,100	635.2	994.9	4.3	6.9	8.5

两种直径钉杆材料的实测与拟合应力-应变曲线如图 2.5 所示，其中拟合曲线的本构模型为双阶段 R-O 模型，可见吻合程度良好。值得注意的是，虽然两种钉杆材料的强度指标(包括 $f_{0.2}$ 和 f_u)相差仅 10%左右，但由

于两种钉杆加工方式的不同,其应力-应变曲线的形状有一定的差异。

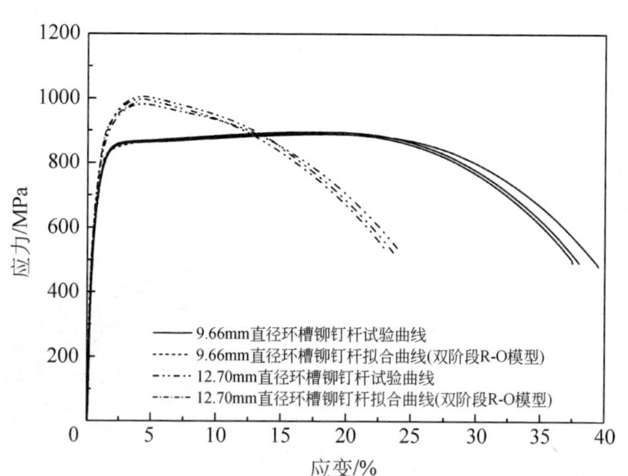

图2.5　环槽铆钉杆材料的应力-应变曲线

2.3.2　铆钉多角度拉伸试验

在实际工程中,紧固件除承受拉力与剪力外,还常常在拉剪组合作用下工作。因此,现行规范不仅规定了紧固件的抗拉与抗剪设计承载力,还给出了在拉力与剪力共同作用下的设计方法[17,112-113]。因而对于一种新型紧固件,不同受力角度下的承载性能试验便成为了必要的研究之一[121]。本节对工程中最常用的直径为9.66 mm的环槽铆钉(包括铝合金帽和不锈钢帽)开展了42个轴向拉伸、剪切和拉剪试验,并对目前较难取得的、应用尚少的大直径(12.70 mm)环槽铆钉进行了拉伸与剪切试验。

为了对环槽铆钉进行拉伸、剪切和不同角度的拉剪试验,本书设计了一套特殊的铆钉夹具——"一种多角度可调节的试样同时承受拉力与剪力的试验装置"[122],其可以实现在不更换夹具的情况下进行多角度试验,如图2.6所示。通过夹持棒与不同的连接孔连接,可以对环槽铆钉进行不同角度(0°～90°)的加载,以15°为间隔。试验在300 kN液压试验机上进行,加载过程由荷载控制,在达到峰值荷载之后由位移控制。加载过程中铆钉的变形反映了其刚度随荷载的变化,也是试验中关键的信息。由于加载装置空间有限,很难架设位移计,所以采用新型量测手段——摄影测量对铆钉的位移进行捕捉,标记点涂画在加载垫板的正面。整套量测体系如图2.7所示。关于摄影测量的原理和步骤详见4.3.3节。

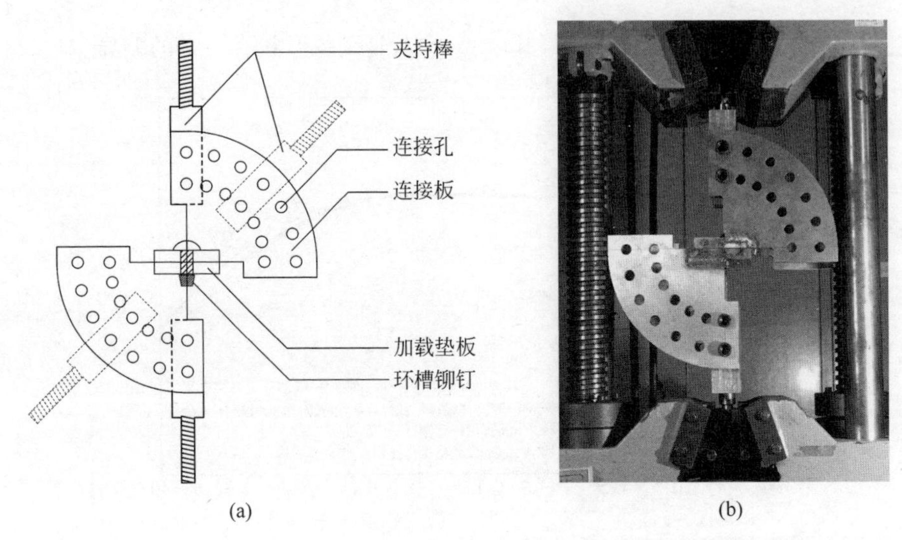

图 2.6　一种多角度可调节的试样同时承受拉力与剪力的试验装置[122]

(a) 夹具示意图；(b) 现场照片

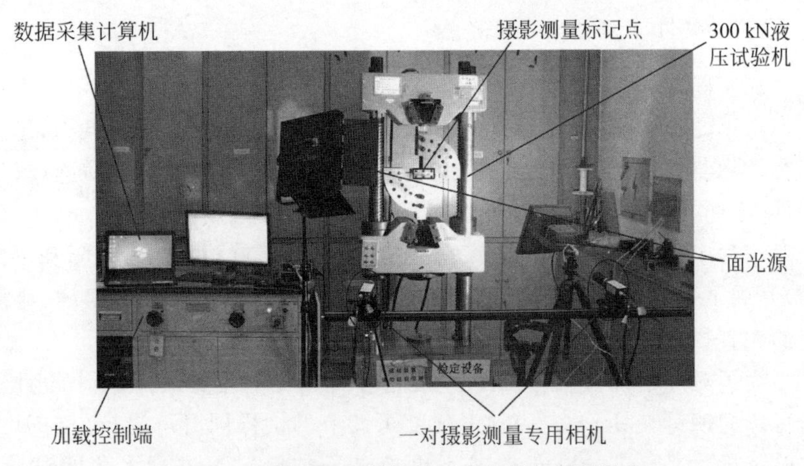

图 2.7　环槽铆钉承载性能试验加载与量测装置

对直径为 9.66 mm 的铝合金帽与不锈钢帽环槽铆钉进行了 7 个角度的加载试验，具体的角度值与测得的承载力如表 2.2 所示，其中加载角度 θ_s 代表荷载的方向与环槽铆钉轴线方向的夹角。每种铆钉在各个加载角度下进行 3 次重复试验以检验结果的一致性，每组 3 次重复试验的结果分别标记为 r_1，r_2 和 r_3。从表中可以发现试验测得的极限承载力值离散程度很小，证明了试验结果的可靠性，进而取每组的平均值作为最终试验结果并用于后续的理论分析中。从表中可以看出，不锈钢帽环槽铆钉的抗拉承载力明显高于(约 40%)铝合金帽的铆钉。然而由于两种环槽铆钉的钉杆直径与材料完全相同，主要承受剪力(θ_s=60°，75°和 90°)的铆钉试件拥有基本相同的极限承载力。直径为 12.70 mm 的环槽铆钉由于数量有限且铆钉枪紧缺，仅进行了一个抗拉与一个抗剪试验，得到极限承载力值分别为 56.65 kN 和 83.54 kN。图 2.8 给出了环槽铆钉在纯拉荷载的作用下荷载-标记点竖向位移曲线。从图 2.8(a)可以发现两种环槽铆钉的初始刚度基本一致，但不锈钢帽环槽铆钉的承载能力与变形能力明显优于铝合金帽的铆钉。对于直径为 12.70 mm 的铝合金帽环槽铆钉，虽然其承载力有所提升，但变形能力与直径为 9.66 mm 的铆钉相近。由于有一个直径为 9.66 mm 的不锈钢帽环槽铆钉位移测量失败，所以该组试验结果只包含两条荷载-位移曲线。值得注意的是，由于试验机的夹口有一定的老化而无法完美地夹住夹持棒，所以每一次微小的滑移就会引起曲线的抖动。

表 2.2　环槽铆钉(直径为 9.66 mm)承载性能试验的加载角度与试验结果

角度 θ_s/(°)	铝合金帽环槽铆钉的极限承载力/kN				不锈钢帽环槽铆钉的极限承载力/kN			
	r_1	r_2	r_3	平均值	r_1	r_2	r_3	平均值
0 (纯拉)	35.62	35.11	33.93	34.89	49.00	49.18	50.52	49.57
15	35.82	36.15	35.10	35.69	50.19	51.67	50.55	50.80
30	39.11	46.98	45.74	43.94	62.44	56.58	53.10	57.37
45	49.68	48.5	48.63	48.94	56.30	57.38	54.56	56.08
60	53.18	50.18	52.96	52.11	53.23	53.16	51.99	52.79
75	53.22	50.61	52.89	52.24	49.66	53.11	51.56	51.44
90 (纯剪)	52.13	55.66	52.79	53.53	53.34	54.86	52.94	53.71

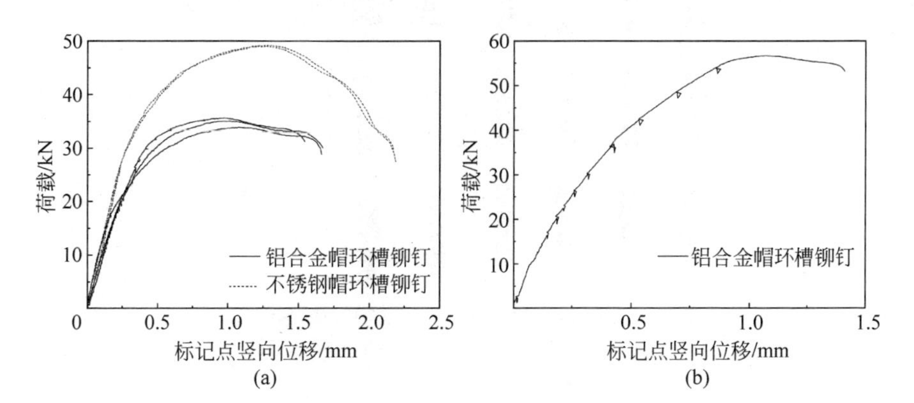

图 2.8　环槽铆钉在纯拉荷载作用下荷载-标记点竖向位移曲线

(a) 直径为 9.66 mm 的环槽铆钉；(b) 直径为 12.70 mm 的环槽铆钉

图 2.9 列出了所有直径为 9.66 mm 的环槽铆钉在纯拉、纯剪和拉剪作用下的破坏形态。观察该图可发现，在不同角度的荷载作用下环槽铆钉的破坏形态与普通的铆钉或螺栓存在较大区别。随着加载角度的改变，环槽铆钉的破坏模式随之发生变化，主要分为两大类，第 1 类为钉帽拉脱，第 2 类破坏模式为钉杆剪断。而在第 1 大类中根据钉杆是否发生明显的剪切变形又分为两个子类型，分别是仅有钉帽拉脱（第 1a 类破坏）和在钉帽拉脱的同时钉杆发生明显的剪切变形（第 1b 类破坏）。

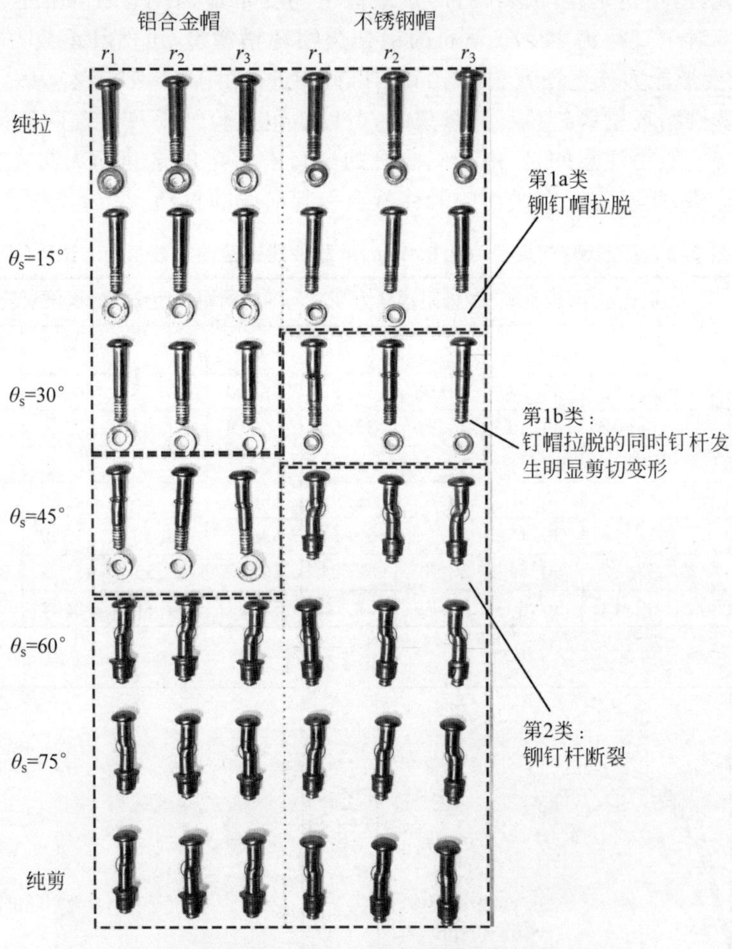

图 2.9　直径为 9.66 mm 的环槽铆钉破坏形态汇总

2.4　环槽铆钉精细化数值模型

如 2.3 节试验中观察到的现象，环槽铆钉的破坏形态与螺栓区别较大，其破坏不仅包括钉杆的断裂，还包括了铆钉帽的拉脱，而且钉帽拉脱是工程中更为普遍的破坏形态。若无钉帽拉脱，环槽铆钉的受力机理与高强螺栓基本相同，可以将钉帽与钉杆作为整体对待，只需考虑钉杆在拉力、剪力或拉剪作用下的破坏，且在有限元建模中将钉帽与钉杆一体建立即可。但对于环槽铆钉而言，钉帽在安装过程中发生塑性变形而与杆上的“环槽”(与螺栓杆上的螺纹类似，但环槽铆钉杆上的是平行的环状沟槽，1.3.1 节有详细介绍)紧密贴合，二者在受力过程中存在着复杂的摩擦和滑移行为，最终因为接触处材料的大变形而无法继续承载，导致钉帽的拉脱。在试验中，由于铆钉帽与钉杆紧密连接，很难在其间布置量测装置进而获取有价值的试验信息。在现有的针对环槽铆钉的工作机理研究中，仅有关于其安装过程的数值分析[123]，少有其受力(拉力、剪力或拉剪)性能的相关研究。因而在本章的数值与理论分析部分，将以有限元分析入手，通过合理的精细化数值模型获取环槽铆钉更多的受力特征信息，并以此厘清铆钉的受力机理并推导拉脱承载力公式，再通过理论分析简化铆钉的受力行为，从而为后续高效地进行数值分析打下基础，最后提出环槽铆钉的承载性能设计方法。

2.4.1　模型的建立与验证

环槽铆钉杆与铆钉帽的精细化有限元模型如图 2.10 所示，可以发现有限元模型在几何形状与细节尺寸上与实际环槽铆钉吻合良好。注意到环槽铆钉杆的有限元模型中只有 4 个互相平行的环槽，而实际中有 5 个，这是因为铆钉帽只与 4 个环槽存在接触关系(只有 4 个“有效环槽”)，所以另外一个在数值模型中被省略。精细化环槽铆钉有限元模型的详细尺寸如图 2.11 所示。为了保证有限元模型计算的收敛性，模型尺寸相比于环槽铆钉的真实尺寸有很细微的调节。

数值模型中铆钉杆的材料取圆棒拉伸试验的实测值，如表 2.1 所示。而由于铆钉帽尺寸微小，很难开展其力学性能的测试，所以钉帽的材料力学性能是依据生产厂商提供的材质说明确定的。其中铝合金帽材为 6061-T6，按照欧洲铝合金结构设计规范(EC9)[112]表 3.2b 中列出的材料力学性能进行取值：$E=70\,000$ MPa，$f_{0.2}=240$ MPa，$f_u=260$ MPa，$n=55$；不锈钢帽材为奥氏体型 S304 (EN 1.4301)，按照文献[124]中的材料力学性能

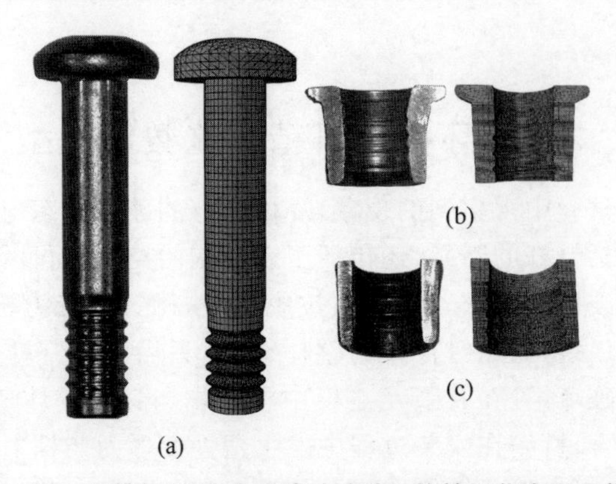

图 2.10　环槽铆钉(包括钉杆与钉帽)的精细化有限元模型

(a) 环槽铆钉杆；(b) 铝合金帽；(c) 不锈钢帽

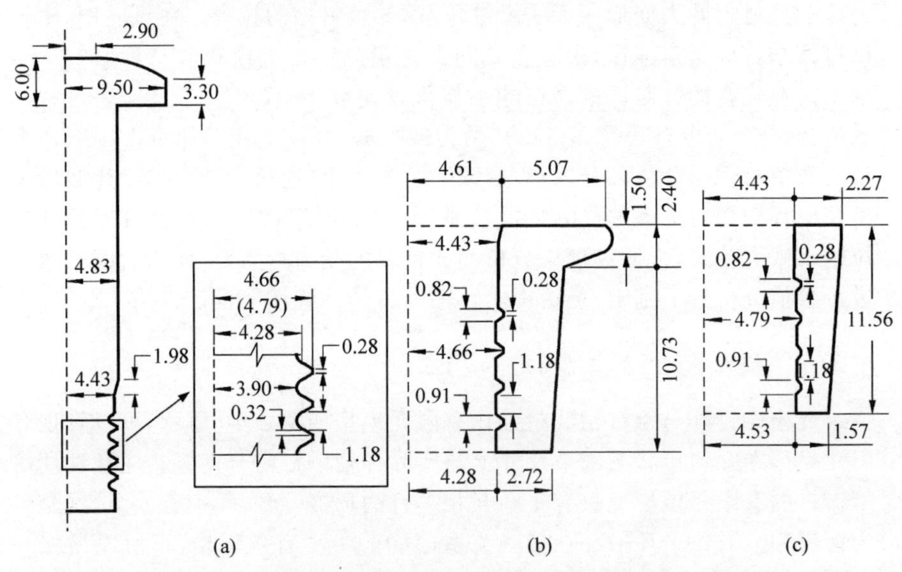

图 2.11　环槽铆钉精细化有限元模型的详细尺寸(单位：mm)

(a) 环槽铆钉杆；(b) 铝合金帽；(c) 不锈钢帽

取值：$E=188\ 000$ MPa，$f_{0.2}=612$ MPa，$f_u=780$ MPa，$n=4.49$，$m_u=3.7$。由于目前对铆钉帽的材性参数了解还不够具体，所以有限元模型中没有包含断裂与损伤的准则[125]。铆钉杆的主体部分和铆钉帽采用 ABAQUS 单元库中的一种 8 节点六面体线性减缩积分单元——C3D8R 进行模拟，铆钉头部采用一种 10 节点的四面体二次单元——C3D10 进行模拟。铆钉杆的单元基本尺寸为 1.0 mm，在环槽附近的单元进一步细化，尺寸为 0.2 mm。铆钉帽的单元基本尺寸为 0.4 mm，在接近与环槽咬合的位置细化网格，细化后的尺寸为 0.1～0.2 mm，如图 2.10 所示。环槽与铆钉帽间的接触对计算精度与收敛性较为重要，采用硬接触来定义接触面之间的法向关系，用 ABAQUS 中的“罚函数”选项来定义摩擦，所有摩擦系数取为 0.3。

试验中使用的夹具——一种多角度可调节的试样同时承受拉力与剪力的试验装置，也作为有限元模型中的夹具对其进行了建模，如图 2.12 所示。该夹具的几何尺寸与试验夹具的实际尺寸完全相同。连接板与夹持棒在试验中无任何可见变形和破坏，因此在有限元中设置为弹性体，弹性模量为 1×10^6 MPa。由于加载垫板是经焊接而与连接板拼接到一起的，在很小的面积上输入了较大的焊接热量；而且试验中加载垫板之间存在着不可消除的空隙，因此建模中通过折减加载垫板的弹性模量来使其在铆钉预紧力未克服前产生钉杆杆轴方向的位移。

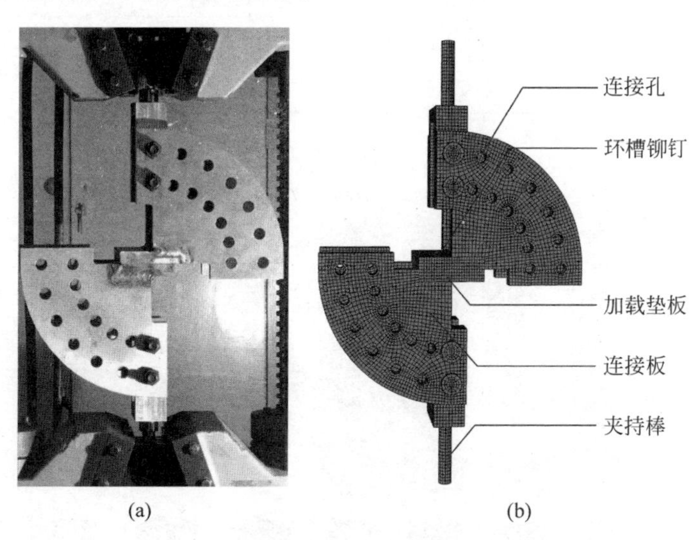

图 2.12　环槽铆钉加载夹具的有限元模型

(a) 试验夹具；(b) 有限元模型

本节进而通过对比试验结果与有限元模型计算得到的环槽铆钉极限承载力、破坏形态和荷载-位移曲线来进行模型的验证。由于直径为 12.70 mm 的环槽铆钉试验数据有限，未对其精细化有限元模型进行对比验证。

精细化有限元模型得到的环槽铆钉在纯拉、纯剪和拉剪组合作用下的极限承载力($F_{s,FEr}$)与试验值的对比列于表 2.3 中。对铝合金帽和不锈钢帽环槽铆钉，其有限元结果与试验结果比值($F_{s,FEr}/F_{s,test}$)的平均值分别为 1.00 和 0.96，标准差分别为 0.07 和 0.04。可见，有限元计算结果与试验值吻合良好。图2.13中对比了有限元模型中不同加载角度下的环槽铆钉破坏形态,可以发现有限元模型对不同的破坏形态均能准确地模拟,甚至捕捉到了$\theta_s=45°$时铝合金帽环槽铆钉和$\theta_s=30°$时不锈钢帽环槽铆钉杆上轻微的“折痕”(剪切变形)。

表2.3　精细化有限元模型极限承载力与试验值对比

加载角度	铝合金帽			不锈钢帽		
θ_s/(°)	$F_{s,test}$/kN	$F_{s,FEr}$/kN	$F_{s,FEr}/F_{s,test}$	$F_{s,test}$/kN	$F_{s,FEr}$/kN	$F_{s,FEr}/F_{s,test}$
0	34.89	34.26	0.98	49.57	49.89	1.01
15	35.69	38.58	1.08	50.80	50.92	1.00
30	43.94	46.87	1.07	57.37	54.18	0.94
45	48.94	51.96	1.06	56.08	51.75	0.92
60	52.11	48.49	0.93	52.79	49.26	0.93
75	52.24	48.50	0.93	51.44	48.05	0.93
90	53.53	50.31	0.94	53.71	52.90	0.98
平均值			1.00			0.96
标准差			0.07			0.04

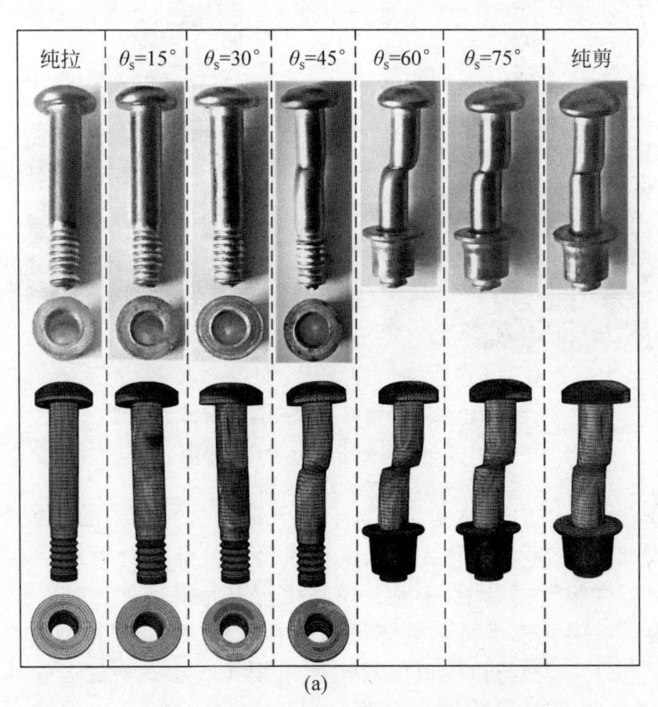

(a)

图2.13　环槽铆钉有限元破坏形态与试验破坏形态对比

(a) 铝合金帽的环槽铆钉;(b) 不锈钢帽的环槽铆钉

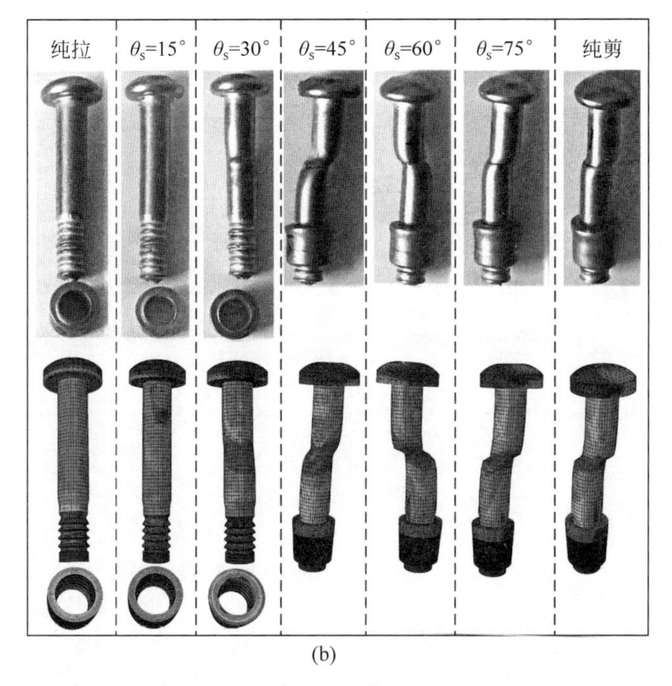

(b)

图 2.13(续)

进一步,对有限元与试验得到的荷载-位移曲线进行对比,如图 2.14 所示。值得注意的是,在试验曲线中有一条不锈钢帽环槽铆钉曲线因位移测量失败而未参与对比,还有一条 $\theta_s=30°$时的铝合金帽铆钉试验曲线由于与同组曲线偏差过大亦未列出。由图 2.14 中的 4 组曲线对比可以发现,精细化的有限元模型可以很好地模拟铝合金与不锈钢帽环槽铆钉的荷载-位移全过程,对环槽铆钉在加载夹板中的滑移、弹性和塑性变形以及破坏均能准确捕捉。值得注意的是,在拉剪组合作用下,由于同组之内的铆钉在铆钉孔中的相对位置各不相同,所以试验曲线之间有所区别,但对比有限元曲线和试验曲线在滑移段之后的初始刚度和进入塑性段之后的刚度及极限承载力可以发现,有限元曲线的确与试验曲线吻合良好。

2.4.2　铆钉拉脱过程受力机理分析

本节借助验证过的精细化有限元模型,提取环槽铆钉的全过程受力信息,对其力学行为进行深入探讨。

首先,图 2.15 和图 2.16 分别展示了铝合金帽和不锈钢帽环槽铆钉钉杆变形与应力的发展。通过对比可以看出,铝合金帽环槽铆钉的钉杆无环

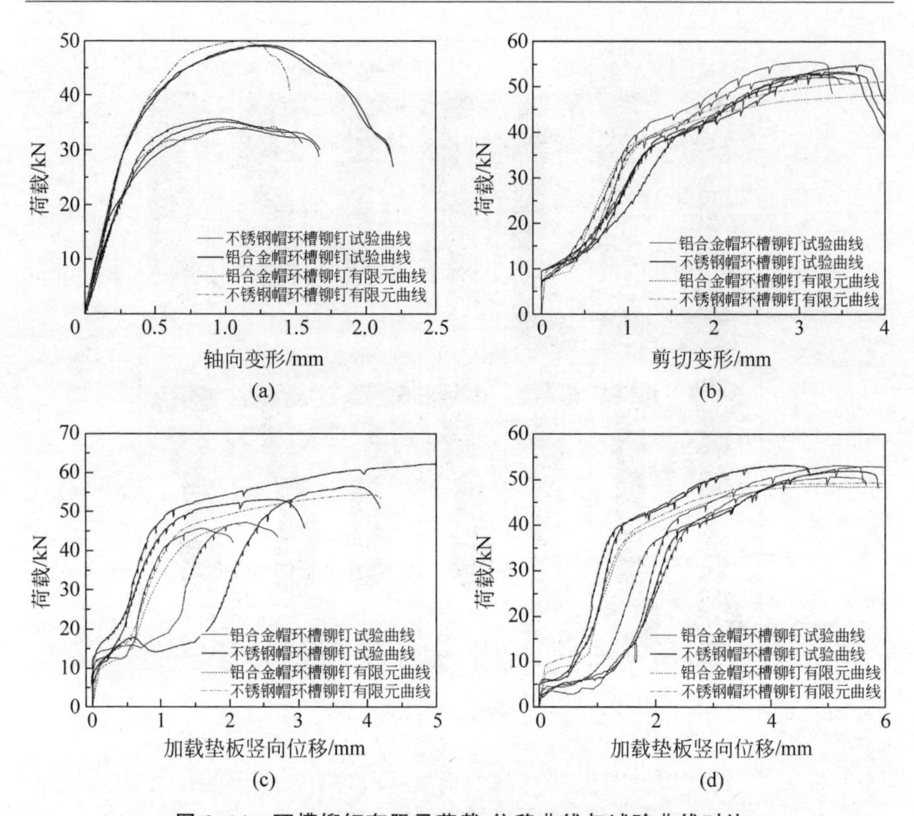

图 2.14　环槽铆钉有限元荷载-位移曲线与试验曲线对比

(a) 纯拉；(b) 纯剪；(c) 拉剪组合作用($\theta_s = 30°$)；(d) 拉剪组合作用($\theta_s = 60°$)

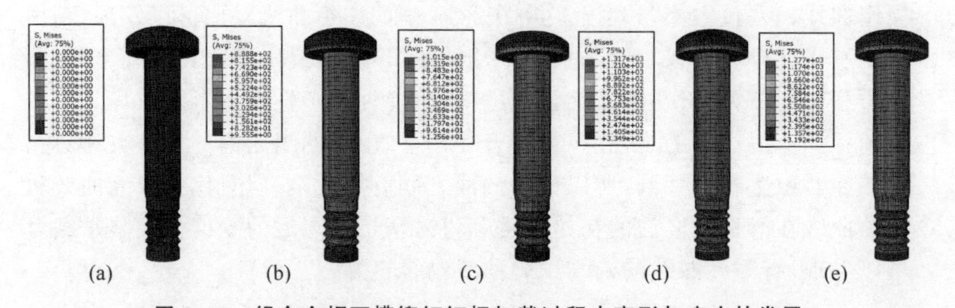

图 2.15　铝合金帽环槽铆钉钉杆加载过程中变形与应力的发展

(a) 紧固前；(b) 紧固后；(c) 80%极限荷载；(d) 极限荷载；(e) 套环拉脱

槽段自始至终处于弹性，而不锈钢帽铆钉钉杆在 80%极限荷载(约 40 kN)时即达到名义屈服应力，但两种铆钉钉杆在整个受力过程中均无明显伸长。其次，观察环槽处可以发现，铝合金帽铆钉的钉杆环槽在极限承载力时仍处

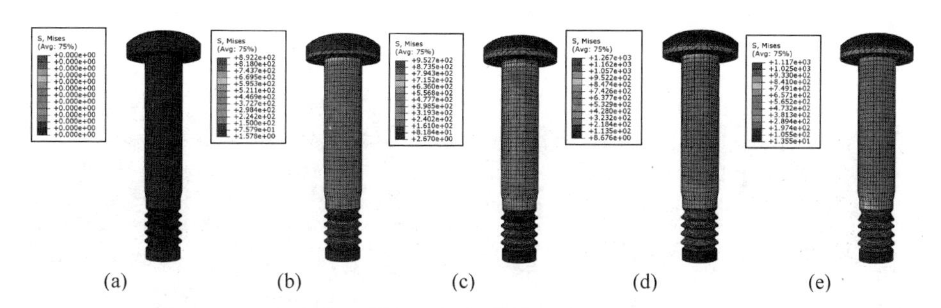

图 2.16　不锈钢帽环槽铆钉钉杆加载过程中变形与应力的发展

(a) 紧固前；(b) 紧固后；(c) 80%极限荷载；(d) 极限荷载；(e) 套环拉脱

于杆材的名义屈服强度左右，几乎无变形，只有个别应力集中处超过 $f_{0.2}$；但不锈钢帽铆钉则明显不同，在预紧力施加之后，钉杆最上部环槽处就超过了名义屈服应力，在达到极限荷载时环槽发生明显变形，且所有环槽的 Von Mises 应力均接近材料极限应力。由此可见，若制造新类型的铝合金帽环槽铆钉，杆材强度可适当降低，避免浪费。

进一步，提取了两种铆钉帽的变形与应力发展，如图 2.17 和图 2.18 所示。观察两幅图可以发现二者的共性与区别。共性在于，应力均是首先在上部的凹槽发展，再逐步向下传递，而不是在所有凹槽中均匀增加。这是由于，两种铆钉帽均是下部直径小而上部直径大(见图 2.11(b)和(c))，但用来紧固的铆钉枪枪口直径不随位置而发生变化，这就导致钉帽上下部分紧固程度有所不同，钉帽直径大的地方发生塑性变形更大，进而在受力阶段抵抗外力的刚度更大。加载时，刚度较大的位置首先承受更大的荷载，当该位置达到塑性应变产生很大变形之后，整个铆钉帽内的应力发生重分布，下部的凹槽应力才逐渐增加。这一规律从图 2.19 也可观察到，而且可发现由于不锈钢帽受力时进入塑性晚，这种应力不均匀分布更明显。

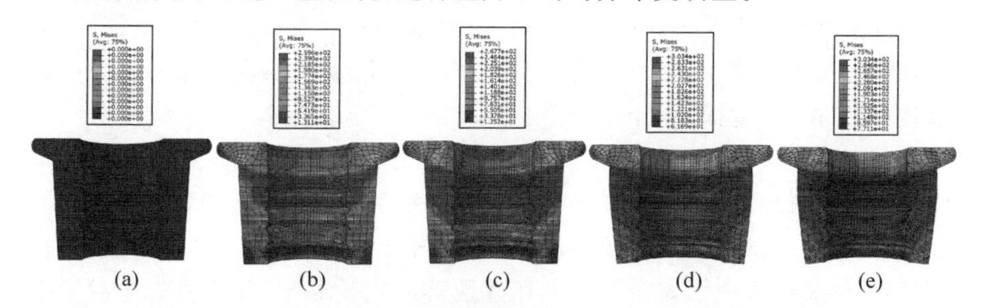

图 2.17　铝合金帽环槽铆钉钉帽加载过程中变形与应力的发展

(a) 紧固前；(b) 紧固后；(c) 80%极限荷载；(d) 极限荷载；(e) 钉帽拉脱

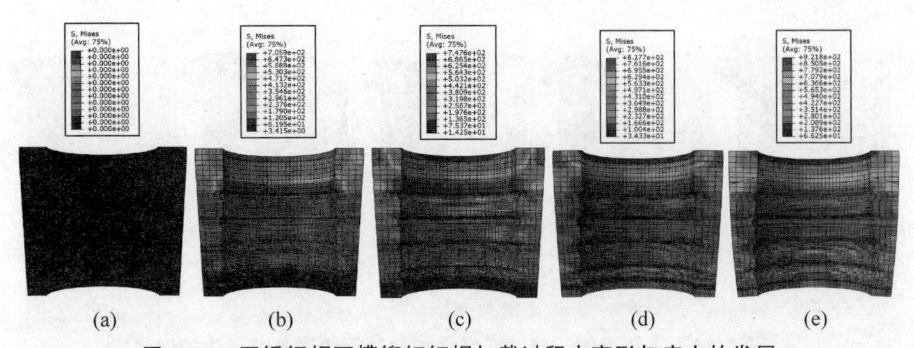

图 2.18　不锈钢帽环槽铆钉钉帽加载过程中变形与应力的发展

(a) 紧固前；(b) 紧固后；(c) 80%极限荷载；(d) 极限荷载；(e) 钉帽拉脱

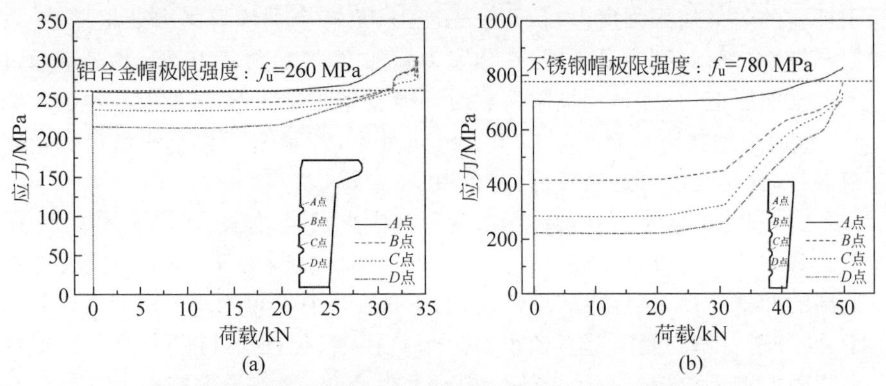

图 2.19　铝合金帽与不锈钢帽在加载过程中不同位置的应力发展

(a) 铝合金帽；(b) 不锈钢帽

铝合金帽与不锈钢帽的区别在于,铝合金帽在紧固后,其上部 2 个凹槽就超过屈服应力接近材料极限强度,在达到极限承载力时钉帽所有位置几乎都达到极限强度,且发生了“橡木桶”型变形模式,即中间向外凸两端向内缩,钉帽拉脱时所有与环槽接触的材料都超过了 f_u。而对于不锈钢帽,直到极限荷载时钉帽上每个凹槽的上部(凸齿的下部)才接近极限强度。不锈钢帽也存在“橡木桶”型变形。

在分析了钉杆和钉帽的受力特征之后,综合上述信息并结合图 2.20 中环槽铆钉在拉脱前环槽与钉帽等效塑性应变分布来总结这两种铆钉不同的破坏机理。对于铝合金帽铆钉来说,钉帽内由塑性变形产生的凹槽在不锈钢环槽的剪切作用下完全发生破坏并脱落,属于“剪出”型破坏;而对于不锈钢帽铆钉,由于钉帽较强,在剪切力的作用下并未破坏脱落而是向外膨胀变形,进而破坏了杆与帽之间紧密贴合的几何关系,加之不锈钢帽在紧固时塑性变形较小，形成的凹槽相对较浅，所以钉杆从中滑出，属于“滑出”型破坏。图 2.21 展示了这两种铆钉的实际破坏细节，也证明了以上的推论。但

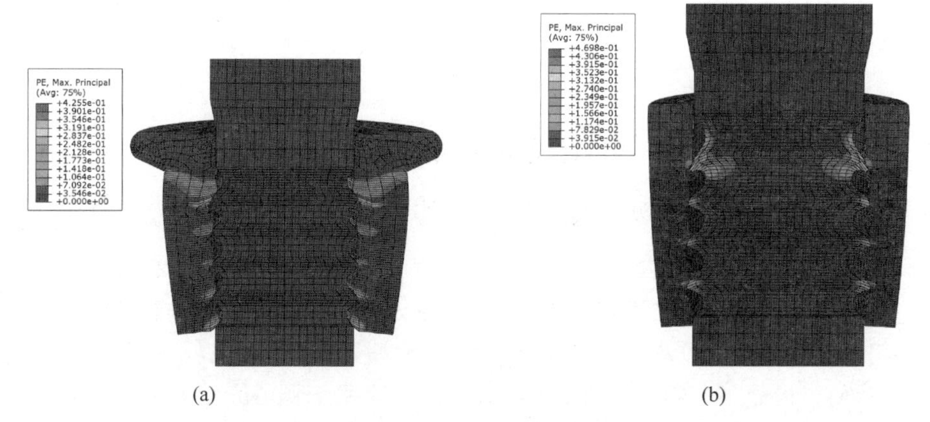

图 2.20　环槽铆钉在拉脱前的等效塑性应变分布

(a) 铝合金帽环槽铆钉；(b) 不锈钢帽环槽铆钉

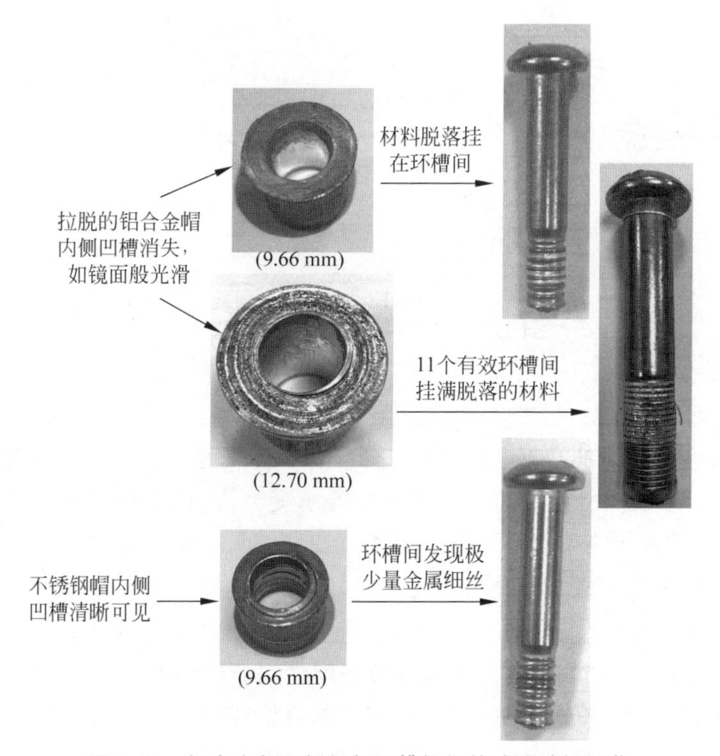

图 2.21　铝合金与不锈钢帽环槽铆钉的试验破坏细节

值得注意的是，对不锈钢帽铆钉来说，在钉杆“滑出”的过程中，钉帽与环槽接触处材料一定有部分发生损伤，因此也在钉杆处发现很少量的金属挂丝。

根据以上的分析和两种铆钉的不同破坏机理，2.5 节将对环槽铆钉的拉脱(pull-out)力 F_{PO} 进行推导。

2.5　钉帽拉脱承载力的计算方法

2.5.1　铝合金帽铆钉的拉脱承载力 $F_{PO,a}$

铝合金帽的几何参数及其拉脱承载力的推导原理如图 2.22 所示。先取钉帽上的一个凸齿进行分析，判断其受力特征。钉杆环槽与齿之间的作用力的竖向分量以均布力 q 表示。假设钉帽外侧材料可以给齿足够的约束，使该齿处于一侧固支的受力状态。取钉帽平面圆心角 1°对应的微段进行分析。则该齿在均布力作用下固支端所承受的弯矩(M_1)与剪力(V_1)，可用下式表示：

$$M_1=\frac{1}{2}q(r_2-r_1)^2 \tag{2-1}$$

$$V_1=q(r_2-r_1) \tag{2-2}$$

则钉帽内破坏界面上产生的弯曲与剪切应力分别为

$$\sigma_1=\frac{M_1}{\frac{1}{12}\left(\frac{\pi}{180}r_2\right)d_2^3}\frac{d_2}{2}=\frac{60q(r_1-r_2)^2}{\pi r_2d_2^2} \tag{2-3}$$

$$\tau_1=\frac{V_1}{\frac{\pi}{180}r_2d_2}=\frac{180q(r_2-r_1)}{\pi r_2d_2} \tag{2-4}$$

比较二者的大小关系，我们得到：$\tau_1/\sigma_1=3d_2/(r_2-r_1)$，代入直径为 9.66 mm 的铝合金帽铆钉的数据，该比值等于 24；对直径为 12.70 mm 的铆钉该比值为 5。这表明所关注的受力对象主要承受剪力，由弯曲引起的正应力很小，因而在接下来的计算中予以忽略。则假设钉帽破坏界面上所有材料同时因达到剪切强度而破坏，则 $F_{PO,a}$ 可用下式计算：

$$F_{PO,a}=(t_c-t_{fl}-n_cd_1-d_3)\times 2\pi r_2\times 0.6f_u \tag{2-5}$$

式中，系数 0.6 代表剪切强度与抗拉强度之间的比例关系[126]，n_c 代表钉帽内凹槽的数量，即锁紧的钉帽内所握裹的钉杆环槽数目。值得注意的是，t_{fl} 代表钉帽翼缘的厚度，在该范围内铆钉枪并没有对材料进行挤压，因而受约

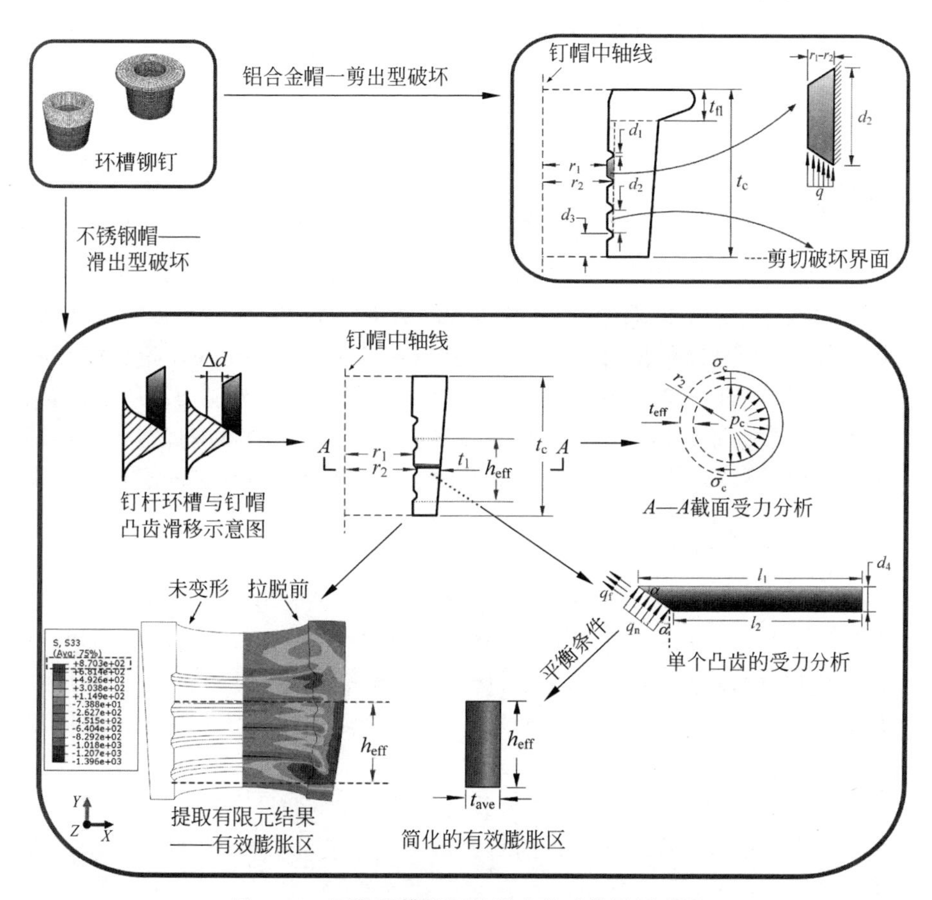

图 2.22　两种环槽铆钉拉脱力公式推导原理图

束作用弱，难以在该部分实现“剪出”型破坏，所以忽略这部分材料的抗剪作用。d_3 是钉帽中最下面的凹槽顶部距离钉帽底部的距离，这部分材料虽然可能会与钉杆接触，但由于钉帽几何外形的特殊性(钉帽底部缩口)，造成铆钉枪在最下方的紧固力不足，所以也忽略这部分材料的贡献。

根据式(2-5)计算得到了本书涉及的两种铝合金帽环槽铆钉的理论拉脱承载力，并与相应试验值进行了对比，列于表 2.4 中，比值平均值分别为 1.01 和 1.05，可以发现本节提出的理论公式可以很好地预测铝合金帽的拉脱力。

表 2.4 铝合金铆钉帽的几何参数及拉脱力理论计算值

d_{pin} /mm	钉帽几何参数/mm							n_c /个	试验 $F_{u,test}$/kN	理论 $F_{PO,a}$/kN	$F_{PO,a}/F_{u,test}$
	t_c	t_{fl}	r_1	r_2	d_1	d_2	d_3				
9.66	13.13	2.40	4.43	4.66	0.28	1.81	1.87	4	34.89	35.35	1.01
12.70	18.82	5.57	5.78	6.25	0.26	0.75	0.66	11	56.65	59.61	1.05

误差分析：我们观察到，理论解略微高估了试验值，这可能是由于并非所有材料都在达到极限荷载时同时剪断，若有部分材料提前或滞后发生破坏，则式(2-5)会高估拉脱力。忽略弯曲效应产生的应力也在一定程度上高估了真实值。且目前试验数据有限，该公式也有待进一步验证。所以，如无相关试验数据而必须使用理论公式计算拉脱力，则根据我国规范[17]，建议抗力分项系数 γ_R 取为 1.3，充分确保铝合金帽环槽铆钉连接的安全。

2.5.2 不锈钢帽铆钉的拉脱承载力 $F_{PO,s}$

如 2.4.2 节中对不锈钢帽铆钉的破坏机理分析，它发生的是“滑出”型破坏。结合有限元模型中观察到的钉帽中间发生的明显鼓凸，可推断在钉杆环槽与钉帽凸齿的挤压作用下，挤压力的水平分量会使钉帽向外“膨胀”，进而导致环槽与凸齿发生相对滑动，当二者边缘相接时达到滑动的极限状态，随后立即发生钉帽拉脱。

依此破坏机理，在推导理论承载力前做出如下假设：

(1) 假设钉杆环槽和钉帽的材料均未发生破坏(忽略环槽间少量的金属挂丝)；

(2) 假设环槽与凸齿间紧密贴合且凸齿受挤压面坡角不变，即图 2.22 中的 α 不变；

(3) 不考虑第一次滑出后钉杆环槽再次进入其他钉帽凹槽。

设环槽与凸齿相对滑移的水平距离为 Δd，则在极限状态时有

$$\Delta d = r_2 - r_1 \tag{2-6}$$

取膨胀的钉帽中单位高度(竖直方向定义为高度方向，水平方向定义为厚度方向)的材料进行分析，所取位置为图 2.22 中 A—A 截面，截面厚度为 t_1。设此段钉帽的内侧存在均匀分布的水平向外的压力 p_c。取该圆环形截面的一半进行受力分析，有压力的合力与截面内存在的沿切线方向的拉力之间的平衡，设拉应力为 σ_c，且沿截面厚度均匀分布，则有

$$\int_0^{\pi} p_c (r_2 + t_1/2) \sin\theta \mathrm{d}\theta = 2\sigma_c t_1 \tag{2-7}$$

由不锈钢的本构关系[140]，可得到 Δd 与 σ_c 之间的关系：

$$\frac{2\pi\Delta d}{2\pi(r_2+t_1/2)}=\frac{\sigma_c}{E}+0.002\left(\frac{\sigma_c}{f_{0.2}}\right)^n \quad (\sigma_c \leqslant f_{0.2}) \tag{2-8}$$

$$\frac{2\pi\Delta d}{2\pi(r_2+t_1/2)}=\frac{\sigma_c-f_{0.2}}{E_{0.2}}+\left(\varepsilon_u-\varepsilon_{0.2}-\frac{f_u-f_{0.2}}{E_{0.2}}\right)\left(\frac{\sigma_c-f_{0.2}}{f_u-f_{0.2}}\right)^{m_u}+\varepsilon_{0.2}$$

$$(f_{0.2}<\sigma_c \leqslant f_u) \tag{2-9}$$

对于式(2-8)和式(2-9)，在大多数情况下应使用后式，因为若要产生大变形而引发钉帽拉脱，则不锈钢材料应已经进入非线性阶段。联立式(2-6)～式(2-9)，可得到极限状态下 p_c 的表达式。对于本书中直径为 9.66 mm 的不锈钢帽铆钉，$\sigma_c=860.4$ MPa，$p_c=240.1$ MPa。

接下来讨论钉帽膨胀的范围。如 2.4.2 节的分析，不锈钢帽在极限荷载时产生的是“橡木桶”型变形，即中间膨胀较多，而顶部和底部膨胀较少甚至收缩。所以应首先确定径向向外压力作用下钉帽的膨胀范围：若假设钉帽全高度范围都膨胀则会高估结果；若只考虑中间核心部分膨胀则会产生保守的结论。对于本书所研究的不锈钢帽环槽铆钉，再次借助精细化有限元模型的分析结果，如图 2.22 所示。本书发现，在钉帽拉脱前 S33(水平方向拉应力)在钉帽第二个(从上向下)凹槽至最下方凹槽之间的截面达到最大，最大应力约为 870 MPa，与按照式(2-6)～式(2-9)计算得到的 σ_c 十分接近。其实第一个凹槽所在位置在极限承载力时应力较小不难理解：因为第一个凹槽及其所握裹的钉杆环槽承力及变形早，等到后三个凹槽应力较大、铆钉即将滑出时，第一个凹槽已进入其承载能力的下降段，甚至所握裹的钉杆环槽已滑出(见图 2.20(b))，所以它的贡献不应计入极限承载力。因此，就把这段应力较大的区域定义为“有效膨胀区”，高度为 h_{eff}。为方便计算，在研究有效膨胀区时，将其纵断面简化为厚度均匀的矩形，宽度取为有效区上下边界厚度的平均值，即 t_{ave}。值得注意的是，若研究其他类型的不锈钢帽铆钉，如其材料与几何参数与本书铆钉区别较大，有效膨胀区的范围需重新标定。

设环槽上表面与凸齿下表面存在法向的均布力 q_n，与竖直方向夹角为 α；存在沿接触面方向的摩擦力为 q_f。则 q_n 和 q_f 与作用在有效膨胀区的径向力 p_c 之间存在平衡关系：

$$n_{eff}(q_n\sin\alpha-q_f\cos\alpha)\sqrt{(l_1-l_2)^2+d_4^2}=p_c h_{eff} t_{ave}/t_1 \tag{2-10}$$

式中，n_{eff} 为有效膨胀区内凹槽的数量。且有

$$q_{\mathrm{f}}=q_{\mathrm{n}}\mu \tag{2-11}$$

式中，μ 为不锈钢摩擦面抗滑移系数。在钉帽拉脱后，观察到不锈钢凹槽的内表面十分粗糙，甚至有细微的金属褶皱，所以若按照未经任何处理的表面来取值，就会低估抗滑移系数，但若像文献[127]一样贸然将 μ 取为 0.3 则偏不安全。所以分别对王元清等人[128]和王嘉昌等人[19]两批试验取得的不锈钢抗滑移系数取平均值，得到 μ 为 0.258。进而可以得到不锈钢帽的拉脱力 $F_{\mathrm{PO,s}}$：

$$F_{\mathrm{PO,s}}=n_{\mathrm{eff}}A_{\mathrm{c}}(q_{\mathrm{n}}\cos\alpha+q_{\mathrm{f}}\sin\alpha) \tag{2-12}$$

式中，A_{c} 为每个环槽与凸齿接触面的面积，可用下式计算：

$$A_{\mathrm{c}}=\pi\sqrt{(l_1-l_2)^2+d_4^2}\,(r_1+r_2) \tag{2-13}$$

联立式(2-10)～式(2-13)并代入前式算得的 p_{c}，则可得到拉脱力的理论值 $F_{\mathrm{PO,s}}$。表 2.5 列出了本书直径为 9.66 mm 的不锈钢帽铆钉的关键几何参数(未参与计算的参数省略)和计算结果，得到理论值与试验结果的比值为 0.97，可以说明提出的理论公式可以较好地计算本书所研究的不锈钢帽铆钉的拉脱承载力。

误差分析：虽然对于试验铆钉来说理论值很接近，但由于样本有限，仍需对模型中可能产生误差的原因进行分析。首先，相比于我国钢结构设计标准[129]规定的未经任何处理的 Q235 和 Q345 钢材表面($\mu_{\mathrm{Q235}}=0.30$，$\mu_{\mathrm{Q345}}=0.35$)，不锈钢表面抗滑移系数取为 0.258 可能会低估真实值。其次，完全不考虑有效膨胀区外材料对承载力的贡献在一定程度上也会低估试验结果。同时，本理论公式需要经过更多类型的不锈钢帽环槽铆钉试验结果的验证。若在没有试验和数值结果的校核下直接使用该理论方法来进行设计，则建议抗力分项系数 γ_{R} 取为 1.2[17]，以充分确保安全。

表 2.5　不锈钢帽环槽铆钉的几何参数及理论计算值

d_{pin} /mm	钉帽几何参数/mm								n_{eff} /个	试验 $F_{\mathrm{u,test}}$/kN	理论 $F_{\mathrm{PO,s}}$/kN	$F_{\mathrm{PO,s}}/F_{\mathrm{u,test}}$
	d_4	r_1	r_2	l_1	l_2	t_1	t_{ave}	h_{eff}				
9.66	0.32	4.58	4.78	1.78	1.56	1.55	1.79	5.11	3	49.57	47.88	0.97

2.6　简化模型的实现与关键参数推导

2.4 节中建立的精细化有限元模型可以对两类环槽铆钉的承载性能进行很好地模拟，但对于实际结构和工程应用而言，计算时间与计算精度有时同样重要。由于精细化的有限元模型考虑了钉杆上环槽和钉帽之间复杂的接触作用，因而包括了大量的(≥100 000 个)实体单元并需要进行材料、几何及接触非线性运算，需要大量的计算时间和资源。以计算单个铆钉受拉为例，采用普通配置的计算机(处理器：Intel(R) Core(TM) i5-6500 @3.20 GHz；内存(RAM)：16.0 GB)需要进行 2 h 的运算，若是对由多个环槽铆钉连接的节点进行建模计算，则所消耗的计算时间将十分惊人。因而本节寻求一种简化的有限元模型，目的是在保证计算可靠性的基础上大幅降低计算的时间。

由精细化有限元模型计算结果发现，环槽铆钉受力过程中发生的变形基本由钉帽和环槽间滑移占据，集中在钉帽长度(t_c)范围内。在所提出的简化有限元模型中，采用"滑移等效段"来准确模拟精细化有限元模型(或实际环槽铆钉)中的荷载-滑移行为。而简化模型中的滑移等效段需要满足以下 3 个约束条件：

(1) 在相同拉力的作用下，简化模型中滑移等效段的伸长长度应该与实际环槽铆钉的①钉帽与环槽之间的滑移量及②钉帽长度范围内钉杆的伸长量之和相同；

(2) 在需考虑环槽铆钉受弯的工况下，当环槽铆钉截面转过角度 α，简化模型中滑移等效段应提供与实际环槽铆钉相同的抵抗弯矩；

(3) 简化模型中滑移等效段不影响环槽铆钉的抗剪承载力。

简化的环槽铆钉模型由两个主要部分组成，一个是原始段，即除了滑移等效段之外的铆钉其余部分；另一个则是滑移等效段，如图 2.23 所示。为了满足以上提出的三点要求，本节提出了"四步标定法"来确定简化模型中关键的材料与几何参数。这里以直径为 9.66 mm 的不锈钢环槽铆钉为例来说明标定的过程。值得注意的是，在描述标定的过程中，为方便表示和推导，所用参数的符号尽量统一，比如和荷载相关的参数均用 N 表示，可能与本书其他章节相似参数的符号有所区别。

第 1 步：提取环槽铆钉荷载-位移全曲线中的有效段

当外加拉力 N_s 达到环槽铆钉预紧力 N_{pre} 之前，试验得到的环槽铆钉曲线中的位移主要来自加载垫板的变形，环槽铆钉在外力超过预紧力之后才发生滑移与伸长，所以将曲线上升段从 N_{pre} 至极限承载力 N_{peak} 之间定义为有效段，如图 2.24(a)所示。该有效段是在接下来的步骤中用来确定滑移等效段应力-应变关系的。值得注意的是，如要保证标定过程的准确性，环槽铆钉的预紧力应当在此前精确地测量。

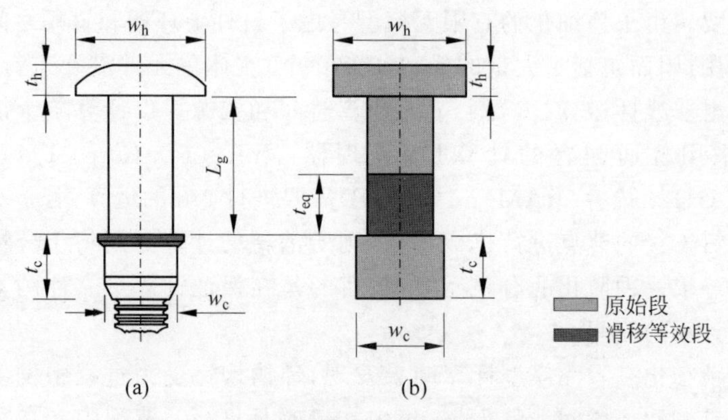

图 2.23　实际与简化的环槽铆钉几何参数

(a) 实际环槽铆钉；(b) 简化模型

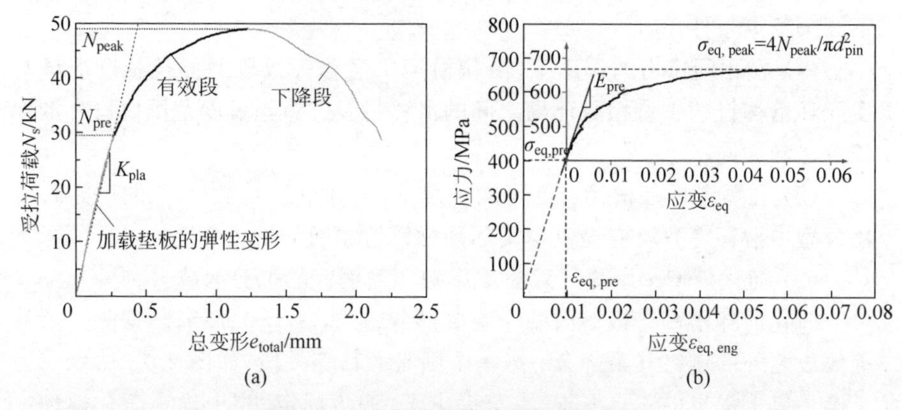

图 2.24　确定滑移等效段的材料性质

(a) 环槽铆钉荷载-位移曲线(第 1 步)；(b) 得到的等效段应力-应变关系(第 4 步)

第 2 步：推导滑移等效段伸长量 e_{eq} 与受拉荷载 N_s 之间的函数关系

通过试验测量到的总变形 e_{total} 包含了 3 个部分：①铆钉杆的伸长 e_{pin}；②钉帽和环槽之间的滑移 e_{co}；③加载垫板的弹性变形 e_{pla}(测量的是加载垫板外侧标记点的位移，详见 2.3.2 节)。

e_{pin} 等于外力达到环槽铆钉预紧力之后铆钉杆应变的增加量($\varepsilon_{pin}-\varepsilon_{pin,pre}$)与铆钉杆可伸长长度($L_p$)的乘积。根据欧洲铝合金结构设计规范的规定[112]，$L_p=L_g+0.5(t_h+t_c)$。其中 L_g 为夹紧厚度，t_h 为铆钉头高度，t_c 为钉帽长度，符号的图示如图 2.23 所示。对于这些环槽铆钉的几何参数，表 2.6 列出了本书试验部分涉及的 3 种铆钉的实测值。ε_{pin} 和 $\varepsilon_{pin,pre}$

分别是外力等于 N_s 和 N_{pre} 时铆钉杆的应变值，应通过试验实测的钉杆材性曲线获得，当采用两阶段的 R-O 模型时，公式如式(2-14)和式(2-15)所示，

$$\varepsilon_{pin}=\frac{f_{pin}}{E}+0.002\left(\frac{f_{pin}}{f_{0.2}}\right)^{n} \quad (f_{pin}\leqslant f_{0.2}) \tag{2-14}$$

$$\varepsilon_{pin}=\frac{f_{pin}-f_{0.2}}{E_{0.2}}+\left(\varepsilon_u-\varepsilon_{0.2}-\frac{f_u-f_{0.2}}{E_{0.2}}\right)\left(\frac{f_{pin}-f_{0.2}}{f_u-f_{0.2}}\right)^{m_u}+\varepsilon_{0.2} \quad (f_{0.2}<f_{pin}\leqslant f_u) \tag{2-15}$$

式中，f_{pin} 为钉杆在相应拉力作用下的应力值，等于 $4N_s/(\pi d_{pin}^2)$，$E_{0.2}$ 为名义屈服应力处的切线模量，$\varepsilon_{0.2}$ 为材料达到名义屈服应力时的总应变。E，$f_{0.2}$，f_u，ε_u，n 和 m_u 的实测值见表 2.1。

从数值分析中发现，在环槽铆钉加载过程中加载垫板虽有变形，但始终保持弹性，因此垫板变形 e_{pla} 可表示为 N_s/K_{pla}，其中 K_{pla} 是垫板荷载-位移曲线的斜率。如图 2.24(a)所示，在克服铆钉预紧力之前的位移由垫板变形贡献，因此可以通过这段直线斜率确定 K_{pla} 的值。在 e_{pin} 和 e_{pla} 确定以后，钉帽与钉杆上环槽之间的滑移就可以通过式(2-16)确定，其中 N_{peak} 是环槽铆钉的受拉极限承载力。

$$e_{co}=e_{total}-(\varepsilon_{pin}-\varepsilon_{pin,pre})L_p-\frac{N_s}{K_{pla}}(N_{pre}\leqslant N_s\leqslant N_{peak}) \tag{2-16}$$

但值得注意的是，滑移等效段的伸长量 e_{eq} 不仅应包含 e_{co}，还应该包括等效段本身长度(t_{eq})范围内实际铆钉杆的伸长量。所以，e_{eq} 可用式(2-17)进行计算，其中公式的第二项为 t_{eq} 范围内的铆钉伸长量，与 e_{pin} 的计算方法相同。

$$e_{eq}=e_{co}+(\varepsilon_{pin}-\varepsilon_{pin,pre})t_{eq} \tag{2-17}$$

表 2.6　环槽铆钉几何参数的实测平均值

环槽铆钉类型 (钉杆直径-钉帽材料)	t_h/mm	t_c/mm	w_h/mm	w_c/mm	L_p/mm
9.66 mm-铝合金帽	5.98	13.13	19.05	15.35	45.56
9.66 mm-不锈钢帽	5.98	12.15	19.05	15.11	44.64
12.70 mm-铝合金帽	8.00	18.82	22.99	20.32	49.41

第 3 步：确定滑移等效段的长度 t_{eq}

通过执行前两步的标定操作，该简化模型已经可以模拟环槽铆钉的荷载-轴向位移行为。但对于需要考虑环槽铆钉在拉力(N_s)和弯矩(M_s)共同作用下的工况，比如受拉T形连接中的环槽铆钉(图2.25)，希望简化模型中的等效段在相同的转角α下可以提供与实际环槽铆钉相同的弯矩。也就是说简化模型应能提供与实际铆钉相同的弯矩-转角(M_s-α)曲线，为准确模拟铝合金结构环槽铆钉T形连接的受力性能打下基础。为满足该要求，简化模型的M_s-α曲线刚度应能随实际铆钉的M_s-α曲线刚度变化而变化，即简化模型在M_s-α曲线上任何一点切线刚度$E_{s,eq}$应等于实际铆钉相应点处的切线刚度$E_{s,co}$，$E_{s,eq}$和$E_{s,co}$分别可用式(2-18)和式(2-19)计算：

$$E_{s,eq}=\frac{d(\sigma_{s,eq})}{d(\varepsilon_{s,eq})}=\frac{d(N_s/A_s)}{d(e_{eq}/t_{eq})}=\frac{d(N_s/A_s)}{d((e_{co}+(\varepsilon_{pin}-\varepsilon_{pin,pre})t_{eq})/t_{eq})} \tag{2-18}$$

$$E_{s,co}=\frac{d(\sigma_{s,co})}{d(\varepsilon_{s,co})}=\frac{d(N_s/A_s)}{d(e_{co}/t_c)} \tag{2-19}$$

式中，$\sigma_{s,eq}$和$\varepsilon_{s,eq}$分别是荷载为N_s时滑移等效段的应力与应变，$\sigma_{s,co}$和$\varepsilon_{s,co}$分别是荷载为N_s时实际环槽铆钉的应力与应变。

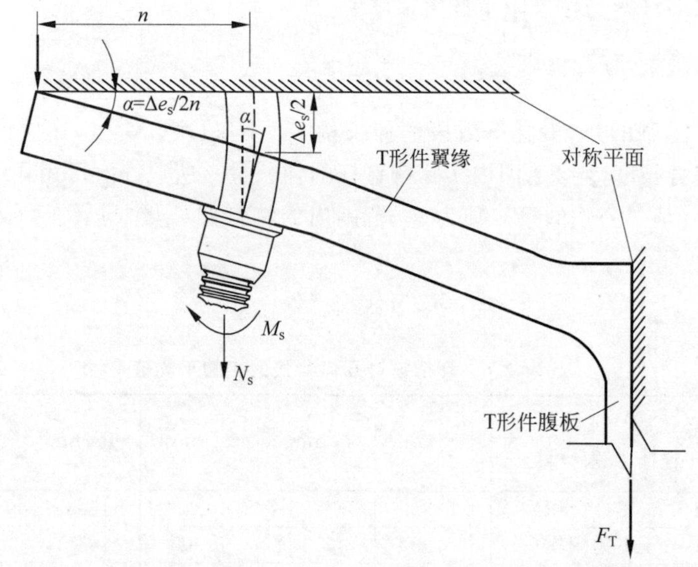

图2.25　受拉T形连接中处于拉力与弯矩共同作用下的环槽铆钉

观察式(2-18)和式(2-19)不难发现，为了使$E_{s,eq}$和$E_{s,co}$二者相等，仅需使滑移等效段长度 t_{eq} 取为钉帽长度 t_c 即可，因为 $e_{co} \approx e_{co} + (\varepsilon_{pin} - \varepsilon_{pin,pre}) t_{eq}$（相比于 e_{co}，$(\varepsilon_{pin} - \varepsilon_{pin,pre}) t_{eq}$ 的大小可忽略不计）。

对于第3个约束条件，在本书第4章环槽铆钉T形连接的试验及数值研究中，所有T形件为背靠背连接，由于对称性，铆钉在其中不承受剪力，所以在这种情况下可忽略此约束条件。而在环槽铆钉连接的梁柱节点中，处于夹紧厚度范围内的滑移等效段很可能承受剪力作用，而滑移等效段相比于原始段的抗剪强度低很多，若承剪则会低估结构的承载力。鉴于此，对于受剪力影响的情况，可通过外加套环的方式将滑移等效段移至连接板件的外侧从而消除剪力的影响，同时不影响其他受力性能。外加套环的模型如图2.26所示，其中套环可设置为刚性体。该模型将应用于梁柱节点的有限元模拟中，并通过与试验结果的对比，验证了其合理性（详见5.6节）。但设置套环会增加数值模型中接触对的数量和单元数，所以对无剪力影响的结构建议直接使用简化模型。

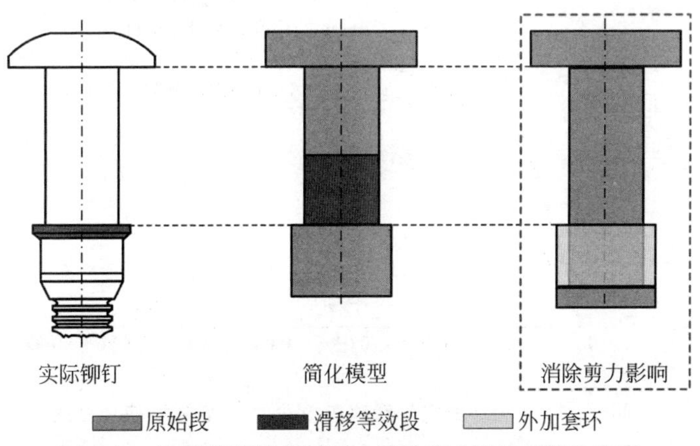

图2.26 环槽铆钉简化模型中消除剪力影响的解决方案

第4步：确定滑移等效段的应力-应变关系

根据前3步得到的简化模型材料与几何参数，滑移等效段的应力（σ_{eq}）与应变（ε_{eq}）可由式(2-20)和式(2-21)计算得到：

$$\sigma_{eq} = 4N_s / \pi d_{pin}^2 \quad (N_{pre} \leqslant N_s \leqslant N_{peak}) \tag{2-20}$$

$$\varepsilon_{eq} = \frac{e_{eq}}{t_{eq}} = \frac{e_{total} - (\varepsilon_{pin} - \varepsilon_{pin,pre})(L_p - t_c) - \dfrac{N_s}{K_{pla}}}{t_c} \quad (N_{pre} \leqslant N_s \leqslant N_{peak}) \tag{2-21}$$

对于输入有限元软件 ABAQUS 的材料性质，需要提供完整的曲线，也包括应力在达到 $4N_{pre}/(\pi d_{pin}^2)$ 之前的应力-应变关系，虽然在数值计算中，这部分材料的性质不会对环槽铆钉所连接板件的受力性能产生影响。因此，假设在应力达到 $4N_{pre}/(\pi d_{pin}^2)$ 前的本构关系为直线，斜率就等于 $(\varepsilon_{eq,pre}, \sigma_{eq,pre})$ 点的切线斜率以使整个材性曲线光滑连续。本例所得到的应力-应变关系如图 2.24(b)所示。因此，当 $\sigma_{eq} \geqslant \sigma_{eq,pre}$ 时，滑移等效段材料的工程应力($\sigma_{eq,eng}$)与应变($\varepsilon_{eq,eng}$)可按：$\sigma_{eq,eng} = \sigma_{eq}$，$\varepsilon_{eq,eng} = \varepsilon_{eq} + \sigma_{eq,pre}/E_{pre}$ 计算得到，本书试验中涉及的三种环槽铆钉按照本节提出的"四步标定法"得到的工程应力-应变曲线如图 2.27 所示，并使用两阶段的 R-O 模型进行了拟合。3 条曲线的材性指标汇总于表 2.7 中。

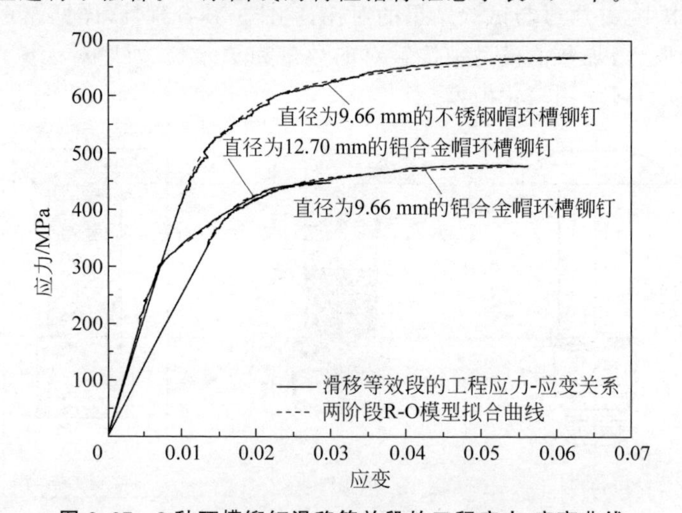

图 2.27　3 种环槽铆钉滑移等效段的工程应力-应变曲线

表 2.7　滑移等效段的材料性能指标

环槽铆钉类型（钉杆直径-钉帽材料）	E_{eq}/MPa	$f_{0.2}$/MPa	f_u/MPa	ε_u/%	n	m_u
9.66 mm-铝合金帽	25 000	403.7	477.6	5.61	23.0	6.2
9.66 mm-不锈钢帽	41 600	526.8	668.6	6.41	18.0	5.2
12.70 mm-铝合金帽	44 500	330.1	447.2	3.00	13.1	11.8

最后，将所得到的工程应力-应变关系按式(2-22)和式(2-23)转化为可直接输入 ABAQUS 中的真实应力-应变，其中 $\sigma_{eq,true}$ 为真实应力，$\varepsilon_{eq,true}^{pl}$ 是对数形式的真实塑性应变。

$$\sigma_{eq,true}=\sigma_{eq,eng}(1+\varepsilon_{eq,eng}) \tag{2-22}$$

$$\varepsilon^{pl}_{eq,true}=\ln(1+\varepsilon_{eq,eng})-\frac{\sigma_{eq,true}}{E_{pre}} \tag{2-23}$$

至此，标定结束。通过执行该标定方法可将试验测得的环槽铆钉荷载-位移曲线转化为可直接输入数值模拟软件的滑移等效段应力-应变曲线进而进行后续模拟计算。

为了验证该简化模型的正确性，仍使用精细化有限元模型中建立的夹具对简化的环槽铆钉模型进行加载。表 2.8 对比了通过简化模型得到的极限承载力($F_{s,FEs}$)与试验承载力的比值，对铝合金帽和不锈钢帽的环槽铆钉而言，其比值的平均值分别为 0.98 和 0.98，标准差分别为 0.06 和 0.04，可见吻合良好。

通过简化有限元模型得到的 3 种环槽铆钉受拉荷载-位移曲线与相应试验曲线的对比见图 2.28，可见在极限承载力之前，3 组曲线基本重合。滑移等效段会在峰值荷载过后因截面颈缩而导致承载力下降，而对所连接结构产生影响的主要阶段是在达到极限承载力之前。由于钉帽与环槽的接触与滑移被等效段所替代，在简化模型中不再出现“拉脱”的现象，所以本节的有限元验证环节不再以图片形式对比环槽铆钉的破坏形态，但有限元模型的破坏类型(第 1a 类，第 1b 类或第 2 类)与试验均一致。

表 2.8　简化有限元模型极限承载力与试验值对比

加载角度 θ_s/(°)	铝合金帽			不锈钢帽		
	$F_{s,test}$/kN	$F_{s,FEs}$/kN	$F_{s,FEs}/F_{s,test}$	$F_{s,test}$/kN	$F_{s,FEs}$/kN	$F_{s,FEs}/F_{s,test}$
0	34.89	34.79	1.00	49.57	49.31	0.99
15	35.69	38.03	1.07	50.80	53.37	1.05
30	43.94	43.01	0.98	57.37	55.10	0.96
45	48.94	45.33	0.93	56.08	52.34	0.93
60	52.11	47.60	0.91	52.79	49.43	0.94
75	52.24	50.23	0.96	51.44	50.29	0.98
90	53.53	55.06	1.03	53.71	53.62	1.00
平均值			0.98			0.98
标准差			0.06			0.04

简化模型在拉力与弯矩组合作用下的计算精度将在铝合金结构环槽铆钉 T 形连接的数值模型中进一步验证。

由极限承载力和荷载-位移曲线的对比可知，通过标定滑移等效段的材

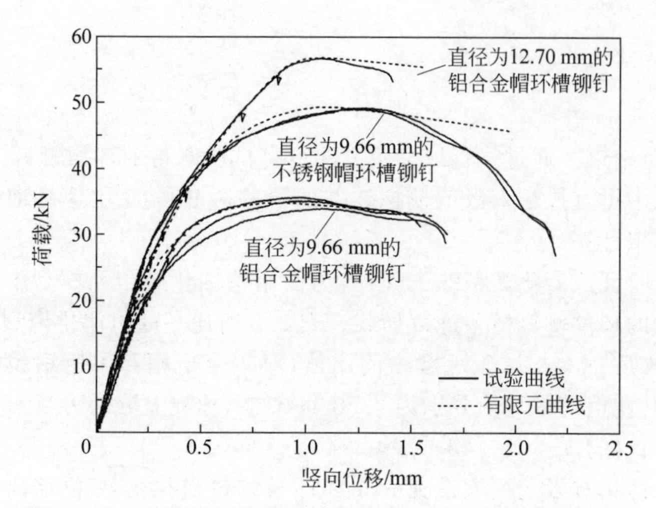

图 2.28　环槽铆钉简化模型的荷载-位移曲线与试验曲线对比

料与几何参数所建立的简化有限元模型可以很好地模拟环槽铆钉的受力性能，且大幅地节省了计算时间(相比于精细化有限元模型节省约 95%)。所以本节提出的简化有限元模型适用于快速、精确分析由环槽铆钉连接的节点及结构的受力响应。

2.7　环槽铆钉承载力设计方法及其验证

在螺栓连接的梁柱节点设计中，EC3 1-8[113]的 6.2 节要求对同时承受拉力与剪力的螺栓(如端板连接节点中的螺栓)进行组合作用下的承载力验算。在环槽铆钉连接节点中同样存在类似的问题，所以本节将提出环槽铆钉在不同荷载组合作用下的承载力设计方法并采用试验及有限元结果进行验证。

对于在拉剪组合作用下环槽铆钉的第 1a 类和第 1b 类(可合称为“第 1 类”)破坏形态，控制铆钉破坏的是环槽铆钉的拉脱力 F_{PO}，因此其承载力设计值 $F_{Rd,1}$ 可用下式计算：

$$F_{Rd,1} = \frac{F_{PO}}{\cos\theta_s} \tag{2-24}$$

而对于第 2 类破坏形态，即钉杆在拉力与剪力同时作用下的破坏，则采用式(2-25)来进行设计计算：

$$\left(\frac{F_{\mathrm{t}}}{F_{\mathrm{t,Rd}}}\right)^2+\left(\frac{F_{\mathrm{v}}}{F_{\mathrm{v,Rd}}}\right)^2\leqslant 1.0 \tag{2-25}$$

式中，$F_{\mathrm{t,Rd}}$ 为铆钉杆截面材料的抗拉承载力，$F_{\mathrm{t,Rd}}=f_{\mathrm{u,pin}}A_{\mathrm{pin}}$，$F_{\mathrm{v,Rd}}$ 为钉杆截面的抗剪承载力，$F_{\mathrm{v,Rd}}=0.6f_{\mathrm{u,pin}}A_{\mathrm{pin}}$，由于钉杆环槽基本被钉帽握裹或露在连接板之外而不承受剪力，所以 A_{pin} 为钉杆无环槽处的面积，$f_{\mathrm{u,pin}}$ 为钉杆材料的抗拉强度。对于本书研究的环槽铆钉，$F_{\mathrm{t}}=F_{\mathrm{Rd,2}}\cos\theta_{\mathrm{s}}$ 且 $F_{\mathrm{v}}=F_{\mathrm{Rd,2}}\sin\theta_{\mathrm{s}}$ 时式(2-25)取等号，将 F_{t} 和 F_{v} 代入等式则可以确定 $F_{\mathrm{Rd,2}}$。

最终的铆钉拉剪承载力由式(2-26)确定，并且由较小值来判断铆钉所发生的破坏属于哪种形式。

$$F_{\mathrm{Rd}}=\min(F_{\mathrm{Rd,1}},F_{\mathrm{Rd,2}}) \tag{2-26}$$

第 1a 类和第 1b 类破坏本质相同，但形态有所区别，若要判别是否发生明显的剪切变形(第 1b 类破坏)应判断式(2-27)是否成立：

$$F_{\mathrm{vy}}=0.6A_{\mathrm{pin}}f_{\mathrm{pin,y}}\leqslant F_{\mathrm{PO}}\tan\theta_{\mathrm{s}} \tag{2-27}$$

式中，F_{vy} 为钉杆剪切屈服承载力，若式(2-27)成立则铆钉破坏形态为第 1b 类。

图 2.29 总结了环槽铆钉承载性能设计的步骤。作为环槽铆钉拉剪承载力设计公式中的参数，铆钉拉脱承载力 F_{PO} 是重要的设计基础，在有条

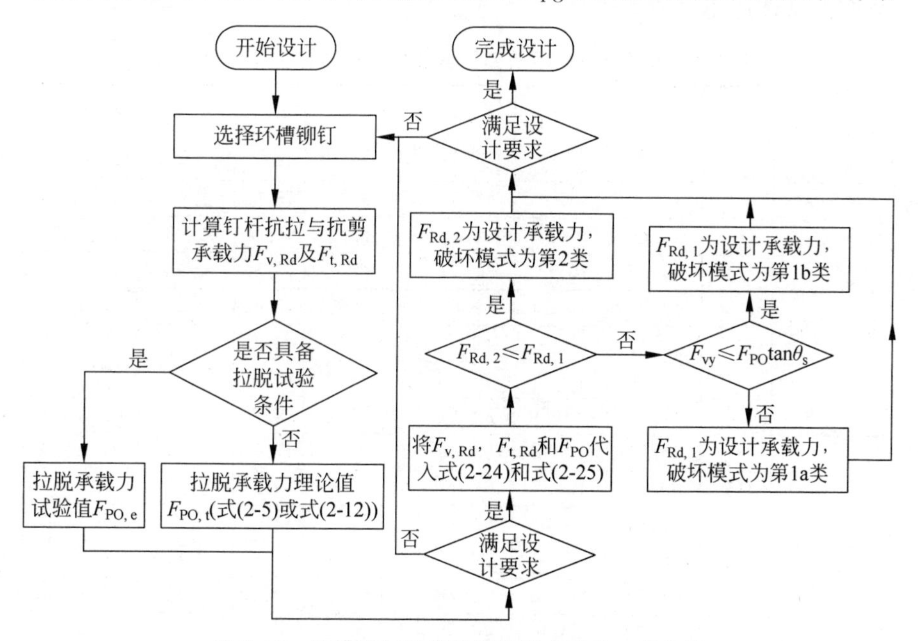

图 2.29　环槽铆钉承载性能设计方法的一般步骤

件进行拉脱试验的情况下鼓励通过试验确定，若条件有限则可使用式(2-5)和式(2-12)进行计算。

根据以上设计步骤，本节采用试验与有限元数据验证了所提出设计方法的准确性。对于直径为9.66 mm的不锈钢与铝合金帽的环槽铆钉，采用的是实测的试验结果平均值($F_{u,TE}$)；而对于直径为12.70 mm的铝合金帽铆钉，使用2.6节中验证过的有限元简化模型生成其拉剪承载力($F_{u,FE}$)，而对于有实测数据的抗拉与抗剪承载力则使用试验值。在拉剪承载力理论值的计算中，F_{PO}使用的是本书提出理论公式的计算值。理论与试验及有限元对比结果见表2.9。

对于试验或有限元模型中得到的承载力值，应扣除夹具加载垫板间摩擦力的贡献再用来评估理论值的准确性。设扣除摩擦力的结果为$F_{ue,TE/FE}$，则它与原始结果间的关系为

$$F_{ue,TE/FE}=F_{u,TE/FE}-\mu(F_{p,C}-F_{u,TE/FE}\cos\theta_s)\sin\theta_s \tag{2-28}$$

考虑到加载垫板表面粗糙不平，抗滑移系数不应按照钢结构设计标准[129]中“钢丝刷清除浮锈或未经处理的干净轧制面”取值，所以上浮一个级别取值，即使用$\mu=0.40$进行计算。式(2-28)仅对极限承载力时预紧力还未被克服的试件适用。

表2.9 本书提出的环槽铆钉承载性能设计方法准确性评估

铆钉类型	θ_s/(°)	$F_{ue,TE/FE}$/kN	$F_{Rd,1}$/kN	$F_{Rd,2}$/kN	$F_{vy}\leqslant F_{PO}\cdot\tan\theta_s$	F_{Rd}/kN	$F_{Rd}/F_{ue,TE/FE}$	破坏形态	
								真实	理论
9.66 mm 铝合金帽	0	34.89	35.35	65.35	否	35.35	1.01	1a	1a
	15	35.69	36.60	61.77	否	36.60	1.03	1a	1a
	30	43.94	40.82	54.37	否	40.82	0.93	1a	1a
	45	48.94	49.99	47.55	是	47.55	0.97	1b	2
	60	52.11	70.70	42.78	—	42.78	0.82	2	2
	75	48.30	136.58	40.08	—	40.08	0.83	2	2
	90	44.05	—	39.21	—	39.21	0.89	2	2
9.66 mm 不锈钢帽	0	49.57	47.88	65.35	否	47.88	0.97	1a	1a
	15	50.80	49.57	61.77	否	49.57	0.98	1a	1a
	30	57.37	55.29	54.37	是	54.37	0.95	1b	2
	45	56.08	67.71	47.55	—	47.55	0.85	2	2
	60	51.74	95.76	42.78	—	42.78	0.83	2	2
	75	45.22	184.99	40.08	—	40.08	0.89	2	2
	90	41.94	—	39.21	—	39.21	0.93	2	2

续表

铆钉类型	θ_s/(°)	$F_{ue,TE/FE}$ /kN	$F_{Rd,1}$ /kN	$F_{Rd,2}$ /kN	$F_{vy} \leqslant F_{PO} \cdot \tan\theta_s$	F_{Rd} /kN	$F_{Rd}/F_{ue,TE/FE}$	破坏形态	
								真实	理论
12.70 mm 铝合金帽	0	56.70	59.61	126.03	否	59.61	1.05	1a	1a
	15	62.25	61.71	119.14	否	61.71	0.99	1a	1a
	30	72.30	68.83	104.86	否	68.83	0.95	1a	1a
	45	77.64	84.30	91.70	是	84.30	1.09	1b	1b
	60	77.52	119.22	82.51	—	82.51	1.06	2	2
	75	81.45	230.32	77.29	—	77.29	0.95	2	2
	90	75.53	—	75.62	—	75.62	1.00	2	2
平均值							0.95		
标准差							0.078		

通过表 2.9 的对比结果可以发现，本书提出的环槽铆钉承载能力设计方法可以较好地预测环槽铆钉在拉力、剪力以及拉剪作用下的承载力和破坏模式。对于本书涉及的 3 种环槽铆钉，理论值与实际值之比的平均值为 0.95，标准差为 0.078。且通过该设计方法得到的环槽铆钉破坏形态基本与实际一致，仅有 2 个处于第 1b 类与第 2 类破坏模态交界处的铆钉预测有所偏差。且该设计方法计算简便，必要参数最少仅需要环槽铆钉杆材料强度和铆钉几何尺寸，便于实际设计工作使用。

总体而言，本书提出的环槽铆钉承载能力设计方法可以对环槽铆钉在不同荷载条件下的承载性能进行安全合理的设计。

2.8　本章小结

本章作为研究铝合金结构环槽铆钉连接以及梁柱节点的基础，开展了针对环槽铆钉力学性能与承载力的研究，对 3 种类型环槽铆钉开展了预紧力测试、钉杆材料拉伸试验以及 44 个铆钉承载力试验研究。以试验为基础和验证依据，开发了精细化和简化的环槽铆钉数值模型，并对铆钉工作机理进行了深入分析，最后提出了环槽铆钉承载力设计方法。根据本章的相关研究，可得到如下结论。

(1) 采用专门设计的压力传感器对环槽铆钉的预紧力进行了测量，测量结果离散性较小且一致性良好，并取测量平均值 23.71 kN 和 29.42 kN 作为直径为 9.66 mm 铝合金帽和直径为 9.66 mm 不锈钢帽铆钉的预紧力值。进一步采用同一套量测设备对环槽铆钉进行了预紧力松弛监测,发现其12 h内的预紧力损失小于2%,验证了其良好的防松动性能。

(2) 从铆钉杆中取出圆棒试件并开展了室温拉伸试验,得到了可用于后续数值模拟的材料力学性能指标,并采用双阶段R-O模型对其应力-应变关系进行模拟,吻合良好。

(3) 对环槽铆钉开展了不同受力状态下的承载力试验研究,并设计了新型试验夹具——一种多角度可调节的试样同时承受拉力与剪力的试验装置。试验中发现环槽铆钉的破坏形态包括3种,分别是铆钉帽拉脱(第1a类)、钉帽拉脱与钉杆受剪同时发生(第1b类)和铆钉杆剪断(第2类)。试验发现不锈钢帽环槽铆钉的受拉承载力比铝合金帽环槽铆钉高出约40%,而二者的受剪承载力基本相同。增加铆钉杆直径,其承载力有所提升。试验还得到了铆钉受拉的荷载-位移曲线。

(4) 建立了可考虑钉杆环槽与铆钉帽之间复杂摩擦和滑移行为的精细化有限元模型,经验证可以很好地模拟铆钉的受力全过程。基于该模型,再现了钉帽拉脱的全过程及其应力应变行为,经过对多个受力特征信息的综合分析发现,铝合金帽铆钉的拉脱属于剪出型破坏,而不锈钢帽属于滑出型破坏。

(5) 基于铝合金铆钉帽与不锈钢铆钉帽的不同破坏机制,分别推导了其拉脱承载力的计算公式,并根据试验承载力结果验证了公式的合理性。

(6) 为了实现对更大尺度、更高层次的环槽铆钉连接结构的高效、精确模拟计算,建立了简化的环槽铆钉数值模型,并采用本章提出的"四步标定法"对铆钉的关键材料与几何参数进行了标定。经验证,简化模型得到的计算结果精确可靠,而且比精细化模型节省约95%的计算时间。

(7) 针对环槽铆钉在不同受力条件下的破坏模式,本章提出了承载能力设计公式并总结了进行设计的一般步骤,为环槽铆钉连接的梁柱节点中同时承受拉力与剪力作用的铆钉验算提供了设计依据。

第3章　环槽铆钉受剪连接受力机理与设计方法研究

3.1　概　　述

受剪连接是各类金属结构紧固件连接节点中最普遍的连接形式与组成部件。本章作为研究环槽铆钉连接的铝合金梁柱节点和其他类型节点的基础,开展了针对受剪连接的试验与理论研究。

本章首先对受剪连接件中4种铝合金板件的材料力学性能和摩擦面抗滑移系数进行了测试,进而开展了23个受剪连接的拉伸试验,其中包括3种环槽铆钉布置形式,并考虑了铝合金牌号,铆钉端距、边距和中距对试件受力性能的影响。以试验为基础,进一步建立了精细化并考虑材料断裂的三维有限元模型,经验证可准确模拟受剪连接的力学行为。通过验证的数值模型和基于MATLAB开发的自动计算程序,开展了大规模参数分析(共计930个试件),力图通过所生成的大量受力特征信息揭示关键参数的影响机制。最后,在充分认识其受力机理的基础上,提出了铝合金结构环槽铆钉受剪连接的设计方法。

3.2　材料力学性能试验

为了得到受剪连接中铝合金板的材料力学性能,共计对12个材性试件进行了室温拉伸试验。12个材性试件中包含了4种铝合金材料:6061-T6,6063-T5,6082-T6和7A04-T6(关于铝合金牌号的说明详见1.2.1节),每种材料包括3个相同的拉伸试件,试件尺寸细节如图3.1(a)所示。这些材性试件均沿铝合金挤压方向取自与受剪连接板材相同批次的铝板。材性试件的厚度与受剪连接的内板厚度一致,均为4 mm。材性试验依据《金属材料 拉伸试验第1部分:室温试验方法》[119]进行。采用100 kN液压万能试验机对试件进行拉伸,试验装置如图3.1(b)所示。试验采用位移加载,加载速率为1.0 mm/min,为了保证后续受剪连接试验中材料力学性能不受加载速率影响且与材性试验中得到的结果一致，受剪连接的加载速率也为 1.0 mm/min。材性试验中荷载由试验机中的力传感器测得，变形则由贴在材性试件中间的应变片与引伸计共同测量。

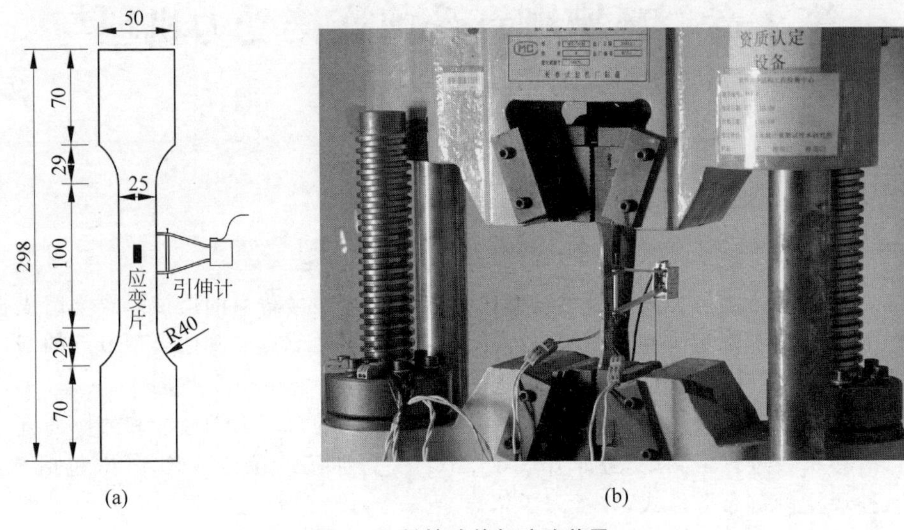

图 3.1　材性试件与试验装置

(a) 材性试件尺寸(单位：mm)；(b) 材性试验装置

试验得到了 12 条铝合金材料的应力-应变曲线，如图 3.2 所示。图中在列出试验曲线的同时，也使用 Ramberg-Osgood(R-O)模型对试验曲线进行了拟合。从图 3.2 可以看出，采用 R-O 模型可以很好地反映所研究的 4 种铝合金材料的本构关系。

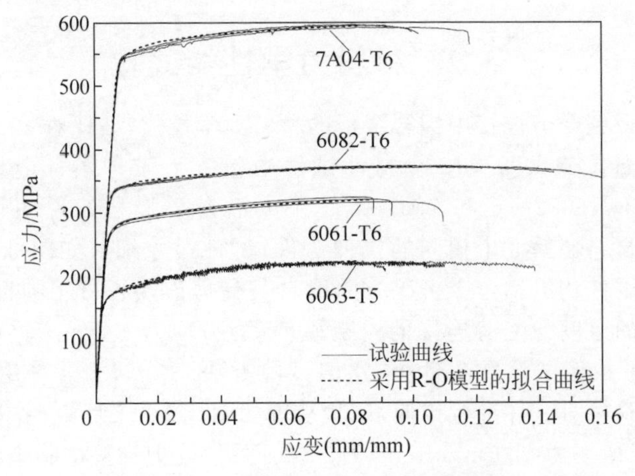

图 3.2　材性试件的应力-应变曲线

所有材料拉伸试验的结果取3个材性试件的平均值，汇总于表3.1中。其中 f_u 为材料的极限强度，$f_{0.2}/f_u$ 表示材料的屈强比（名义屈服强度与极限强度的比值），ε_u 为材料达到极限强度时的应变，ε_f 为断裂应变。从表中数据可以发现，随着材料强度（$f_{0.2}$）的提升，延性明显下降。对于强度最低的材料6063-T5，它的延性比热处理状态为T6的3种铝合金材料有显著的提高，高强铝合金材料7A04-T6的延性最差。

表3.1 受剪连接中铝合金板件的材性试验结果

铝合金牌号	E/MPa	$f_{0.2}$/MPa	f_u/MPa	n	$f_{0.2}/f_u$	ε_u/%	ε_f/%
6061-T6	68 100	273.4	320.5	23.4	0.85	8.7	17.1
6063-T5	68 300	167.7	223.5	12.8	0.75	8.2	18.7
6082-T6	69 200	335.6	372.9	36.8	0.90	10.2	17.8
7A04-T6	70 900	545.4	594.2	42.3	0.92	8.4	8.7

3.3 铝合金板件抗滑移系数和表面粗糙度测量

由于环槽铆钉中较大的预紧力值，在环槽铆钉受剪连接及其所连接节点的受力过程中会存在着不可忽略的摩擦力。为了定量地评估摩擦力的大小以及在后续精细化有限元模型中准确地引入摩擦力，共进行了8个铝合金板件的摩擦面抗滑移系数试验。这些板件与3.4节受剪连接试验中的铝合金板件完全相同，均为表面未处理的铝板。由于目前并没有规范针对铝合金板件抗滑移系数试验进行规定，所以试验过程参照《钢结构高强度螺栓连接技术规程》(JGJ 82—2011)[130]和欧洲规范EN 1090—2：2018[131]中的相关条文进行。

抗滑移系数试件采用四铆钉连接的形式，所使用的铆钉为直径为9.66 mm的铝合金帽铆钉。试件尺寸与铆钉布置如图3.3所示，d_0 表示铆钉孔的直径。每个试件包含两个铝合金内板与两个铝合金盖板，共形成4个摩擦面，用S1～S4表示。对于4种铝合金材料，为每种材料设计了2个相同的抗滑移系数试件。为了保证内外板之间充分滑动，在环槽铆钉定位之后、紧固之前先向内推动铝合金内板，增加铆钉与板孔边缘之间的空隙，如图3.4(a)所示。而在3.4节的受剪连接试验当中，则与此相反，向外抽动铝合金内板以消除铆钉与板孔边缘之间的缝隙，如图3.4(b)所示。在抗滑移系数试验中，判断内外板之间的“滑动”十分重要。在本试验当中，为了精确捕捉内外板之间的相对滑移，采用摄影测量的方法对涂画在试件侧面的标记点($a_1 \sim c_1$ 和 $a_2 \sim c_2$，见图3.3)位移进行测量。抗滑移系数试验在荷载控制下进行，加载速率为1 kN/min，以使试验总时长满足欧洲规范 EN 1090-2：2018[131] 的规定(规范要求试验时间应持续10～15 min)。

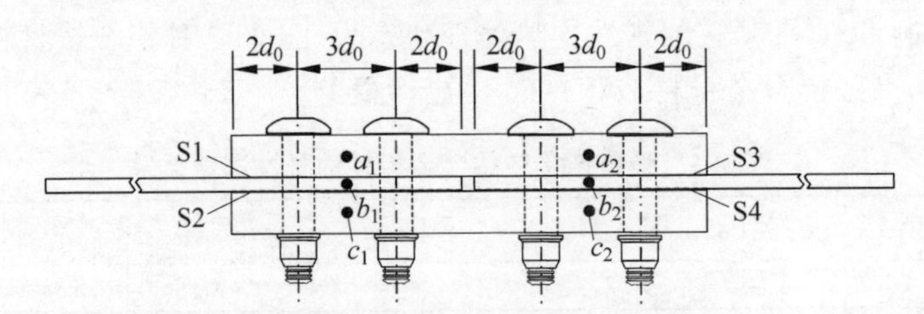

图3.3　摩擦面抗滑移系数试件尺寸与铆钉布置

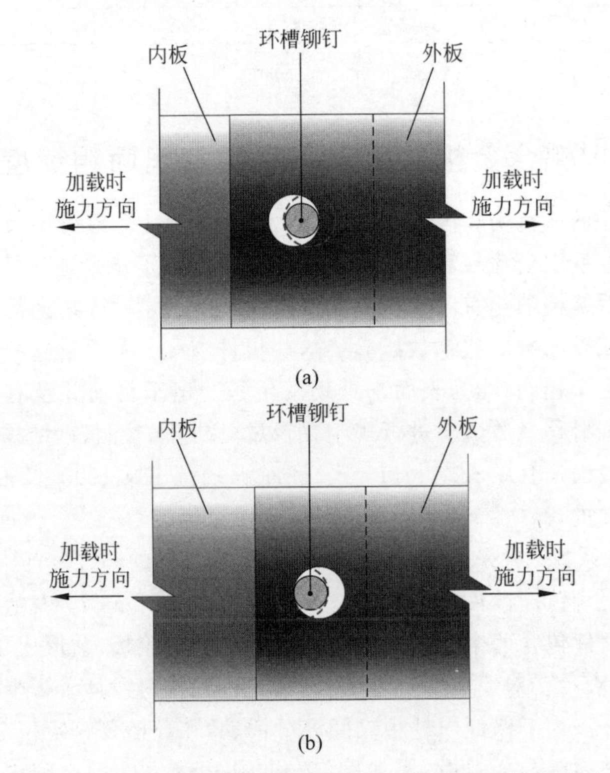

图3.4　两种试验中对铆钉杆与孔边空隙的不同处理方式

(a) 抗滑移系数试验(铆钉杆与孔边空隙需充分利用)；

(b) 受剪连接试验(铆钉杆与孔边空隙需消除)

由于每个试件有 4 个摩擦面，所以每个试验会得到 4 条荷载-滑移曲线。但相同一侧的两个摩擦面几乎同时滑动，所以这两条曲线基本重合，图 3.5 以 7A04-T6 铝合金板的抗滑移系数测试为例说明了这一情况。根据欧洲规范 EN 1090-2：2018[131]中的规定，滑移荷载 F_{Si} 应取滑动位移为 0.15 mm 以内的峰值荷载或者滑动位移为 0.15 mm 时的荷载。从图 3.5 中可以发现 $F_{S1}=F_{S2}$，$F_{S3}=F_{S4}$，所以使用 F_{S12} 表示 S1 和 S2 摩擦面对应的滑移荷载，用 F_{S34} 表示 S3 和 S4 摩擦面对应的滑移荷载。所有 8 个试件的滑移荷载通过上述方法确定后汇总于表 3.2，其中上标“ * ”表示试验结果来自每组中的第二个试件，即重复试验的试验结果。如果某个滑移荷载值超过或低于这一组计算得到的平均滑移荷载的 10%，那这个值将被移除(表 3.2 中用上标“r”标记)然后重新计算平均滑移荷载。

表 3.2　铝合金板抗滑移系数试验结果汇总

铝合金牌号	滑移荷载/kN					抗滑移系数 μ	日本铝合金规范建议值
	F_{S12}	F_{S34}	F_{S12}^*	F_{S34}^*	平均值 F_S		
6061-T6	16.45	16.45	17.90	14.84	16.41	0.173	0.15
6063-T5	12.82	12.82	16.53^r	14.96	13.53	0.143	
6082-T6	22.27	21.43	18.22	19.64	20.39	0.215	
7A04-T6	9.77^r	13.22	12.29	12.29	12.60	0.133	

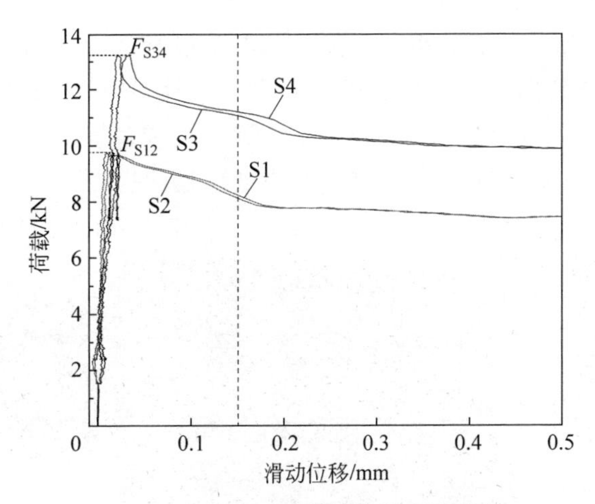

图 3.5　7A04-T6 试件的荷载-滑移曲线

摩擦面的抗滑移系数 μ 由式(3-1)进行计算，

$$\mu = \frac{F_S}{4F_{p,C}} \tag{3-1}$$

式中,F_S 为每种材料最终计算得到的平均滑移荷载,而 $F_{p,C}$ 为 2.2 节测量得到的环槽铆钉预紧力。每种铝合金的摩擦面抗滑移系数按照式(3-1)计算得到并汇总于表 3.2 中。目前,仅有日本《铝合金建筑结构设计规范》对无特殊处理的铝合金板抗滑移系数给出了建议取值;本书将其作为参考也列于表 3.2 中。

表面粗糙度作为一个重要的物理参数,常常用来描述金属表面的微观形态[132],同时它也是影响金属结构摩擦面抗滑移系数最重要的指标[133]。在进行摩擦面抗滑移系数试验之前,先测量了这些铝合金板的表面粗糙度,力图解释不同板件拥有不同抗滑移系数的内在机理。根据欧洲规范 EN ISO 8503—4[134] 和 EN ISO 4288[135],使用 TR200 表面粗糙度仪(也称"触针仪")对所有抗滑移系数试件的内板进行测量,如图 3.6 所示。用探针对金属表面轮廓进行测量的方法可不受操作者技术的限制,且可重复性很高,所以能保证精度较高的测量结果。在正式测试之前,先用干燥且细硬的刷子仔细清除表面的灰尘颗粒,再用相同的刷子蘸取工业级汽油除去表面残余的油脂,然后充分干燥。测量过程是通过金刚石探针在测量区域内水平移动完成的,探针移动速度为 0.5 mm/s,竖向分辨率为 0.02 μm,移动距离为 l_t。根据规范要求,探针需要距离任何边缘至少 5 mm。横移距离 l_t 由 3 部分组成——起始(start-up)长度 l_{Su},评估长度 l_n 和偏离(run-out)长度 l_{Ro},如图 3.7 所示。表面粗糙度测量的特征值是根据评估长度 l_n 内捕捉的数据计算得到的。而评估长度又包含了一个或多个取样长度 l_r,根据 EN ISO 4288[135] 的规定,本试验中一个评估长度包含了 5 个取样长度,每个取样长度为 0.8 mm。每个内板的测量重复两次,所以每种铝合金材料

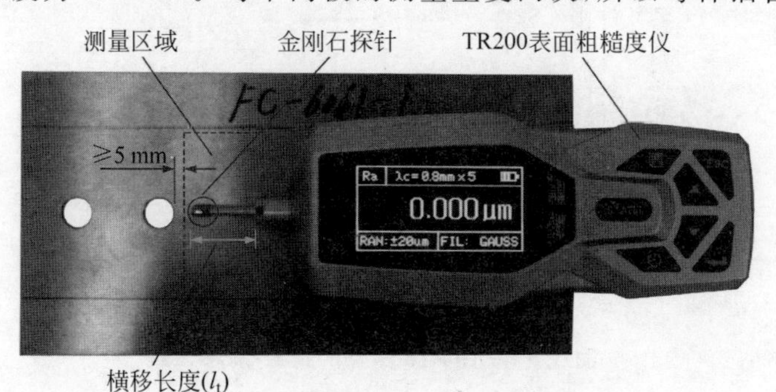

图 3.6　铝合金板表面粗糙度测量装置

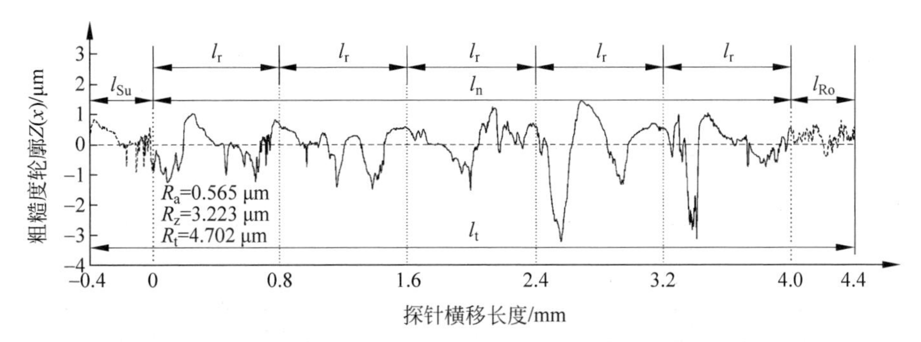

图3.7　横移长度与评估长度、采样长度之间的关系及粗糙度轮廓曲线

会得到8组粗糙度测量数据，充分保证测量结果的可靠性。

根据测量结果，计算了3个经常用来描述表面粗糙度的参数：R_a，R_z和R_t[136]。R_a是一个取样长度内纵坐标$Z(x)$绝对值的算数平均值；R_z是一个取样长度内轮廓曲线最高波峰的高度与最低波谷的深度之和；R_t也被称作"轮廓总高度"，它反映了评定长度内最大轮廓峰高和最大轮廓谷深的总和。所有表面粗糙度参数根据测量结果计算后汇总于表3.3中。将所得的4种铝合金板的表面粗糙度参数与前文测得的抗滑移系数绘于同一坐标系中，如图3.8所示。从图3.8可以发现，R_t与抗滑移系数μ有最高的相关性（如果观察每组铝合金R_t的平均值与抗滑移系数之间的关系，可发现更明显的相关性）。为了定量分析这3个参数与抗滑移系数之间的相关性，计算了它们之间的相关系数r（也称"Pearson相关系数"）[137]，计算公式如下：

$$r=\frac{n\sum_{i=1}^{n}x_iy_i-\sum_{i=1}^{n}x_i\sum_{i=1}^{n}y_i}{\sqrt{n\sum_{i=1}^{n}x_i^2-\left(\sum_{i=1}^{n}x_i\right)^2}\sqrt{n\sum_{i=1}^{n}y_i^2-\left(\sum_{i=1}^{n}y_i\right)^2}} \tag{3-2}$$

式中，x_i代表抗滑移系数，y_i代表表面粗糙度的参数值。对于R_a，R_z和R_t与μ的相关性，算得的r值分别为0.578，0.827和0.868，定量地说明了R_t与抗滑移系数μ的确有最强的相关关系。进一步，采用线性回归分析的方法得到了R_t与μ之间的函数表达式：$R_t=30.7\mu-1.7$（或$\mu=0.033R_t+0.055$）。通过R_t与μ之间的线性关系可以发现，随着铝合金板表面粗糙度（微观层面）的增加，板件摩擦面的抗滑移系数（宏观表现）也线性地增加。后续研究中如果需要对铝合金板表面进行处理以增加其抗滑移系数，则表面粗糙度的测量可以作为前期验证性步骤。由于使用触针仪测量表面粗糙度远比进行抗滑移系数试验简单易行，所以本节的结论也为受条件限制无法进行抗滑移系数测试但希望获取 μ 值的研究者提供了参考：可以通过测量表面粗糙度、确定粗糙度参数与抗滑移系数之间的关系，从而在一定精度范围内预测摩擦面的抗滑移系数值。

表 3.3　表面粗糙度参数结果汇总

重复	6061-T6			6063-T5			6082-T6			7A04-T6		
	R_a/μm	R_z/μm	R_t/μm	R_a/μm	R_z/μm	R_t/μm	R_a/μm	R_z/μm	R_t/μm	R_a/μm	R_z/μm	R_t/μm
1	0.359	2.580	3.843	0.260	1.530	2.055	0.638	4.254	5.213	0.516	2.389	2.624
2	0.333	1.950	3.088	0.243	2.071	4.737	0.662	3.991	4.609	0.396	1.995	2.229
3	0.291	2.169	3.854	0.257	1.623	2.159	0.618	4.015	4.783	0.507	2.366	2.508
4	0.565	3.223	4.702	0.142	1.268	2.949	0.636	3.896	4.725	0.449	2.201	2.531
5	0.377	2.359	3.599	0.249	1.393	1.892	0.710	4.512	5.074	0.482	2.331	2.496
6	0.359	2.431	3.402	0.293	1.539	2.043	0.609	4.252	5.166	0.495	2.301	2.624
7	0.213	1.658	3.146	0.277	1.593	1.927	0.563	3.964	4.923	0.490	2.406	2.589
8	0.201	1.256	2.914	0.285	1.616	1.985	0.641	4.189	4.563	0.527	2.315	2.426

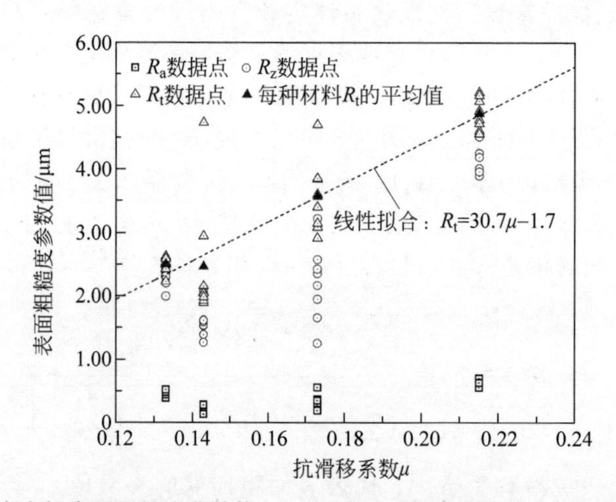

图 3.8　铝合金板表面粗糙度参数值(R_a，R_z 和 R_t)与摩擦面抗滑移系数之间的关系

3.4　受剪连接拉伸试验

3.4.1　试验方案

本节共对 23 个铝合金板件环槽铆钉受剪连接进行了拉伸试验。试验试件均为双剪形式，即包含两个铝合金内板与两个铝合金盖板。试件通过改变一系列材料与几何参数，探究了①铝合金材料种类；②铆钉端距(e_1)；③铆钉边距(e_2)；④沿受力方向的铆钉间距(p_1)和⑤垂直受力方向的铆钉间距(p_2)对连接件承载性能的影响。本章使用的环槽铆钉直径均为 9.66 mm，且配合的铆钉帽为铝合金材料，其他直径的环槽铆钉目前在工程上应用较少且较难获得，所以将在 3.6 节参数分析中采用数值方法进一步研究。由于受剪连接均设计为板件破坏，环槽铆钉本身的强度对试验结果几乎没有影响，所以试验中未使用不锈钢帽环槽铆钉。

铝合金结构环槽铆钉受剪连接试件共包括 3 种铆钉布置形式：每侧由单铆钉连接，用 CS 表示；每侧由沿垂直于受力方向布置的双铆钉连接，用 CDT 表示；每侧由沿平行于受力方向布置的双铆钉连接，用 CDL 表示，这 3 种铆钉布置的形式如图 3.9 所示。

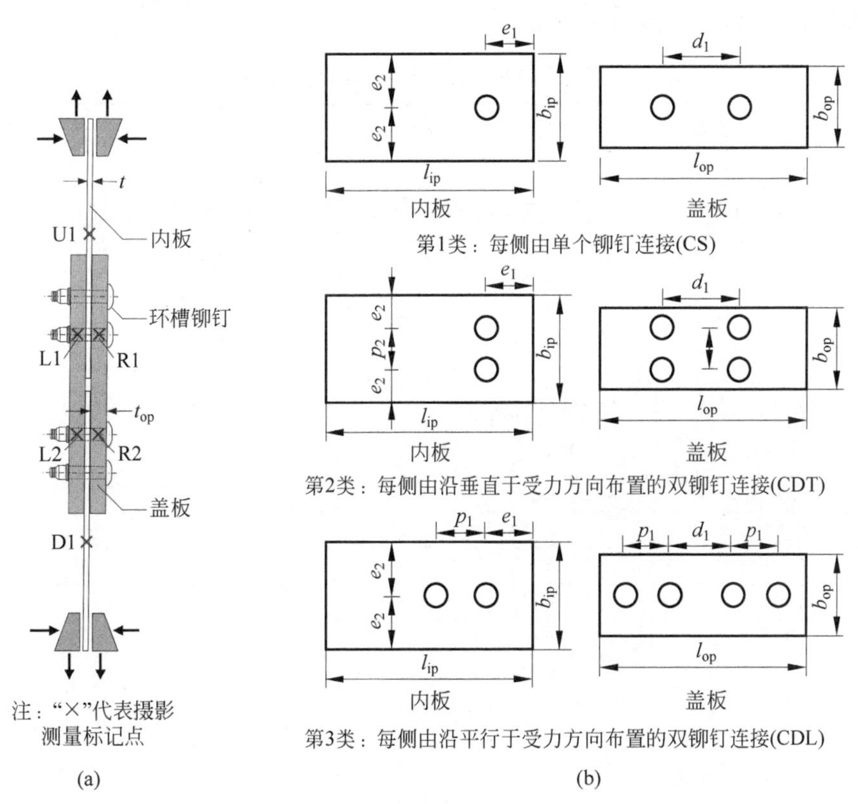

图 3.9　铝合金结构受剪连接的铆钉布置形式及摄影测量标记点位置

(a) 侧视图；(b) 平面图

所有试件的内板的名义厚度为4 mm,外板的名义厚度为12 mm,由于加工精度非常高,实测与名义尺寸几乎无偏差。内外板的铆钉孔直径为10.5 mm。所有试件的材料与几何参数以及详细尺寸列于表3.4中。

试件的命名中包含了试件的连接类别(CS,CDT或CDL),铝合金种类(6061-T6,6063-T5,6082-T6或7A04-T6),端距(10 mm,15 mm,20 mm,30 mm或40 mm),边距(10 mm,15 mm,20 mm,30 mm,40 mm或50 mm)和铆钉间距(20 mm,25 mm,30 mm或40 mm)。对于CS型试件,其编号中没有包括铆钉间距;CDT形试件的编号中最后一组数字表示的是垂直于受力方向的铆钉间距,而CDL型试件的命名中最后一组数字表示的是平行于受力方向的铆钉间距。以试件CDT-61-30-10-40为例,其命名代表CDT类受剪连接,板件材料为6061-T6,端距为30 mm,边距为10 mm,与受力方向垂直的铆钉间距为40 mm。

表3.4 受剪连接的材料种类与几何尺寸

试件编号	材料	e_1/mm	e_2/mm	p_1/mm	p_2/mm
CS-61-10-50	6061-T6	10	50	—	—
CS-61-15-50	6061-T6	15	50	—	—
CS-61-20-50	6061-T6	20	50	—	—
CS-61-30-50	6061-T6	30	50	—	—
CS-61-40-50	6061-T6	40	50	—	—
CS-63-15-50	6063-T5	15	50	—	—
CS-63-40-50	6063-T5	40	50	—	—
CS-82-15-50	6082-T6	15	50	—	—
CS-82-40-50	6082-T6	40	50	—	—
CS-04-15-50	7A04-T6	15	50	—	—
CS-04-40-50	7A04-T6	40	50	—	—
CDT-61-30-10-40	6061-T6	30	10	—	40
CDT-61-30-15-40	6061-T6	30	15	—	40
CDT-61-30-20-40	6061-T6	30	20	—	40
CDT-61-30-30-40	6061-T6	30	30	—	40
CDT-61-30-40-20	6061-T6	30	40	—	20
CDT-61-30-40-25	6061-T6	30	40	—	25
CDT-61-30-40-30	6061-T6	30	40	—	30
CDT-61-30-40-40	6061-T6	30	40	—	40
CDL-61-30-50-20	6061-T6	30	50	20	—
CDL-61-30-50-25	6061-T6	30	50	25	—

续表

试件编号	材料	e_1/mm	e_2/mm	p_1/mm	p_2/mm
CDL-61-30-50-30	6061-T6	30	50	30	—
CDL-61-30-50-40	6061-T6	30	50	40	—

由于板件间的摩擦行为已经在3.3节的抗滑移系数试验中进行了研究，所以在试验之前消除了铆钉杆与铆钉孔之间的间隙，如图3.4(b)所示。受剪连接的拉伸在WE-100B型100 kN液压试验机上进行，试验装置如图3.10所示。试验采用位移加载，加载速率为1.0 mm/min，与3.2节材性试验中的速率一致，使受剪连接试验中材料表现出的力学性能与材性试验中得到的结果最大程度上一致。铝合金内板的端部由试验机的夹头紧紧夹住，确保试件始终竖直并避免试验过程中的平面内转动。试验采用iMETRUM型摄影测量设备对试件的关键点进行测量。关键点标记在试件的侧面，其中U1和D1点标记于内板，L1，L2，R1和R2点标记于盖板，如图3.9(a)所示。摄影测量的工作原理将在4.3.3节详细阐述。试验中施加的荷载由试验机自带的压力传感器采集，而摄影测量捕捉的位移数据则由另一台计算机以相同的采集频率进行记录。

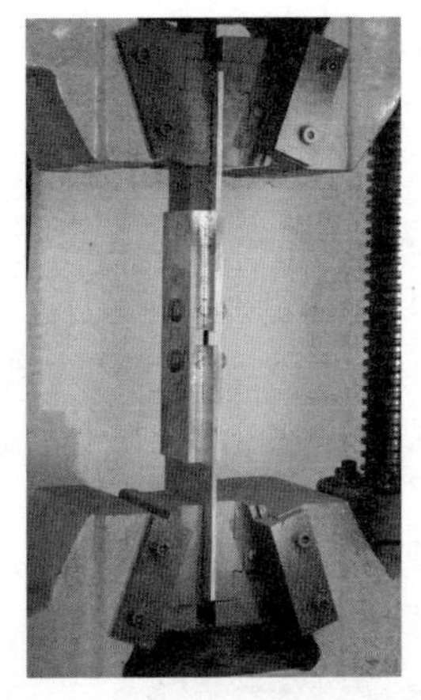

图3.10　铝合金结构受剪连接的试验装置

3.4.2　试件破坏形态

在23个受剪连接的试验中，共观察到4种破坏形态，包括：端部剪出破坏，承压破坏，净截面破坏和块状撕裂。其中端部剪出破坏易与承压破坏混淆，块状撕裂易与净截面拉断混淆，其详细介绍见1.5.1节。对于端部剪出，该名称是从英文end shear-out或shear-out直译而来，可反映孔前材料由于受剪而凸出板边的特征，也有学者称其为“端部撕裂”或“端部冲切”。

所有试件的破坏形态见图3.11～图3.13，并汇总于表3.5中。从图3.11中可以发现，随着铆钉端距的增加，铆钉孔前材料压缩的程度（代表“承压破坏”）逐渐增加，而铆钉从板边突出的程度（代表“端部剪出”）逐渐降低。从破坏形态来看，试件发生承压破坏与端部剪出的临界端距值约为

$3d_0$(d_0 为钉孔直径)，与 Teh 和 Uz 在钢结构螺栓受剪连接[126]中得到的临界值十分接近。试件 CS-04-15-50 的破坏形式与其他连接件相比较为特殊，它是从铆钉孔的侧面起裂，裂缝一直延伸到内板的端部，应该是 7A04-T6 材料延性较差且孔边存在较大缺陷造成的。由图 3.12 可以发现，对于 CDT 形试件，当试件边距很小时($e_2 \leqslant 20$ mm)，发生的是净截面破坏，而在边距逐渐增加后，构件由净截面破坏转变为块状撕裂。对于这一类试件，铆钉间距对于破坏形态的影响程度有限。如图 3.13 所示，端部剪出与承压破坏同时发生在 CDL 型试件的前后两个铆钉孔周围。由于所有 CDL 型试件都有较大的端距(e_1 约为 $3d_0$)，所有外排铆钉孔均发生承压破坏，而除了 CDL-61-30-50-40 之外，其他试件的内排铆钉孔均因 p_1 过小而发生端部剪出破坏(对于发生在内排孔的破坏，称为"剪出"破坏更准确，但本书为了体现他们是同一类性质的破坏，所以无论发生在内排还是外排，均称作"端部剪出")。

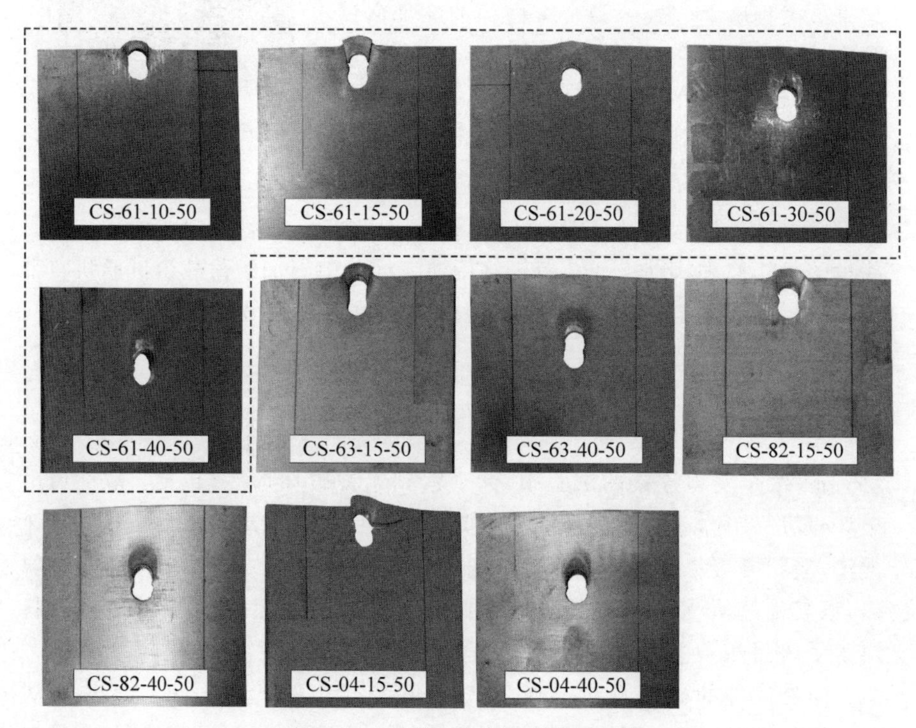

图 3.11　CS 型受剪连接的破坏形态

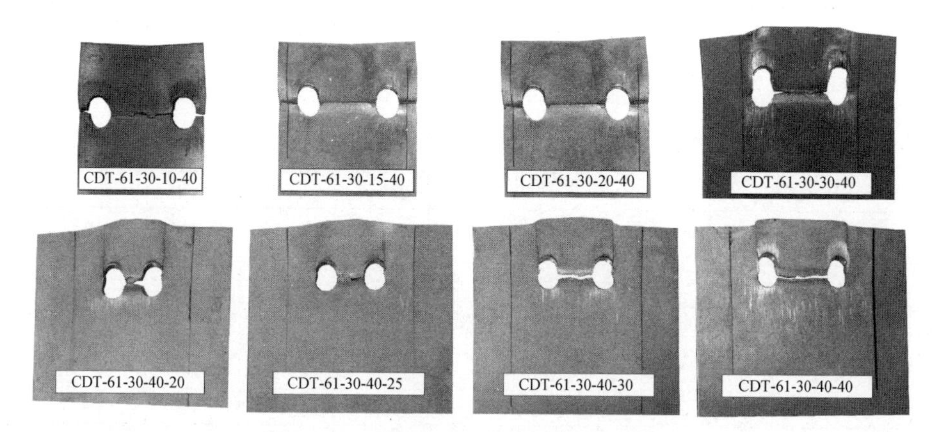

图 3.12　CDT 形受剪连接的破坏形态

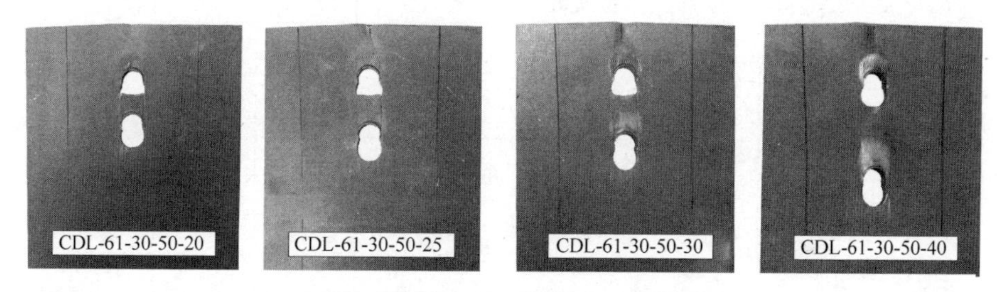

图 3.13　CDL 型受剪连接的破坏形态

3.4.3　极限承载力与荷载-位移曲线

试验中得到的试件极限承载力(F_t)汇总于表 3.5 中。从表中很容易发现，对于几何尺寸相同的受剪连接，由高强铝合金材料(7A04-T6)组成的试件承载力明显高于普通铝合金(6061-T6，6063-T5 和 6082-T6)受剪连接的承载力值。对于铆钉布置形式相同的受剪连接，试件承载力随着端距与边距的增加而提升，但是当边距超过 20 mm 后，其影响减弱(例如试件 CDT-61-30-30-40 的承载力仅比 CDT-61-30-20-40 提高了 2%)。对于 CDT 型和 CDL 型试件，其极限承载力也随着铆钉间距的增加而升高。

表 3.5　受剪连接试验结果及与现行铝合金设计规范比较

试件编号	试验结果		与现行铝合金设计规范比较			
	F_t/kN	破坏形态	F_{GB}/F_t	F_{EC9}/F_t	F_{AA}/F_t	$F_{AS/NZS}/F_t$
CS-61-10-50	20.62	端部剪出	—	0.477	0.622	0.518
CS-61-15-50	25.28	端部剪出	—	0.583	0.761	0.634
CS-61-20-50	31.16	端部剪出	0.501	0.631	0.795	0.662
CS-61-30-50	41.56	承压破坏	0.376	0.709	0.596	0.497
CS-61-40-50	50.17	承压破坏	0.311	0.617	0.494	0.411
CS-63-15-50	19.63	端部剪出	—	0.524	0.683	0.513
CS-63-40-50	38.59	承压破坏	0.282	0.559	0.448	0.336
CS-82-15-50	26.83	端部剪出	—	0.639	0.834	0.695
CS-82-40-50	52.53	承压破坏	0.346	0.686	0.549	0.457
CS-04-15-50	34.52	端部剪出	—	0.792	1.033	0.861
CS-04-40-50	66.69	承压破坏	0.434	0.861	0.689	0.574
CDT-61-30-10-40	54.11	净截面破坏	0.577	0.421	0.915	0.763
CDT-61-30-15-40	67.54	净截面破坏	0.462	0.803	0.733	0.611
CDT-61-30-20-40	80.36	净截面破坏	0.389	0.734	0.616	0.514
CDT-61-30-30-40	81.77	块状撕裂	0.382	0.721	0.606	0.505
CDT-61-30-40-20	60.68	块状撕裂	0.515	0.716	0.816	0.680
CDT-61-30-40-25	64.37	块状撕裂	0.485	0.774	0.770	0.641
CDT-61-30-40-30	73.19	块状撕裂	0.427	0.769	0.677	0.564
CDT-61-30-40-40	85.69	块状撕裂	0.364	0.688	0.578	0.482
CDL-61-30-50-20	63.36	承压/端部剪出	0.493	0.653	0.689	0.574
CDL-61-30-50-25	67.50	承压/端部剪出	0.463	0.686	0.734	0.612
CDL-61-30-50-30	75.45	承压/端部剪出	0.414	0.679	0.657	0.547
CDL-61-30-50-40	84.49	承压/承压	0.370	0.715	0.586	0.489
平均值			0.422	0.671	0.690	0.571
标准差			0.077	0.106	0.135	0.116

图 3.14～图 3.16 分别给出了 CS 型，CDT 型和 CDL 型试件的荷载-位移曲线。图中的位移取铝合金内板板孔伸长量的平均值，记为 e_h，按式(3-3)计算：

$$e_h=\frac{1}{2}\left[\frac{(d_{U1}-d_{L1})+(d_{U1}-d_{R1})}{2}+\frac{(d_{L2}-d_{D1})+(d_{R2}-d_{D1})}{2}\right] \tag{3-3}$$

式中，d_{U1}，d_{D1}，d_{L1}，d_{R1}，d_{L2} 和 d_{R2} 是摄影测量标记点(图 3.9(a))的位移

值。从图 3.14 可以发现，随着铆钉端距的增加，不仅试件的极限承载力有所提升，其变形能力也明显提高。关于铝合金材料对受剪连接结构性能的影响，我们可以从图 3.14(b)中直观地发现，在其他条件一定的情况下，铝合金材料强度高则受剪连接承载力高，铝合金材料延性好则受剪连接变形性能好。观察图 3.15 和图 3.16 中的 3 组曲线，发现对于 CDT 型和 CDL 型试件，增加铆钉的 e_2，p_1 和 p_2 的值可以不同程度地提升试件的承载与变形性能。图 3.15(a)中净截面破坏的试件在下降段出现"台阶"，表明被双铆钉隔为 3 段的铝板净截面并非在同一时刻发生断裂。CDT-61-30-10-40 和 CDT-61-30-15-40 铆钉两侧的净截面面积较小，而铆钉间的净截面面积大，两侧的净截面先发生断裂。而 CDT-61-30-20-40 铆钉两侧净截面面积之和与铆钉间的面积基本一致，所以断裂几乎同时发生，因而曲线下降段没有"台阶"。在块状撕裂的试件曲线中，同样观察到了"平台段"的存在。这其中的原因在于，块状撕裂是铆钉间的材料拉断与铆钉前材料的剪切共同作用的结果，但是这两种作用的发生是有先后顺序的。由于存在着切应变的重分布[138]，切应力的增长速度小于拉应力的增速，所以剪切破坏通常在拉断之后发生，因此曲线中的平台段表示该试件剪切平面所提供的抗剪承载力(极限承载力减去铆钉间净截面抗拉承载力)。由于发生块状撕裂的试件端距均为 30 mm，所以抗剪承载力应该相同；而从试验结果来看，对其中存在平台段的 3 个试件而言，它们的平台所对应的数值确实十分接近，分别为 51.35 kN，47.20 kN 和 48.75 kN。

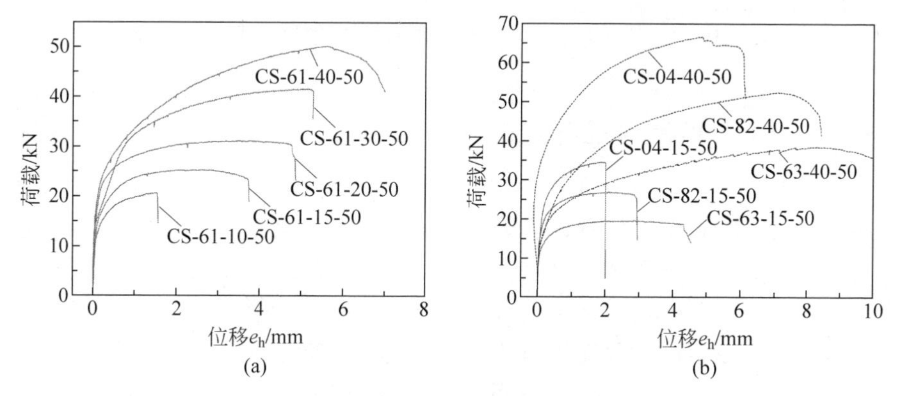

图 3.14　CS 型试件的荷载-位移曲线汇总

(a) 端距 e_1 的影响；(b) 铝合金种类的影响

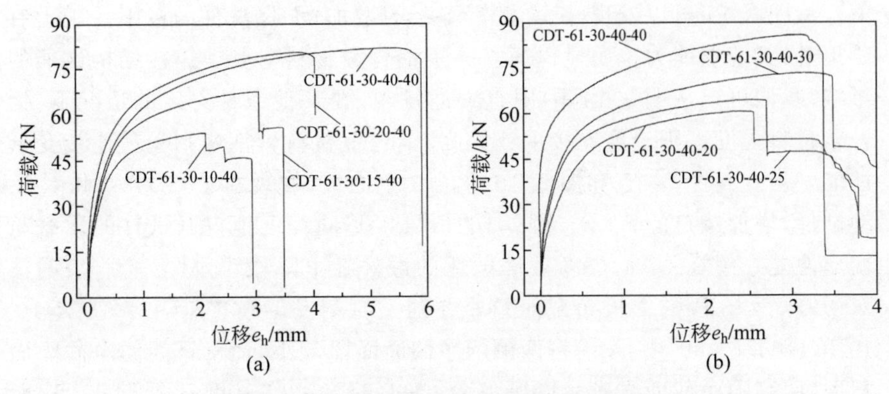

图 3.15　CDT 型试件的荷载-位移曲线汇总

(a) 边距 e_2 的影响；(b) 铆钉间距 p_2 的影响

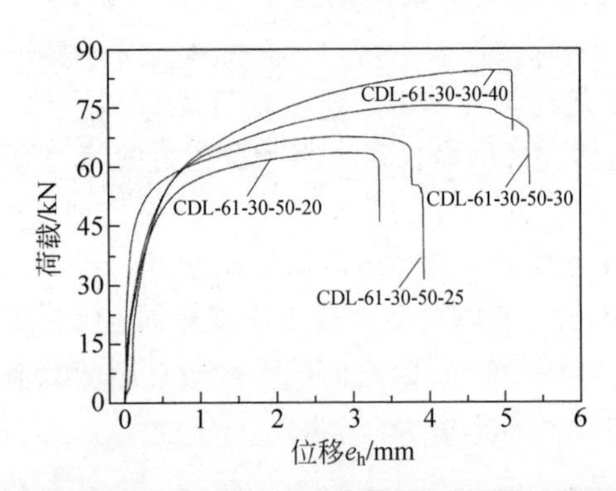

图 3.16　CDL 型试件的荷载-位移曲线汇总(铆钉间距 p_1 的影响)

3.4.4　试验结果与现行规范对比

本节将试验得到的试件极限承载力与现行的中国规范(GB 50429—2007)、欧洲规范(EC9)、美国规范(AA 2015)和澳洲规范(AS/NZS 1664.1)进行了对比,对比结果列于表 3.5 中。相应的规范条文与计算公式详见 1.5.1 节。计算中,分项系数均取为 1.0。规范设计值取不同破坏模式对应承载力的最小值；以欧洲规范为例,欧洲规范最终得到的设计值 $F_{\mathrm{EC9}}=\min\{F_{\mathrm{B,EC9}}, F_{\mathrm{NS,EC9}}, F_{\mathrm{BS,EC9}}\}$,其中 $F_{\mathrm{B,EC9}}$,$F_{\mathrm{NS,EC9}}$ 和 $F_{\mathrm{BS,EC9}}$ 分别为欧洲规范的承压(包含端部剪出),净截面和块状撕裂承载力设计值。在中国规范(GB 50429—2007)中,虽然规范在其 4.3.5 节的表 4.3.5-1 中给出了一些铝材 f_c^b 的具体取值,但为了与试验结果进行比较还是使用材性试验实测的

结果 f_u，根据 $f_c^b=1.16f_u$ 的关系进行计算。由于中国规范不适用于端距小于 $2d_0$ 的试件，所以这些受剪连接件的 F_{GB}/F_t 值未列出。

由表 3.5 的对比可以看出 4 部现行的铝合金结构设计规范严重低估了铝合金结构环槽铆钉受剪连接的承载能力：F_{GB}/F_t，F_{EC9}/F_t，F_{AA}/F_t，和 $F_{AS/NZS}/F_t$ 的平均值分别为 0.422，0.671，0.690 和 0.571。同时从得到的标准差可以发现，规范预测值与试验值之比离散度也很高。由于所有规范对板件承压（也包括端部剪出）承载力的低估程度过高，承压破坏基本成为所有试件的控制破坏模式。表中列出的所有对比数据中，仅有试件 CDT-61-30-40-20，CDT-61-30-40-25 和 CDT-61-30-40-30 依据欧洲规范计算的结果发生了块状撕裂破坏。承压承载力"遮盖"了其他的破坏模式对应的承载力，造成了如果只对比最终承载力则无法全面地评价各国和地区规范的后果。因此在表 3.6 中，将规范对每种破坏形态下试件的承载力的设计值与发生该种破坏的试件试验值进行了对比，对比结果的分析在下一段详述。从表 3.5 还可以发现，由于中国规范采用 $1.16f_u$ 作为承压强度、澳洲规范在美国规范的基础上用 1.2 作为折减系数进一步降低承压强度，这两部规范得到的结果比起欧洲规范与美国规范更加保守。规范对于不同铝合金材料的试件低估程度也有所不同：对比发现，对于延性最好、应变强化程度最高的 6063-T5 所组成的试件，规范低估程度最高；而对延性最差、应变强化程度最低的高强铝合金材料 7A04-T6 组成的试件，规范的低估程度最低。表中只有一个规范与试验对比的数值超过了 1.0（高估），就发生在使用 AA 2015 预测的高强铝合金试件（CS-04-15-50）上。可见现行的各国和地区规范没有考虑不同铝合金材料的差别对受剪连接承载性能的影响。

表 3.6 总结了受剪连接试验结果与规范对应破坏模式下设计承载力的对比情况，由于澳洲规范与美国规范的相似性故未在表中列出。从表中可以看出，现行规范中对净截面与块状撕裂承载力的规定要比承压承载力准确很多，特别是美国规范，其净截面和块状撕裂承载力的设计值分别达到了试验值的 93.2%和 98.6%。由此可见，若对现行铝合金结构设计规范进行修订，重点是修正其承压和端部剪出设计承载力。

表 3.6　受剪连接试验结果与规范对应破坏模式下承载力设计值对比

试件编号	$F_{B,GB}/F_t$	$F_{B,EC9}/F_t$	$F_{B,AA}/F_t$	$F_{NS,EC9}/F_t$	$F_{NS,AA}/F_t$	$F_{BS,EC9}/F_t$	$F_{BS,AA}/F_t$
CS-61-10-50	—	0.477	0.622	—	—	—	—
CS-61-15-50	—	0.583	0.761	—	—	—	—

续表

试件编号	$F_{B,GB}/F_t$	$F_{B,EC9}/F_t$	$F_{B,AA}/F_t$	$F_{NS,EC9}/F_t$	$F_{NS,AA}/F_t$	$F_{BS,EC9}/F_t$	$F_{BS,AA}/F_t$
CS-61-20-50	0.501	0.631	0.795	—	—	—	—
CS-61-30-50	0.376	0.709	0.596	—	—	—	—
CS-61-40-50	0.311	0.617	0.494	—	—	—	—
CS-63-15-50	—	0.524	0.683	—	—	—	—
CS-63-40-50	0.282	0.559	0.448	—	—	—	—
CS-82-15-50	—	0.639	0.834	—	—	—	—
CS-82-40-50	0.346	0.686	0.549	—	—	—	—
CS-04-15-50	—	0.792	1.033	—	—	—	—
CS-04-40-50	0.434	0.861	0.689	—	—	—	—
CDT-61-30-10-40	—	—	—	0.832	0.924	—	—
CDT-61-30-15-40	—	—	—	0.837	0.930	—	—
CDT-61-30-20-40	—	—	—	0.847	0.941	—	—
CDT-61-30-30-40	—	—	—	—	—	0.845	1.001
CDT-61-30-40-20	—	—	—	—	—	0.716	0.988
CDT-61-30-40-25	—	—	—	—	—	0.774	1.016
CDT-61-30-40-30	—	—	—	—	—	0.769	0.968
CDT-61-30-40-40	—	—	—	—	—	0.806	0.955
CDL-61-30-50-20	0.493	0.653	0.689	—	—	—	—
CDL-61-30-50-25	0.463	0.686	0.734	—	—	—	—
CDL-61-30-50-30	0.414	0.679	0.657	—	—	—	—
CDL-61-30-50-40	0.370	0.715	0.586	—	—	—	—
平均值	0.399	0.654	0.678	0.839	0.932	0.782	0.986
标准差	0.075	0.098	0.146	0.008	0.009	0.048	0.025

3.5 受剪连接的有限元模型

基于铝合金结构环槽铆钉受剪连接试验以及测量得到的铆钉预紧力与铝合金板件间抗滑移系数，本节采用通用有限元软件 ABAQUS 建立了精细化有限元模型，并在模型中考虑了材料、几何与接触非线性以及铆钉孔前材料的断裂等因素对于计算结果的影响。由于受剪连接中的铆钉未发生破坏与滑移，模型中将钉杆与钉帽作为整体建立。

3.5.1 材料本构关系

铝合金和不锈钢分别是受剪连接中板件和紧固件的材料，均为典型的非线性金属材料。目前用来描述铝合金和不锈钢材料本构关系最常用也是最精确的模型为 Ramberg-Osgood(R-O)模型[45]。对于铝合金而言，其应变强化程度不高，应变硬化指数 n 值通常在 20～40，可用如式(1-1)的单阶段 R-O 模型表达。而不锈钢材料与此不同，其 n 值基本小于 20 甚至处于 5～10，表现出较强的应变强化的特征。根据 Rasmussen 的研究[139]，普通的 R-O 模型在预测 n 值较小的材料的本构关系时会在应变超过 0.2%后产生较大偏差。因此，对于环槽铆钉的材料——不锈钢，采用双阶段 R-O 模型[140]对其本构关系进行描述。其第一阶段，即 $0<\sigma\leqslant f_{0.2}$ 时，仍采用式(1-1)进行表达；而当 $f_{0.2}<\sigma\leqslant f_{\mathrm{u}}$ 时，则采用式(3-4)所定义的本构关系：

$$\varepsilon=\frac{\sigma-f_{0.2}}{E_{0.2}}+\left(\varepsilon_{\mathrm{u}}-\varepsilon_{0.2}-\frac{f_{\mathrm{u}}-f_{0.2}}{E_{0.2}}\right)\left(\frac{\sigma-f_{0.2}}{f_{\mathrm{u}}-f_{0.2}}\right)^{m_{\mathrm{u}}}+\varepsilon_{0.2}$$

$$(f_{0.2}<\sigma\leqslant f_{\mathrm{u}}) \tag{3-4}$$

式中，m_{u} 为第二阶段曲线的应变硬化指数[141-142]，$\varepsilon_{0.2}$ 是应力为 $f_{0.2}$ 时材料的总应变，$E_{0.2}$ 为名义屈服应力处的切线模量，如式(3-5)所示：

$$E_{0.2}=\frac{E}{1+0.002n\dfrac{f_{0.2}}{E}} \tag{3-5}$$

ABAQUS 中输入的材料本构关系采用本章材性试验的实测值，环槽铆钉的材料特性采用 2.3.1 节圆棒拉伸试验的结果。

由于受剪连接中铆钉孔附近的材料在拉力与剪力的共同作用下发生很大的变形，在大应变区材料的真实应力(σ_{true})-应变($\varepsilon_{\mathrm{true}}$)关系与工程应力($\sigma_{\mathrm{eng}}$)-应变($\varepsilon_{\mathrm{eng}}$)关系明显不同。为了更精确地模拟大变形时连接件的力学行为，在将材料的应力-应变关系输入有限元模型之前，首先把试验测得的工程曲线转化为真实曲线，然后再将真实应变中的弹性变形部分扣除，得到塑性真实应变，计算方法可参考式(2-22)和式(2-23)。所有材料的泊松比 ν 均取为 0.3。材料定义为等向强化[146]，并采用 Von Mises 屈服准则和 Prandtl-Reuss 流动准则。

3.5.2 单元类型与网格划分

单元类型的选择对于精确求解金属材料大变形问题十分重要。对于铝合金结构环槽铆钉受剪连接而言,铆钉孔与板边缘之间的材料在破坏时基本达到 f_u,是典型的塑性变形问题。为了避免剪切自锁并提升网格抵抗扭曲变形的能力[143],一种 8 节点六面体线性减缩积分单元(C3D8R)被选择作为连接件的单元来进行数值模拟。然而 C3D8R 单元在计算中存在着沙漏效应(hourglassing),但这可以通过网格细化来解决[144]。在已有的针对钢结构螺栓受剪连接的有限元模拟中,C3D8R 单元已被试验结果证明可准确地反映螺栓孔周围材料的力学行为[145-147]。由于本章研究的重点在于铝合金板件的破坏和承载能力,环槽铆钉在试验与数值模拟当中不发生破坏,所以没有考虑铆钉帽与钉杆之间复杂的摩擦与滑移行为。环槽铆钉也选择使用与铝合金板件相同的单元类型。

为了在保证计算精度的前提下提高计算效率,首先进行了网格敏感性分析。选择 CS-63-40-50 作为分析对象,尝试了 5 种不同的网格精度组合,如图 3.17 和表 3.7 所示,从“组合 1”至“组合 5”网格划分精度依次下降。在分析中没有考虑材料断裂与损伤对结果产生的影响。敏感性分析结果如图 3.18 所示。通过敏感性分析的结果可知,5 种网格精度组合在荷载-铆钉孔伸长曲线的绝大部分均重合,“组合 3”与“组合 4”在弹塑性阶段的后期与网格精度较高的模型(“组合 1”和“组合 2”)结果相比虽然有所不同,却并未大幅节省计算时间。所以为平衡计算效率与精度,在接下来的计算模型与后续参数分析中均使用“组合 2”的网格尺寸。

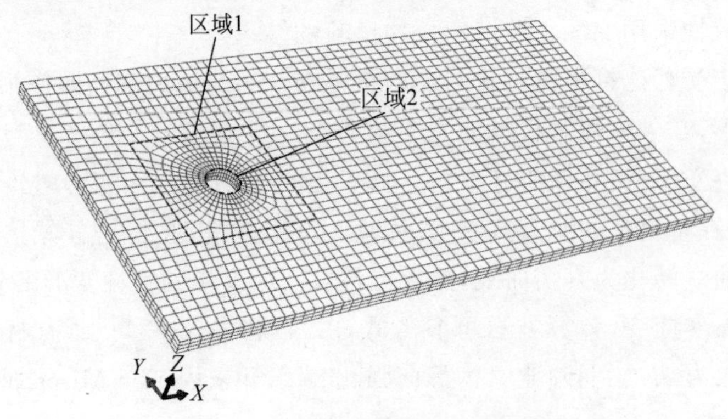

图 3.17 铝合金板网格划分细节

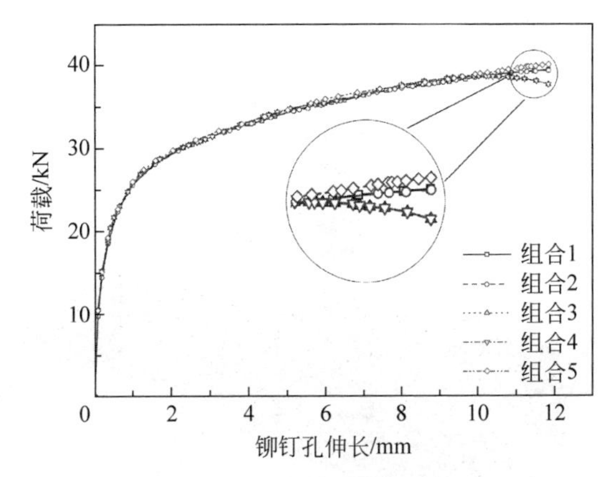

图 3.18　网格敏感性分析结果

表 3.7　网格敏感性分析：网格划分组合与计算时间

组合	区域 1 大小/(mm×mm)	网格尺寸/mm			单元数量/个		计算时间/s
		整体尺寸	区域 1	区域 2	厚度方向	单元总数	
1	40×40	5.0	3.0	0.8	5	7600	575
2	40×40	5.0	3.0	0.8	3	4560	465
3	40×40	5.0	3.0	1.5	3	4242	506
4	40×40	5.0	5.0	1.5	3	3711	430
5	30×30	5.0	3.0	1.5	3	4122	453

3.5.3　边界条件，荷载与接触

由于试验中试件的几何条件、荷载条件以及边界条件的对称性，在有限元中只建立一侧的模型从而节省计算资源，如图 3.19 所示。模型盖板的端部约束 X 和 Y 方向的位移，而 Z 方向保持自由移动，从而允许由内板颈缩导致的盖板 Z 方向的位移。在铝合金内板的最外侧(图 3.19 中的右侧)中心处建立参考点 RP1，并将该参考点与板外侧的所有自由度进行耦合，进而将荷载以位移的形式施加在参考点 RP1 上。在施加荷载之前，采用 ABAQUS 中提供的“bolt load”选项对环槽铆钉施加预紧力，预紧力的数值采用 2.2 节中的实测值。为了精确模拟实际试验中的接触与摩擦，“面-面”接触关系在 ABAQUS 中进行了定义。所有接触对定义两个方向的接触关系，在垂直接触面方向上定义为硬接触，而在与接触面平行的方向上定义“罚函数”来模拟摩擦行为，其中盖板与铝合金内板之间的摩擦系数采用抗

滑移系数试验的实测结果，如表 3.2 所示。铆钉与铝合金间的摩擦系数设定为 0.3。

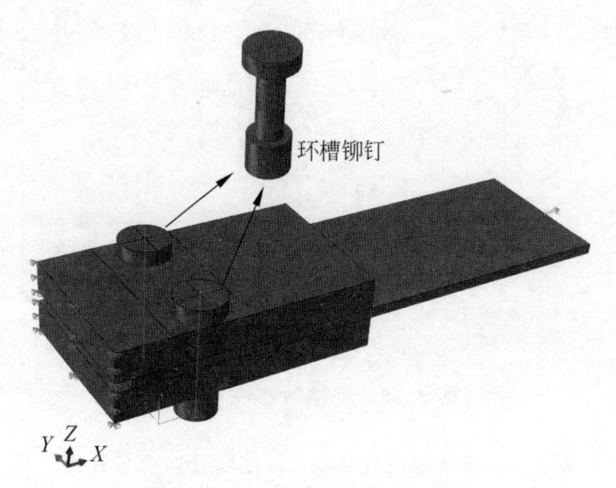

图 3.19　受剪连接有限元模型

3.5.4　基于应力三轴度的材料破坏准则

在金属结构紧固件受剪连接的数值模拟当中，材料的破坏准则十分重要。因为若无破坏准则，有限元模拟的荷载-位移曲线可能会一直上升而无法确定试件的极限承载能力，那么通过数值模拟的途径建立承载力设计方法也就无从谈起。帝国理工学院的 Gardner 等人[148-149]在研究不锈钢板件螺栓受剪连接时提出采用基于截面收缩率的断裂应变 $\varepsilon_{frac,red}$ 作为材料失效的判据，其中 $\varepsilon_{frac,red}$ 由材料拉伸试验实测得到，如式(3-6)所示：

$$\varepsilon_{frac,red} = \ln\left(\frac{A_0}{A_f}\right) \times 100\% \tag{3-6}$$

式中，A_0 是标距段初始截面面积，A_f 是拉断后最小截面的面积。该材料失效判据较好地解决了曲线的"峰值"问题，数值模型计算的荷载在材料达到 $\varepsilon_{frac,red}$ 前的最大值定义为连接件的极限承载力。但值得注意的是，$\varepsilon_{frac,red}$ 是通过普通材料拉伸试验得到的，在材料拉伸试验中材性试件处于单向受拉状态，断面处的材料受到均匀的拉应力而发生断裂。而在受剪连接中，由于紧固件的存在，板孔前的材料处于复杂的拉力与剪力的共同作用之下，加之较大的预紧力，材料还可能处于三维受力的状态。用单调受拉的断裂应变来判断处于复杂应力条件下的材料破坏，未免将实际情况估计得过于简单。

根据对材料断裂行为的研究发现，影响断裂发生的因素除了应力强度之外，最重要的就是应力三轴度(stress triaxiality)[150]。应力三轴度 $\sigma_{\mathrm{H}}/\bar{\sigma}$ 使用静水压力(σ_{H})和等效应力($\bar{\sigma}$)之比来表示，如式(3-7)所示：

$$\frac{\sigma_{\mathrm{H}}}{\bar{\sigma}}=\frac{(\sigma_1+\sigma_2+\sigma_3)/3}{\sqrt{\frac{1}{2}\left[(\sigma_1-\sigma_2)^2+(\sigma_2-\sigma_3)^2+(\sigma_3-\sigma_1)^2\right]}} \tag{3-7}$$

式中，σ_1，σ_2 和 σ_3 为主应力。不同应力三轴度下材料等效断裂应变常通过拉伸漏斗试样($0.4<\sigma_{\mathrm{H}}/\bar{\sigma}\leqslant 0.95$)[150]、蝴蝶形试样($0<\sigma_{\mathrm{H}}/\bar{\sigma}\leqslant 0.4$)和压缩圆柱试样($-0.3\leqslant\sigma_{\mathrm{H}}/\bar{\sigma}\leqslant 0$)来获得，如图3.20所示。在这一类型的研究中，由于应力三轴度很难在试验里准确测量，所以在建立准确数值模型的基础上，有限元辅助测试(FAT)方法常常被用作提取应力三轴度数值的辅助手段[150]。

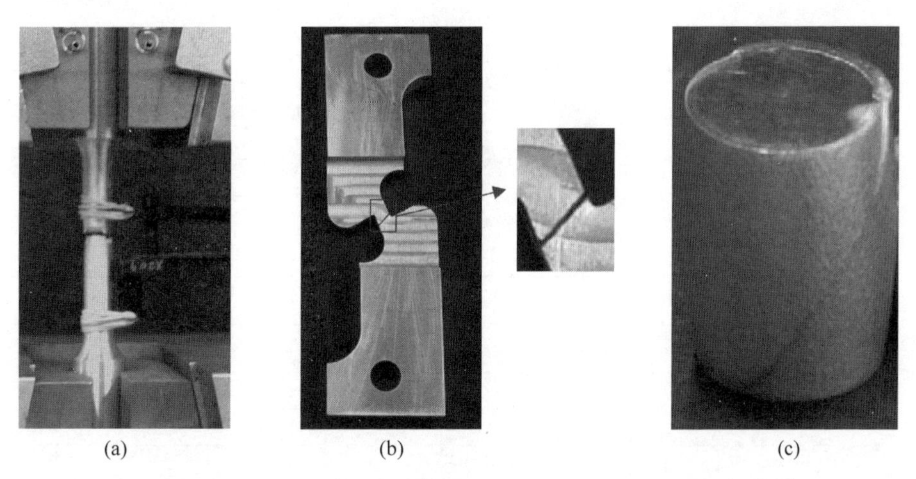

图3.20　不同应力三轴度下获取材料等效断裂应变的材性试样[151]

(a) 漏斗试样；(b)"蝴蝶形"试样；(c) 圆柱试样

本章所建立的有限元模型包含了4种铝合金材料在不同应力三轴度下的等效断裂应变，这些材料断裂指标从已有试验结果中取得。值得注意的是，有限元模型中所考虑的材料断裂指的是断裂发生(fracture initiation)和断裂发展(fracture evolution)，如果受剪连接的承载力在断裂发生前便下降，那么断裂不会对极限承载力产生影响，它所影响的仅仅是数值模型中试件峰值荷载之后的力学性能。由于数值模型是为后续设计方法的建立打基础，峰值荷载过后的断裂发展不是本书重点研究的问题。

在受剪连接的4种破坏形式中，由于净截面拉断和块状撕裂中均包括了材料在拉力作用下的颈缩，所以构件承载力在材料断裂前便开始下降[152]。而在端部剪出的破坏模式中，由于铆钉与孔壁之间的挤压导致铆钉下游材料的屈服而使连接件的有效抗剪长度减小，在断裂之前试件的承载能力也可能降低[146]，所以在这种破坏模式中包含断裂的材料模型也不是必需的。但是在承压破坏的情况下则有所不同，如果材料模型中不包含断裂，试件承载力就不会下降或者是在超出了正确的承压破坏极限承载力之后才下降，因而在这种情况下断裂信息是需要包括的。虽然仅有承压破坏一种破坏模式对应的连接件必须在有限元模型中包括断裂，但为了更直观地对比构件在有限元模型和试验中的破坏形态，材料断裂在所测试的23个构件的数值模型中均加以考虑，并激活了ABAQUS中的单元删除(element deletion)功能。

表3.8列出了4种铝合金材料断裂应变(ε_f)与应力三轴度($\sigma_H/\bar{\sigma}$)之间的关系。这些对应关系取自已有的试验数据[153-156]。值得注意的是，由于不是每种材料都有基于全范围应力三轴度的断裂应变，有些材料(如6063-T5和6082-T6)在某一应力三轴度范围内的断裂应变值并没有试验数据支持，因此未包含在表内。

表3.8　4种铝合金材料断裂应变与应力三轴度关系

6061-T6[153]		6063-T5[154]		6082-T6[155]		7A04-T6[156]	
$\sigma_H/\bar{\sigma}$	ε_f	$\sigma_H/\bar{\sigma}$	ε_f	$\sigma_H/\bar{\sigma}$	ε_f	$\sigma_H/\bar{\sigma}$	ε_f
−0.5	1.06	0.1	1.79	0.3	1.16	−0.5	0.88
0.0	0.68	0.15	1.62	0.35	0.96	0	0.31
0.1	0.61	0.2	1.47	0.4	0.80	0.1	0.25
0.2	0.55	0.3	1.21	0.45	0.68	0.2	0.21
0.3	0.49	0.4	0.99	0.5	0.58	0.3	0.18
0.4	0.43	0.5	0.81	0.55	0.50	0.4	0.15
0.5	0.38	0.6	0.67	0.6	0.44	0.5	0.13
0.6	0.32	0.7	0.55	0.65	0.39	0.6	0.12
0.7	0.27	0.8	0.45	0.7	0.35	0.7	0.10
0.8	0.23	0.9	0.37	0.75	0.32	0.8	0.09
1.0	0.14	1.0	0.30	0.8	0.30	1.0	0.08

3.5.5 有限元模型验证

对所建立的数值模型进行计算后得到了23个试件的有限元结果。在有限元计算中，程序都是在承载力出现下降之后才停止的，因此得到了每个试件的极限承载力 F_{FE}，汇总于表3.9中。通过表中有限元与试验极限承载力的对比可以发现本节所建立的有限元模型可以很好地预测试验试件的极限承载力(F_{FE}/F_t 的平均值为0.97，标准差为0.039)。

表3.9 有限元计算结果汇总

试件编号	试验		有限元		F_{FE}/F_t
	F_t/kN	破坏形态	F_{FE}/kN	破坏形态	
CS-61-10-50	20.62	端部剪出	19.13	端部剪出	0.93
CS-61-15-50	25.28	端部剪出	24.43	端部剪出	0.97
CS-61-20-50	31.16	端部剪出	29.39	端部剪出	0.94
CS-61-30-50	41.56	承压破坏	40.02	承压破坏	0.96
CS-61-40-50	50.17	承压破坏	48.63	承压破坏	0.97
CS-63-15-50	19.63	端部剪出	18.52	端部剪出	0.94
CS-63-40-50	38.59	承压破坏	38.41	承压破坏	1.00
CS-82-15-50	26.83	端部剪出	28.77	端部剪出	1.07
CS-82-40-50	52.53	承压破坏	52.51	承压破坏	1.00
CS-04-15-50	34.52	端部剪出	36.48	端部剪出	1.06
CS-04-40-50	66.69	承压破坏	62.66	承压破坏	0.94
CDT-61-30-10-40	54.11	净截面破坏	52.80	净截面破坏	0.98
CDT-61-30-15-40	67.54	净截面破坏	65.66	净截面破坏	0.97
CDT-61-30-20-40	80.36	净截面破坏	79.62	净截面破坏	0.99
CDT-61-30-30-40	81.77	块状撕裂	79.26	块状撕裂	0.97
CDT-61-30-40-20	60.68	块状撕裂	56.87	块状撕裂	0.94
CDT-61-30-40-25	64.37	块状撕裂	63.10	块状撕裂	0.98
CDT-61-30-40-30	73.19	块状撕裂	69.17	块状撕裂	0.95
CDT-61-30-40-40	85.69	块状撕裂	80.27	块状撕裂	0.94
CDL-61-30-50-20	63.36	承压/端部剪出	60.43	承压/端部剪出	0.95
CDL-61-30-50-25	67.50	承压/端部剪出	65.31	承压/端部剪出	0.97
CDL-61-30-50-30	75.45	承压/端部剪出	69.11	承压/承压	0.92
CDL-61-30-50-40	84.49	承压/承压	76.57	承压/承压	0.91
平均值					0.97
标准差					0.039

图 3.21 展示了典型的有限元与试验荷载-位移曲线的对比情况。图 3.21(a)～(d)依次为发生端部剪出、承压破坏、净截面拉断和块状撕裂的试件。通过 4 张图中的曲线对比可以发现，建立的有限元模型可以很好地预测试验中受剪连接的荷载-变形行为。有限元软件作为一种研究工具，提供了很多试验中无法得到的过程信息：在图 3.21 中，铝合金内板在加载过程中的几个阶段也被标注在有限元曲线上。对于发生端部剪出和承压破坏的试件，材料的主要变形集中在铆钉孔的前端，所以没有发生明显的截面颈缩现象。在材料达到断裂应变之后，随着材料损伤的发展，构件的承载能力还有进一步的提升。直到材料完全断裂，被有限元软件删除的单元所提供的承载力超过了材料因应变强化增加的承载力，这时构件的承载力开始下降。从图 3.21 的曲线可以看出，有限元与试验曲线不仅在试件达到峰值荷载以前符合得很好，有限元模型也能较好地预测试件破坏的时刻。在材料发生断裂之后，有限元模型的收敛变得十分困难，所以图中有限元曲线的下降段较短。

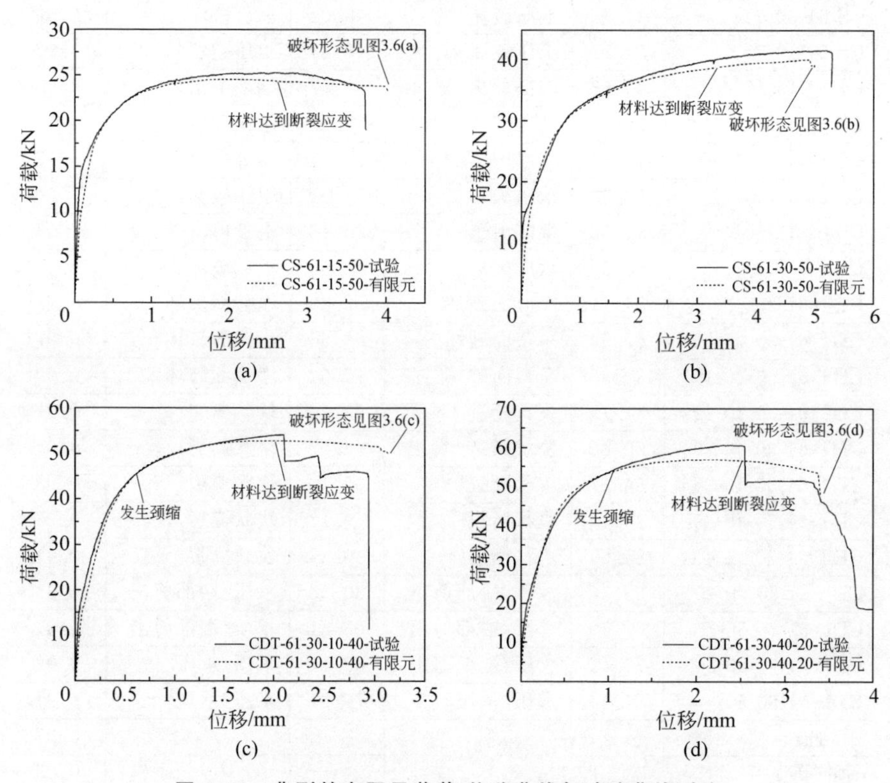

图 3.21　典型的有限元荷载-位移曲线与试验曲线对比

(a) CS-61-15-50(端部剪出破坏)；(b) CS-61-30-50(承压破坏)；

(c) CDT-61-30-10-40(净截面破坏)；(d) CDT-61-30-40-20(块状撕裂)

图3.22中列出了与图3.21中相对应的试件在有限元模型中的破坏形态，并与试验得到的破坏形态进行对比。通过对比可看出有限元破坏形态基本与试验中观察到的一致，进一步确认了有限元模型的正确性。值得注意的是，由于本书的有限元程序使用的是ABAQUS/Standard隐式分析，其在断裂开展过程中常遇到收敛问题，因此图中展示的断裂面并未开展完全。为清楚地显示断裂的开展程度，有限元破坏形态当中以颜色来区别材料损伤程度的高低，即ABAQUS计算得到的SDEG(scalar stiffness degradation)值的大小(从蓝色到红色，SDEG的值由小变大)。所有试件的有限元与试验荷载-位移曲线的对比详见本书附录A。

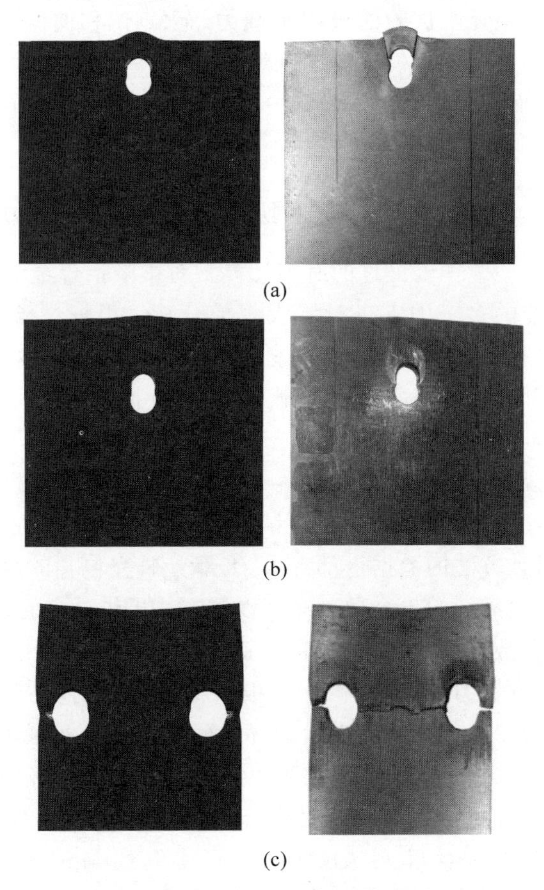

(a)

(b)

(c)

图3.22　典型的有限元与试验破坏形态对比

(a) CS-61-15-50；(b) CS-61-30-50；(c) CDT-61-30-10-40；(d) CDT-61-30-40-20

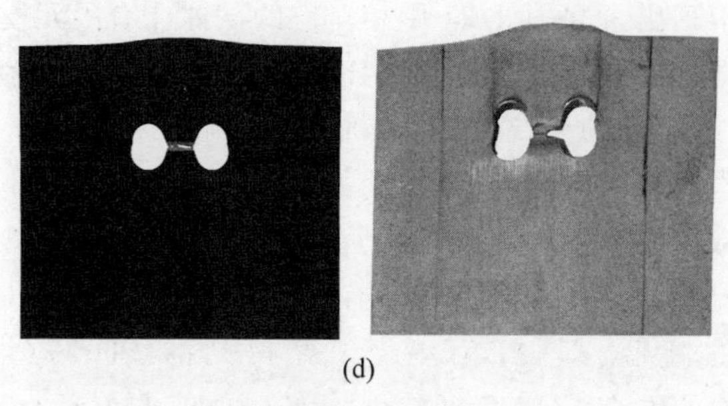

(d)

图 3.22(续)

通过对比有限元与试验的极限承载力、荷载-位移曲线与破坏形态,可以充分证明所建立有限元模型的准确性,因此可将此模型用于后续大规模参数分析中,从而得到用于建立设计方法所需的更多受剪连接承载力结果。

3.6　受剪连接工作机理和影响因素分析

本节采用3.5节中验证过的有限元模型对影响铝合金结构环槽铆钉受剪连接力学性能的多个因素进行了大规模分析。根据试验研究得到的结论,本节的主要目的在于探究不同的材料、几何及荷载因素对环槽铆钉受剪连接承压及端部剪出破坏的影响机制,为3.7节提出合理可靠的设计方法提供思路与数据支撑。

受剪连接设计方法的可靠性在很大程度上取决于半经验公式中关键参数拟合的准确度,而目前无论是在钢结构还是铝合金结构受剪连接的研究中,用于支撑设计方法的数据量都有限,大部分研究包含的数据不超过100个。因此,为了给后续提出合理可靠的设计方法提供更多的数据支撑,本节开展了大规模参数分析,生成了大量关键数据点。本节考虑的因素包括铆钉端距、边距和预紧力值,以及铝合金板的材料与厚度,共计分析算例930个。为了更有效率地运行数目庞大的环槽铆钉受剪连接模型,开发了可根据变化的几何参数自动划分网格并生成单元、建立接触的程序。采用MATLAB R2018b编写参数化的命令流,并利用MATLAB中“Fprintf”命令将这些语言批量地写入ABAQUS可读取的Inp文件中。再使用Windows的批处理文件实现有限元模型的批量运算,最后采用Python语言编写的py文件实现结果的提取。参数化的实现过程如图3.23所示。编程的难点在于铝合金板件网格的划分、疏密的调节和单元的生成,因此将此部分作为程序的核心代码，列于附录 B 中。虽然可通过程序实现自动化，但受剪连接单元均使用实体模型，且考虑材料的断裂行为，因此需要大量的计算资源与时间，为进一步提升效率，仅计算四分之一模型，如图 3.24 所示。

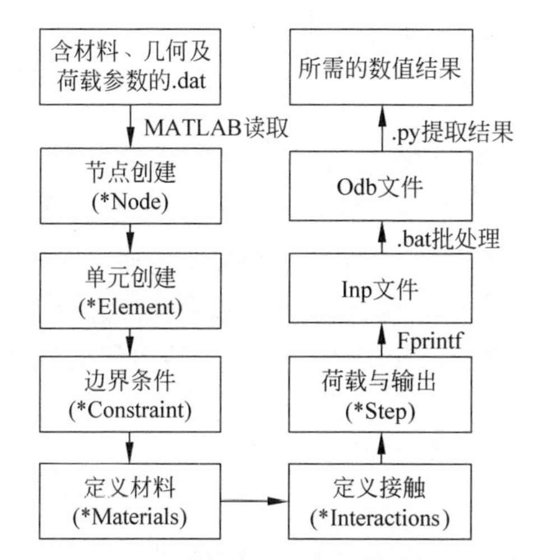

图 3.23　铝合金结构环槽铆钉受剪连接参数化分析的实现过程

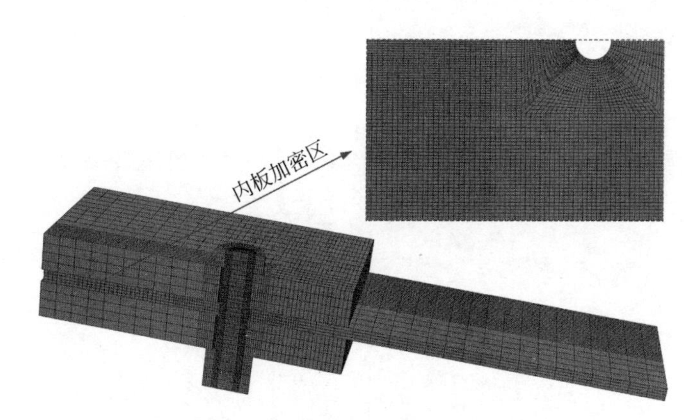

图 3.24　参数分析中的四分之一模型

本书所定义的受剪连接极限承载力均指最大的承载力值，而非以铆钉孔变形作为依据而确定的承载力。这是因为基于板孔变形的连接件失效准则所选择的变形限值具有较强的人为性和随意性，导致对应的极限承载力值可靠性不强；这一点也曾被 Salih 等人[148]和 Teh 等人[126]指出。而且

Aalberg 和 Larsen 还指出[126,157]，由 Perry[158] 建议并曾被 AISC[159] 接受的“6.35 mm 板孔位移限值”理论依据不充分。而若放弃“变形准则”，对于发生承压破坏的受剪连接，其材料的破坏准则就尤为关键，再次印证模型中引入基于应力三轴度的材料破坏准则的重要性。

由于本节主要研究对象为受连接的铝合金板件，因此在数值模型中将环槽铆钉设置为弹性体，弹性模量为实测值。

3.6.1 受剪连接中摩擦力的分布规律

借助 ABAQUS 历史变量输出(history output)中的 CFS 选项，得到了受剪连接在加载过程中摩擦力的发展情况。为评估摩擦力对试件承载力的贡献，图 3.25 绘出了 800 个试件在达到极限承载力时摩擦力的占比。这些受剪连接中环槽铆钉的预紧力均为试验中的实测数值。通过该图可以发

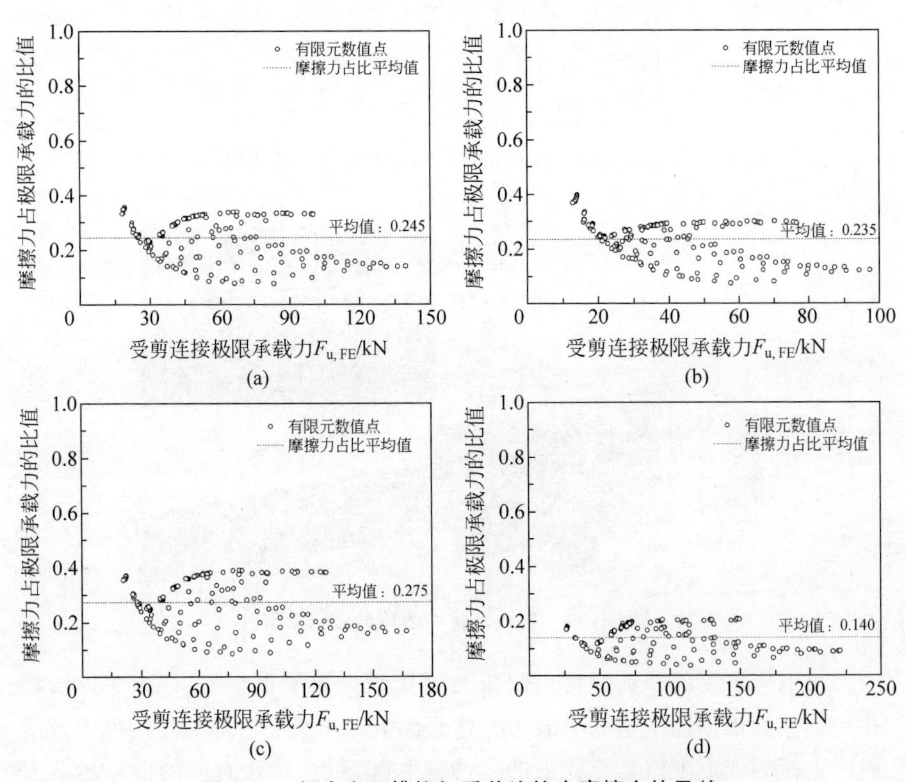

图 3.25 铝合金环槽铆钉受剪连接中摩擦力的贡献

(a) 6061-T6 试件；(b) 6063-T5 试件；(c) 6082-T6 试件；(d) 7A04-T6 试件

现，摩擦力在受剪连接中占比较小，对于不同材料的试件，该比值介于 14.0%～28.5%。三种普通强度铝合金的比值接近，其平均值为 25.2%。在高强铝合金受剪连接中，该比值远小于普通强度铝合金组成的试件，主要由于两方面原因：首先，是高强铝合金板件间抗滑移系数小；其次是高强铝合金板孔强度高，会使摩擦力的贡献比例进一步降低。所以综合看来，对于铝合金结构环槽铆钉连接，在铝合金板件表面未经特殊处理或环槽铆钉的预紧力未有大幅提高时，建议按照承压型连接进行设计。该建议也与邓华等人[76]基于铝合金板件环槽铆钉单剪连接的研究得出的结论一致。

然而，虽然摩擦力在受剪连接中占比小，但未小至可忽略的程度，若想实现对受剪连接承载能力的准确设计，应在设计承载力中考虑摩擦力的大小。但在试验中，由于测量手段的限制，我们并不了解摩擦力具体的大小和随加载过程的变化规律。所以在此借助有限元模型开展更进一步的探讨。

将每种材料受剪连接中有代表性的 20 个试件的摩擦力随位移的发展情况绘于图 3.26 中。这 20 个试件由边距为 $5.0d_0$、端距从 $1.0d_0$ 增加至 $6.0d_0$ 的试件和边距为 $1.5d_0$、端距从 $1.0d_0$ 增加至 $5.0d_0$ 的试件组成。从图中可发现明显的共性规律：在加载初期摩擦力随位移增加迅速增大，在位移很小时（0.1 mm 左右）达到极值，此过程为静摩擦阶段。在静摩擦被克服后，不同端距与边距的试件摩擦力沿几乎同样的轨迹下降，在降至一定程度后，边距较小的试件和边距大但端距小于 $2.5d_0$ 的试件摩擦力保持不变或小幅增减；而边距大且端距大于 $2.5d_0$ 的试件摩擦力的发展出现拐点（图 3.26 中虚线与曲线的交点），开始迅速增加，并一直保持增长的趋势。在边距值有充足保证的基础上，端距越大的试件其摩擦力的峰值越大。

为研究摩擦力增长的来源，以 6061-T6 中边距为 $5.0d_0$，端距为 1.0，3.0 和 5.0 倍孔径的受剪连接为例，在图 3.27 中绘出了其归一化的预紧力和摩擦力的发展情况。图中 α_f 和 $\alpha_{p,C}$ 为无量纲参数，由下面两个公式定义：

$$\alpha_f = \frac{F_f}{2\mu F_{p,C}} \tag{3-8}$$

$$\alpha_{p,C} = \frac{F_{p,true}}{F_{p,C}} \tag{3-9}$$

式中，F_f 为实测摩擦力值，$F_{p,true}$ 为加载过程中实测铆钉预紧力值。请注意，预紧力准确来说应指紧固动作完成时铆钉内的初始拉力，此处为更清楚地说明而借用该词表达铆钉内变化的紧固力。

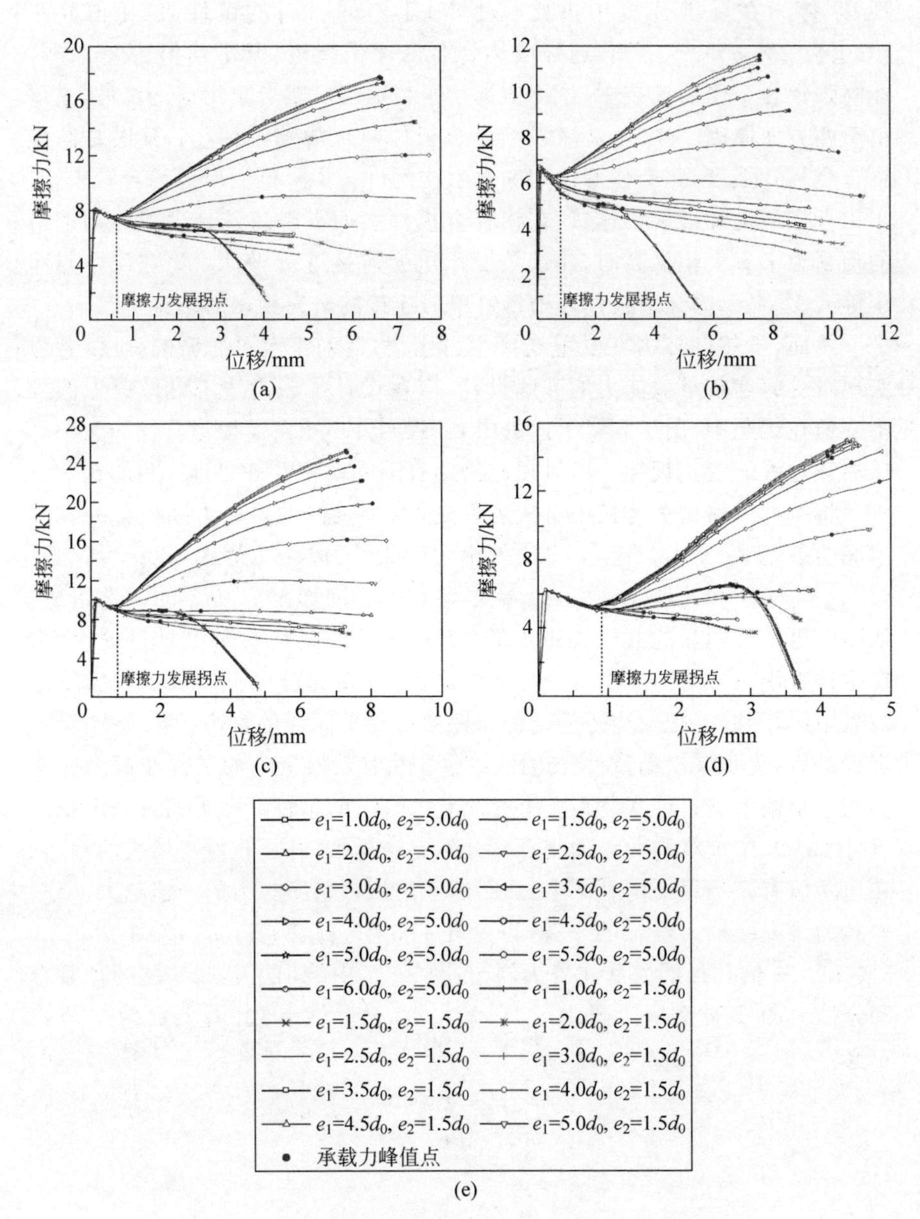

图 3.26 不同端距和边距受剪连接中摩擦力的发展情况

(a) 6061-T6 试件；(b) 6063-T5 试件；(c) 6082-T6 试件；

(d) 7A04-T6 试件；(e) 图 3.26(a)～(d)图例

观察图 3.27 可以发现，受剪连接中摩擦力的变化与预紧力的变化有高度的一致性，进而可作出判断：随着端距的变大而明显增加的摩擦力源于铆钉内增大的预紧力。通过提取受剪连接孔前材料的变形模式，可发现随着端距增大而提高的预紧力是由于铆钉前膨胀卷起的铝合金材料而使铆钉夹紧的厚度增大，见图 3.28(a)。而端距小的试件，孔前板材沿受力方向向外剪出，而不会增加夹紧厚度，见图 3.28(b)。而对于边距小的试件，孔侧板材垂直于受力方向变形，也不增加夹紧厚度，见图 3.28(c)，因此预紧力不增加，进而可知摩擦力也不增加。

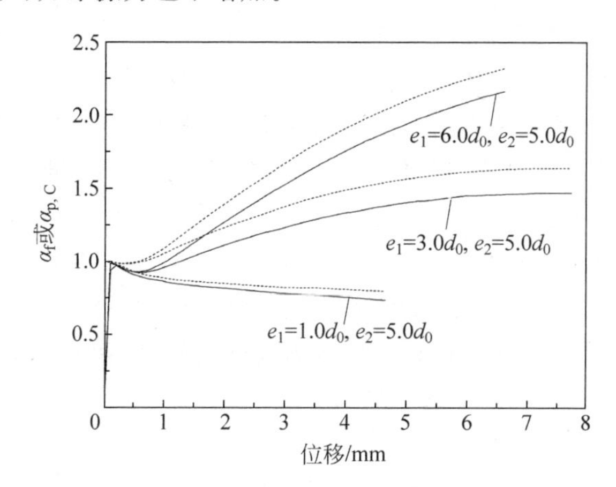

图 3.27　受剪连接中铆钉预紧力和摩擦力的发展情况

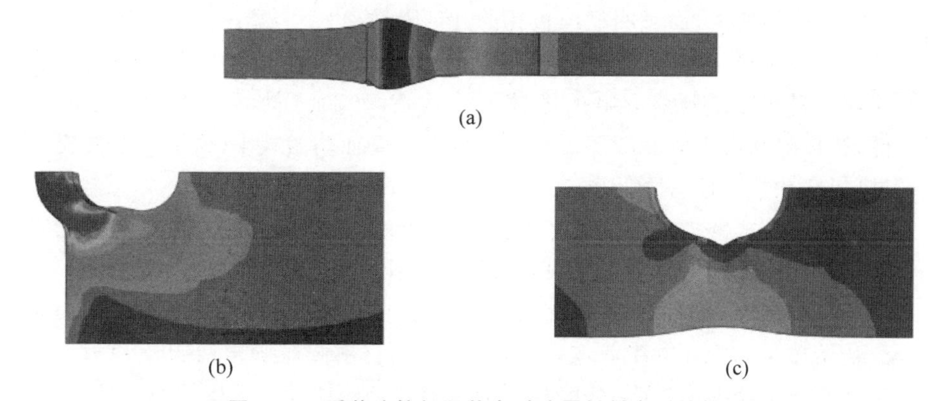

图 3.28　受剪连接极限状态时孔周材料变形特征

(a) 孔前材料卷起(沿铆钉轴线方向)；(b) 孔前材料向外剪出(沿受力方向)；
(c) 孔侧材料收缩(垂直受力方向)

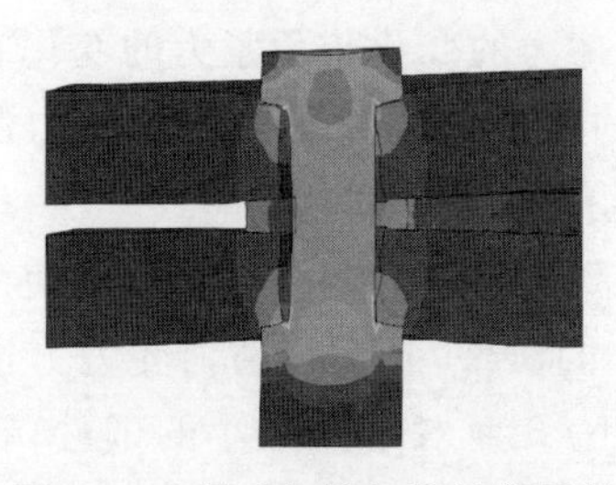

图 3.29　板孔与铆钉接触的瞬间（变形放大 100 倍）

对于拐点前摩擦力下降的原因，这并不是由于滑动摩擦力比静摩擦力小造成的。因为有限元模型中采用的“罚函数”在滑移阶段仍使用 $\mu F_{p,C}$ 作为滑动摩擦力[160]。根据图 3.27 中预紧力的变化可推断，这是由于板孔和钉杆刚刚接触上时产生的瞬时预紧力损失引起的。所以提取了板孔与铆钉杆接触瞬间受剪连接的变形情况，如图 3.29 所示。可以发现，由于在预紧力作用下外板的局部变形，铆钉在最初仅与外板板孔最外侧的部分接触，使铆钉受弯的跨长显著增加，因此可判断是加载初始阶段铆钉的弯曲引起了预紧力损失。而铆钉的弯曲将在钉杆与外板板孔均匀接触之后结束，进而预紧力的损失和摩擦力的进一步降低也将停止。按此逻辑，若板件强度高，则钉杆与外板均匀接触所需的外荷载将增加，那么钉杆的弯曲和预紧力损失相对都会变大。图 3.26(d)中 7A04-T6 的实际情况恰好证明了该推断。值得注意的是，这也是参数分析中将铆钉杆设置为弹性体而非刚体的原因。

若以 F_u 表示受剪连接的承载力，F_{fc} 表示其中摩擦力的贡献，F_p 表示板件对承载力的贡献，则有下式成立：

$$F_u = F_{fc} + F_p \tag{3-10}$$

如前面的分析，对于随端距增大而摩擦力提升的试件，这部分提升的本质是板孔的变形，而且明显与板孔的几何参数（边距与端距）相关，因此在设计计算中应将这部分摩擦力的贡献计入板件承载力 F_p 中，而应使用不受孔前材料膨胀或颈缩影响的摩擦力作为 F_{fc}。对于边距或端距较小的试件，若极限状态下实际摩擦力受板件颈缩影响而略微减小（摩擦力发展拐点过后，摩擦力即使有降低也十分微小），则这部分影响也计入 F_p，这会在后续半经验公式的拟合中一并考虑。因此建议将该设计原则用于接下来的铝合金结构环槽铆钉受剪连接设计方法的提出中。

其实此原则也是以往研究无预紧力螺栓受剪连接的设计原则：因为对于初始预紧力为 0 的受剪连接来说，若孔前材料膨胀则会引起预紧力的产生进而产生摩擦力，这部分摩擦力的贡献也相应地计入了板件的贡献当中，而非在公式中增加摩擦力项[64,148,162]。

进一步，需对 F_{fc} 的大小进行标定。在摩擦力发展曲线上确定计入式(3-10)摩擦力项的原则应是此时的摩擦力应不受板孔变形影响且可以作为不同几何参数(边距或端距)试件的共同基准值。因此取图 3.26 曲线中摩擦力拐点对应的数值来确定 F_{fc}。此处需补充说明,对端距或边距较小,在加载后期摩擦力无明显升高的试件来说,也按照存在拐点试件所对应的变形值来确定 F_{fc},即取图中虚线与曲线的交点。设 F_{fc} 的计算公式如下:

$$F_{fc}=\alpha_{fc}\cdot 2n_{p}\mu F_{p,C} \tag{3-11}$$

式中,n_p 指受剪连接中环槽铆钉的个数;α_{fc} 是摩擦力贡献系数,为待标定的参数。根据 4 种材料的有限元结果,算得 6061-T6,6063-T5,6082-T6 和 7A04-T6 的 α_{fc} 值分别为 0.91,0.88,0.90 和 0.83。因此建议在实际设计中对普通强度铝合金 α_{fc} 取为 0.90,对高强铝合金取为 0.83。

3.6.2 铆钉端距的影响分析

试验中发现,随着铆钉端距 e_1 的增加,受剪连接的极限承载力明显增大。但由于试验数量和参数变化范围的限制,并没有发现这种“增加趋势”的终点,且没有发现端距的影响是否会随铝板材料的不同而变化。因此利用有限元对 44 个连接模型,包括:4 种材料(6061-T6,6063-T5,6082-T6 和 7A04-T6)和 11 个端距值($e_1=1.0d_0,1.5d_0,2.0d_0,2.5d_0,3.0d_0,3.5d_0,4.0d_0,4.5d_0,5.0d_0,5.5d_0,6.0d_0$)进行了分析。所有连接的铆钉边距均为 $5.0d_0$,铝合金内板厚度为 4 mm,预紧力值为 23.71 kN。

分析的结果如图 3.30(a)所示。现有研究表明,对于金属材料,板孔的承压或抗剪强度与材料的极限强度而非屈服强度成正比[161]。因此这里将得到的板件极限承载力与其材料极限强度相除来进行标准化处理。通过该图可发现,当不同材料的受剪连接在 $e_1\leqslant 3.0d_0$ 时,其承载力随端距的增加而线性增大。而在端距超过 $3.0d_0$ 以后,普通强度铝合金试件的承载力还继续增加,但呈现明显的非线性,且曲线斜率不断下降,在端距为 $5.0d_0$ 时基本稳定、不再升高。而高强铝合金试件表现出明显的区别,连接在端距达到 $3.0d_0$ 以后承载力便不再增长。产生如此差别的原因在于高强铝合金与普通铝合金材料延性的不同。欧洲规范(EC9)使用下式描述铝合金材料极限应变与强度之间的关系:

$$\varepsilon_u=\begin{cases}0.3-0.22f_{0.2}/400, & f_{0.2}<400\ \text{MPa}\\ 0.08, & f_{0.2}\geqslant 400\ \text{MPa}\end{cases} \tag{3-12}$$

实际材性试验得到的结果也与该规律相符。对强度高而延性低的材料,在板孔变形至一定程度时即达到材料的断裂应变,进而出现承载力的下降,而较小的变形值影响了材料强度的发挥(几何参数完全一致,仅材料不同的受剪连接在极限状态时板孔变形形态及尺寸见图 3.31)。且孔前材料卷曲幅度小,难以引起铆钉内较大的预紧力增量,这是承载力偏小的另一个因素。该规律的发现也解释了设计规范对高强铝合金试件承载力低估程度最小的原因(参见表 3.5 和表 3.6)。

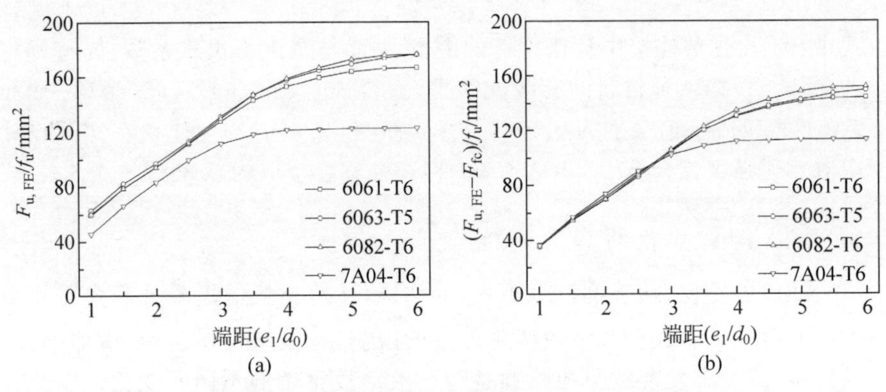

图 3.30　受剪连接的承载力随端距的变化情况

(a) 未扣除 F_{fc};(b) 扣除 F_{fc}

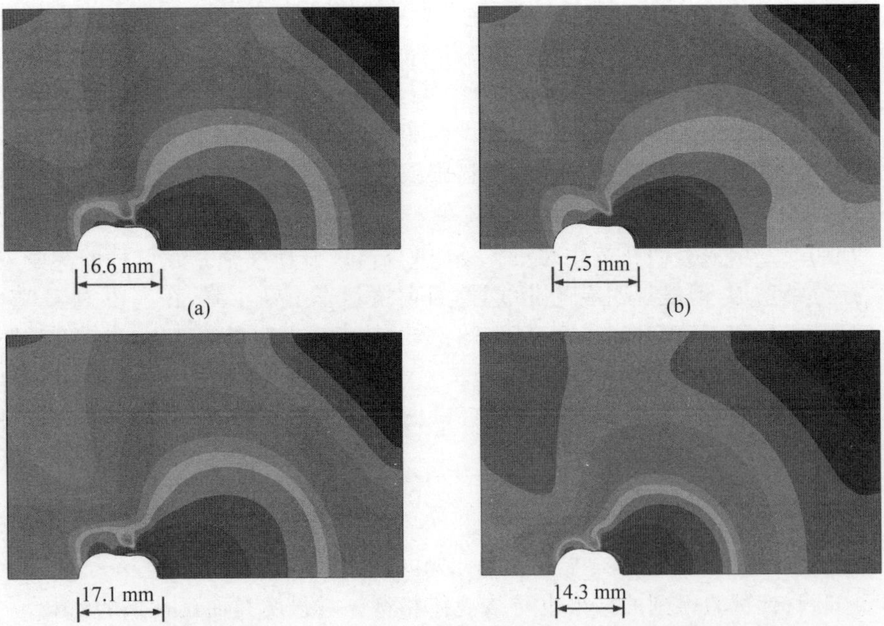

16.6 mm

(a)

17.5 mm

(b)

17.1 mm

(c)

14.3 mm

(d)

图 3.31　不同材料的受剪连接在极限状态时的板孔变形(原始孔径均为 10.5 mm)

(a) 6061-T6 试件;(b) 6063-T5 试件;(c) 6082-T6 试件;(d) 7A04-T6 试件

但上述 4 种材料受剪连接所展现的不同承载力除了材料本身力学性能区别以外，无法排除板件间摩擦力不同造成的影响。因此在图 3.30(b)的纵坐标中扣除 3.6.1 节提出的 F_{fc} 值，然后再对板材极限强度进行标准化。从图 3.30(b)中可以发现，相对于图 3.30(a)最直观的改变是 7A04-T6 试件在端距小于 $3.0d_0$ 以前的曲线与普通铝合金的曲线重合了。根据对试验结果的分析及端部剪出与承压破坏的判别标准可知，端距小于 $3.0d_0$ 时试件发生的是端部剪出，而此破坏模式在机理上与承压破坏是不同的，它不受材料延性的影响，且随端距改变呈明显的线性变化。

3.6.3　铝合金内板板厚的影响分析

对影响因素的分析顺序影响了分析模型的规模。在对最重要的几何参数端距分析之后，本节评估板厚对受剪连接力学行为的影响，若板厚有非线性的影响效应，则后续的所有参数分析中均应加入板厚参数。

共计对 324 个受剪连接进行了分析，试件涵盖了工程中常用的铝板厚度值($t_f=4\sim12$ mm，间隔为 1 mm)并包括 4 种材料(6061-T6，6063-T5，6082-T6 和 7A04-T6)和 9 个端距值($e_1=1.0\sim5.0d_0$，间隔为 $0.5d_0$)。所有受剪连接的铆钉边距均为 $5.0d_0$，预紧力值为 23.71 kN。受剪连接的外板为 12 mm，对于内板为 11 mm 和 12 mm 厚的连接，为避免外板局部进入塑性，将其加厚至 16 mm。数值分析的结果绘于图 3.32 中。

从图 3.32 可发现，对所分析的材料和端距值，试件的承载力均随铝合金内板厚度线性增大。此结论排除了预紧力和摩擦力可能与板厚耦合而产生的非线性影响，为提出精准简练的设计方法打下了基础。从另外一个角度来说，图 3.32 基于更大量的数据再次印证了 3.6.2 节得到的结论：高强铝合金的承载力在端距超过 $3.0d_0$ 以后几乎不再提升，而普通铝合金试件的承载力继续增加。该结论对所分析厚度范围内的受剪连接都成立。

这里补充解释曾在热轧及薄壁钢板受剪连接的研究中所发现的板厚非线性影响现象。这种非线性的产生主要有以下两点原因：原因一是薄板在拉力的作用下出现了孔前的卷曲(图 3.33)；原因二是对于特别薄(1～2 mm)的内板所组成的受剪连接，试件对预紧力十分敏感，会产生 10%～25%的承载力提升[163,165]。而本书所研究的对象是外板不发生破坏的双剪连接，因此避免了“原因一”中的孔前板件卷曲。同时，小于 3 mm 的铝合金板件极易发生局部屈曲[166]，工程中很少用到，因此本节分析中未涉及，所以“原因二”中厚度的非线性影响也没有出现。

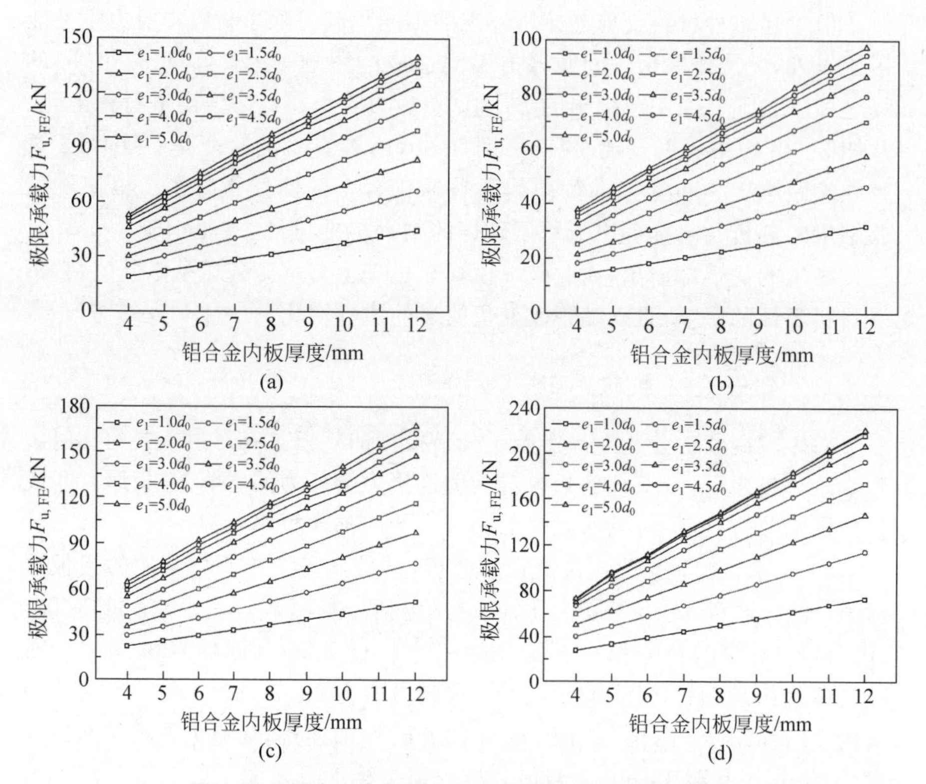

图 3.32　铝合金内板厚度对受剪连接受力性能的影响

(a) 6061-T6 试件；(b) 6063-T5 试件；(c) 6082-T6 试件；(d) 7A04-T6 试件

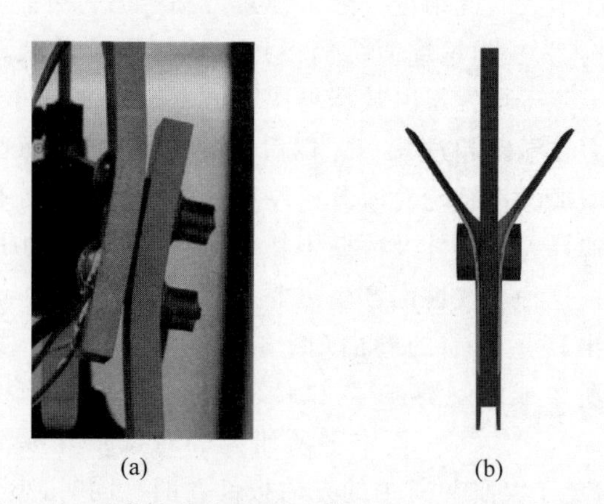

(a)　　(b)

图 3.33　受剪连接中薄板发生的孔前卷曲(curling)现象

(a) 试验：单剪连接[164]；(b) 有限元：双剪连接外板[140]

3.6.4　铆钉钉杆直径的影响分析

由于目前使用的环槽铆钉均为英制系列，我国自主研发的米制系列环槽铆钉尚未投入使用[42]。根据本书环槽铆钉的制造商Alcoa公司给出的铆钉出厂参数，铆钉直径都是1/16 in的倍数，因此在参数分析中也以1/16 in为间隔，进行钉杆直径的选择。所分析的铆钉直径除9.66 mm(6/16 in)外还包括：12.70 mm(8/16 in)，15.88 mm(10/16 in)，19.05 mm(12/16 in)和22.23 mm(14/16 in)。板孔直径的确定遵从统一的原则，即钉杆直径加1再近似至最近的0.5 mm。例如，直径为12.70 mm的铆钉的板孔为13.5 mm。由于现有的研究已表明，影响受剪连接强度的主要因素为钉杆(或螺栓杆)的直径，而非板孔直径[64,112]，所以对板孔引起的影响不再进行参数分析。变化的参数除钉杆直径外，还考虑了不同的端距值($e_1=1.0d_0\sim5.0d_0$，间隔为$0.5d_0$)。参数分析中铝合金内板厚度均为4 mm，铆钉边距为$5.0d_0$，铆钉预紧力保持一致，均为23.71 kN。直径影响的分析结果绘于图3.34中。

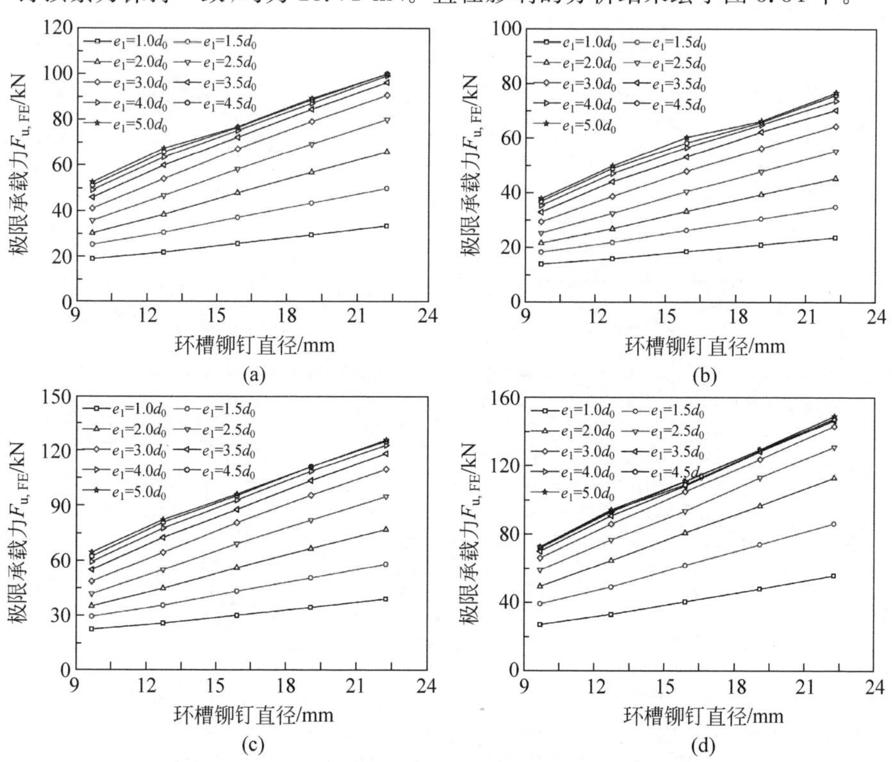

图3.34　环槽铆钉直径对受剪连接受力性能的影响

(a) 6061-T6试件；(b) 6063-T5试件；(c) 6082-T6试件；(d) 7A04-T6试件

观察图 3.34 可以发现,铝合金结构环槽铆钉受剪连接的承载力随铆钉直径的增加而线性增大。所以在接下来的影响因素分析中不再考虑内板厚度和铆钉直径对其他因素的耦合影响。

3.6.5 铆钉边距的影响分析

为评估铆钉边距对受剪连接力学性能的影响,共进行了 360 个试件的分析计算,包含了实际工程中可能涉及的边距范围,在边距较大时以 $0.5d_0$ 为间隔,在边距小于 $2.0d_0$ 时缩小间隔至 $0.25d_0$。所有边距值从小到大依次为 $1.25d_0$,$1.5d_0$,$1.75d_0$,$2.0d_0$,$2.5d_0$,$3.0d_0$,$3.5d_0$,$4.0d_0$,$4.5d_0$ 和 $5.0d_0$。在每个边距值的计算中同时考虑不同端距的变化($e_1=1.0d_0$~$5.0d_0$,间隔为 $0.5d_0$)。该分析中保持不变的参数为内板板厚(4 mm)以及铆钉的直径(9.66 mm)和预紧力(23.71 kN)。边距影响的分析结果绘于图 3.35 中。

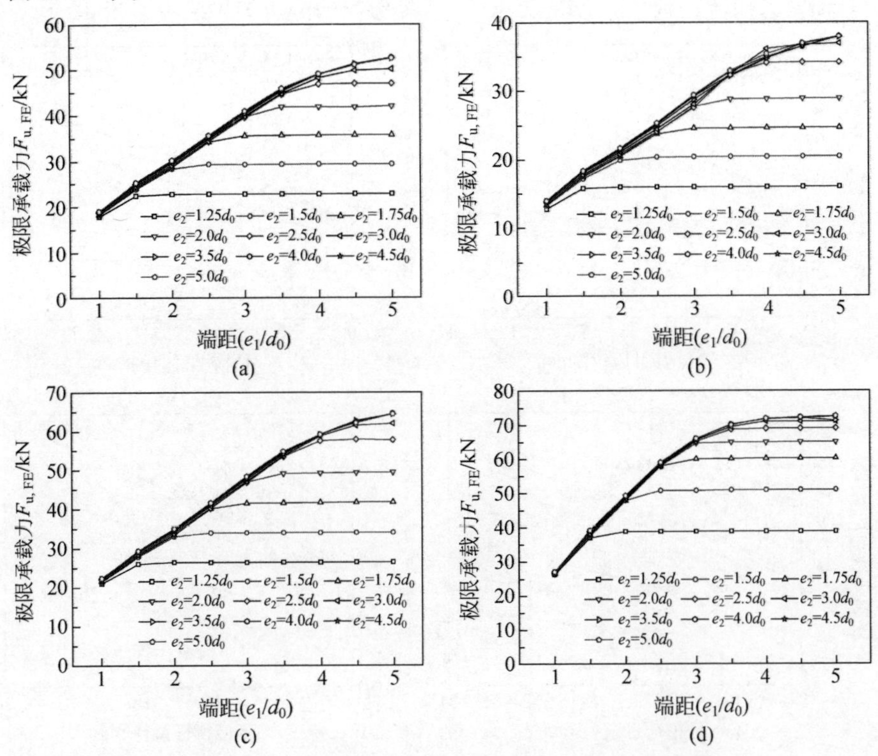

图 3.35 环槽铆钉边距对受剪连接受力性能的影响

(a) 6061-T6 试件;(b) 6063-T5 试件;(c) 6082-T6 试件;(d) 7A04-T6 试件

观察图 3.35 可以发现，铆钉边距与端距的影响存在相互关联，共同对受剪连接承载性能产生影响。概括来说，对普通强度铝合金而言，当铆钉边距大于 $3.0d_0$ 时，边距对受剪连接无影响；当边距小于或等于 $3.0d_0$ 时，由端距变大而产生的承载力增长遇到瓶颈而停止升高、保持不变，且边距越小该瓶颈值就越小。而对高强铝合金而言，在上述的边距临界值处这种影响效应十分微小，边距从 $2.5d_0$ 往下才逐渐明显。

为更直观地反映铆钉边距与端距对受剪连接的耦合影响，将数值结果以三维图的形式绘于图 3.36 中。6063-T5 试件中曲面的波动是由于数值解的微小偏差造成的。通过三维图可更直观地发现，边距降低对高强铝合金试件的影响小于对普通强度铝合金试件的影响。这是因为对端距大的高

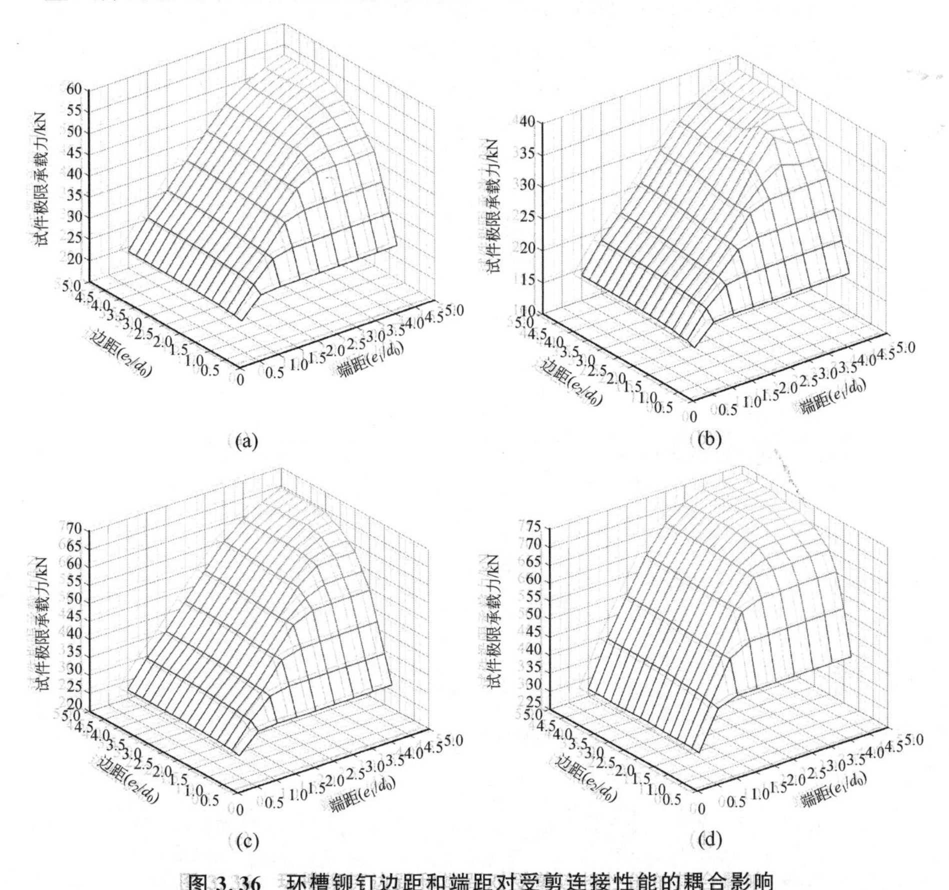

图 3.36　环槽铆钉边距和端距对受剪连接性能的耦合影响

(a) 6061-T6 试件；(b) 6063-T5 试件；(c) 6082-T6 试件；(d) 7A04-T6 试件

强铝合金试件，其强度由于延性的限制未充分发挥，相当于上段所述的“瓶颈值”先被较差的延性折减，剩余的部分再被较小的边距所影响，因此边距的影响效应相对减弱。

3.6.6　铆钉预紧力的影响分析

为研究铆钉内预紧力大小对受剪连接的影响，选取实测预紧力值的 0.5，1.5，2，2.5，3，3.5 和 4 倍预紧力作为分析对象，对不同材料和端距值($e_1=1.0d_0\sim5.0d_0$，间隔为 d_0)的连接进行建模计算。更高倍数的预紧力值会使铝合金板件由于局部承压进入塑性，6063-T5 试件在预紧力超过实测值 3 倍以后就产生该问题，所以对该组试件仅分析到 3 倍。值得注意的是，每种铆钉的预紧力值在加工成型后即确定，且随时间发展损失很小，所以本节的分析主要为预紧力值不同的新型铆钉提供设计参考。该分析中保持不变的参数为内板板厚(4 mm)以及铆钉的直径(9.66 mm)与边距($5.0d_0$)。预紧力的影响效应绘于图 3.37 中。

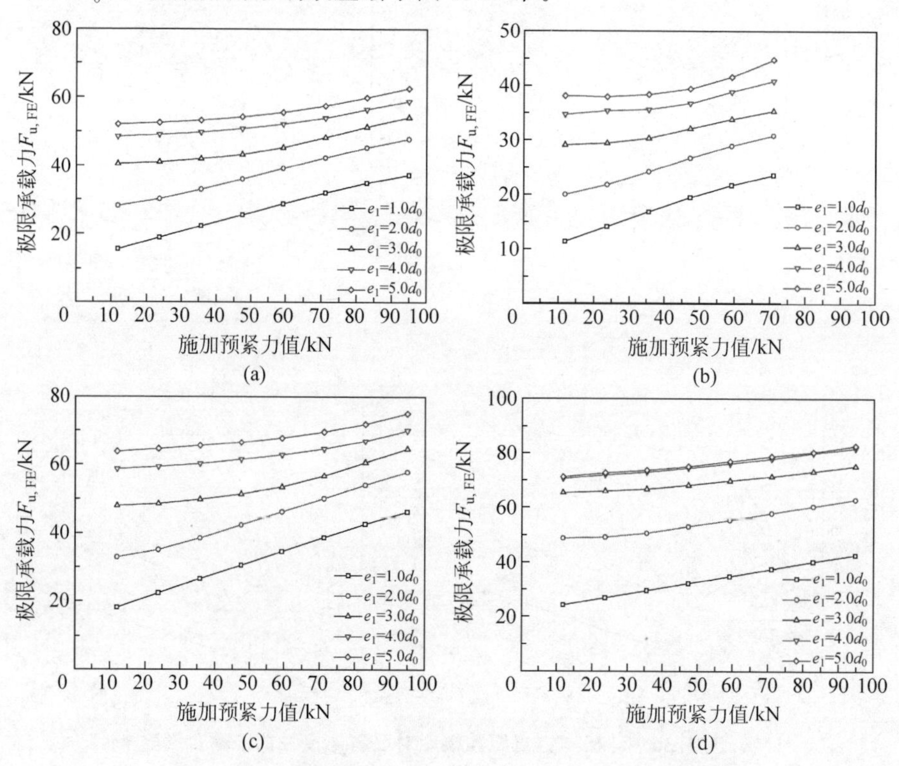

图 3.37　环槽铆钉预紧力对受剪连接受力性能的影响

(a) 6061-T6 试件；(b) 6063-T5 试件；(c) 6082-T6 试件；(d) 7A04-T6 试件

观察图 3.37 可以发现预紧力对不同端距试件的影响规律：当端距小于 3.0d_0 时，预紧力对受剪连接的极限承载力的提升呈明显的线性；而当端距大于 3.0d_0 时，预紧力在 0.5～3 倍实测预紧力范围时表现出轻微的非线性影响特征。非线性的存在表明预紧力引起的摩擦力存在非线性的变化，也就是说受剪连接的受力性能受到了特殊的影响。为分析这种特殊的影响，以 6061-T6 试件为例，提取了最低和最高预紧力时受剪连接的变形模态，如图 3.38 所示。通过对比可以发现，当预紧力较高时外板产生局部承压变形，抵消了内板孔前材料卷起产生的膨胀变形，使铆钉几乎不再伸长，进而使铆钉预紧力的增长相比于预紧力小的时候大大减弱。预紧力的增加小于预期，进而导致摩擦力的增加变小，所以试件承载力的变化产生了非线性。

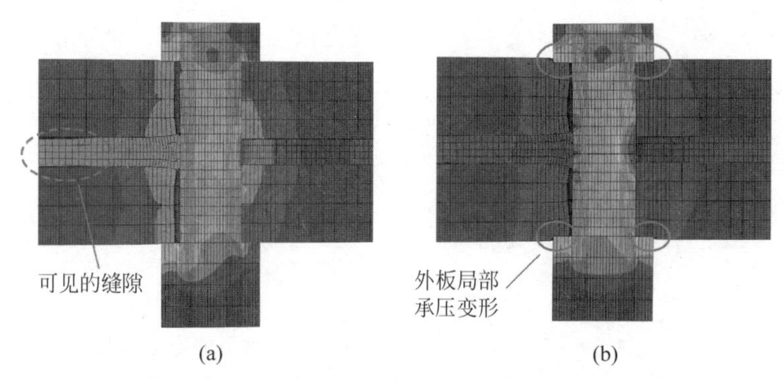

图 3.38　不同预紧力时受剪连接的变形模态比较

(a) 0.5 倍实测预紧力；(b) 4 倍实测预紧力

为了定量研究实际受剪连接中摩擦力的变化情况，提取了极限状态时各试件的总摩擦力值，绘于图 3.39 中。从图 3-39 可以发现，对于大端距试件，在施加的预紧力较小时，因孔前材料卷曲效应，其摩擦力明显高于小端距试件；但当施加的预紧力提高后，由于上述的外板局部变形，不同端距试件的摩擦力变得几乎一致了。将这些试件在极限状态时实测的预紧力提取出来并与初始施加的预紧力值进行对比，绘于图 3.40 中。从中可以找到上述摩擦力变化的源头，也就是在施加高预紧力时，不同端距的试件都不再因为孔前材料卷起而使得铆钉额外伸长，所以所有试件的实际预紧力值基本相同，大致等于初始施加值。值得注意的是，由于材料力学性能（包括弹性模量及材料强度等）的不同，在钢结构受剪连接中可能会得到与此不同的结论；在我国钢结构设计标准（GB 50017—2017）[129] 中，承压型或网架用高

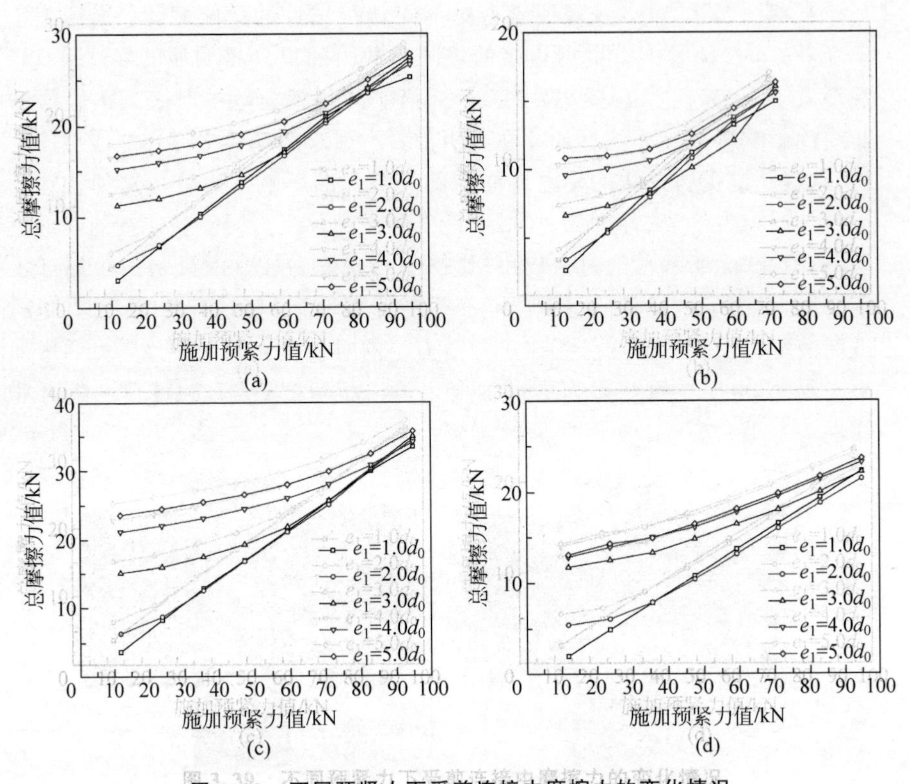

图 3.39　不同预紧力下受剪连接中摩擦力的变化情况

(a) 6061-T6 试件；(b) 6063-T5 试件；(c) 6082-T6 试件；(d) 7A04-T6 试件

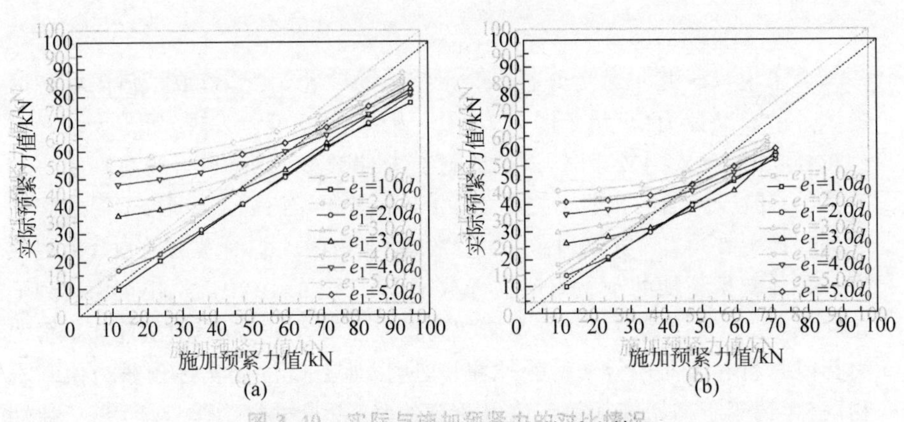

图 3.40　实际与施加预紧力的对比情况

(a) 6061-T6 试件；(b) 6063-T5 试件；(c) 6082-T6 试件；(d) 7A04-T6 试件

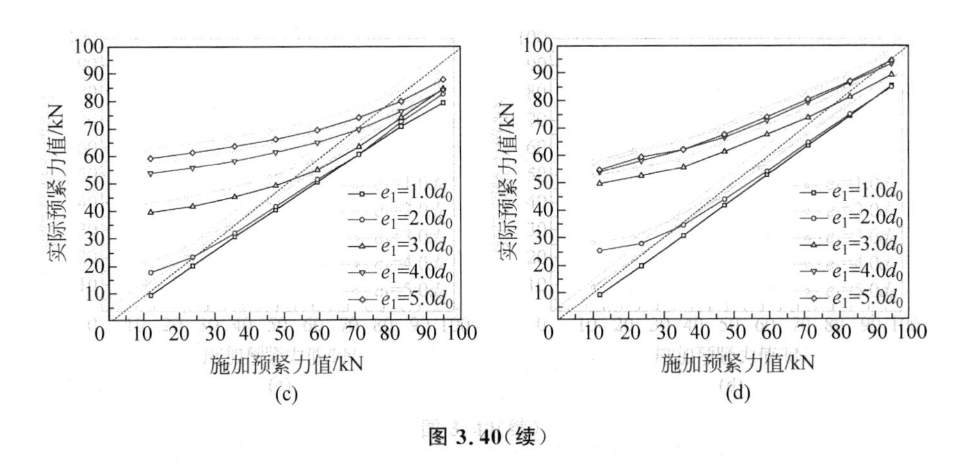

图 3.40(续)

强螺栓对应的板件承压强度比普通螺栓对应的强度更高(见设计标准中的表 4.4.6)。

由于预紧力改变而产生的非线性影响效应,应该在设计方法的提出中加以考虑。由于这部分影响是与板孔材料的卷曲相关,所以应计入 F_p 之中。

3.7 铝合金结构环槽铆钉受剪连接的设计方法

基于试验研究中得到的结论,目前世界主流铝合金设计规范对受剪连接的端部剪出和承压承载力的设计存在较大误差,因此本节以修正这两种破坏模式所对应的承载力设计公式为重点,以经验证合理可靠的有限元模型所生成的充足数据点为支撑,提出新的、更准确的设计方法。

3.7.1 端部剪出的设计方法

由于目前应用在铝合金结构中的环槽铆钉直径尚小,单钉承载力不足,经常需要在有限的空间内布置较多铆钉(如图 1.9 所示的铝合金盘式节点就是例证之一),可能出现铆钉端距较小的情况。因此在铝合金结构环槽铆钉受剪连接中端部剪出承载力的计算尤为重要。而端部剪出破坏的本质是铆钉孔前材料在剪力作用下发生的破坏,材料在破坏时的强度为剪切极限强度[126,166]。

要确定端部剪出承载力,首先要确定孔前受剪长度 L_v 的大小。而对于 L_v,目前各国设计规范之间以及现有研究之间存在较多争论,其中有 3 种主流的观点。第一种观点认为受剪长度应从铆钉(螺栓)孔中心起算,一直延伸至板的边缘，如图 3.41(a)所示，称为“毛受剪长度 L_{gv}”[168]；第二种观点认为受剪长度应从铆钉孔最外缘起算至板边结束，如图 3.41(b)所示，称为“净受剪长度 L_{nv}”，最新版的美国钢结构设计规范 ANSI/AISC 360-16[169]就采纳了这一计算方法；第三种观点是前两种计算方法的折中[126]，认为受剪长度应从板孔中心与孔边的中点起算，至板边结束，如图 3.41(c)所示，称为“活跃受剪长度 L_{av}”。本书认为毛受剪长度和净受剪长度都是对铆钉孔前材料受剪的简化处理方式；而活跃受剪长度的提出主要是依据钢结构螺栓受剪连接的有限元应力云图中应力最大的位置而目测得出，如图 3.42(a)所示[152]。本书也提取了 6061-T6 试件(端距为 $3.0d_0$，边距为 $5.0d_0$)的有限元结果，展示于图 3.42(b)，从本书的有限元结果来看，铝合金板孔的最大切应力起始位置更接近净受剪长度的起始处。而且在活跃受剪长度理论中没有对受剪路径的分析，也是采用从孔边最大切应力处至板边的直线距离作为受剪长度。

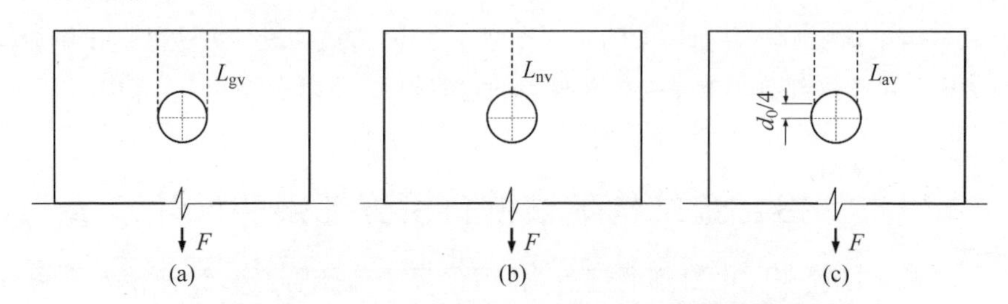

图 3.41 端部剪出破坏设计理论中 3 种受剪长度

(a) 毛受剪长度[168]；(b) 净受剪长度[169]；(c) 活跃受剪长度[126]

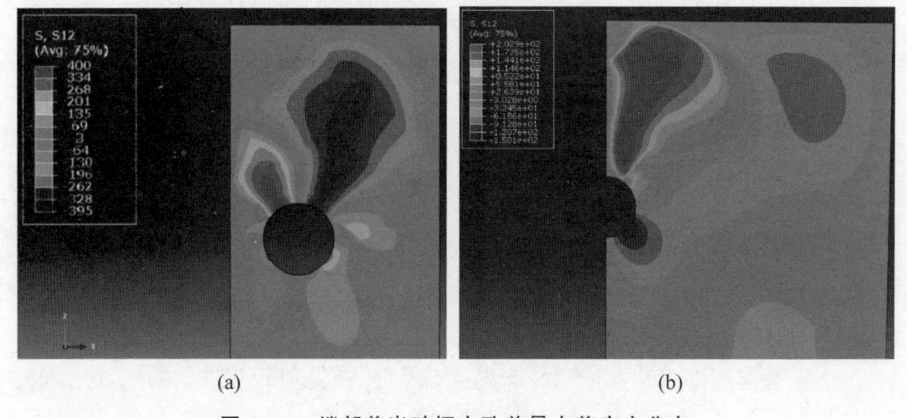

图 3.42 端部剪出破坏中孔前最大剪应力分布

(a) 文献[152]中的有限元结果；(b) 本书的有限元结果

所以基于以上分析，本书提出了新的受剪长度，记为实际受剪长度 L_{pv}，并采纳欧洲规范 EC3[113] 和 EC9[112] 的思路，认为实际受剪长度应与端距成正比。进而借助有限元软件所生成的大量数据点来反算 L_{pv} 的精确数值。设端部剪出承载力为 $F_{SO,Rd}$，再根据 3.6 节对受剪连接工作机理分析得到的承载力与内板厚度 t 之间成线性关系，则有下式成立：

$$F_{SO,Rd}=1.2L_{pv}tf_u+F_{fc} \tag{3-13}$$

式中，$1.2f_u$ 的来源为 $2\times0.6f_u$，其中"2"表示铆钉孔左右两侧各有一段受剪长度，而 $0.6f_u$ 代表极限抗剪强度[138]。值得注意的是，由端部剪出的工作机理分析可知 $F_{SO,Rd}$ 与铆钉的直径是无关的，3.6.4 节中所观察到的承载力随直径线性增加的原因是端距值与铆钉直径是成倍数关系的。若端距值不变，仅改变铆钉直径，端部剪出承载力是不变的。举例说明，铆钉直径为 9.66 mm，端距为 21 mm 和铆钉直径为 19.05 mm，端距为 20 mm 的两个试件，其极限承载力分别为 30.2 kN 和 29.5 kN。

提取有限元和试验中端距值为 $1.0d_0\sim3.0d_0$，且边距在 $3.0d_0$ 以上的所有试件的结果，共计 379 个。这其中不包括端距为 $3.0d_0$ 且预紧力改变的试件。由于 3.6 节的研究结果表明高强铝合金和普通铝合金在端部剪出受力性能上基本无差别，所以在确定设计公式时也不进行区分。根据式(3-13)反算得到有限元实际受剪长度 $L_{pv,FE}$，并与试件的端距绘于同一坐标系下，如图 3.43 所示。经线性回归分析可得二者之间的函数关系为 $L_{pv,FE}=0.74e_1$，拟合优度(R_2)为 0.995，非常接近于 1，可见该公式可以很好地描述实际受剪长度与端距之间的关系。

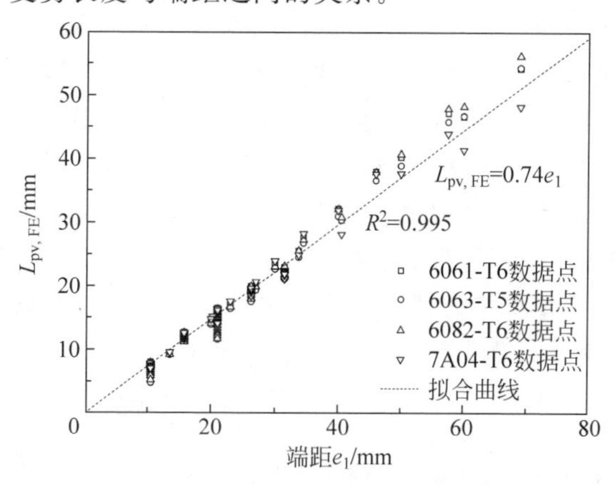

图 3.43　端部剪出破坏中实际受剪长度与端距的拟合关系

将该结果代入式(3-13)中可得铝合金环槽铆钉受剪连接的端部剪出设计承载力公式：

$$F_{SO,Rd}=0.89e_1tf_u+F_{fc} \tag{3-14}$$

为验证该公式的可靠性，将本书建议的设计公式与试验、有限元结果以及欧洲规范、美国规范和澳洲规范进行对比(各国和地区规范的具体设计方法见1.5.1节)。由于我国规范无法计算端距小于$2d_0$的试件承载力，故未参与比较。目前各国和地区铝合金规范中的公式未考虑摩擦力的贡献，因此将含摩擦力的结果直接与这些规范进行比较是“不公平”的。所以在跟各国和地区规范比较时，使用扣除摩擦力F_{fc}的实际承载力，而在与本书建议方法比较时，扣除和含有F_{fc}的承载力都进行了对比。对比结果如图3.44所示，并将各设计值与实测值的比值平均值与标准差汇总于表3.10中。

表3.10 各国和地区规范及本书方法与实测端部剪出承载力对比结果汇总

设计与实测承载力比值	不含 F_{fc}				含 F_{fc}
	欧洲规范	美国规范	澳洲规范	本书方法	本书方法
平均值	0.89	1.01	0.82	1.03	1.01
标准差	0.074	0.19	0.16	0.088	0.045

从对比结果可以发现，欧洲规范结果离散性较小，但普遍偏于保守，这是因为欧洲规范采用与本书相同的设计思路，即受剪长度与端距成正比，但欧洲规范公式采用的系数较小。美国规范的设计方法虽然在平均值上最接近于1，但美国规范高估了小端距试件的承载力而低估了大端距试件的承载力，所以离散性在所有设计方法中是最高的。澳洲规范与美国规范的设计方法基本一致，但在材料的极限强度中引入了1.2的折减系数，导致其过于保守。而本书方法的设计承载力基本都在实际承载力偏差的10%之内，而且无论是否计入F_{fc}，方法的准确程度和离散性均良好。

综合以上的分析可见，本书所提出的设计公式可以准确地计算铝合金结构环槽铆钉受剪连接的端部剪出承载力，且公式形式简单、物理意义明确。同时，端部剪出设计方法的提出为我国实际工程在特殊情况下使用小端距(小于$2d_0$)的铆钉布置提供了可能和计算依据。

3.7.2 承压破坏的设计方法

对于受剪连接承压破坏的设计方法，目前主流的设计公式的一般形

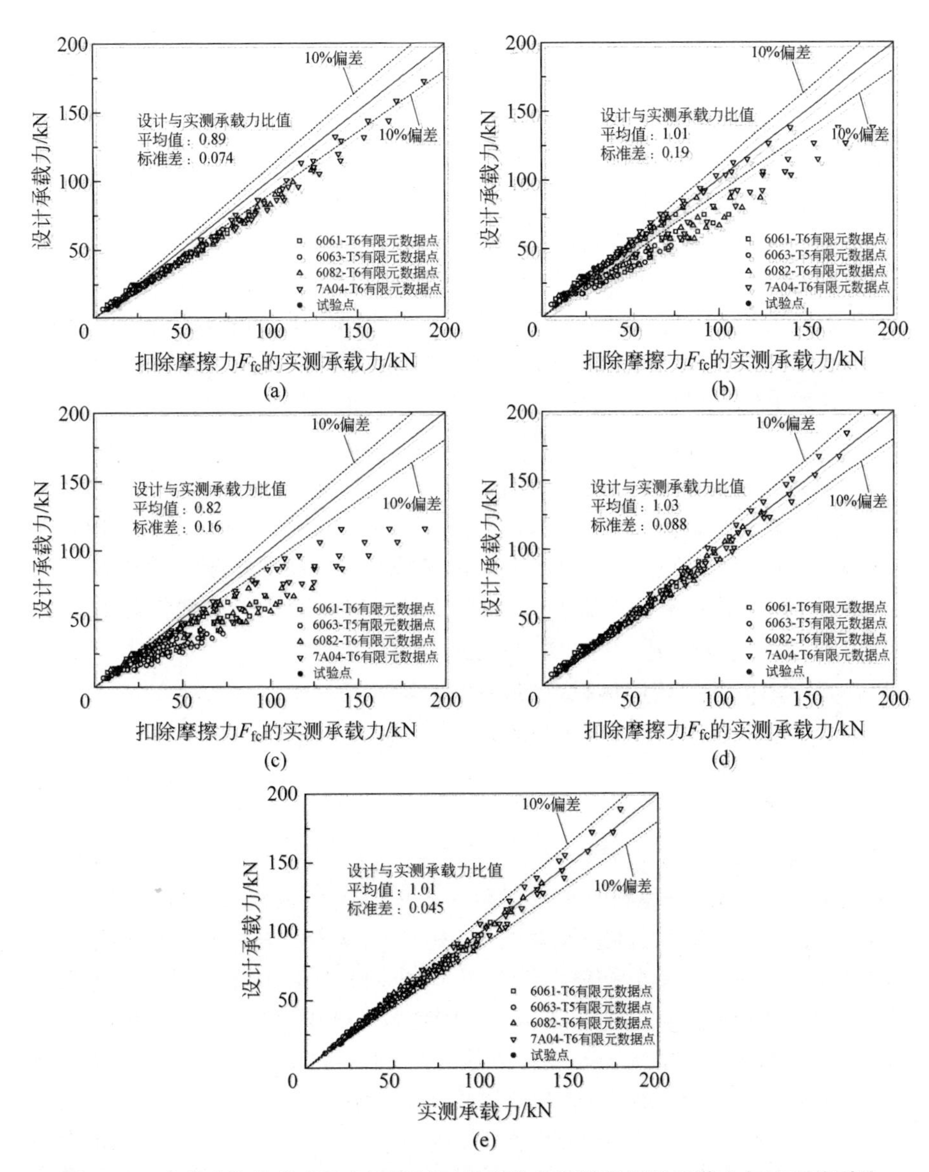

图3.44 本书建议的公式及各国和地区规范的端部剪出设计承载力与实测值对比

(a) 欧洲规范；(b) 美国规范；(c) 澳洲规范；(d) 本书建议公式；

(e) 本书建议公式与含 F_{fc} 的实测承载力对比

式为[163]

$$F_B = C_B d_{pin} t f_u \tag{3-15}$$

式中，C_B 为承压系数。对于延性较差的材料如冷弯薄壁型钢[161]以及本书涉及的 7A04-T6 材料，承压强度几乎不随端距发生变化，所以 C_B 为常数；而对于延性较好的材料，如不锈钢[162]等，承压强度随端距的提高而增大，则 C_B 为与端距相关的函数，本书中的普通强度铝合金即属于此范畴。根据 3.6 节中的工作机理分析可知，铝合金结构环槽铆钉受剪连接的承压强度也与钉杆直径 d_{pin} 及内板厚 t 成正比，因此式(3-15)的形式也适用于本书所研究的试件。对普通铝合金(包括 6061-T6，6063-T5 和 6082-T6)采用承压系数 $C_{B,NSA}$，对高强铝合金(7A04-T6)使用承压系数 $C_{B,HSA}$ 对其承载力进行设计。进而提出本书的承压设计公式，分别如式(3-16)和式(3-17)所示，接下来对其中的承压系数进行标定。

$$\text{普通铝合金：} F_{B,Rd} = C_{B,NSA} d_{pin} t f_u + F_{fc} \tag{3-16}$$

$$\text{高强铝合金：} F_{B,Rd} = C_{B,HSA} d_{pin} t f_u + F_{fc} \tag{3-17}$$

虽然端部剪出与承压破坏的本质不同，但二者所对应的承载力应该是以端距为自变量的连续函数，即不应存在承载力的跳跃现象。所以取 $e_1 = 3.0d_0$ 作为分段函数的交接点。该值与钢结构螺栓连接中的界限值 $e_1 = 3.17d_{pin}$[163]十分接近。因此取端距为 $3.0d_0 \sim 5.0d_0$，边距在 $3.0d_0$ 以上且预紧力无改变的试件承载力作为标定系数的支撑数据，共计 325 个。

根据对试件实际(有限元与试验)承压系数的拟合，可得

$$C_{B,NSA} = \min[0.52(e_1/d_0) + 1.28, 3.62] \quad (3.0 \leqslant e_1/d_0 \leqslant 5.0) \tag{3-18}$$

$$C_{B,HSA} = 2.83 \quad (3.0 \leqslant e_1/d_0 \leqslant 5.0) \tag{3-19}$$

进一步，将本书拟合得到的承压系数与各国和地区规范以及 Teh 等人[161]和张贵祥[64]的建议方法进行对比，如图 3.45 所示。各国和地区规范的具体设计公式在 1.5.1 节有详细的介绍，其中对比中国规范时排除了公式中抗力分项系数的影响。Teh 等人[161]的建议是根据钢结构得到的，目前是钢板受剪连接中最为准确的设计方法之一，取常数 3.5 作为承压系数。张贵祥的设计公式[64]是根据无预紧力的铝合金板件 10.9 级高强螺栓受剪连接的试验与有限元数据得到的，公式为 $C_B = 0.85(e_1/d_0) + 0.5$。值得注意的是，张贵祥建议公式的自变量范围只到端距为 $4.0d_0$，所以认为该范围以后承压系数不再增加。从对比可以发现各国和地区铝合金现行规范均严重低估承压系数，只有欧洲规范与高强铝合金的承压系数较为接近。对于其他人的建议方法，Teh 等人基于钢结构提出的设计方法与普通铝合金的承压系数较为接近，但高于高强铝合金的实际承压系数。可见在板材延性较好时，其承压系数相近。而张贵祥的建议方法高估了铝合金受剪连接的

承压系数。从图 3.45 还可以发现，本书方法可以很好地反映受剪连接承压系数随端距的变化情况。把交界点处自变量 $e_1=3.0d_0$ 代入本书建议的端部剪出公式（式(3-14)）及承压设计公式中，并按本书涉及的不同尺寸环槽铆钉 d_0/d_{pin} 的平均值 1.06 计算，可得上述三套公式计算的承载力均为 $2.83d_{pin}tf_u+F_{fc}$。可见端部剪出与承压破坏（包括普通与高强铝合金）公式在交界点衔接良好，是以端距为自变量的连续函数。

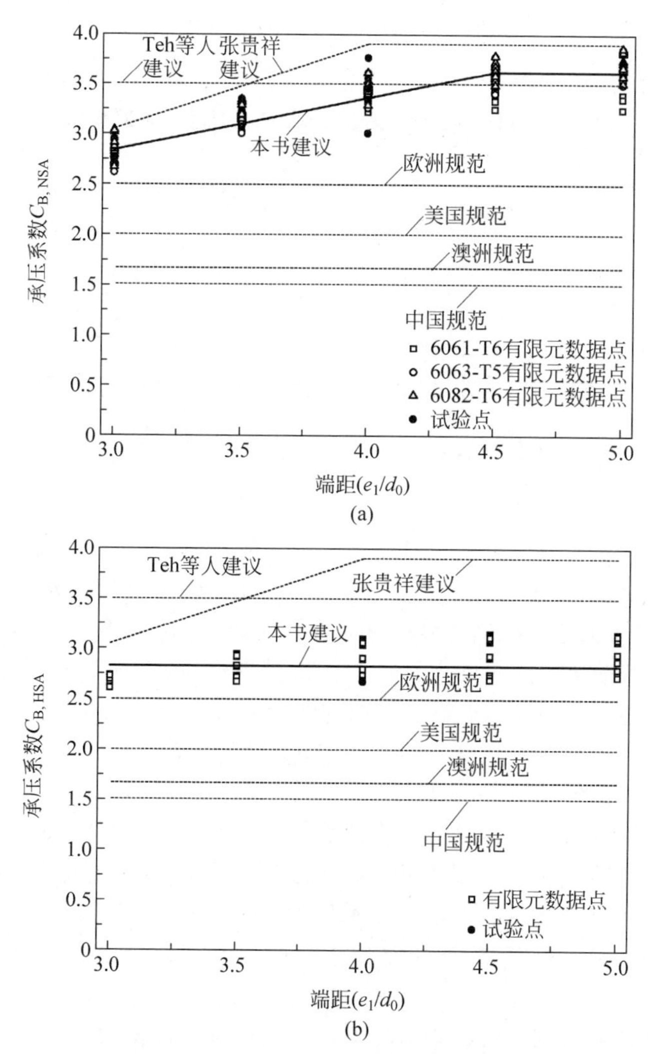

图 3.45　本书建议的承压系数与各国和地区规范及其他设计方法的对比

(a) 普通强度铝合金；(b) 高强铝合金

为进一步验证方法的准确性，将本书建议方法算得的试件承压承载力与包含已经除去 F_{fc} 的实测承载力进行对比，一同参与对比的还有各国和地区规范及 Teh 等人[161]和张贵祥[64]的建议方法，其中规范及他人建议方法均与除去 F_{fc} 的实测承载力比较。对比结果汇总于表 3.11 中。从中可以发现，本书建议的两套公式可以合理准确地计算设计普通和高强铝合金的承压强度，大幅改善了我国现行铝合金设计规范中低估的问题，提高了铝合金板材的利用率。同时，对普通和高强铝合金分别进行设计考虑的方法彻底解决了现行规范无法对二者的承压强度进行区别计算的问题。

表 3.11 各国和地区规范及建议方法与承压承载力对比结果汇总

设计与实测承载力比值		不含 F_{fc}							含 F_{fc}
		欧洲规范	美国规范	澳洲规范	中国规范	Teh 等人	张贵祥	本书方法	本书方法
普通强度	平均值	0.76	0.61	0.49	0.46	1.07	1.17	1.00	1.00
	标准差	0.076	0.061	0.054	0.046	0.11	0.091	0.035	0.031
高强	平均值	0.87	0.69	0.58	0.52	1.21	1.35	0.98	0.98
	标准差	0.050	0.040	0.033	0.030	0.070	0.17	0.056	0.054

3.7.3 预紧力调节系数

根据 3.6.6 节中对预紧力的影响效应分析发现，改变预紧力值会对板件的承压强度（端距≥$3.0d_0$）产生影响，这部分影响是通过板件贡献 F_p 项体现出来的，而 F_{fc} 项的计算不改变。因此采用预紧力调节系数 $C_{p,C}$ 对这部分影响效应进行定量的设计计算。受到预紧力影响的板件承压强度一般计算公式为

$$F_{B,Rd}=C_{p,C}C_B d_{pin} t f_u+F_{fc} \tag{3-20}$$

式中，C_B 的具体计算方法已在 3.7.2 节给出，进而提取有限元中预紧力改变的试件结果来确立预紧力调节系数与预紧力大小之间的关系，如图 3.46 所示。通过数据散点可以发现，试件的 $C_{p,C}$ 值随预紧力的增加而线性减小。值得注意的是通过有限元结果发现，预紧力调节系数与板件的几何参数无关。同时可以发现，高强铝合金的 $C_{p,C}$ 值略高于普通铝合金，但为了避免高强铝合金试件在高应力时可能发生的脆性破坏，偏于保守地使用普通铝合金拟合得到的公式来进行计算。经过对 3 种普通铝合金实测数据点的线性回归分析可得 $C_{p,C}$ 的计算公式如下：

$$C_{p,C}=-0.11(F_{p,C}/23.71)+1.11 \tag{3-21}$$

经计算该公式的拟合优度 $R^2=0.997$,可见该公式可以很好地反映数据点的线性变化规律。当预紧力为本书所研究的环槽铆钉实测值时,$C_{\mathrm{p,C}}$ 等于1,则式(3-20)退化为式(3-16)和式(3-17)。

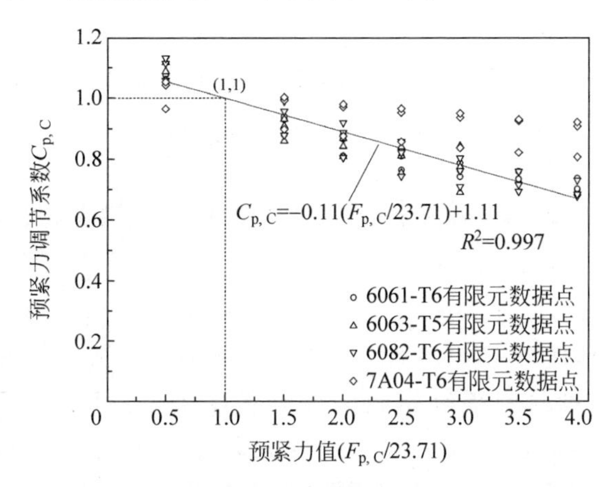

图 3.46　预紧力调节系数随预紧力的变化规律

为验证上述公式的可靠性,对比了式(3-20)计算得到的设计值和所有端距在 $3.0d_0$ 及以上且预紧力改变的承载力实测值。由于现行设计规范中没有考虑预紧力的影响效应,所以将规范对比的部分省去。对比结果汇总于图3.47中,可以发现几乎所有的设计值与实际值的偏差均在10%以内,所有设计与实际值比值的平均值为1.02,标准差为0.061,证明了本书提出的预紧力调节系数可以很好地描述铝合金结构环槽铆钉受剪连接中铆钉预紧力变化产生的影响。

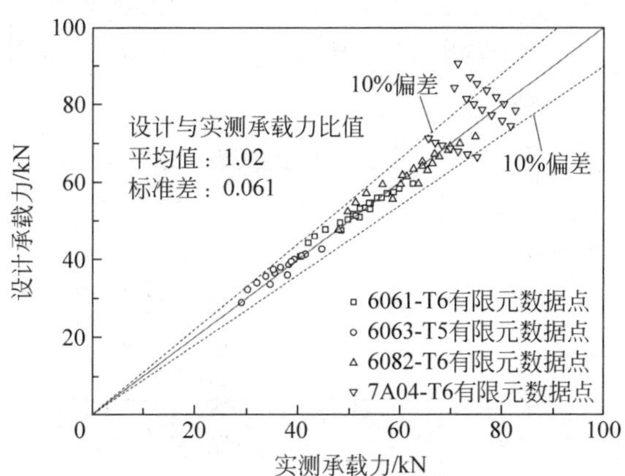

图 3.47　预紧力改变的试件设计与实测承载力对比

3.7.4　边距对试件承载力影响的设计考虑

根据3.6.5节中的分析可知，在边距小于或等于 $3.0d_0$ 时，试件的承载力将会受到不同程度的折减，端距越大的试件受折减的程度越高。根据对3.6.5节有限元结果的梳理，本书提出采用边距折减系数 C_E 并结合前文提出的 $F_{SO,Rd}$ 和 $F_{B,Rd}$ 来定量计算受边距影响的试件承载力。折减系数 C_E 的作用是为每一组试件设置一个在某个边距值下可达到的承载力上限。设受边距影响的试件承载力(包括端部剪出和承压)为 $F_{SO/B,Rd}$，则其可用下式进行计算：

$$F_{SO/B,Rd}=\min(C_E C_{B,max} d_{pin} t f_u + F_{fc}, F_{SO,Rd}, F_{B,Rd}) \tag{3-22}$$

式中的后两项即前文所提出的不受边距影响的端部剪出与承压承载力，而 $C_{B,max}$ 则为该种材料能够达到的最大承压系数，对于普通铝合金取为3.62，对于高强铝合金取为2.83。通过提取有限元中边距小于或等于 $3.0d_0$ 的试件结果，可以得到不同边距所对应的 C_E 值，如图3.48所示。经过对普通和高强铝合金实测数据点的非线性回归分析，发现指数函数 $y=a-bc^x$ 型函数可以对数据很好地拟合，进而得到如下拟合公式：

$$C_{E,NSA}=1.17-2.66\times 0.40^{(e_2/d_0)} \tag{3-23}$$

$$C_{E,HSA}=1.01-6.31\times 0.13^{(e_2/d_0)} \tag{3-24}$$

式中，$C_{E,NSA}$ 和 $C_{E,HSA}$ 分别为适用于普通铝合金和高强铝合金的边距折减系数。将式(3-23)和式(3-24)代入式(3-22)即可得到受边距影响的试件承载力设计公式。

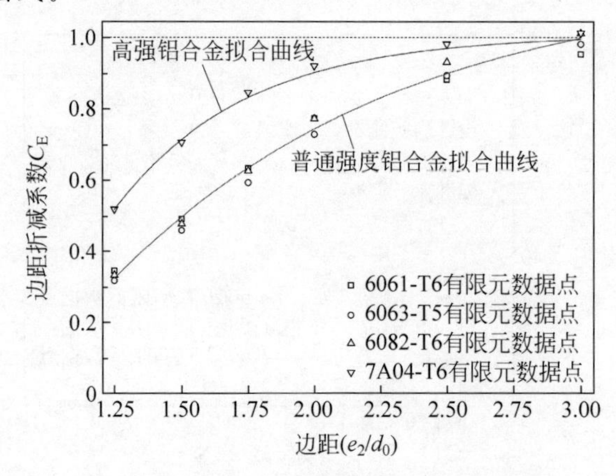

图3.48　边距折减系数随边距的变化规律

将本书提出的设计公式算得的设计承载力与有限元得到的实际承载力进行对比，共同参与比较的还有欧洲规范。由于其他现行铝合金规范没有将边距的影响纳入设计公式中，所以未参与比较。同理，由于欧洲规范未考虑摩擦力，所以将实际的承载力除去摩擦力 F_{fc} 再进行对比。对比结果汇总于图 3.49 中，从中可以发现欧洲规范所考虑的边距影响最大只到 $1.5d_0$，所以在超过此限值后只需考虑端距的效应。由于欧洲规范对边距的影响考虑不足，所以严重高估了小边距（$1.25d_0$）试件的承载力。欧洲规范之所以未高估其他边距试件的承载力，是因为其低估了板件的承压系数。同时可发现，本书建议的设计方法可以很好地捕捉试件受边距影响的承载力变化情况，基本与实测点重合。本书和欧洲规范的设计方法与实测承载力的比值的平均值与标准差汇总于表 3.12 中。表中数据可以印证图 3.49 反映的规律，虽然欧洲规范的平均值较好，但其标准差过大（离散性太高），

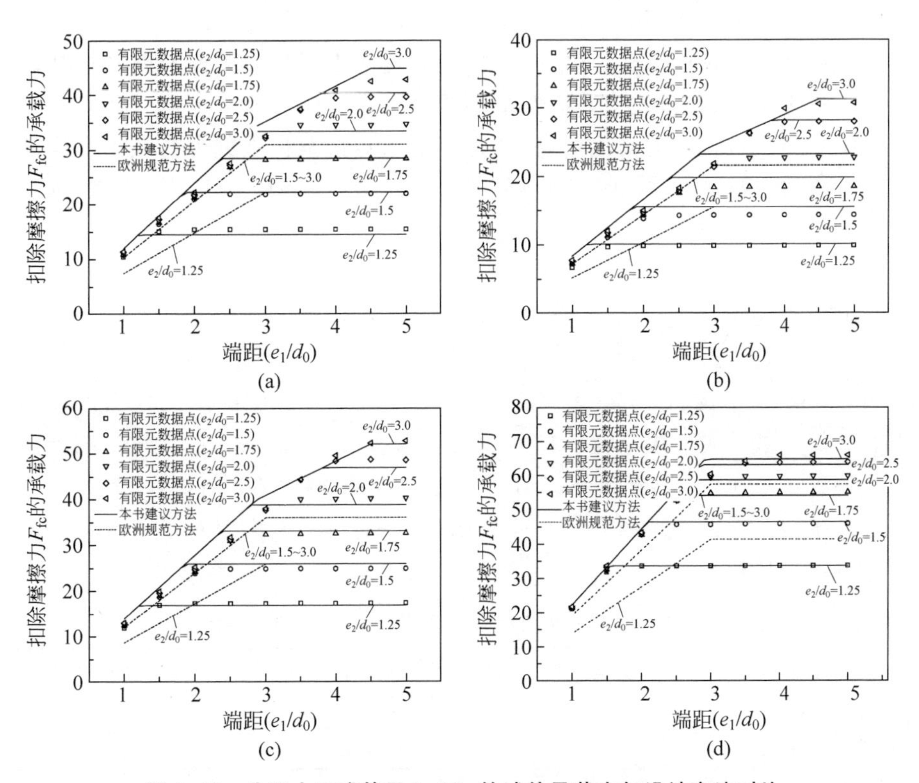

图 3.49 边距小于或等于 $3.0d_0$ 的试件承载力与设计方法对比

(a) 6061-T6 试件；(b) 6063-T5 试件；(c) 6082-T6 试件；(d) 7A04-T6 试件

使一部分试件设计偏于保守而又使另一部分试件在实际工作中偏不安全。而本书设计方法在准确性和离散性方面均良好。同时,这部分数据不仅对考虑边距的设计方法进行了验证,更进一步证明了 3.7.1 节和 3.7.2 节中提出的端部剪出和承压破坏设计公式的合理性与准确性。

表 3.12　本书方法及欧洲规范与小边距($\leqslant 3.0d_0$)试件承载力对比结果汇总

设计与实测承载力比值	不含 F_{fc}		含 F_{fc}
	欧洲规范	本书方法	本书方法
平均值	1.02	1.04	1.03
标准差	0.22	0.056	0.040

3.7.5　受剪连接的承载力校核

对于受剪连接,除需按照 3.7.1 节～3.7.4 节所提出的设计方法计算其端部剪出和承压承载力之外,还需对其可能出现的净截面拉断和块状撕裂破坏进行承载力校核,并应取最小承载力作为设计值。根据 3.4.4 节试验结果与现行规范的对比可知,现行规范已对这两种承载力有较为准确的设计方法,因此本书采纳欧洲规范的设计公式[112]并计入 F_{fc} 的贡献,则净截面拉断承载力 $F_{NS,Rd}$ 和块状撕裂承载力 $F_{BS,Rd}$ 的计算方法如下:

$$F_{NS,Rd}=0.9A_n f_u+F_{fc} \tag{3-25}$$

$$F_{BS,Rd}=\frac{\sqrt{3}}{3}f_{0.2}A_{nv}+f_u A_{nt}+F_{fc} \tag{3-26}$$

式中,A_n,A_{nv} 和 A_{nt} 的具体含义在 1.5.1 节中有详细介绍。根据上述两式计算了试验中发生净截面拉断和块状撕裂试件的承载力,并与实测承载力进行了对比,汇总于表 3.13 中。从表中结果可发现上两式合理可靠,能够准确地对净截面拉断和块状撕裂承载力进行计算,实现对受剪连接承载力的准确校核。

表 3.13　净截面拉断及块状撕裂设计承载力与试验结果对比汇总

试件编号	试验承载力/kN	设计承载力/kN	设计值/试验值
CDT-61-30-10-40	54.11	59.76	1.11
CDT-61-30-15-40	67.54	71.30	1.06
CDT-61-30-20-40	80.36	82.84	1.03
CDT-61-30-30-40	81.77	83.84	1.03

续表

试件编号	试验承载力/kN	设计承载力/kN	设计值/试验值
CDT-61-30-40-20	60.68	58.20	0.96
CDT-61-30-40-25	64.37	64.61	1.00
CDT-61-30-40-30	73.19	71.02	0.97
CDT-61-30-40-40	85.69	83.84	0.98
平均值			1.02
标准差			0.051

3.7.6　受剪连接构造建议

由于本书提出了端部剪出的具体设计公式，可以对端距大于或等于 d_0 的试件进行设计，所以建议我国铝合金结构设计规范适当放宽对端距的限制。同时应注意，即使我国现行规范要求端距都应大于或等于 $2d_0$，也无法避免端部撕裂破坏(根据本章研究，端距应大于 $3d_0$ 才可避免)。

因此对于端距的限制，本书主要考虑实际施工的条件。由于环槽铆钉的钉头尺寸往往是钉杆尺寸的 2 倍左右(本书涉及的 3 种环槽铆钉，钉头与钉杆直径比值分别为：1.97，1.97 和 1.81，详见表 2.6)，为保证钉头与板件的充分接触，并考虑 20%的富裕度，建议端距的最小值应该为 $1.2d_0$。同理，边距的最小值也为 $1.2d_0$。这两个限值与欧洲规范[112]中对螺栓端距与边距的最小值要求一致。

在实际施工中，铆钉枪口的尺寸往往大于铆钉头的直径，所以对群铆布置，应限制铆钉中距不应过小。根据试验中使用铆钉枪进行紧固的经验，建议铆钉中距均应保证在 $2.5d_0$ 以上。

同时，从 3.6.3 节板厚影响的参数分析中提取了不同厚度受剪连接达到极限承载力时的变形分布，发现当环槽铆钉的夹紧厚度超过 $4d_{pin}$ 后会发生明显的弯曲，因此实际工程中应保证总夹紧厚度 $t_{cp} \leqslant 4d_{pin}$(现行规范[17]的限值为 $t_{cp} \leqslant 4.5d_{pin}$)。

3.8　本章小结

本章系统性地开展了围绕铝合金结构环槽铆钉受剪连接的研究，完整地解决了从受剪连接力学性能到受力机理再到设计方法的相关问题。具体来说，本章首先以试验入手，开展了 23 个受剪连接拉伸试验，并围绕连接件的组成部件开展了12个材料力学性能试验以及铝合金板件抗滑移系数和表面粗糙度的测量。为进一步揭示受剪连接的工作机理并为设计方法提供充足的支撑数据，建立并验证了可准确考虑材料、几何与接触非线性以及材料断裂的精细化有限元模型，并基于MATLAB开发了可自动划分网格并批量计算的程序。通过大规模参数分析，厘清了受剪连接的受力机理，进而提出了具体的设计方法与构造建议。通过本章的相关研究，可得到如下结论。

(1) 对4种铝合金材料：6061-T6，6063-T5，6082-T6和7A04-T6进行了室温拉伸试验，得到了关键的材料力学性能指标，并采用R-O模型对所有材料的应力-应变全曲线进行了拟合，拟合准确性良好。

(2) 对4种牌号的铝合金板进行了摩擦面抗滑移系数测量，得到表面未处理的铝合金板抗滑移系数值，分布于0.13～0.22之间。抗滑移系数测试之前使用表面粗糙度仪对试件铝板进行了粗糙度测试，得到了主要的粗糙度参数值，并通过回归分析发现了粗糙度指标R_t与抗滑移系数μ的线性相关关系，进而得到了二者之间的拟合函数。

(3) 对3种环槽铆钉布置形式(CS型，CDT形和CDL型)的23个受剪连接进行了拉伸试验，考虑了铝合金牌号，铆钉端距(e_1)、边距(e_2)和中距(p_1和p_2)对试件受力性能的影响。试件破坏形态包含了所有受剪连接中板件可能出现的破坏模式，即端部剪出，承压破坏，净截面拉断和块状撕裂。试验发现提高铝合金材料强度虽然增加了试件承载能力却降低了其变形性能；而增加铆钉至板件边缘的距离和铆钉中心间距可以不同程度地提高试件的承载与变形能力。

(4) 将试验结果与现行的中国、欧洲、美国和澳洲规范对比发现，所有规范中的设计方法均低估了铝合金受剪连接的承载能力，主要原因在于各国和地区规范均过于保守地估计了板件的承压承载力，而使相对准确的净截面与块状撕裂承载力设计值无法成为"控制"承载力而参与比较。中国规范(GB 50429—2007)只能对端距大于$2d_0$的承压构件进行计算，无法考虑端部剪出以及块状撕裂，现行设计方法还有很大的提升空间。

(5) 所建立的精细化有限元模型在考虑受剪连接材料、几何与接触非线性的基础上，增加了基于应力三轴度的材料破坏准则，可以准确定位试件的破坏时刻，彻底解决了承压型破坏无法确定极限承载力的问题。有限元模型计算得到的承载力、荷载-位移曲线与破坏形态与试验结果吻合良好，证明了该模型合理可靠，可以用于进一步的大规模参数分析。

(6) 采用编程软件MATLAB开发了用于ABAQUS计算的可以自动划分网格、建立单元及相互接触并根据不同几何与材料参数批量计算的程序，共计完成930个受剪连接的参数分析，探究了铆钉端距、边距和预紧力值，以及铝合金板的材料与厚度对受剪连接力学性能的影响，同时根据生成的大量数据点，深入分析了摩擦力的分布规律。

（7）在铝合金环槽铆钉受剪连接达到极限承载力时，摩擦力占试件总承载力的比值在20%左右，建议按照考虑摩擦力贡献的承压型连接进行设计。通过提取连接中铆钉预紧力的变化发现，摩擦力的变化与预紧力是同步的，预紧力是因，摩擦力是果。创新性地提出将摩擦力发展曲线中的拐点值 F_{fc} 作为设计公式中的摩擦力贡献项，并根据大量有限元结果标定了摩擦力贡献系数；而由板孔前材料膨胀引起的额外摩擦力增量建议计入板件承载力贡献 F_p。经后续对设计方法的验证表明，该建议对铝合金结构环槽铆钉受剪连接是合理且适用的。

（8）通过分析大量有限元结果发现：试件承载力随端距的增加而提高，然而高强铝合金材料在 $3.0d_0$ 后承载力便不再增加，因此得到结论，铝合金材料的延性影响其承压强度，对延性有明显差别的铝合金应在设计中区别对待。受剪连接的承载力随内板板厚及铆钉直径均为线性变化。而边距则存在非线性的影响效应，在边距小于或等于 $3.0d_0$ 时，其对试件承载力有折减。且边距的作用效应是与端距相关的，端距越大的试件受边距的影响越大。预紧力也对试件存在非线性的影响，高预紧力使受剪连接外板局部变形，抵消了孔前的材料膨胀，使试件承载力的增长小于预期，该效应应该在设计中予以考虑。

（9）根据上文对受剪连接工作机理和影响因素分析所提供的理论支撑，以及930个有限元结果与试验结果提供的数据支撑，提出了铝合金结构环槽铆钉受剪连接的设计方法。本章分别提出了端部剪出和承压破坏的设计公式，该公式可以区别设计普通铝合金和高强铝合金的承载力并合理考虑了预紧力变化及边距的影响效应。通过与有限元和试验结果的比较验证及和现行规范与他人建议方法的对比，可发现本书建议的方法在准确性和数据一致性方面的明显优势。与我国现行铝合金结构设计规范相比，本书提出的方法弥补了端部剪出设计承载力的空白，并比规范承压强度设计值准确性提高了约60%。同时本章建议将净截面拉断以和块状撕裂承载力作为设计校核的必要程序，并根据试验结果对建议公式进行了验证。着重考虑实际施工条件对环槽铆钉连接的影响。本章还提出了受剪连接的构造建议，该构造建议将为第5章梁柱节点中环槽铆钉的布置提供重要参考。本章提出的设计方法对其他类型环槽铆钉连接的铝合金板件的适用性还有待进一步研究和验证。

第 4 章　环槽铆钉 T 形连接受力机理与设计方法研究

4.1 概　　述

在紧固件连接的梁柱节点中，等效 T 形件是最重要的结构组件之一，可以模拟端板、角形件以及柱翼缘受弯，如图 4.1 所示[170]。本章的研究目的是通过深入认识铝合金结构环槽铆钉 T 形连接的受力机理，提出合理可靠的设计方法，为本书所研究类型的梁柱节点及其他形式环槽铆钉连接的铝合金梁柱节点提供研究基础和设计依据。

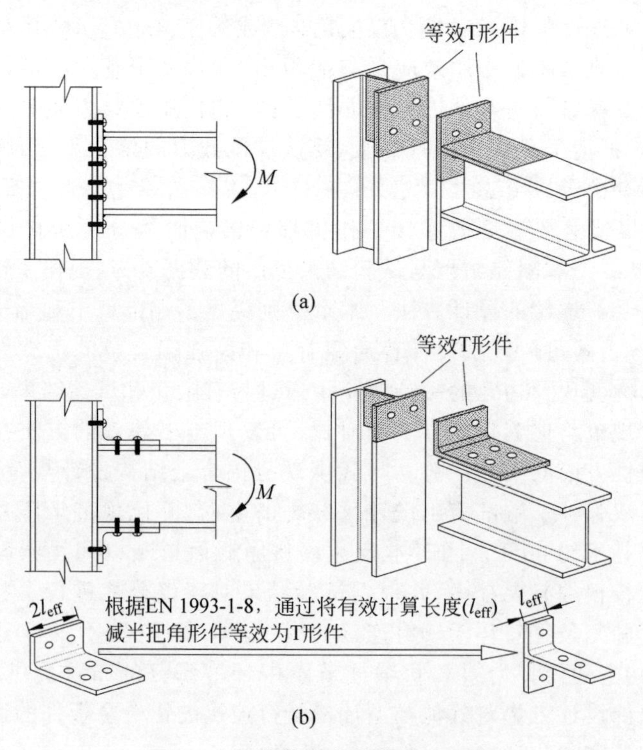

图 4.1　梁柱节点中的等效 T 形件

(a) 端板连接节点；(b) 角形件连接节点

本章首先开展了 30 个铝合金结构环槽铆钉 T 形连接的受拉试验。试件设计考虑了环槽铆钉与 T 形件腹板间距离、T 形件翼缘厚度、环槽铆钉帽材种类和布置排数等参数对试件受力性能的影响。对试件的破坏模式、极限承载力、荷载-位移曲线以及荷载-应变曲线等关键试验结果进行了分析，并将试验结果与现行设计规范及连续强度方法进行了对比。对比发现现行规范在考虑铝合金材料非线性行为和使用的 T 形连接力学模型方面有所欠缺，进而对 T 形连接开展了系统性的有限元分析与受力机理研究。最后，在上述分析工作和生成的大量数据点的基础上，提出了铝合金结构环槽铆钉 T 形连接承载能力设计方法，并将设计结果与 312 个试验及有限元数据点进行了对比验证。

4.2　材料力学性能试验

本节根据《金属材料 拉伸试验第 1 部分：室温试验方法》[119] 和 AS 1391—2007[120] 对 T 形件中铝合金板材进行了室温拉伸试验。

铝合金板材包括厚度为 8 mm，10 mm 和 12 mm 厚的材料拉伸试件，分别从 T 形件的腹板和翼缘取得。8 mm 厚的材性试件取自 T 形件腹板，10 mm 和 12 mm 厚的试件取自 T 形件的翼缘。而 T 形件取自挤压工字形试件，但由于实际条件限制，没有取得翼缘厚度为 8 mm 的工字形试件，所以 8 mm 厚的 T 形件翼缘由 10 mm 翼缘厚度的 T 形件切割而来。通过控制切割过程，尽量保证了没有外来热量的输入，从而使切割前的 10 mm 厚铝合金板材的材性可以代表切割后的薄板材性。每组材性试件重复 3 次以确保结果的可靠性。板材拉伸试验的装置和试件尺寸如图 4.2 所示。

(a)

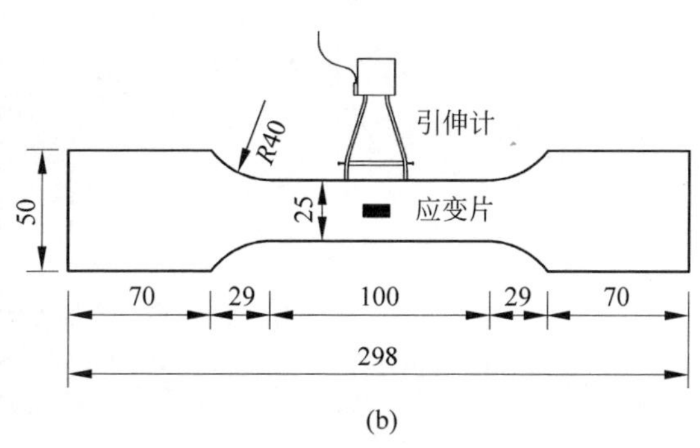

(b)

图 4.2　铝合金板材的材性试验装置和试件尺寸

(a) 试验装置；(b) 材性试件尺寸(单位：mm)

取每组重复试验结果的平均值作为材性试验的结果，汇总于表4.1中，表中各材性指标符号的含义在2.3.1节有详细介绍。在确定铝合金和不锈钢材料的初始弹性模量时，按照 Gardner 和 Yun 的建议[171]，选择对 $0.2f_{0.2}$ 到 $0.4f_{0.2}$ 之间的数据进行拟合，避免了试验初始段的数据抖动和接近 $f_{0.2}$ 时曲线非线性对所得弹性模量准确性的影响。

表4.1　铝合金T形连接组成板件的材性试验结果

板材取样位置和厚度	E/MPa	$f_{0.2}$/MPa	f_u/MPa	ε_u/%	n
T形件腹板(8 mm)	69 400	263.7	298.4	8.4	31.8
T形件翼缘(8 mm 和 10 mm)	69 600	253.4	290.2	9.3	30.0
T形件翼缘(12 mm)	67 200	250.6	274.2	5.3	35.5

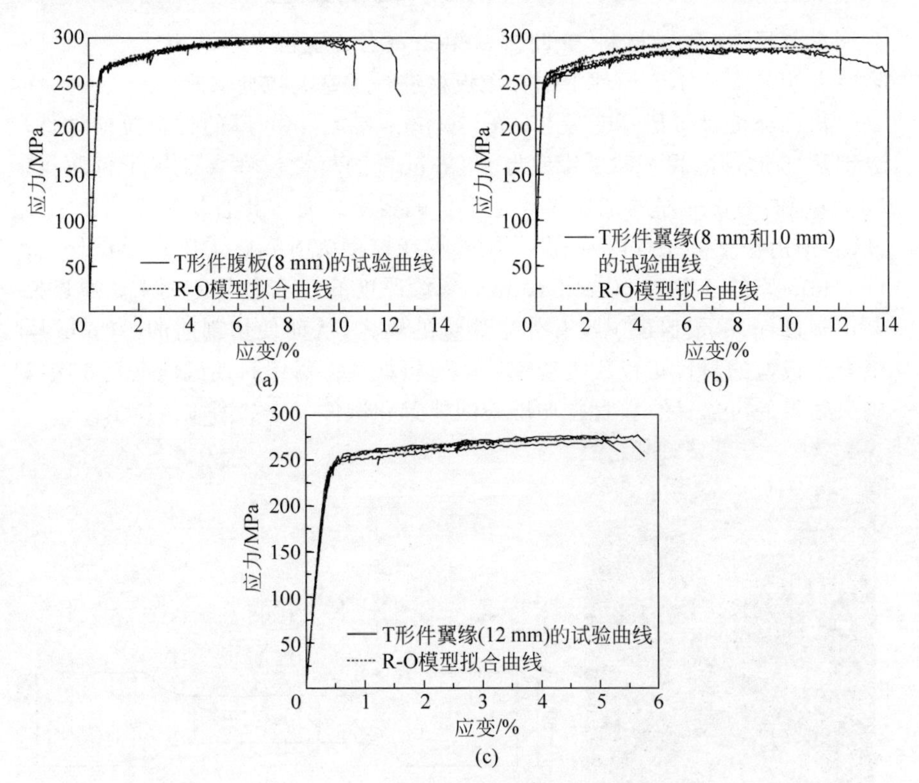

图4.3　铝合金T形连接组成板件的应力-应变曲线

(a) T形件腹板(8 mm)；(b) T形件翼缘(8 mm 和 10 mm)；(c) T形件翼缘(12 mm)

4.3　T 形连接受拉试验

4.3.1　试件设计

本章共对 30 个环槽铆钉连接的铝合金 T 形件开展了试验研究。连接 T 形件的环槽铆钉包括 4 种布置形式，如图 4.4 所示，其中 TSS，TSD，TDS 和 TDD 分别是 4 种布置形式的简称，“T”是 T 形连接的缩写，“S”和“D”分别代表单(single)排(或列)和双(double)排(或列)。试件通过变化：铆钉布置形式、T 形件翼缘厚度、环槽铆钉到 T 形件腹板的距离、环槽铆钉帽的材料和环槽铆钉直径，探究这些因素对 T 形连接承载性能的影响。T 形件均为 6061-T6 铝合金挤压型材，从挤压工字形构件上切割得到，如图 4.5 所示。所有的试件均为成对、背靠背连接，而没有采用单个 T 形件与厚钢板连接的试验方案，这是为了避免环槽铆钉过早地发生剪切破坏[172]。T 形连接试验采用的环槽铆钉包含 2 种直径：9.66 mm 和 12.70 mm，其中 9.66 mm 直径的环槽铆钉包含两种铆钉帽材，分别是铝合金和不锈钢。不锈钢帽环槽铆钉的抗拉承载力高，但单价较贵。

表 4.2 列出了铝合金结构环槽铆钉 T 形连接的几何尺寸与铆钉预紧力值(根据 2.2 节的预紧力测试结果)。其中 d_{pin} 为环槽铆钉的直径，由于铆钉加工精度很高，所以表中该列数值为名义值。$F_{\mathrm{p,C}}$ 为预紧力值，其他符号的含义在图 4.4 中有详细的图示说明。对所有 TSD 和 TDD 型试件，板宽度方向铆钉间距(d_{p})和边距(d_{e})分别为 30 mm 与 25 mm，所有 T 形件腹板厚度均为 8 mm。试件的命名原则是通过试件编号可以快速了解试件的材料与几何信息(见图 4.6)，因此编号中包含了：连接类别(TSS，TSD，TDS 或 TDD)，环槽铆钉帽的材料(铝合金或不锈钢，“A”或“S”)，T 形件翼缘厚度(8 mm，10 mm 或 12 mm)，环槽铆钉至 T 形件腹板距离(20～50 mm)。例如试件 TSDA-8-20 代表了一个 TSD 型铝合金帽环槽铆钉 T 形连接，其翼缘名义厚度为 8 mm，铆钉至腹板边缘距离的名义值为 20 mm。而对于由两排环槽铆钉连接的构件(TDS 型和 TDD 型)，其试件编号在结尾多了一组数字，用来表示两列铆钉的间距 e_2。

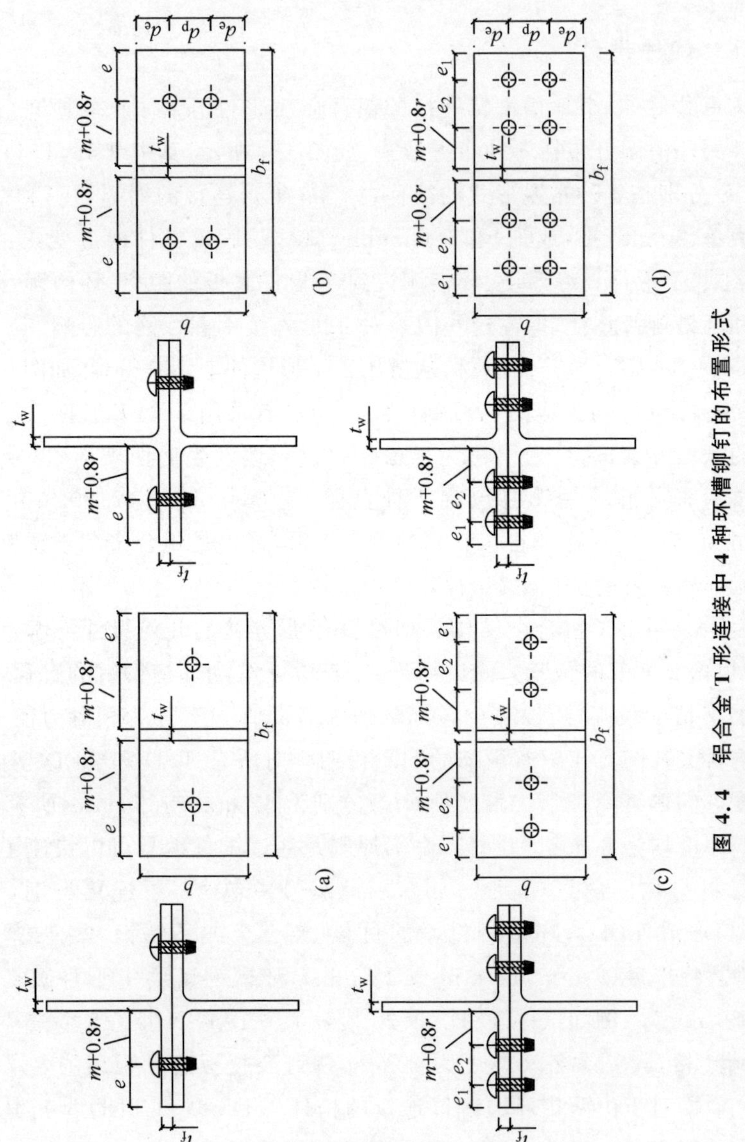

图 4.4　铝合金 T 形连接中 4 种环槽铆钉的布置形式

（a）TSS-单排单列铆钉连接的 T 形件；（b）TSD-单排双列铆钉连接的 T 形件；

（c）TDS-双排单列铆钉连接的 T 形件；（d）TDD-双排双列铆钉连接的 T 形件

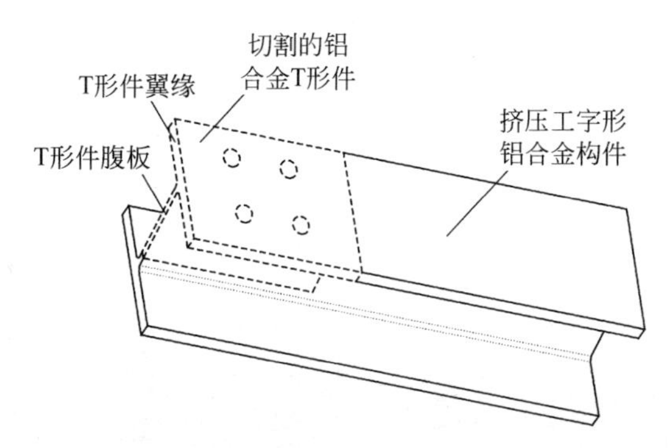

图 4.5　从挤压工字形铝合金构件上切割 T 形件的示意图

表 4.2　铝合金结构环槽铆钉 T 形连接的几何尺寸与铆钉预紧力值

连接类型	试件编号	t_f /mm	$m+0.8r$ /mm	d_{pin} /mm	b_f /mm	e /mm	e_1 /mm	e_2 /mm	b /mm	$F_{p,C}$ /kN
TSD	TSDA-8-20	8.03	20.41	9.66	148.05	49.62	—	—	79.72	23.71
TSD	TSDA-8-30	8.07	30.36	9.66	148.06	39.67	—	—	79.48	23.71
TSD	TSDA-8-40	8.04	40.51	9.66	148.00	29.49	—	—	78.98	23.71
TSD	TSDA-8-50	8.03	50.31	9.66	148.04	19.71	—	—	79.39	23.71
TSD	TSDA-10-20	10.10	19.93	9.66	147.59	49.87	—	—	80.39	23.71
TSD	TSDA-10-30	10.11	31.89	9.66	148.04	38.13	—	—	80.60	23.71
TSD	TSDA-10-40	10.13	40.79	9.66	148.04	29.23	—	—	80.78	23.71
TSD	TSDA-10-50	10.10	51.95	9.66	147.87	17.99	—	—	80.89	23.71
TSD	TSDA-12-20	12.02	20.65	9.66	147.48	49.09	—	—	80.57	23.71
TSD	TSDA-12-30	12.05	30.47	9.66	147.36	39.21	—	—	80.32	23.71
TSD	TSDA-12-40	12.05	41.79	9.66	147.35	27.89	—	—	80.56	23.71
TSD	TSDA-12-50	12.19	51.00	9.66	148.41	19.21	—	—	80.48	23.71
TDD	TDDA-10-30-25	10.01	29.84	9.66	167.95	—	25.33	24.81	80.09	23.71
TDD	TDDA-10-30-30	10.05	29.90	9.66	168.12	—	20.36	29.80	78.74	23.71
TSS	TSSA-12-30	12.21	28.07	12.70	148.20	42.03	—	—	81.37	24.63
TSS	TSSA-12-50	12.17	48.16	12.70	148.20	21.94	—	—	79.02	24.63
TDS	TDSA-12-30-32	12.26	27.47	12.70	179.88	—	26.73	31.74	80.34	24.63
TDS	TDSA-12-30-38	12.00	27.84	12.70	179.25	—	20.10	37.69	77.13	24.63
TSD	TSDS-8-20	8.06	20.28	9.66	148.14	49.79	—	—	79.76	29.42
TSD	TSDS-8-30	8.01	30.49	9.66	148.12	39.57	—	—	79.60	29.42
TSD	TSDS-8-40	8.01	40.41	9.66	148.06	29.62	—	—	78.27	29.42
TSD	TSDS-8-50	8.00	50.58	9.66	148.09	19.47	—	—	80.62	29.42

续表

连接类型	试件编号	t_f /mm	$m+0.8r$ /mm	d_{pin} /mm	b_f /mm	e /mm	e_1 /mm	e_2 /mm	b /mm	$F_{p,C}$ /kN
TSD	TSDS-10-20	10.06	20.59	9.66	148.19	49.51	—	—	79.75	29.42
TSD	TSDS-10-30	10.10	30.41	9.66	148.11	39.65	—	—	81.26	29.42
TSD	TSDS-10-40	10.02	40.49	9.66	148.10	29.56	—	—	80.26	29.42
TSD	TSDS-10-50	10.14	50.62	9.66	148.09	19.43	—	—	79.98	29.42
TSD	TSDS-12-20	12.15	20.46	9.66	147.78	49.43	—	—	78.75	29.42
TSD	TSDS-12-30	12.06	30.63	9.66	148.02	39.38	—	—	80.51	29.42
TSD	TSDS-12-40	12.06	40.53	9.66	148.04	29.49	—	—	79.52	29.42
TSD	TSDS-12-50	11.99	50.67	9.66	147.90	19.28	—	—	79.88	29.42

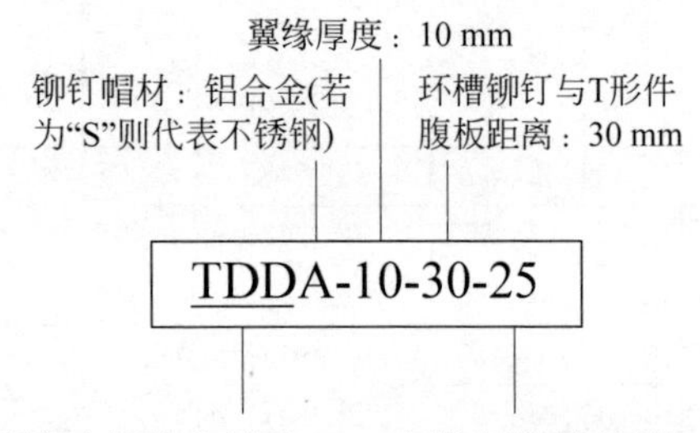

图 4.6　T 形连接试件的命名规则

4.3.2　试验装置与加载方案

所有 T 形连接受拉试验均在 300 kN 液压试验机上进行，试验装置如图 4.7 所示。在试验开始之前，T 形连接在激光投线仪的辅助下调整位置，保证腹板垂直于水平面放置。加载过程由位移控制，速率为 1.0 mm/min，所有试件均加载至破坏。为了避免以往在 T 形连接试验中遇到的位移测量困难[173]，采用摄影测量的方法对 T 形连接上关键点的位移进行捕捉，具体的实施方案和原理在 4.3.3 节中详述。在 T 形连接上粘贴应变片以监测关键位置的应变发展，并用于判断 T 形连接的破坏模式，应变片布置方案如图 4.8 所示，其中编号为 G1 的应变片沿着受力方向粘贴于 T 形件腹板中间。

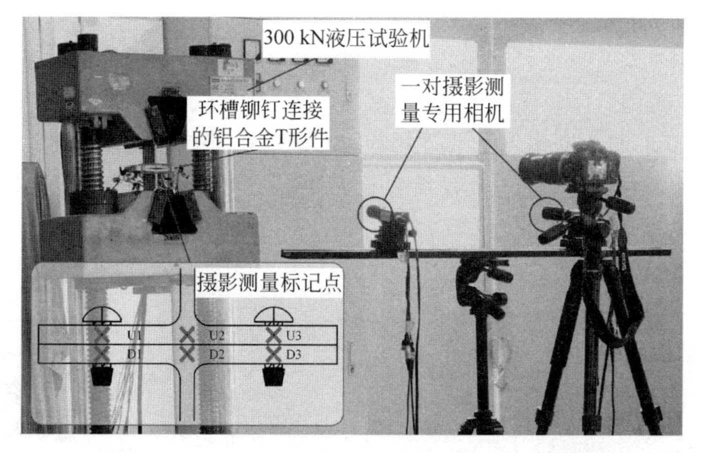

图 4.7 铝合金结构环槽铆钉 T 形连接受拉试验装置

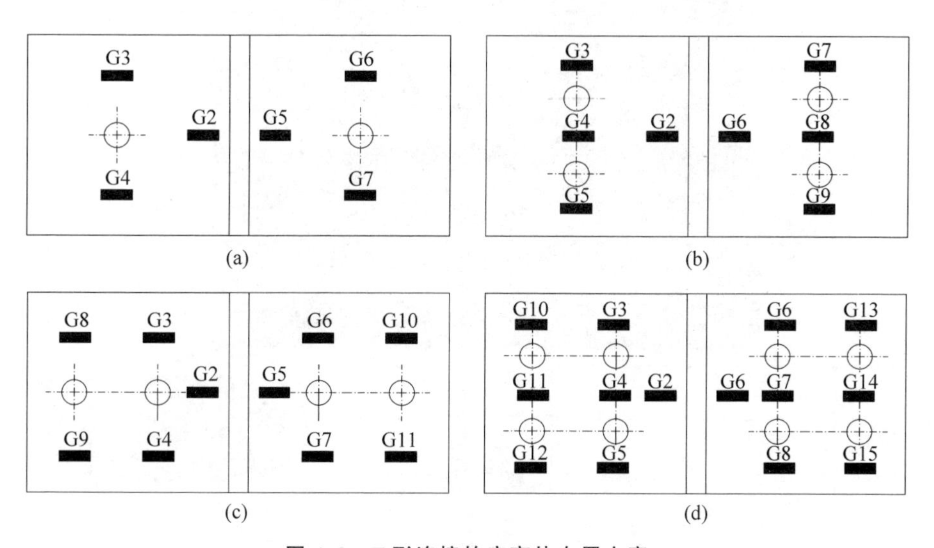

图 4.8 T 形连接的应变片布置方案

(a) TSS 型试件；(b) TSD 型试件；(c) TDS 型试件；(d) TDD 型试件

4.3.3 摄影测量

摄影测量，又称作“非接触式视频精确测量”(non contact precision measurement)，是以数字图像相关技术(digital image correlation，DIC)[174]为基本原理，采用高精度摄像机捕捉图像、相关算法识别与跟踪图像中关键点之间运动的精密测量系统[175]。

本书在多个试验中应用了摄影测量技术来捕捉结构构件的位移，包括：2.3 节中的铆钉多角度拉伸试验、3.3 节的中铝合金板摩擦面抗滑移系数测量、3.4 节中的环槽铆钉受剪连接拉伸试验、本节中的环槽铆钉 T 形连接的受拉试验，以及第 5 章中环槽铆钉连接的铝合金梁柱节点静力与循环加载试验。以 T 形连接受拉试验为例，图 4.9 展示了摄影测量系统所包含的部件以及进行摄影测量所必需的步骤。

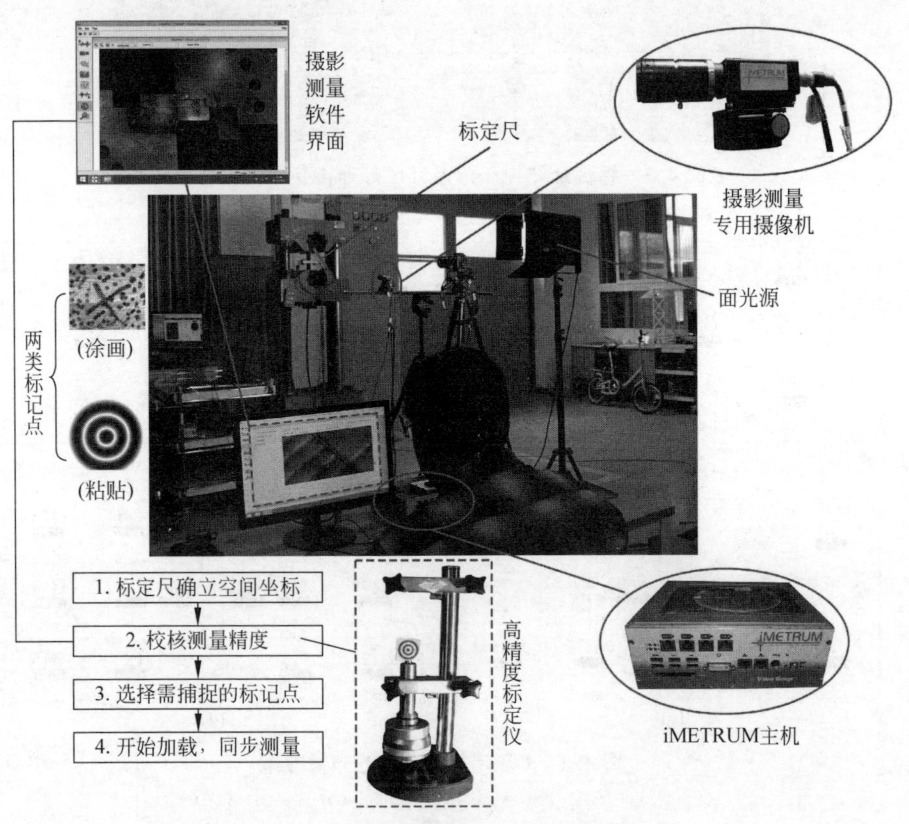

图 4.9 摄影测量装置与步骤示意图

摄影测量系统主要由被测物体(含标记点)、高精度摄像机和装有专门分析处理软件的主机三部分所组成。在测量开始前，应在被测构件的关键位置涂画或粘贴标记点，这两类标记点如图 4.9 所示。粘贴的标记点为黑白相间的同心圆，如选择粘贴的方式，应保证标记点在试验中与所测关键位置之间保持相对静止。在固定好摄像机、调整好被测物体周围光线(一般采用面光源辅助调节)等前期工作完成后开始进行测量环节。

第一步是采用标定尺确立空间坐标。这一步骤具体的实施方式为多次(通常为8次)改变经过校准的标定尺的空间位置,同时在分析软件中记录下标定尺每次的位置及刻度,其间尽量保证任何两条标定尺的轴线都不平行。当分析软件记录下所有的标定尺位置及刻度之后,将会自动进行计算分析进而建立精确的三维坐标系。如果向主机提供的标定尺位置及刻度信息无法满足软件设定的精度要求,软件则会报错,需要重新标定。如果标定通过,在该次测量中摄像机的位置就不能再移动。

第二步是采用实体标定设备校核摄影测量的精度。本书选择采用如图4.9所示的高精度标定仪,其量程为0～25 mm,分辨率为0.0002 mm。在高精度标定仪伸缩段粘贴标记点,并将标定仪放置于被测试件近处。在软件中识别并追踪标定仪上的标记点,开始预测量。在转动标定仪的旋钮使标记点产生位移的同时,读取软件中摄影测量的结果。若摄影测量的结果与标定仪读数之间误差小于5‰,则认为摄影测量的结果精确可靠,可进行下一步操作,否则重新进行第一步及本步操作直到达到所需精度为止。

第三步是在软件中选择需捕捉的标记点。该步骤的主要作用是完成对标记点的识别,为试验中追踪标记点做准备。标记点的有效识别需要软件识别框中包含足够多的有特征的像素点。识别框的中心应与标记点的交叉线中心或圆心重合。光线及标记点内包含的散斑复杂度对标记点的识别有影响,如遇无法识别的标记点则通过调整上述两个影响因素来改善识别效果。

最后,当所有需要的标记点识别完成且加载与其他量测设备准备就绪,则摄影测量系统可随试件加载同步启动。软件将在测量结束后按需求导出相关结果数据。

4.3.4　试验结果与分析

4.3.4.1　破坏模式

根据1.5.2节中介绍的EC9对于铝合金T形连接破坏模式的分类与界定,加载的30个试件包含了所有的4类破坏模式(见图1.13)。本书综合了试件的破坏形态和应变片的数据来对试件破坏模式做出判断。若T形件翼缘发生破坏,则破坏模式属于第1类或第2a类;若连接T形件的环槽铆钉发生拉脱,则破坏模式属于第2b类或第3类。在观察破坏形态的基础上，每一种破坏模式所对应的应变发展又有所不同。若 T 形件翼缘和腹板连接处与环槽铆钉处的板件应变都超过了材料的名义屈服应变，则破坏模式为第 1 类，如图 4.10(a)所示。若 T 形件翼缘和腹板连接处发生了破坏而环槽铆钉处的板件应变尚未超过名义屈服应变，则对应的破坏模式为第 2a 类，如图 4.10(b)所示。若环槽铆钉拉脱，同时 T 形件的翼缘与腹板连接处的应变超过了名义屈服应变，则破坏模式为第 2b 类，如图 4.10(c)所示。值得注意的是，EC9 中规定发生第 2b 类破坏的试件其翼缘腹板交接处为弹性极限状态，而实际中翼缘截面最外侧纤维已超过 $f_{0.2}$，这将在 4.6.1 节进一步讨论。若环槽铆钉发生破坏而 T 形件翼缘均处于弹性阶段，则破坏模式为第 3 类，如图 4.10(d)所示。所有试件的破坏模式总结于表 4.3 中。

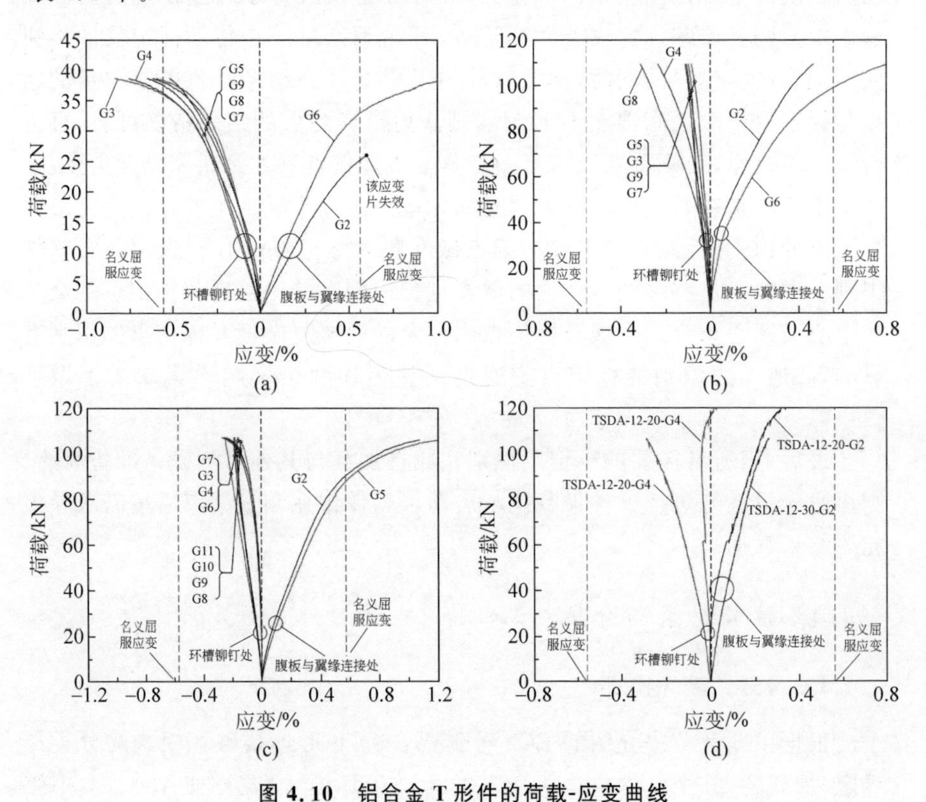

图 4.10　铝合金 T 形件的荷载-应变曲线

(a) 第 1 类破坏(TSDS-8-50)；(b) 第 2a 类破坏(TSDS-10-20)；
(c) 第 2b 类破坏(TSDA-12-30-32)；(d) 第 3 类破坏(TSDA-12-20 和 TSDA-12-30)

图 4.11 中比较了不同的几何与材料参数((a)铆钉与 T 形件腹板间距离；(b)T 形件翼缘厚度；(c)环槽铆钉帽种类(材料)；(d)环槽铆钉排数)对铝合金结构环槽铆钉 T 形连接破坏模式的影响。从图 4.11 中可以得出以下结论：

(1) 铆钉与 T 形件腹板间距离($m+0.8r$)的影响：对于 TSDA-8 系列的试件，虽然随着铆钉与腹板间距离的增加试件破坏模式没有改变(均为第 1 类破坏)，但是试件的极限变形是依次增加的。TSDA-10 系列的试件则有所不同，随着 $m+0.8r$ 从 20 mm 增加到 50 mm，试件的破坏模式由第 3 类变为第 1 类。由此可见，铆钉与 T 形件腹板间距离对 T 形件破坏形态有着重要的影响。

(2) T 形件翼缘厚度(t_f)的影响：当比较试件 TSDA-8-30、TSDA-10-30 和 TSDA-12-30 的破坏形态时可以发现，随着试件翼缘厚度的增加，连接 T 形件的环槽铆钉的破坏相对于 T 形件翼缘的破坏逐渐变早，也就是说 T 形件的破坏形态逐渐由翼缘控制变为铆钉控制。翼缘厚度增加使试件的极限变形减小。

(3) 环槽铆钉帽种类(材料)的影响：从图 4.11(c)中可以清楚地观察到，不锈钢帽环槽铆钉在 T 形连接中表现出更高的极限承载力。事实上，在所有的不锈钢帽环槽铆钉连接的试件中，铆钉均未发生破坏。

(4) 环槽铆钉排数的影响：由双排铆钉连接的试件其极限变形大于由单排铆钉连接的试件(见图 4.11(d))。对试件 TSDA-10-30 和 TDDA-10-30-30 来说，增加一排铆钉使试件由铆钉破坏变为 T 形件翼缘破坏。而对试件 TSSA-12-30 和 TDSA-12-30-38 来说，铆钉由单排增加为双排，试件破坏位置仍在环槽铆钉处。

另外，从图 4.11 中可以发现，翼缘的断裂位置并不是在翼缘和腹板连接中心处(弯矩最大处)，而是发生在倒角侧边厚度基本等于 t_f 的地方。这是因为倒角的存在使断裂外移，同时也解释了 EC9[112] 使用 m 而不是 $m+0.8r$ 来定义铆钉处和翼缘与腹板连接处塑性铰间距离的原因。我们还观察到，T 形件翼缘断裂总是发生在环槽铆钉帽的一侧，这是由铆钉头与铆钉帽不同的直径大小造成的，具体的解释详见 4.5 节。

4.3.4.2　极限承载力与荷载-位移曲线

试件的极限承载力($F_{u,test}$)和达到极限承载力时的竖向位移(Δe，即荷载为 $F_{u,test}$ 时 $d_{U2}-d_{D2}$ 的值，参见图 4.7)列于表 4.3 中，试件的荷载-竖

图 4.11　铝合金结构环槽铆钉 T 形连接破坏形式及影响因素

(a) 铆钉与 T 形件腹板间距离的影响；(b) T 形件翼缘厚度的影响；
(c) 环槽铆钉帽种类(材料)的影响；(d) 环槽铆钉排数的影响

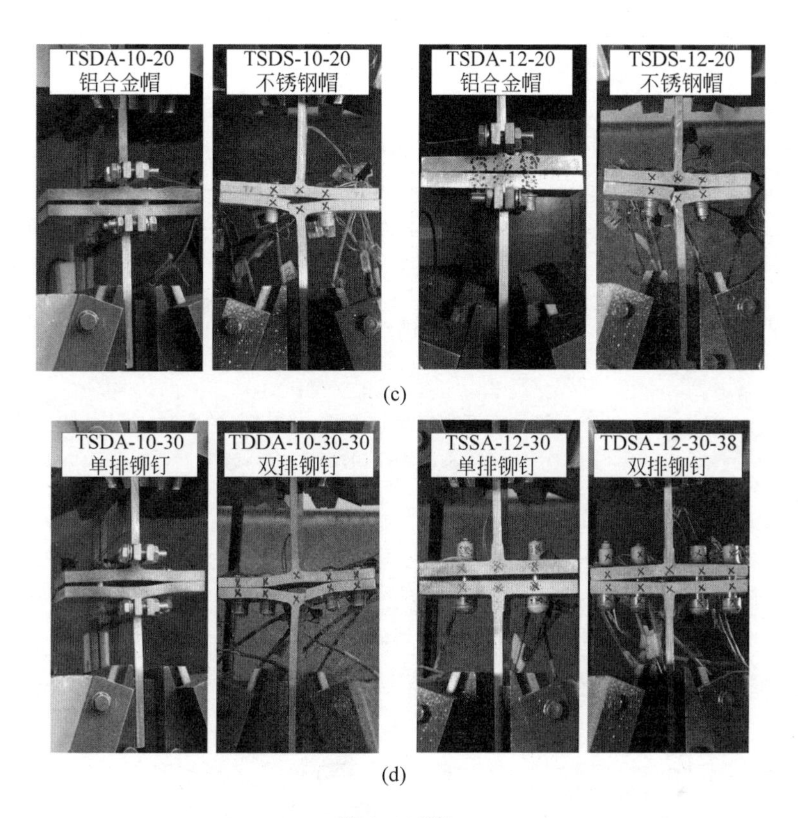

图 4.11(续)

向位移曲线见图 4.12 和图 4.13。值得注意的是,这两幅图中的个别曲线没有极值或曲线在最高点之后突然下降,这是由 T 形件翼缘的突然断裂所造成的;对于这类情况,试件极限承载力由曲线上升段末端端点所对应的荷载所确定。由于测量设备的故障,试件 TSDA-10-20 和 TSDA-8-30 的全曲线未在图中绘出,同时试件 TSDS-12-20 的位移测量在其达到极限承载力之前意外终止,所以没有捕捉到 Δe 值。从表 4.3、图 4.12 和图 4.13 可得到如下结论:

(1) 随着铆钉与 T 形件腹板间距离($m+0.8r$)的增加,试件的极限承载力和初始刚度减小,而变形能力明显增加。

(2) 在其他条件不变的情况下,增加 T 形件翼缘厚度将明显(发生第 1 类和第 2a 类破坏的试件更为明显)提高试件的初始刚度和极限承载力(例如,对试件 TSDA-8-40 来说,翼缘厚度增加 2 mm 则试件极限承载力提升约 60%)。

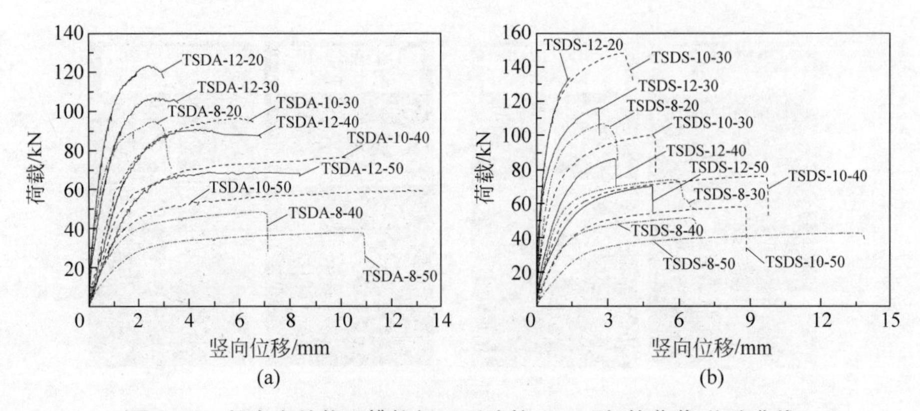

图 4.12　铝合金结构环槽铆钉 T 形连接(TSD 型)的荷载-位移曲线

(a) TSDA 系列试件；(b) TSDS 系列试件

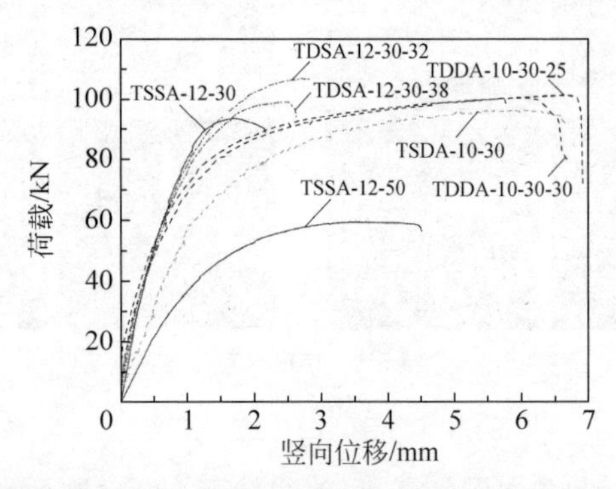

图 4.13　铝合金结构环槽铆钉 T 形连接(TSS 型,TDS 型和 TDD 型)的荷载-位移曲线

(3) 不锈钢帽环槽铆钉连接的 T 形件比相同情况下铝合金帽环槽铆钉做连接件的试件承载力更高。但若试件发生的都是第 1 类破坏模式,没有充分利用环槽铆钉的强度,那么使用不锈钢帽对于承载力的提升就不那么明显。

(4) 铆钉排数对于 T 形连接的受力性能影响不明显,因为第 2 排(远离 T 形件腹板的一排)铆钉几乎不参与受力,同时变形也很小。因此欧洲规范 EC3 1-8[113] 推荐在梁柱节点中仅使用一排螺栓来连接角钢与柱翼缘,如图 4.1(b)所示。

(5) 对于使用直径为 12.70 mm 的环槽铆钉的试件(TSSA-12-30 和 TSSA-12-50)来说,虽然紧固件数量相比于试件 TSDA-12-30 和 TSDA-12-50(环槽铆钉直径均为 9.66 mm)减半,但其极限承载力很接近,说明大直径的环槽铆钉可以提升 T 形连接的承载能力。

表 4.3　铝合金结构环槽铆钉 T 形连接的试验结果及与现行规范对比

试件编号	破坏模式	$F_{u,test}$/kN	Δe/mm	F_{EC9}/kN	$F_{EC9}/F_{u,test}$	F_{csm}/kN	$F_{csm}/F_{u,test}$
TSDA-8-20	2a	94.81	2.70	71.96	0.759	74.37	0.784
TSDA-8-30	1	66.15	5.50	45.89	0.694	47.43	0.717
TSDA-8-40	1	48.40	6.95	32.92	0.680	34.02	0.703
TSDA-8-50	1	37.82	10.64	26.16	0.692	27.04	0.715
TSDA-10-20	3	116.67	1.15	91.90	0.788	92.92	0.796
TSDA-10-30	2b	96.67	5.91	69.28	0.717	71.61	0.741
TSDA-10-40	2a	77.35	10.40	53.22	0.688	55.01	0.711
TSDA-10-50	1	59.75	12.62	42.56	0.712	43.99	0.736
TSDA-12-20	3	123.09	2.34	101.07	0.821	101.92	0.828
TSDA-12-30	3	106.23	3.13	86.95	0.818	87.49	0.824
TSDA-12-40	2b	90.74	4.30	69.96	0.771	70.46	0.777
TSDA-12-50	2b	68.93	6.62	55.54	0.806	56.05	0.813
TDDA-10-30-25	2a	101.32	6.62	69.28	0.684	71.61	0.707
TDDA-10-30-30	2a	100.49	6.03	69.28	0.689	71.61	0.713
TSSA-12-30	2b	93.64	1.63	74.19	0.792	74.81	0.799
TSSA-12-50	2b	59.58	3.36	49.19	0.826	49.71	0.834
TDSA-12-30-32	2b	106.88	2.69	74.19	0.694	74.81	0.700
TDSA-12-30-38	2b	99.24	2.46	74.19	0.748	74.81	0.754
TSDS-8-20	1	106.95	2.83	73.08	0.683	75.54	0.706
TSDS-8-30	1	73.88	5.60	45.07	0.610	46.58	0.631
TSDS-8-40	1	51.66	6.40	32.42	0.628	33.51	0.649
TSDS-8-50	1	42.79	13.40	26.28	0.614	27.16	0.635
TSDS-10-20	2a	147.98	3.61	107.70	0.728	108.66	0.734
TSDS-10-30	1	100.21	4.91	73.60	0.734	76.07	0.759
TSDS-10-40	1	76.07	9.32	52.11	0.685	53.86	0.708
TSDS-10-50	1	58.04	8.21	41.80	0.720	43.20	0.744
TSDS-12-20	2a	150.13	—	118.86	0.792	119.72	0.797
TSDS-12-30	1	115.98	2.61	98.63	0.850	100.78	0.869
TSDS-12-40	1	86.49	3.28	71.45	0.826	73.00	0.844
TSDS-12-50	1	70.18	4.83	55.83	0.796	57.04	0.813
平均值					0.735		0.751
标准差					0.066		0.062

4.3.4.3　试验结果与现行规范对比

根据欧洲铝合金结构设计规范(EC9)对T形连接承载力的设计方法(详见1.5.2节),将规范的计算值与本章得到的试验结果进行对比,并汇总于表4.3中。规范设计承载力取4种破坏模式对应承载力的最小值,即

$$F_{EC9} = \min(F_{1,Rd}, F_{2a,Rd}, F_{2b,Rd}, F_{3,Rd}) \tag{4-1}$$

但与最小承载力对应的破坏模式可能与试验中真实破坏模式有所不同。对于由双排环槽铆钉连接的铝合金T形件,EC9中没有规定其极限承载力的计算方法。但在试验结果分析中我们得出远离T形件腹板的铆钉几乎不参与受力,所以这些试件的规范值将取为与其对应的、仅由单排铆钉连接的T形件承载力值。

对比结果表明,EC9中的设计方法对于铝合金结构环槽铆钉T形连接承载力的计算偏于保守,规范计算值与试验实测值之比($F_{EC9}/F_{u,test}$)的平均值和标准差分别为0.735和0.066。该结果与EC9对铝合金结构螺栓的T形连接承载力预测准确程度相近[84]。单独分析EC9的设计方法对每一种破坏模式对应承载力的预测情况,发现在第1类,第2a类,第2b类和第3类破坏模式下,$F_{EC9}/F_{u,test}$的平均值分别为0.709,0.723,0.765和0.809。这表明,EC9设计方法对T形件翼缘承载力的估计更加保守,因此接下来将探讨一种能更准确计算翼缘抵抗弯矩的设计方法。

4.3.4.4　试验结果与连续强度方法对比

连续强度方法(continuous strength method,CSM)是一种新兴的基于构件变形的金属结构设计方法,近年来由Gardner等人发展并完善[176-178]。连续强度法可以考虑非线性金属材料(铝合金、不锈钢等)应变强化效应给结构承载力带来的贡献,并已成功应用于计算由不同宽厚比板件组成的铝合金截面的承载力。连续强度方法有两个基本的组成部分,一个是用来确定截面可承受最高应变(ε_{csm})的基准曲线(base curve);另一个是可考虑材料应变强化效应的材料模型(material model)。

与钢材形成的塑性铰不同,欧洲规范定义的铝合金T形件翼缘所形成的塑性铰其实是"硬化塑性铰"(hardening plastic hinge),因为它在转动的过程中抵抗弯矩还在不断增加,直到塑性铰最外侧纤维达到断裂应变。所以,使用连续强度方法的材料模型可以更加准确地计算硬化塑性铰的抵抗弯矩。图4.14中的简化力学模型表示了第1类和第2a类破坏模式下T形

件翼缘可能产生强化塑性铰的位置，该模型也是 EC9 用来计算 T 形件承载力背后的分析模型。在模型中，用连续梁来模拟 T 形件翼缘，用弹簧来表示环槽铆钉，并利用对称关系在翼缘与腹板交接处安装滑动铰支座。对于形成的硬化塑性铰，其抵抗弯矩 $(M_{u,1})_w$，$(M_{u,1})_b$ 和 $M_{u,2}$ 可以采用连续强度方法进行计算。在翼缘与腹板交接处和环槽铆钉处的翼缘横截面可承受的最大应变取为材料的极限应变 ε_u，忽略从极限应变至断裂应变间继续强化产生的贡献。假设应变在翼缘厚度方向上线性分布并且使用连续强度法的材料本构模型，则可以得到相应的抵抗弯矩。

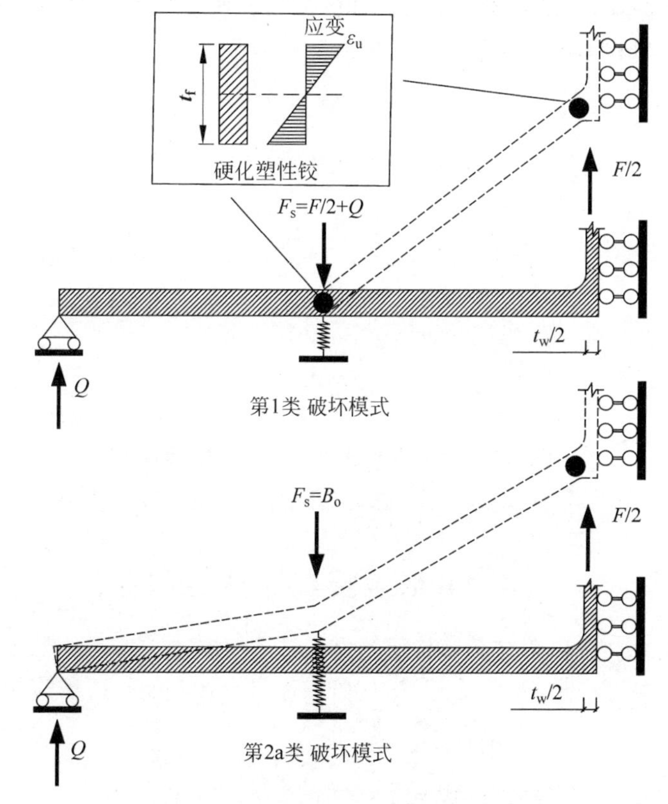

图 4.14　第 1 和第 2a 类破坏模式下 T 形件翼缘硬化塑性铰示意图

本书采用 Su 等人[176]提出的双线性(弹性-线性强化)的铝合金材料模型来计算硬化塑性铰的抵抗弯矩，如图 4.15 所示。材料模型中 E_{sh} 为强化模量，用式(4-2)来进行计算：

$$E_{sh}=\frac{f_u-f_{0.2}}{0.5\varepsilon_u-f_{0.2}/E} \tag{4-2}$$

将连续强度方法计算得到的相应的抵抗弯矩带入 EC9 的计算公式中，得到了 T 形连接的设计承载力 F_{CSM}，并与试验结果进行对比，对比结果列于表 4.3 中。从中我们发现，连续强度方法计算得到的结果比 EC9 准确度更高、离散程度更小。在不锈钢 T 形连接的相关研究中，Yuan 等人[172]也发现连续强度方法比现行规范中的设计方法更精确。但我们也观察到，即使准确计算了 T 形件翼缘塑性铰的抵抗弯矩，对整个 T 形连接承载力的预测仍然偏于保守，这说明用来进行设计的力学模型还有待提升，这部分内容将在数值模型和大规模参数分析的辅助下进一步探讨。

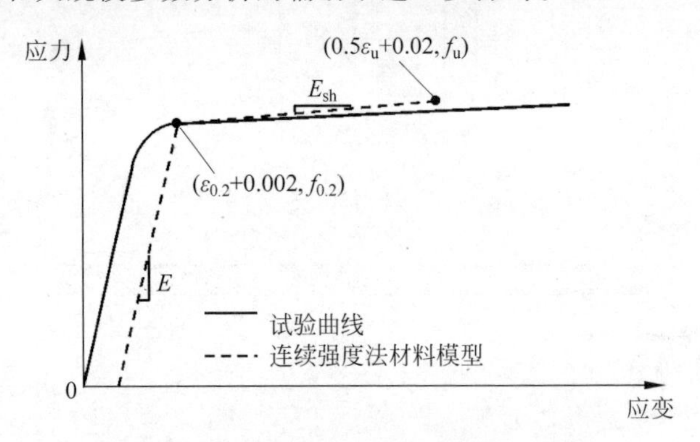

图 4.15　连续强度法材料本构模型(铝合金)

4.4　T 形连接的有限元模型

根据 4.3 节中铝合金结构环槽铆钉 T 形连接受拉试验，建立了相应的有限元模型，为进一步分析其受力机理、提出设计方法搭建试验与理论之间的桥梁。

4.4.1　有限元模型的建立

采用 ABAQUS 建立半精细化的有限元模型。模型中所有铝合金板件均采用精细化建模的方式，且考虑材料与几何的非线性以及板件间、板件与铆钉之间的接触行为。而连接 T 形件的环槽铆钉则使用 2.6 节中建立的简化有限元模型，为铆钉简化模型在更大尺度的结构(节点或框架)中的使用提供进一步的验证依据。

在T形连接的受拉试验中，试件的几何尺寸、边界与荷载条件均对称，因此仅建立半模型来进行有限元分析以提高计算效率，模型及与其对应的试件如图4.16所示。为模拟试验中T形件腹板两端被试验机钳口完全夹住、共同运动的边界条件，模型中建立了T形件腹板的全截面并将截面中心参考点与全截面耦合并设为拉力的施加点。模型约束了加载端除竖向位移之外的其他自由度和固定端的所有自由度。模型的几何参数均按照试验中的实测值，环槽铆钉的预紧力通过软件中“bolt load”选项施加，也采用实测值。

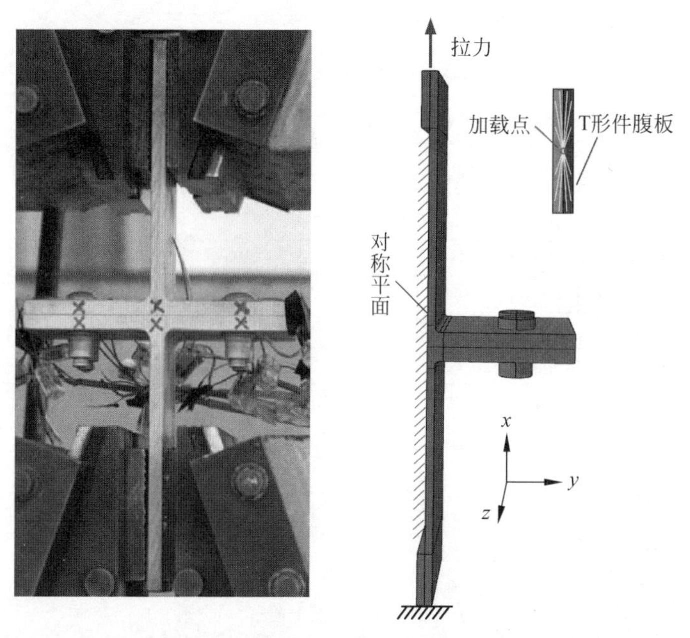

图4.16 铝合金结构环槽铆钉T形连接半模型及对应的试验试件

模型中铝合金板件和环槽铆钉原始段的材料性能均取自相关的材性试验，为使输入ABAQUS中的应力-应变关系平滑而易于计算，输入曲线采用R-O模型(单阶段或双阶段)拟合的曲线，其关键参数如表4.1和表2.1所示。输入软件之前采用式(2-22)和式(2-23)将工程应力-应变曲线转化为真实应力-塑性真实应变曲线。对于简化模型中滑移等效段的本构关系，采用表2.7列出的标定值。在以往关于钢结构T形连接[179-180]及焊接的铝合金T形连接[82]研究中，很多学者并没有设定材料的破坏准则，这会导致发生第1类破坏模式的试件承载力在有限元中可能不下降或推迟下降，在一定程度上降低了模型的准确性与可靠性。对于本书建立的模型，铝合金材料的破坏准则使用ABAQUS中提供的“ductile fracture”选项并输入材料的断裂应变作为停止计算的依据。这里并没有引入基于应力三轴度的断裂准则，是因为相比于受剪连接中铆钉孔前材料在拉、压、剪复杂作用下的断裂，T形件翼缘主要是在拉应力作用下发生破坏。所有材料的泊松比均取为0.3。

模型中各组件均采用实体单元C3D8R进行建模。由于网格大小会影响计算精度和效率，所以在确定单元尺寸前进行了网格敏感性分析，选取试件TSDA-12-50为分析对象。分析考虑了4种不同的网格尺寸组合，结果如表4.4和图4.17所示。

表4.4　网格敏感性分析结果

网格尺寸组合	整体尺寸/mm	网格局部尺寸/mm			$F_{u,FE}/F_{u,test}$	标准化的计算时间
		翼缘厚度方向	腹板与翼缘交接处	环槽铆钉		
组合1	6.0	6.0	3.0	3.0	0.938	1.00
组合2	6.0	4.0	2.0	2.0	0.957	1.28
组合3	6.0	2.0	1.5	1.5	0.975	2.10
组合4	4.0	2.0	1.5	1.5	0.974	2.68

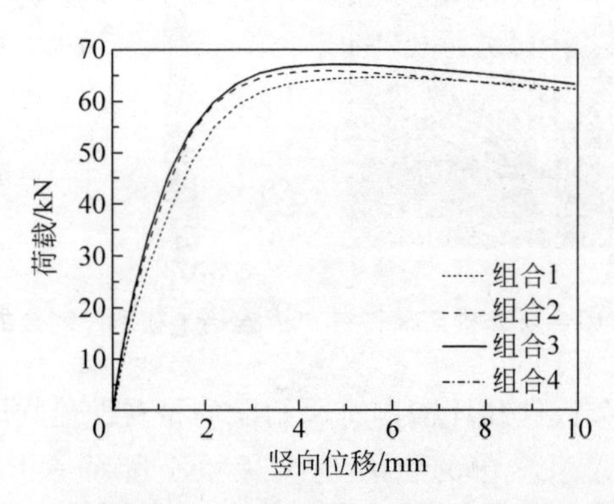

图4.17　不同网格尺寸组合下的有限元荷载-位移曲线对比

通过表4.4中的结果可知，随着网格加密（从组合1至组合4）有限元结果的精确度大体上逐渐提高。同时我们观察到，如果关键位置（翼缘厚度方向、腹板与翼缘交界处和环槽铆钉）处的局部网格尺寸已足够密，则增加网格的整体精度不再提高计算的准确度。为平衡计算准确性与效率，采用

“组合 3”作为有限元模型的网格尺寸。模型运行中，若因网格尺寸引起收敛性问题，则会进一步细化应力集中处的单元。使用 ABAQUS 中的“面-面”接触来定义接触关系。铆钉孔与钉杆之间定义为硬接触，而在以下三组接触关系中沿法向的硬接触和沿切向的罚函数(摩擦系数为 0.3[82])同时定义：①铆钉头下表面与 T 形件翼缘上表面的接触；②铆钉帽的上表面与 T 形件翼缘下表面的接触；③T 形件翼缘两个内表面的接触。

分析计算分为三步。第一步是在环槽铆钉中施加很小的预紧力便于进一步计算的收敛；第二步是施加预紧力至指定数值(实测预紧力值)；第三步是在加载端指定参考点施加竖向位移，此步骤中环槽铆钉的预紧力采用“Fix at Current Length”选项进行保持。为了获得平滑而连续的曲线，第三步中最大增量步设为 0.05。

4.4.2　有限元模型的验证

通过对比有限元结果和从试验中得到的极限承载力、荷载-位移曲线及破坏形态来验证本节所建立模型的合理性。

有限元得到的试件极限承载力($F_{u,FE}$)与试验值($F_{u,test}$)之比列于表 4.5 中，对于所有 30 个试件，该比值的平均值为 1.02，标准差为 0.038。可见有限元得到的结果与试验值吻合良好且离散性很小。

表 4.5　有限元与试验极限承载力对比及有限元提取的撬力值

试件编号	$F_{u,FE}$/kN	$F_{u,FE}/F_{u,test}$	$Q_{FE}/F_{u,FE}$	试件编号	$F_{u,FE}$/kN	$F_{u,FE}/F_{u,test}$	$Q_{FE}/F_{u,FE}$
TSDA-8-20	97.44	1.03	0.40	TSSA-12-50	61.04	1.02	0.76
TSDA-8-30	70.79	1.07	0.95	TDSA-12-30-32	108.55	1.02	0.61
TSDA-8-40	51.33	1.06	1.55	TDSA-12-30-38	103.85	1.05	0.66
TSDA-8-50	40.65	1.07	2.15	TSDS-8-20	104.71	0.98	0.74
TSDA-10-20	120.48	1.03	0.15	TSDS-8-30	71.91	0.97	1.33
TSDA-10-30	96.08	0.99	0.41	TSDS-8-40	53.74	1.04	1.94
TSDA-10-40	78.59	1.02	0.70	TSDS-8-50	41.75	0.98	2.50
TSDA-10-50	56.44	0.94	1.46	TSDS-10-20	141.77	0.96	0.37
TSDA-12-20	123.11	1.00	0.14	TSDS-10-30	103.74	1.04	0.82
TSDA-12-30	107.38	1.01	0.30	TSDS-10-40	79.15	1.04	1.33
TSDA-12-40	86.82	0.96	0.61	TSDS-10-50	60.40	1.04	1.88
TSDA-12-50	67.18	0.98	1.04	TSDS-12-20	161.75	1.08	0.22

续表

试件编号	$F_{u,FE}$ /kN	$F_{u,FE}$/ $F_{u,test}$	Q_{FE}/ $F_{u,FE}$	试件编号	$F_{u,FE}$ /kN	$F_{u,FE}$/ $F_{u,test}$	Q_{FE}/ $F_{u,FE}$
TDDA-10-30-25	101.86	1.01	1.23	TSDS-12-30	123.01	1.06	0.53
TDDA-10-30-30	101.92	1.01	1.22	TSDS-12-40	92.06	1.06	0.97
TSSA-12-30	92.17	0.98	0.20	TSDS-12-50	75.02	1.07	1.50
平均值						1.02	
标准差						0.038	

典型的有限元与试验荷载-位移曲线对比如图4.18所示，其中包含了4种不同破坏模式所对应的曲线，除这4条曲线外的其他所有曲线对比见附录C。通过图4.18及附录C可以发现，对于不同破坏模式的铝合金结构环槽铆钉T形连接，所建立的有限元模型均能很好地模拟其荷载-位移关系，与试验得到的试件初始刚度、极限承载力和变形性能都吻合良好。

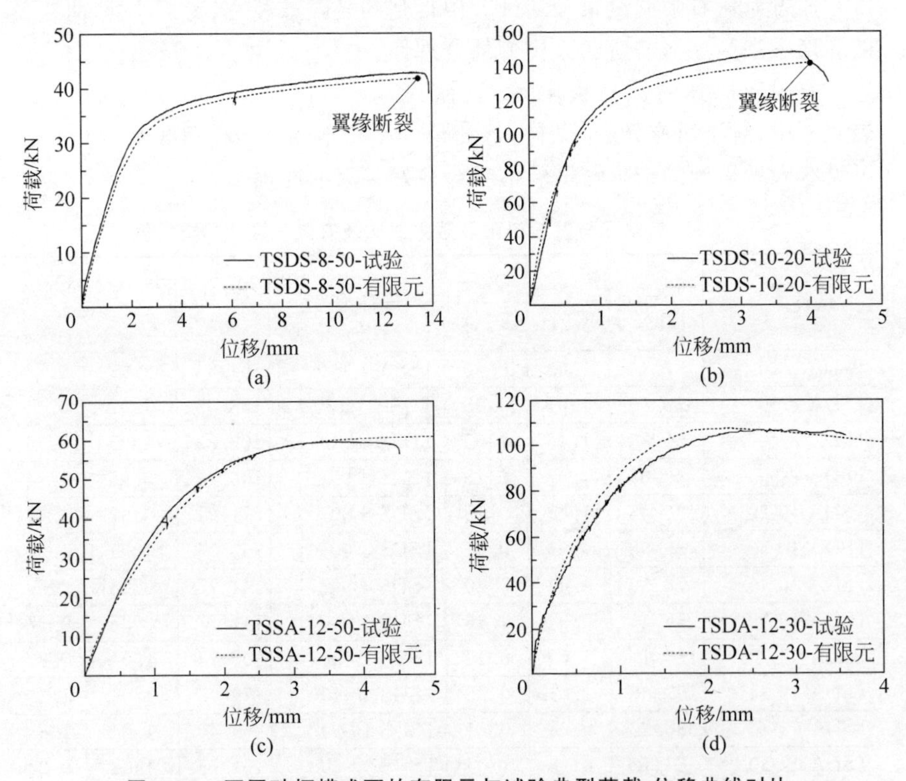

图4.18 不同破坏模式下的有限元与试验典型荷载-位移曲线对比

(a) 第1类破坏模式；(b) 第2a类破坏模式；(c) 第2b类破坏模式；(d) 第3类破坏模式

与以上 4 组荷载-位移曲线对应的试件破坏形态对比如图 4.19 所示，从中可发现有限元与试验破坏形态符合良好。对于第 1 类和第 2a 类破坏形态，有限元模型在 T 形件翼缘与腹板交接处达到极限强度发生破坏，与试验中观察到的断裂位置一致。对于第 2b 类破坏形态，有限元中简化环槽铆钉的滑移等效段发生颈缩也就意味着环槽铆钉的拉脱，与试验现象相同；同时在有限元中还发现翼缘与腹板交接处超过名义屈服应力，这与试验中应变片 G2 和 G5 测得的数据一致。对于第 3 类破坏形态，有限元也和试验一样，发生了铆钉的拉脱。

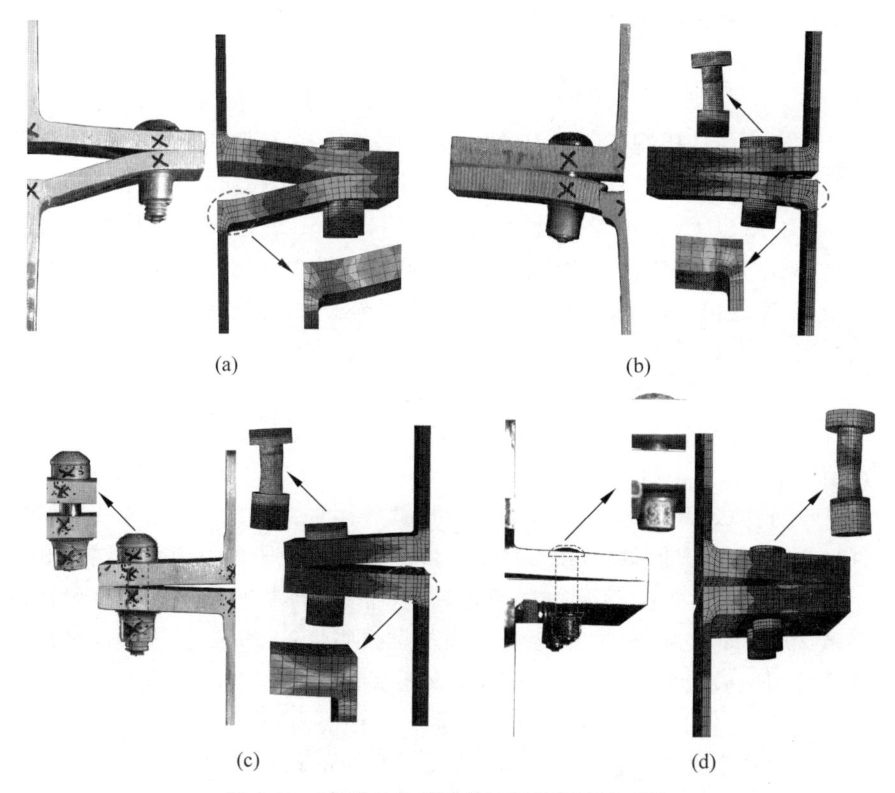

图 4.19　有限元与试验的不同破坏形态对比

(a) TSDS-8-50；(b) TSDS-10-20；(c) TSSA-12-50；(d) TSDA-12-30

综上所述，本节建立的有限元模型可以对铝合金结构环槽铆钉 T 形连接的力学性能进行准确合理地模拟，可以应用到接下来的受力机理分析当中，且进一步生成的数据可以支持相关设计方法的提出。

4.5 环槽铆钉T形连接受力机理分析

试验中量测方法和试件包含的参数有限，无法全面、深入地获取铝合金结构环槽铆钉T形连接受力信息并进行分析，本节通过验证后的有限元模型提取更多的特征信息、考虑范围更广的试件参数来进一步认识研究对象的工作机理。通过本章和第2章的研究发现，铝合金帽环槽铆钉的抗拉性能低于同直径的不锈钢帽铆钉，因而在后续梁柱节点的设计中，受拉紧固件主要使用不锈钢帽铆钉，所以本节的分析也以该类型铆钉为主要研究对象。

4.5.1 T形连接中的撬力

在试验中环槽铆钉的拉力随外荷载增加而增加，但若想定量监测其数值的变化却十分困难。由于无法在铆钉杆中开槽粘贴应变片，而且铆钉紧固长度有限也无法采用测量预紧力的传感器在T形连接中测量铆钉力的变化，所以基本无法从试验中获得T形连接的撬力。但借助验证过的数值模型，并通过ABAQUS后处理中的“CFN”选项，可提取上下翼缘板之间的相互作用力，即撬力(Q_{FE})。

将所有试验试件的撬力与极限承载力的比值列于表4.5中。从中可发现，随着铆钉与腹板间距离的增加和翼缘厚度的减小，撬力占极限承载力的比值($Q_{FE}/F_{u,FE}$)明显增加。对于$m+0.8r$值最大而翼缘最薄的试件，撬力甚至可达极限承载力的2倍以上。因此我国规范考虑了撬力对受拉紧固件(螺栓或铆钉)的影响，GB 50429—2007的条文说明中引用了钢结构规范中的相关规定：“撬力不需要进行计算，但需要将紧固件的抗拉强度设计值降低20%，即认为撬力的大小为紧固件抗拉强度的25%”。这一规定是缺乏充分的试验数据与理论的支持、而又要保证连接安全的妥协之策。而本节通过验证过的有限元模型，可以定量化评估撬力的影响因素。

通过观察发现，撬力的大小跟T形件翼缘的初始刚度($S_{f,ini}$)与环槽铆钉初始刚度($S_{pin,ini}$)之比相关，二者分别通过下式计算[113,181]：

$$S_{f,ini}=\frac{0.9l_{eff}t_a^3E_f}{m^3} \tag{4-3}$$

$$S_{pin,ini}=\frac{1.6A_{pin}E_{pin}}{t_{eq}} \tag{4-4}$$

式中，E_f和E_{pin}分别是T形件翼缘材料和环槽铆钉滑移等效段材料的杨氏模量。值得注意的是在环槽铆钉抗拉刚度的计算中忽略铆钉原始段对变形的贡献。式(4-4)适用于 T 形连接中单列铆钉(每列两个)的计算,若有多列或每列超过两个则刚度应乘以相应的倍数[181]。

在平面坐标系中绘出每个铆钉 Q_{FE}/F_{PO} 随试件刚度之比 $S_{f,ini}/S_{pin,ini}$ 的变化规律,如图 4.20 所示。从图中可以发现撬力占环槽铆钉抗拉承载力的比值远非 25%这样简单,其实际的分布范围介于 10%～60%。若用幂函数进行拟合,拟合曲线的表达式如下:

$$Q_{FE}/F_{PO}=1.08-0.81(S_{f,ini}/S_{pin,ini})^{0.17} \tag{4-5}$$

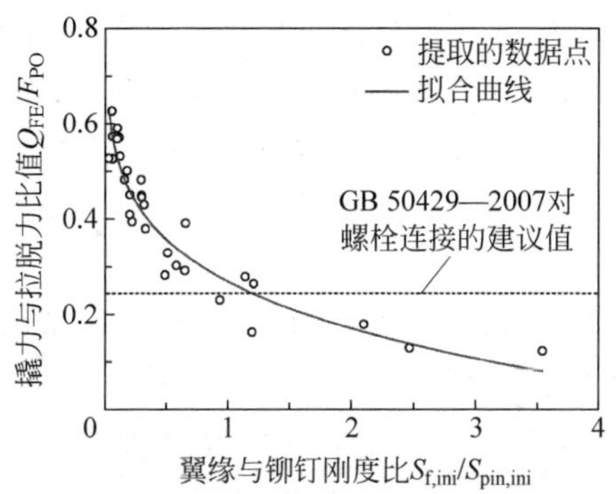

图 4.20　T 形件撬力随翼缘与铆钉刚度比的变化规律

然而若用式(4-5)对 T 形连接中受拉的环槽铆钉进行设计,则与我国规范中简化撬力计算的初衷相反。因为如要计算撬力,需首先计算 T 形件翼缘和环槽铆钉的刚度,这其中涉及环槽铆钉简化模型的标定,过程较为复杂。所以本节建议采用受力平衡的思路直接计算考虑撬力影响的 T 形连接承载力,而不采用某一确定的折减系数(如 80%)来对紧固件承载力进行折减。由于 T 形连接第 1 类破坏受翼缘控制,而第 3 类破坏的试件不存在撬力,所以下面的公式推导仅考虑第 2 类(包括第 2a 类和第 2b 类)破坏模式,推导过程中涉及的参数如图 4.21 所示,

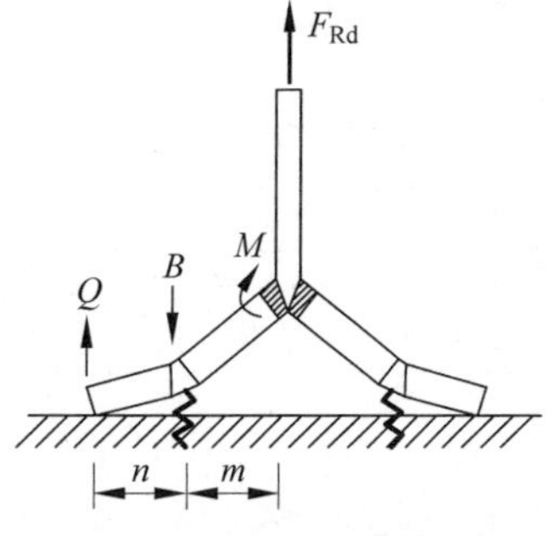

图 4.21　考虑撬力的 T 形连接受力示意图

则存在如下竖向力的平衡方程,和腹板与翼缘交接处弯矩的平衡方程:

$$\sum B=F_{Rd}+Q \tag{4-6}$$

$$M=\frac{\sum Bm-Q(m+n)}{2} \tag{4-7}$$

联立式(4-6)和式(4-7)可得：

$$Q=\sum B-\frac{n\sum B+2M}{m+n} \tag{4-8}$$

对于发生第2a类破坏的试件，将 B_o 和 $M_{u,2}$ 代入式(4-8)可算得撬力值，而对于发生第2b类破坏的试件，则将 B_u 和 $M_{o,2}$ 代入式中计算。依此方法，则可以准确地考虑T形连接中撬力的大小。此方法也是欧洲规范设计T形连接的原理，避免了过高或过低地估计紧固件中的撬力值，而且计算步骤简便易行。所以建议我国规范也采纳准确考虑撬力的设计方法。在本章后续所提出的设计方法中，也都准确考虑了T形连接中撬力的影响。

4.5.2 环槽铆钉预紧力的影响分析

由于试验试件涵盖的铆钉预紧力范围有限，本节通过在有限元模型中变化环槽铆钉预紧力值来探究其对T形连接受力性能的影响。共分析了8组试件，每组试件包含6个预紧力值，分别为 $F_{p,C}=0$，10 kN，20 kN，30 kN，40 kN 和 48.82 kN。其中0和48.82 kN($0.99F_{PO}$)分别代表可以施加在9.66 mm不锈钢帽环槽铆钉上的最小和最大的预紧力值。8组试件的选择考虑到了T形连接不同的破坏模式，每种破坏模式分别设计了2组试件。所有试件的 t_w=8 mm，b=80 mm，b_f=148 mm，其他参数如表4.6所示。

表4.6 预紧力分析的试件参数及提取的初始刚度值

试件编号	破坏模式	t_f /mm	$m+0.8r$ /mm	T形件初始刚度 $S_{T,ini}$/(kN/mm)					
				$F_{p,C}$= 0 kN	$F_{p,C}$= 10 kN	$F_{p,C}$= 20 kN	$F_{p,C}$= 30 kN	$F_{p,C}$= 40 kN	$F_{p,C}$= 48.82 kN
TSDS-8-50	1	8	50	13	17	19	20	20	21
TSDS-10-50	1	10	50	21	27	30	34	36	37
TSDS-10-20	2a	10	20	127	185	239	313	328	339
TSDS-12-20	2a	12	20	141	217	288	337	372	402
TSDS-14-30	2b	14	30	117	160	199	233	258	277
TSDS-14-40	2b	14	40	81	97	132	147	156	165
TSDS-16-20	3	16	20	216	357	509	658	756	818
TSDS-18-30	3	18	30	230	448	648	831	967	1082

图 4.22 提取了 8 组试件的荷载-位移曲线，从图中可以看出，预紧力对试件的极限承载力几乎没有影响，对其变形性能的影响也甚微。对发生第 2a 类和第 2b 类破坏的 T 形连接，预紧力高的试件达到极限承载力时的变形更小。我们从图中可以观察到，预紧力最明显的影响是试件的初始刚度：随着预紧力的提高，初始刚度明显增加；这一结果与钢结构螺栓 T 形连接得出的结论相似[182]。进一步提取了所有试件的初始刚度值 $S_{T,ini}$，列于表 4.6 中，从中可以定量地评估 $S_{T,ini}$ 受预紧力的影响程度。为了区别预紧力对不同破坏模式下试件 $S_{T,ini}$ 的影响程度，将每组得到的刚度值标准化（均除以预紧力为 0 时的 $S_{T,ini}$）并以预紧力值为横轴绘于 x-y 坐标系中，如图 4.23 所示。

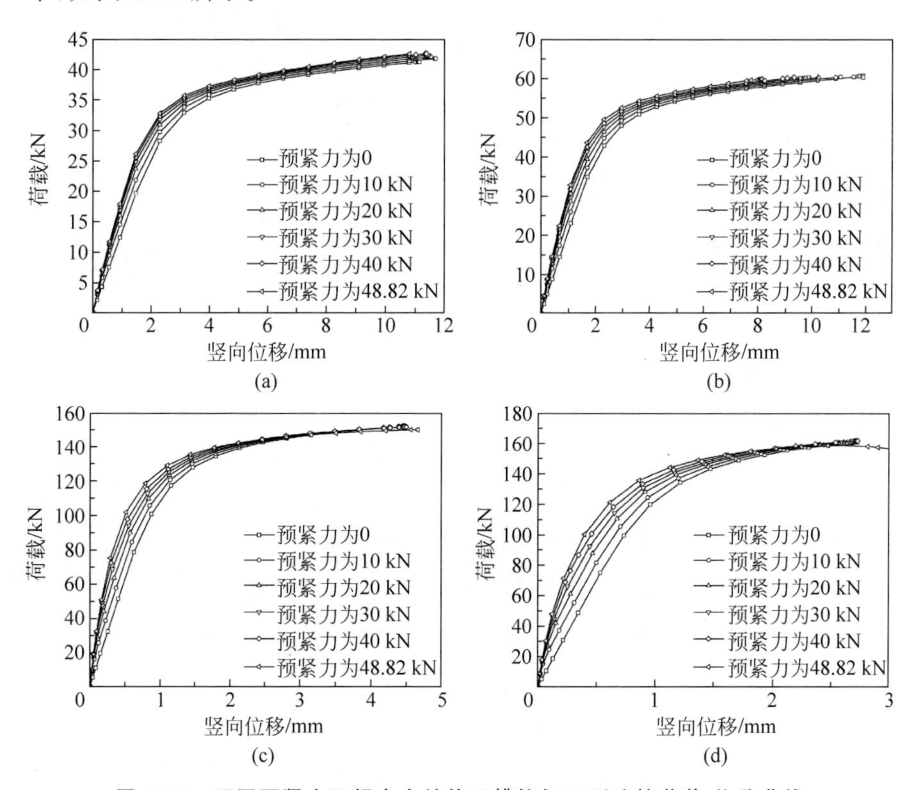

图 4.22　不同预紧力下铝合金结构环槽铆钉 T 形连接荷载-位移曲线

(a) TSDS-8-50；(b) TSDS-10-50；(c) TSDS-10-20；(d) TSDS-12-20；
(e) TSDS-14-30；(f) TSDS-14-40；(g) TSDS-16-20；(h) TSDS-18-30

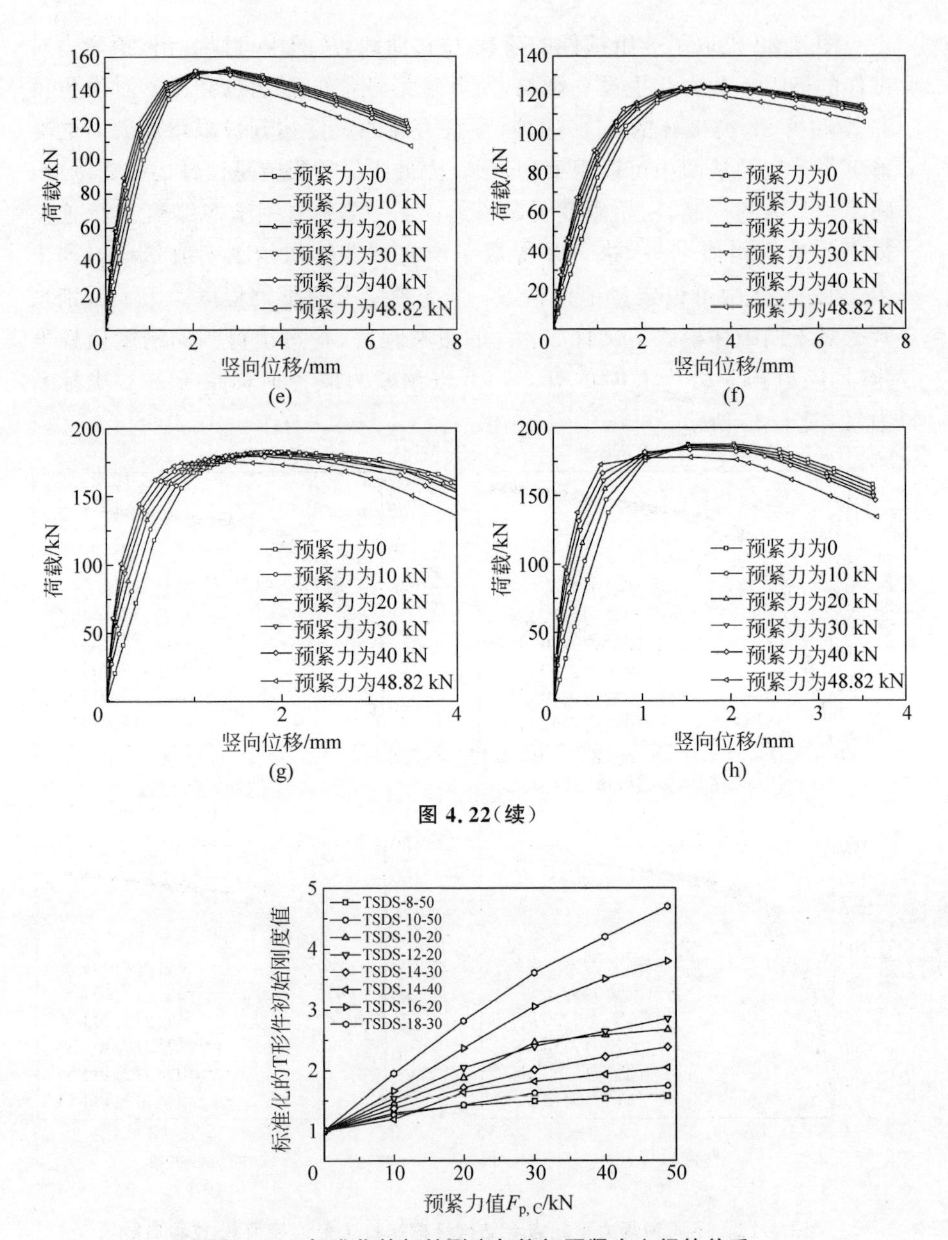

图 4.22（续）

图 4.23　标准化的初始刚度与铆钉预紧力之间的关系

从图 4.23 可以发现，在第 1 类破坏模式下预紧力对初始刚度的影响最弱，而在第 3 类破坏模式下的影响最显著。这是由于环槽铆钉预紧力对整个 T 形件的影响通过两种机制传达：第一，预紧力可以提升环槽铆钉本身的抗拉刚度；第二，预紧力可以增加环槽铆钉对 T 形件翼缘的约束，从而间接地提高了翼缘的抗弯刚度。对于第 1 类破坏模式，翼缘弱铆钉强，铆钉对 T 形件整体的变形贡献很小，影响主要依靠第二种机制传达；而对第 3 类破坏模式，翼缘强铆钉弱，预紧力在提升铆钉抗拉刚度的同时使翼缘更接近于“固支梁”的工作模式，两种影响机制并存，所以影响更显著。

4.5.3　环槽铆钉直径的影响分析

由于目前可获得的环槽铆钉种类较少，本书试验只包含了 1 种直径的不锈钢帽铆钉和 2 种直径的铝合金帽铆钉。本节通过合理的假设，在数值模型中探究环槽铆钉直径对 T 形连接受力性能的影响，也以不锈钢帽铆钉为主要分析对象。

根据本书环槽铆钉的制造商 Alcoa 公司给出的铆钉出厂参数，铆钉直径均为 1/16 in 的倍数，国内可获取的铆钉直径还包括 3/16 in，4/16 in 和 5/16 in，但其直径过小不宜作为建筑结构使用，所以不在此探讨。本节涉及的铆钉直径为 6/16 in(9.66 mm)，8/16 in(12.70 mm)和 10/16 in(15.88 mm)。这里假设所有铆钉的滑移等效段长度和材性均与标定的直径为 9.66 mm 的不锈钢帽铆钉相同，而所有铆钉帽与铆钉头的直径与钉杆直径的比例不变，即 w_c/d_{pin} 和 w_h/d_{pin} 为定值。根据假设的材料与几何参数，3 种铆钉在数值模型中的拉脱力分别为 49.31 kN，85.23 kN 和 133.25 kN，分别相当于 8.8 级 M14，M18 和 M22 承压型高强螺栓的抗拉承载力。共选择 4 组 T 形连接进行分析，试件编号为 TSDS-8-50，TSDS-10-20，TSDS-14-40 和 TSDS-16-20，当其被直径为 9.66 mm 的铆钉连接时，破坏形态分别为第 1 类，第 2a 类，第 2b 类和第 3 类，试件的具体信息参见表 4.6。

提取了 4 组试件的荷载-位移曲线，绘于图 4.24 中。总的来说，使用大直径的环槽铆钉可以提高试件的极限承载力，但在一定程度上会削弱部分试件的变形能力。但值得注意的是，直径对于承载力的提升效果在不同的破坏模式下有所不同。对于第 1 类破坏，增加直径是通过增加对翼缘板的约束作用而间接提升承载力的，因此提升程度很有限：相对于直径为 9.66 mm 的铆钉，直径为 12.70 mm 和 15.88 mm 的铆钉对 TSDS-8-50 承载力的提升仅有 7%和 18%，而且这其中还包含了更大直径的铆钉帽与铆钉头产生的附加约束作用。对于第 3 类破坏模式，增加直径的影响效应最明显，直径为 12.70 mm 的铆钉使 TSDS-16-20(由直径为 9.66 mm 的铆钉连接)

的承载力提升超过 60%。与预紧力对试件刚度的影响类似，铆钉直径的影响机制也分两个方面：第一是对铆钉本身抗拉刚度的提升，第二是增加了对板件的约束。同时可以发现，铆钉直径改变了试件的破坏模式，让起控制作用的组件由铆钉变为 T 形件翼缘。现行规范的设计方法通过公式中紧固件的弹性承载力 B_o 和极限承载力 B_u 来考虑直径对试件承载力的影响，通过刚度公式中 A_S 项考虑直径对初始刚度的影响。

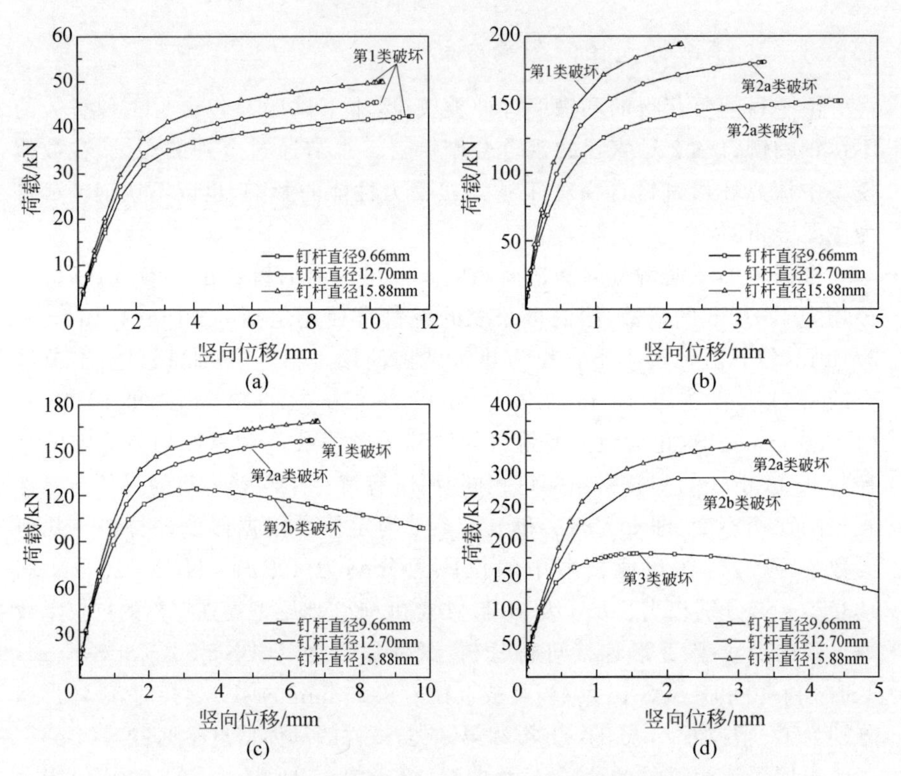

图 4.24　不同直径环槽铆钉连接的铝合金 T 形件荷载-位移曲线

(a) TSDS-8-50；(b) TSDS-10-20；(c) TSDS-14-40；(d) TSDS-16-20

4.5.4　环槽铆钉滑移等效段长度的影响分析

2.6 节中推导了滑移等效段材料与几何参数的计算公式，其中滑移等效段长度 t_{eq} 根据铆钉抗弯刚度来确定，当 t_{eq} 发生变化时，数值模型中的环槽铆钉会提供与实际环槽铆钉不同的抗弯刚度与承载力，本节通过数值方法探讨 t_{eq} 对 T 形连接受力性能的影响。

当 t_{eq} 变化时，环槽铆钉的简化模型仍满足 2.6 节所提出的第 1 条和第 3 条约束条件，即铆钉的轴向受力行为与实际情况完全一致，且其抗剪不受影响。设新的滑移等效段长度为 t'_{eq}，在应力为 σ'_{eq} 时应变为 ε'_{eq}，则存在如下恒等关系：

$$\varepsilon'_{eq} \cdot t'_{eq} + \varepsilon_{pin} \cdot (L_p - t'_{eq}) = \varepsilon_{eq} \cdot t_{eq} + \varepsilon_{pin} \cdot (L_p - t_{eq}) \tag{4-9}$$

根据式(4-9)，将 6 组不同滑移等效段长度对应的材性曲线绘于图 4.25 中。其中 $t_{eq}=12.15$ mm 代表的是用 2.6 节提出的“四步标定法”得到的等效段长度。从图中可观察到，当缩短滑移等效段时，为了在同一拉力下获得相同的伸长量，其弹性模量减小、同一应力下的应变值增加；反之亦然。

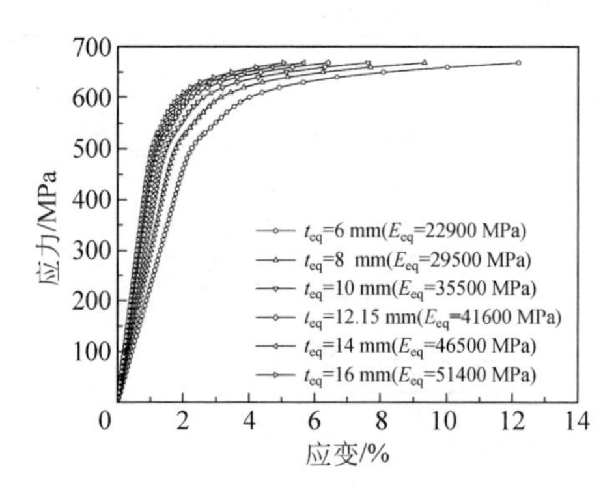

图 4.25　不同滑移等效段长度(t_{eq})对应的材料应力-应变关系

作为不同破坏模式的试件代表，图 4.26 绘出了 TSDS-8-50，TSDS-10-20，TSDS-14-40 和 TSDS-16-20 在不同 t_{eq} 环槽铆钉连接下的荷载-位移曲线。从图中可以发现，对于第 1 类和第 2a 类破坏模式，由于翼缘起控制作用，滑移等效段长度对 T 形连接的受力性能影响很小，这也说明 T 形连接中的铆钉以受拉为主，弯曲所占比例有限。但可以发现在第 2a 类破坏模式下，小 t_{eq} 值对应的试件承载力更高，这可以由铆钉提供的抗弯贡献不同来解释。如图 4.27(a)所示，假设 T 形件翼缘转过角度 α，则铆钉帽处的钉杆截面也转过相同角度。由于原始段的弹性模量为等效段的 5 倍及以上，故假设钉杆的转动都由等效段提供，设长度为 t_{eq} 和 t'_{eq}($t'_{eq}>t_{eq}$)的等效段曲率均匀，大小分别为和 k 和 k'，则由曲率与转角之间的关系可得：$k/k'=t'_{eq}/t_{eq}$。设试件在发生第 1 类和第 2a 类破坏前等效段处于弹性状态，则可以应用 Euler-Bernoulli 梁理论[170]来确定铆钉由于转动而产生的附加弯矩 M_a，

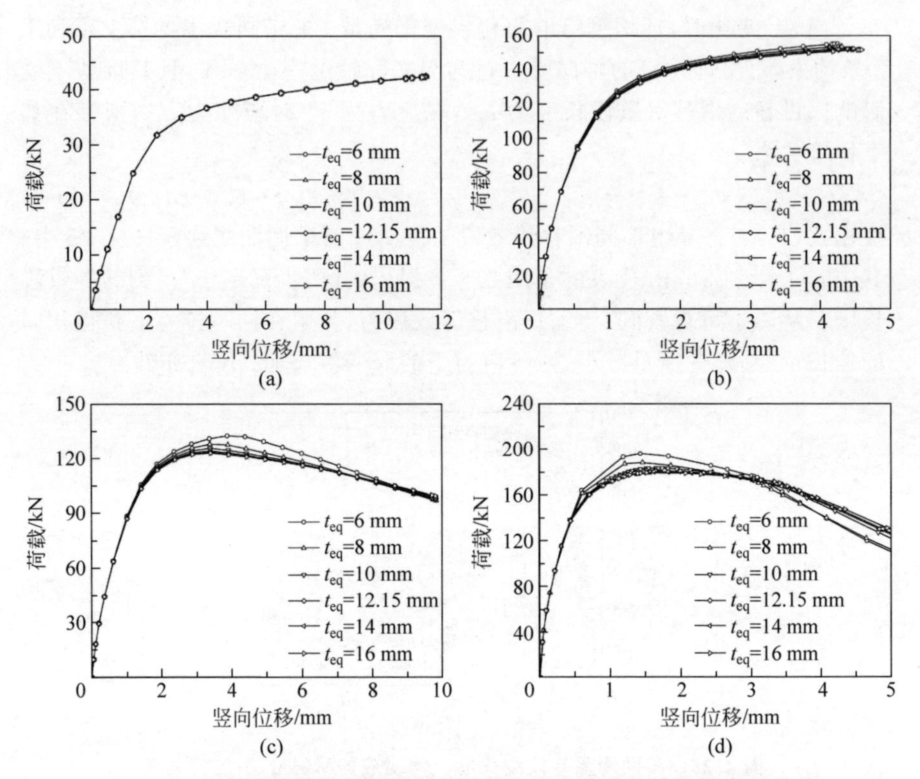

图 4.26　不同滑移等效段长度(t_{eq})的铆钉所连接试件的荷载-位移曲线

(a) TSDS-8-50；(b) TSDS-10-20；(c) TSDS-14-40；(d) TSDS-16-20

$$\frac{M_a}{M'_a}=\frac{E_{eq}Ik}{E'_{eq}I'k'} \tag{4-10}$$

变换式(4-9)可得

$$\frac{1}{E'_{eq}}=\left(\frac{t_{eq}}{t'_{eq}}\right)\frac{1}{E_{eq}}+\left(1-\frac{t_{eq}}{t'_{eq}}\right)\frac{1}{E_{pin}} \tag{4-11}$$

由式(4-11)右边第二项大于 0 可知：$E_{eq}/E'_{eq}>t_{eq}/t'_{eq}$。进而由 $I=I'$可以得到：$M_a>M'_a$。

而对铆钉起控制作用的第 2b 类和第 3 类破坏模式，同样是 t_{eq} 小的铆钉所连接的 T 形件承载力高，但影响效果较第 1 类和第 2a 类破坏模式更明显，这是由等效段颈缩局部化引起的。图 4.27(b)绘出了 $t_{eq}=6$ mm 和 16 mm 的等效段真实应力-应变曲线，曲线上升段的最高点(以圆圈标记)对应的是铆钉抗拉极限承载力时的应力状态，设此时的真实应力分别为

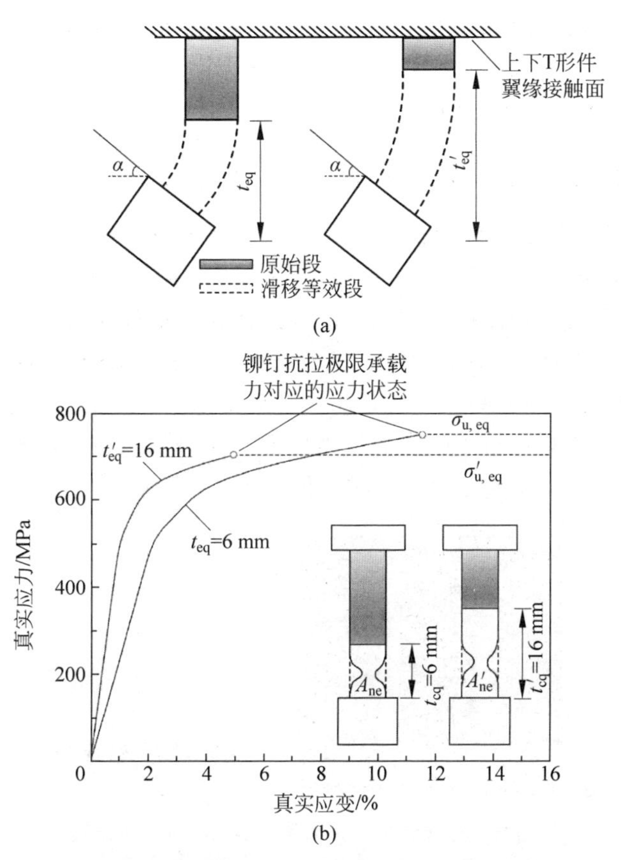

图 4.27　滑移等效段长度对 T 形连接受力性能的影响机制

(a) 抗弯影响机制；(b) 颈缩局部化的影响机制

$\sigma_{u,eq}$ 和 $\sigma'_{u,eq}$，设 $\beta_{th}=\sigma_{u,eq}/\sigma'_{u,eq}$。按照式(4-9)推导出的不同 t_{eq} 所对应的应力-应变关系是基于滑移等效段应变均匀分布的前提。而实际情况中，虽然在弹性和塑性初期(无明显颈缩)阶段，钉杆应力之比等于钉杆最小面积的反比，但随着塑性的发展，颈缩逐渐局部化，t'_{eq}(较长的等效段)所对应的最小截面处的面积 A'_{ne} 小于“预期值”，即 $A'_{ne}<\beta_{th}A_{ne}$。在上式两端同时乘以 $\sigma'_{u,eq}$ 则可得到 $A'_{ne}\sigma'_{u,eq}<A_{ne}\sigma_{u,eq}$，这就解释了 t_{eq} 小的铆钉所连接的 T 形件承载力高的原因。而且对于发生第 2b 类和第 3 类破坏模式的试件来说，除了颈缩局部化的影响机制外，抗弯影响机制也会产生一定的作用。

本节揭示了 t_{eq} 对于 T 形连接受力性能的影响，并解释了其中的影响机制。但总体来看，对于前两类破坏模式，这种影响很微弱，完全可忽略；

而对于后两种破坏模式，在一定范围内改变 t_{eq} 对结构的影响也很小。所以，当滑移等效段长度对铆钉抗剪强度有影响或有其他目的需改变 t_{eq} 时，可以参考本节结论进行调整。

4.5.5 T 形件翼缘腹板交接处倒角的影响分析

挤压铝合金 T 形件和腹板与翼缘焊接的 T 形件相比最大的区别在于翼缘腹板交接处的倒角，De Matteis 等人[81]曾研究的焊接铝合金 T 形件如图 4.28 所示。挤压产生的倒角也是铝合金 T 形件与钢结构 T 形件以及不锈钢 T 形件的主要区别之一。虽然挤压 T 形件对制造设备要求较高，但倒角可以降低腹板与翼缘交接处的应力集中，且不存在焊接所带来的强度折减问题，大大地改善了连接的受力性能。同时倒角使交接处的塑性铰在一定程度上外移，提高了试件的承载能力。

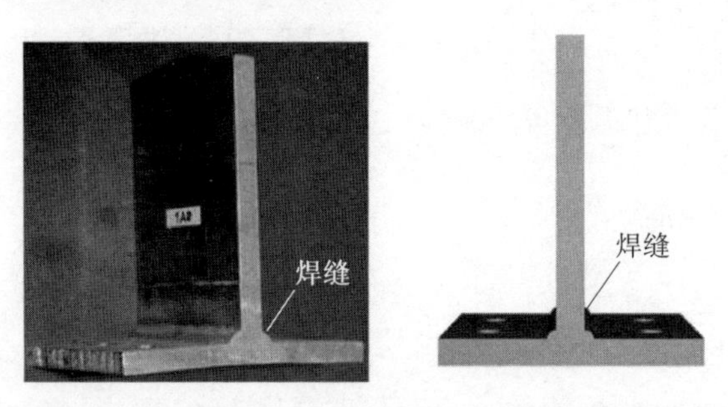

图 4.28 焊接铝合金 T 形件试验构件及其示意图[81]

为了评估倒角尺寸对 T 形件力学性能的影响，设计了 3 组翼缘较弱的 T 形件，从而能凸显这一影响的程度。每组试件包含了 10 个不同直径的倒角，试件参数如表 4.7 所示，T 形连接紧固件均选择直径为 9.66 mm 的不锈钢帽环槽铆钉，预紧力和滑移等效段长度均取为实测和标定值，试件腹板厚度均为 8 mm。分析结果如图 4.29 所示。图 4.29(a)中每组试件的极限承载力均进行了标准化，即除以该组倒角直径为 1 mm 试件的极限承载力。从中可发现，随着倒角尺寸的增加，试件的承载力提升，且各组试件提升的幅度相近，近似于线性关系。图 4.29(b)绘出了第一组(TSDS-6-50)试件的荷载-位移曲线，可以发现随着 r 的增加，试件的初始刚度和极限承载力逐渐变大，而极限变形基本不受影响。从第二组和第三组试件中也可得到相似的结论。

表 4.7　倒角尺寸影响分析的试件参数

试件编号	t_f/mm	$m+0.8r$/mm	b_f/mm	b/mm	r/mm
TSDS-6-50	6	50	148	80	1,2,3,4,5,6,7,8,9,10
TSDS-8-50	8	50	148	80	1,2,3,4,5,6,7,8,9,10
TSDS-10-50	10	50	148	80	1,2,3,4,5,6,7,8,9,10

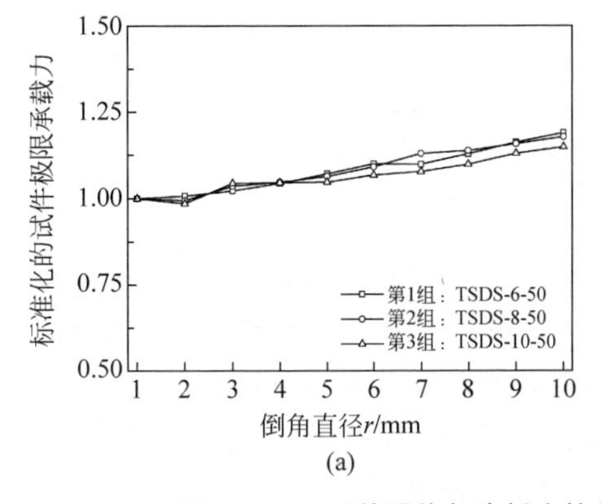

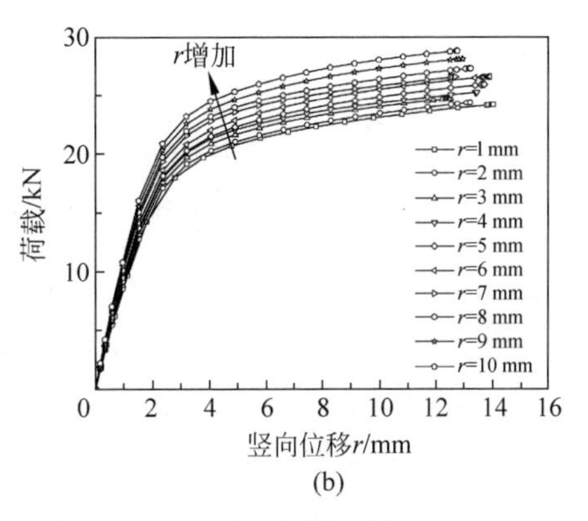

图 4.29　T 形件翼缘与腹板交接处倒角尺寸对其受力性能的影响

(a) 标准化的极限承载力与 r 的关系；(b) 第 1 组试件的荷载-位移曲线对比

在实际工程中，倒角半径常常难以精确测量，而且实际的倒角尺寸沿 T 形件宽度方向是变化的。本节的分析结论也定量地给出了倒角半径测量误差可能导致的承载力计算误差，即 1 mm 倒角半径测量偏差最多可导致 3.6%的承载力计算误差。

在现行规范(EC9)中，T 形连接的设计方法考虑塑性铰所在位置为距离腹板 $0.8r$ 处，r 为倒角的半径。若设铆钉中心至 T 形件腹板边缘距离为 d(见图 4.30)，则其至交接处塑性铰的距离 m 为

$$m=d-0.8r \tag{4-12}$$

而在数值模拟中发现，距离腹板边缘 $0.8r$ 的位置并非总是塑性铰形成或者断裂开展的位置。Faella 等人[183]在研究钢结构轧制 T 形件时也发现，当 T 形件螺栓与腹板的距离与翼缘厚度比值(d/t_f)减小时，塑性铰(文献[183]中称之为“约束线”)的位置应该更靠近腹板边缘。文献[183]采用 ζ 代替 0.8，并采用 16 个钢结构 T 形件的试验结果反算拟合出 ζ 的表达式：

$$\zeta=0.16\frac{d}{t_f}-0.08 \tag{4-13}$$

但该方法认为钢 T 形件设计结果的误差都是由约束线位置不准确导致的，

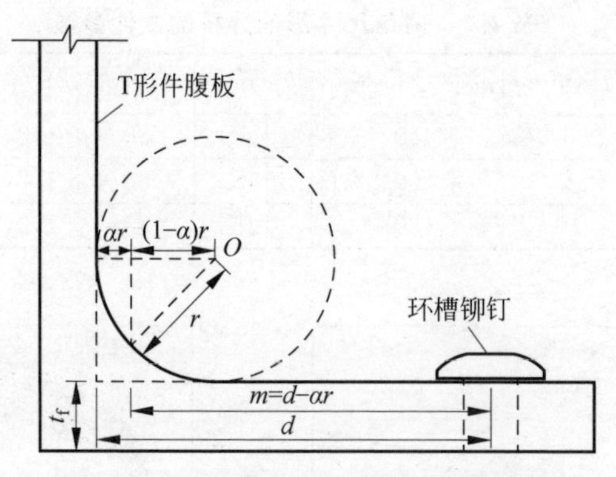

图 4.30　挤压铝合金 T 形件倒角示意图

这与事实不符；而且仅采用 16 个试验数据进行拟合，样本量过少。所以本节进一步探讨倒角处临界点的准确位置。由于铝合金延性较差，硬化塑性铰（定义见 4.3.4 节）形成后最外侧的受拉纤维很快就达到断裂应变，而本节探讨的位置就是应变最大处，下面统一称之为"临界点"。

假设临界点距离腹板边缘的位置为 αr，如图 4.30 所示。则以第 1 类破坏模式为例，由 EC9 中承载力设计公式可得

$$F_{1,\mathrm{Rd}}=\frac{2(M_{\mathrm{u},1})_{\mathrm{w}}+2(M_{\mathrm{u},1})_{\mathrm{b}}}{m}\approx\frac{4(M_{\mathrm{u},1})_{\mathrm{w}}}{m}=\frac{t^2 f\left(\frac{1}{k}\sum l_{\mathrm{eff},1}\right)}{d-\alpha r} \tag{4-14}$$

式中，t 为临界点处翼缘与倒角的总厚度，f 为临界截面的最大应力，$1/k$ 为折减系数（详见 1.5.2 节），式（4-14）将 $2(M_{\mathrm{u},1})_{\mathrm{w}}+2(M_{\mathrm{u},1})_{\mathrm{b}}$ 化简为 $4(M_{\mathrm{u},1})_{\mathrm{w}}$，在文献[170]中有详细的说明。假设应力最大的位置也是断裂应变首先达到的位置。f 与 α 的关系可用下式表达：

$$f(\alpha)=\frac{(d-\alpha r)}{t^2}\frac{F_{1,\mathrm{Rd}}}{\left(\frac{1}{k}\sum l_{\mathrm{eff},1}\right)}=\frac{(d-\alpha r)}{\left(t_{\mathrm{f}}+r-\sqrt{r^2-(1-\alpha)^2 r^2}\right)}\frac{F_{1,\mathrm{Rd}}}{\left(\frac{1}{k}\sum l_{\mathrm{eff},1}\right)} \tag{4-15}$$

当 f 取得极大值时对应的 α 值记为 α_{cr}。通过变化 T 形件的翼缘厚度（$t_{\mathrm{f}}=2\sim20$ mm），铆钉与腹板边缘的距离（$d=30$ mm，35 mm，40 mm，45 mm，50 mm，55 mm，60 mm）以及倒角半径尺寸（$r=2\sim10$ mm），得到了 1197 个 α_{cr} 值。为了验证以上理论模型的正确性，从有限元模型中提取了有限元解 $\alpha_{\mathrm{cr,fe}}$，如图 4.31 所示。为了获得更精确的数值结果，倒角处的单元划

分比4.4.1节中"组合3"的网格更细密。将与该组有限元结果对应的理论值记为$\alpha_{cr,th}$，则除了$r=1$ mm的试件可能受应力集中影响不参与比较外，其余9个试件的$\alpha_{cr,th}/\alpha_{cr,fe}$的平均值为1.01，标准差为0.02，可见理论模型与有限元结果吻合很好，证明了所得理论解的合理性。

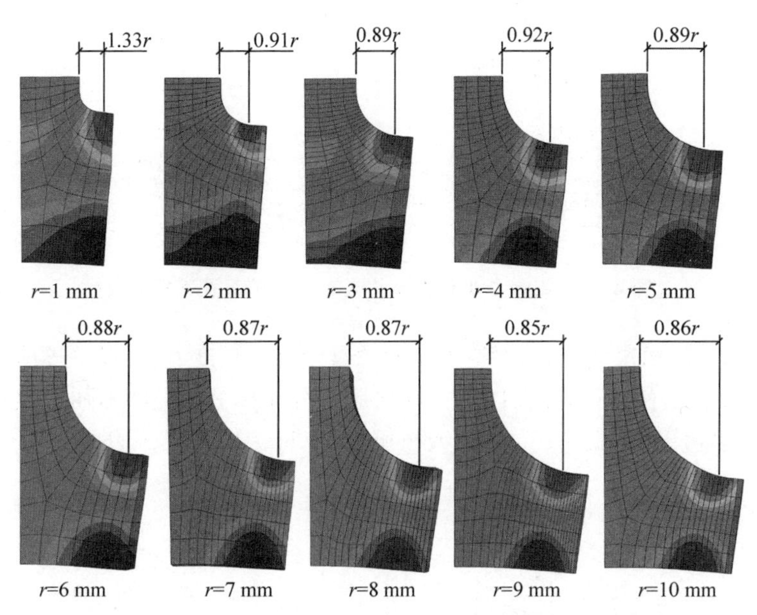

图4.31　T形件(TSDS-10-50)倒角处应变分布以及腹板边缘与临界点的距离

将所得的α_{cr}与d/t_f绘于同一坐标系下，如图4.32所示，可以发现二者呈明显的非线性相关关系。采用扩展Langmuir模型[184]进行拟合，拟合函数关系如式(4-16)所示：

$$\alpha_{cr}=\frac{(d/t_f)^{1.3}}{1+(d/t_f)^{1.3}} \tag{4-16}$$

从图中可发现本书提出的拟合曲线与数据点吻合良好。图4.32还绘出了Faella等人[183]提出的拟合曲线，可发现虽然其与本书提出的曲线趋势大致相同，但它在$d/t_f=6.75$时，$\alpha_{cr}=1$，明显与实际不符。而且Faella等人的拟合曲线没有考虑当d/t_f较大时函数关系的非线性。

4.5.6　T形件屈服线的分布规律

屈服线理论是采用"组件法"计算梁柱节点刚度与承载能力的基础理论之一。根据连接T形件的螺栓或铆钉排布方式的不同，T形件翼缘可产生

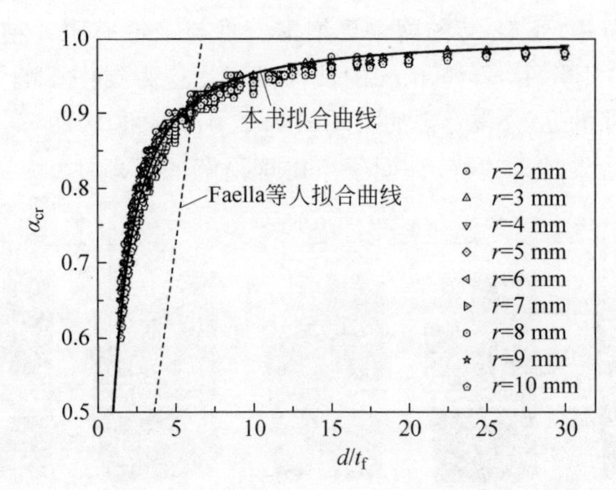

图 4.32　铝合金 T 形件 α_{cr} 与 d/t_f 的关系及其拟合曲线

几种不同的屈服线模式，对应着不同的翼缘有效长度 l_{eff}。以单排单列铆钉连接的 T 形件为例，存在以下三种屈服线分布模式：①圆形屈服线；②非圆形（多边形）屈服线；③直线型屈服线（也称为“梁”模式，beam pattern），如图 4.33 所示。

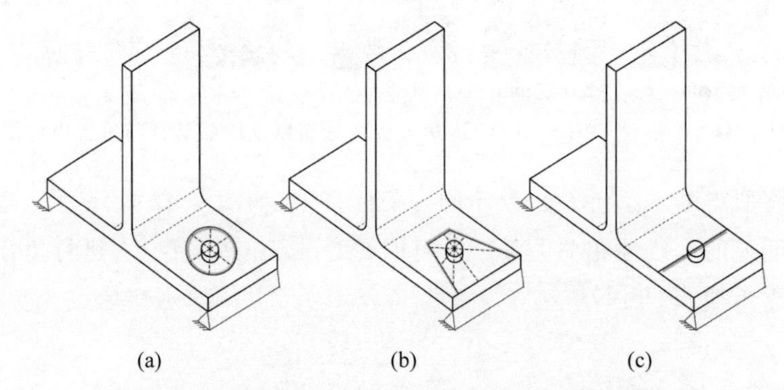

图 4.33　单排单列铆钉连接的 T 形件屈服线模式

（a）圆形屈服线；（b）非圆形屈服线；（c）直线型屈服线

翼缘的有效长度不代表任何真正的物理长度，而是表示翼缘板在不同的屈服线模式下对承担荷载起作用的宽度值[185]。通过建立相应的平衡方程，可以求解有效长度。对于圆形屈服线，可将该模式下的极限荷载与宽度为 $l_{eff,cp}$ 的简支板的极限荷载间建立等价关系，设单位宽度铝合金翼缘的抵抗弯矩为 m_p，屈服线半径为 r_{cp}，则有

$$\frac{2\pi r_{\mathrm{cp}} m_{\mathrm{p}}}{r_{\mathrm{cp}}}=\frac{l_{\mathrm{eff,cp}} m_{\mathrm{p}}}{m} \tag{4-17}$$

可得到 $l_{\mathrm{eff,cp}}=2\pi m$。圆形屈服线一般发生于 T 形件第 1 类破坏模式下，而对于非圆形屈服线，可产生于第 1 类和第 2 类破坏模式中，其有效长度的计算要复杂很多。Zoetemeijer[186] 提出了基于虚功原理的计算方法并经过一系列简化，最后得到 $l_{\mathrm{eff,nc}}=4m+1.25e$。对于直线型屈服线，其有效长度 $l_{\mathrm{eff,bp}}=b$。

更常见的情况是 T 形件由多列铆钉连接。各列铆钉周围产生的屈服线可能存在两种作用机制：第一种是不互相影响，可以使用上述计算方法单独考虑，再进行加和；第二种是互相影响、各组屈服线相互融合，进而形成贯通整排的屈服线，在这种情况下需要根据独立的屈服线分布模式进行重新计算。值得注意的是，铆钉沿 T 形件宽度方向的边距 e_1 影响屈服线的发展，若 e_1 过小则边缘附近的屈服线分布将被“截断”。若考虑以上各种情况，共存在 9 种不同的屈服线分布模式。以单排三列铆钉连接的 T 形件为例(本书第 5 章和第 6 章梁柱节点研究中的大多数试件采用此种排布方式)，图 4.34 和图 4.35 分别归纳总结了圆形和非圆形屈服线的分布模式与有

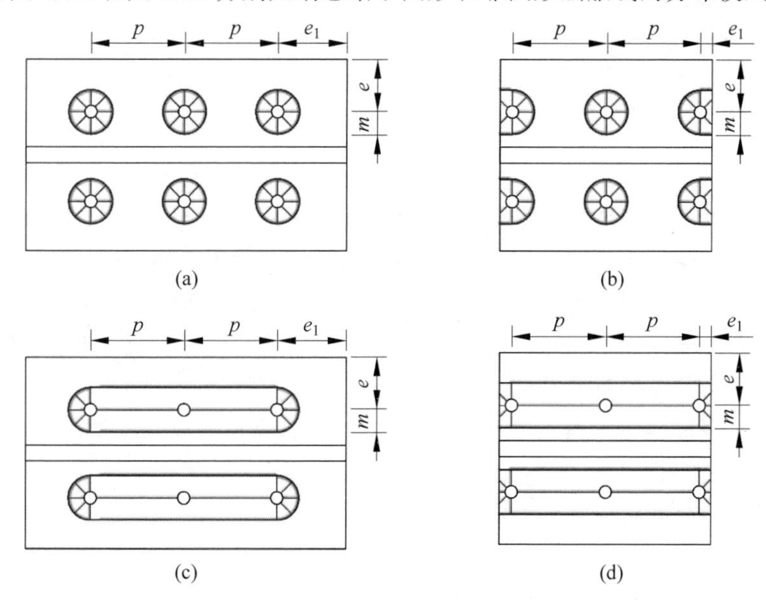

图 4.34　单排三列铆钉连接的 T 形件圆形屈服线模式和有效长度

(a) 圆形屈服线/单独考虑/边距大，边缘铆钉：$2\pi m$，中间铆钉：$2\pi m$；(b) 圆形屈服线/单独考虑/边距小，边缘铆钉：$\pi m+2e_1$，中间铆钉：$2\pi m$；(c) 圆形屈服线/整体考虑/边距大，边缘铆钉：$\pi m+p$，中间铆钉：$2p$；(d) 圆形屈服线/整体考虑/边距小，边缘铆钉：$p+2e_1$，中间铆钉：$2p$

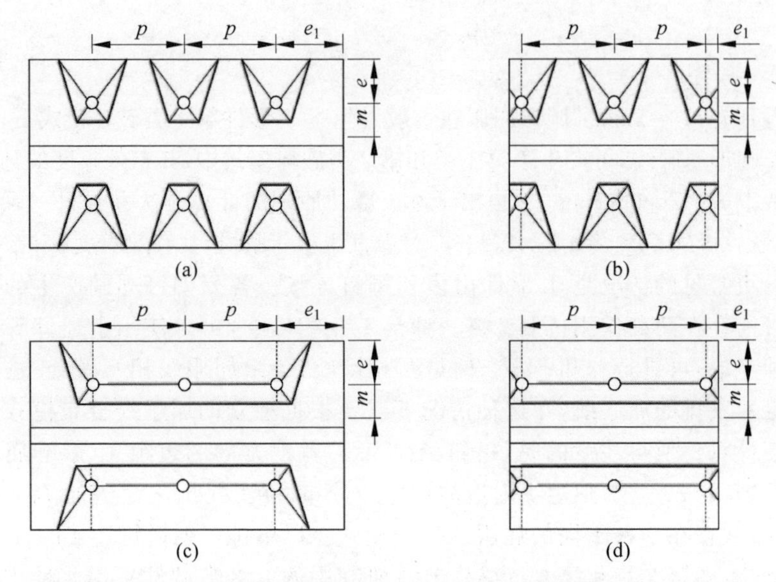

图 4.35　单排三列铆钉连接的 T 形件非圆形屈服线模式和有效长度

(a) 非圆形屈服线/单独考虑/边距大,边缘铆钉：$4m+1.25e$,中间铆钉：$4m+1.25e$；(b) 非圆形屈服线/单独考虑/边距小,边缘铆钉：$2m+0.625e+e_1$,中间铆钉：$4m+1.25e$；(c) 非圆形屈服线/整体考虑/边距大,边缘铆钉：$2m+0.625e+0.5p$,中间铆钉：p；(d) 非圆形屈服线/整体考虑/边距小边缘铆钉：$0.5p+e_1$,中间铆钉：p

效长度的计算方法。2 列和多列(>3 列)铆钉的 T 形件有效长度均可参照 3 列来计算。多列铆钉 T 形件的直线型屈服线分布情况与图 4.33(c)相同。

值得注意的是,当对各列铆钉屈服线做整体考虑且边距较小时,圆形和非圆形屈服线退化为直线分布,但其与“直线型”分布模式存在本质区别：对于圆形屈服线,其有效长度是直线型分布的两倍；而对非圆形屈服线,其与直线型分布的有效长度数值相等,但分布位置不同。

对多种屈服线模式,在设计中应取最小有效长度进行计算,即

$$l_{\text{eff}}=\min(l_{\text{eff,cp}},l_{\text{eff,nc}},l_{\text{eff,bp}}) \tag{4-18}$$

按以上的有效长度计算方法可知,本书试验以及 4.5.1 节～4.5.5 节有限元模型中的试件产生的均是直线型屈服线。事实上,对于 T 形件宽度较短的试件,直线型屈服线常为控制模式。

在以往关于铝合金 T 形连接的研究中,多数学者[82,84]将重点放在对翼缘有效长度的修正上。其中较为典型的是 De Matteis 等人的研究,文献[82]通过变化 T 形件几何参数(包括翼缘厚度、螺栓间距及翼缘板宽度)得

到不同的承载力值 F_{FEM}，再将该结果除以根据 EC9 算得的单位有效长度上的承载力值 F_{uni}，从而得到有效长度的建议值 $l_{\mathrm{eff,prop}}$，并与欧洲规范的设计值 $l_{\mathrm{eff,EC9}}$ 进行对比。

该研究思路[82]是基于将设计规范所有计算偏差完全归因于有效长度的计算误差，也就是说将规范简化力学模型所引起的偏差、T 形件单位宽度内翼缘截面抵抗弯矩和紧固件承载力贡献引起的偏差统统计入有效长度计算误差中，这与事实有一定的出入。为进一步说明，图 4.36 展示了该文献[82]阐述主要结论的曲线。从图中可以发现，De Matteis 等人建议随翼缘厚度的减小和螺栓间距的增加，T 形件的有效长度应变大。但观察图中用虚线椭圆圈出的部分，这些区间的有效长度已超过 T 形件翼缘板的物理宽度，这与设计规范（EC9[112]）和已验证的理论[185]矛盾。且在没有对 T 形件屈服线机理深入研究前仅通过数值拟合给出上述建议，可能得到的结论较为片面。

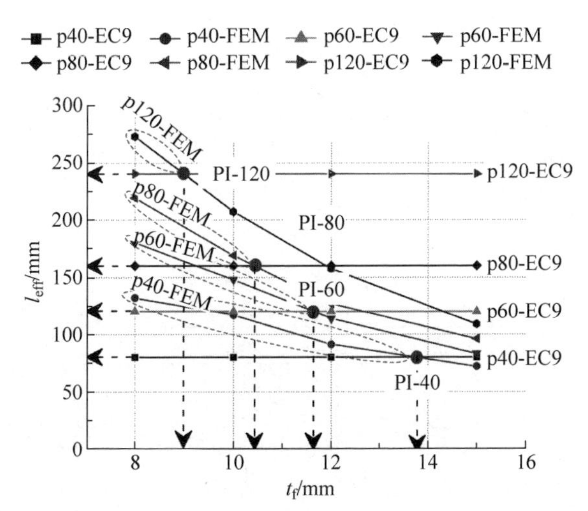

图 4.36　文献[82]建议的翼缘有效长度与 EC9 设计值对比

屈服线对 T 形件承载力的影响不仅在于其有效长度，还与屈服线中心与翼缘腹板交接处塑性铰之间的距离 m 有关。对于翼缘板宽度较小的试件，T 形件的有效长度等于其板宽（直线型屈服线），更适宜专门分析 m 的影响。且本书梁柱节点中的角铝与角不锈钢中屈服线的分布模式也为直线型。因此本节选取拥有不同几何参数（翼缘厚度、铆钉间距、铆钉头尺寸和钉帽尺寸）的 84 个试件进行分析，探讨影响距离 m 的因素与机理，试件参数如表 4.8 所示。所有试件翼缘板宽 b 均为 120 mm，倒角直径为 4 mm，选择钉杆直径为 9.66 mm、预紧力为 29.42 kN 的不锈钢帽铆钉连接。试件设计为翼缘弱铆钉强，从而突出所要研究的问题。对部分连接厚度小于标定的滑移等效段长度的铆钉，根据 4.5.4 节的结论适当缩短。铆钉与腹板边缘的距离及翼缘板厚度等信息体现在试件编号中(参见图 4.6)。

表 4.8　屈服线分布规律研究的试件参数

试件编号	d_p /mm	w_h /mm	w_c /mm	$F_{u,pa}$ /kN	试件编号	d_p /mm	w_h /mm	w_c /mm	$F_{u,pa}$ /kN
TSDS-4-50-a	20	19.05	15.11	16.22	TSDS-6-50-d	50	19.05	15.11	36.56
TSDS-4-50-b	30	19.05	15.11	16.64	TSDS-6-50-e	60	19.05	15.11	37.09
TSDS-4-50-c	40	19.05	15.11	16.95	TSDS-6-50-f	70	19.05	15.11	37.01
TSDS-4-50-d	50	19.05	15.11	17.19	TSDS-6-50-g	80	19.05	15.11	36.25
TSDS-4-50-e	60	19.05	15.11	17.47	TSDS-6-50-h	90	19.05	15.11	35.53
TSDS-4-50-f	70	19.05	15.11	17.55	TSDS-6-50-i	100	19.05	15.11	33.74
TSDS-4-50-g	80	19.05	15.11	17.43	TSDS-6-50-j	60	23.00	15.11	37.05
TSDS-4-50-h	90	19.05	15.11	17.37	TSDS-6-50-k	60	19.05	19.05	40.51
TSDS-4-50-i	100	19.05	15.11	15.86	TSDS-6-50-l	60	23.00	23.00	43.97
TSDS-4-50-j	60	23.00	15.11	17.51	TSDS-7-50-a	20	19.05	15.11	43.17
TSDS-4-50-k	60	19.05	19.05	18.81	TSDS-7-50-b	30	19.05	15.11	45.51
TSDS-4-50-l	60	23.00	23.00	20.08	TSDS-7-50-c	40	19.05	15.11	47.44
TSDS-5-50-a	20	19.05	15.11	23.93	TSDS-7-50-d	50	19.05	15.11	48.79
TSDS-5-50-b	30	19.05	15.11	24.61	TSDS-7-50-e	60	19.05	15.11	49.46
TSDS-5-50-c	40	19.05	15.11	25.51	TSDS-7-50-f	70	19.05	15.11	49.37
TSDS-5-50-d	50	19.05	15.11	25.85	TSDS-7-50-g	80	19.05	15.11	48.30
TSDS-5-50-e	60	19.05	15.11	26.55	TSDS-7-50-h	90	19.05	15.11	47.18
TSDS-5-50-f	70	19.05	15.11	26.44	TSDS-7-50-i	100	19.05	15.11	43.94
TSDS-5-50-g	80	19.05	15.11	26.16	TSDS-7-50-j	60	23.00	15.11	49.43
TSDS-5-50-h	90	19.05	15.11	24.82	TSDS-7-50-k	60	19.05	19.05	53.44
TSDS-5-50-i	100	19.05	15.11	23.69	TSDS-7-50-l	60	23.00	23.00	57.85
TSDS-5-50-j	60	23.00	15.11	26.48	TSDS-8-50-a	20	19.05	15.11	54.22
TSDS-5-50-k	60	19.05	19.05	28.88	TSDS-8-50-b	30	19.05	15.11	57.53
TSDS-5-50-l	60	23.00	23.00	31.01	TSDS-8-50-c	40	19.05	15.11	60.08
TSDS-6-50-a	20	19.05	15.11	32.96	TSDS-8-50-d	50	19.05	15.11	61.89
TSDS-6-50-b	30	19.05	15.11	34.49	TSDS-8-50-e	60	19.05	15.11	62.96
TSDS-6-50-c	40	19.05	15.11	35.69	TSDS-8-50-f	70	19.05	15.11	62.56
TSDS-8-50-g	80	19.05	15.11	61.30	TSDS-9-50-j	60	23.00	15.11	78.08

续表

试件编号	d_p /mm	w_h /mm	w_c /mm	$F_{u,pa}$ /kN	试件编号	d_p /mm	w_h /mm	w_c /mm	$F_{u,pa}$ /kN
TSDS-8-50-h	90	19.05	15.11	59.02	TSDS-9-50-k	60	19.05	19.05	82.56
TSDS-8-50-i	100	19.05	15.11	55.34	TSDS-9-50-l	60	23.00	23.00	81.31
TSDS-8-50-j	60	23.00	15.11	62.88	TSDS-10-50-a	20	19.05	15.11	79.42
TSDS-8-50-k	60	19.05	19.05	67.70	TSDS-10-50-b	30	19.05	15.11	84.42
TSDS-8-50-l	60	23.00	23.00	72.64	TSDS-10-50-c	40	19.05	15.11	88.04
TSDS-9-50-a	20	19.05	15.11	66.64	TSDS-10-50-d	50	19.05	15.11	87.92
TSDS-9-50-b	30	19.05	15.11	70.50	TSDS-10-50-e	60	19.05	15.11	87.62
TSDS-9-50-c	40	19.05	15.11	73.86	TSDS-10-50-f	70	19.05	15.11	87.87
TSDS-9-50-d	50	19.05	15.11	76.36	TSDS-10-50-g	80	19.05	15.11	87.85
TSDS-9-50-e	60	19.05	15.11	78.13	TSDS-10-50-h	90	19.05	15.11	86.74
TSDS-9-50-f	70	19.05	15.11	77.51	TSDS-10-50-i	100	19.05	15.11	80.85
TSDS-9-50-g	80	19.05	15.11	75.37	TSDS-10-50-j	60	23.00	15.11	87.34
TSDS-9-50-h	90	19.05	15.11	72.61	TSDS-10-50-k	60	19.05	19.05	86.72
TSDS-9-50-i	100	19.05	15.11	67.89	TSDS-10-50-l	60	23.00	23.00	86.07

首先，将 w_h 与 w_c 相同而翼缘厚度和铆钉间距不同的试件承载力与根据 EC9 得到的设计承载力的比值 $F_{u,pa}/F_{u,EC9}$ 绘于图 4.37(a)中。从图中可以发现两个明显的趋势，第一是 $F_{u,pa}/F_{u,EC9}$ 随铆钉间距的变大先增加而后减小；第二是 $F_{u,pa}/F_{u,EC9}$ 随翼缘厚度的增加而降低。但对个别发生第 2b 类破坏的试件，其承载力不受铆钉间距的影响。根据式(4-18)，所有试件的屈服线分布模式都是直线型，因此有效长度均为 b[185]。对于同一厚度不同铆钉间距的试件，EC9 的承载力设计值相同，但数值结果却不同，所以实际被影响而规范未考虑的因素很可能是屈服线中心距离翼缘腹板交接处塑性铰的距离 m。再观察不同厚度组的 $F_{u,pa}$ 与 $F_{u,EC9}$ 之比，初步判断厚度也是影响 m 的因素。为证明这一推断，提取了两组共 18 个试件在极限承载力时沿板长方向的应力(弯曲正应力)云图，如图 4.38 所示。从图中可发现，翼缘屈服线的中心并非现行设计方法中所规定的位于紧固件中心。对于较薄的翼缘板，屈服线中心大都处于靠近腹板一侧的铆钉孔边缘附近，甚至还要再靠近腹板一些。而对较厚的翼缘，除紧邻铆钉的屈服线分布在孔边外，大部分屈服线中心与钉孔中心十分接近。

综合以上分析，屈服线内移的根本原因在于铆钉头和钉帽对于铝合金板件的约束，而当板件厚度改变时，翼缘板与环槽铆钉的刚度比发生改变，

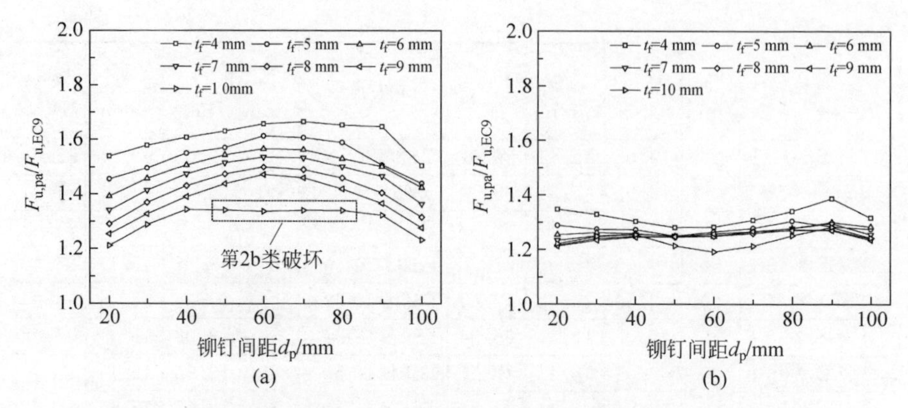

图 4.37　T 形连接承载力 $F_{u,pa}$ 与 EC9 设计方法及本节修正方法的对比

(a) EC9 设计方法；(b) 本节提出的修正方法

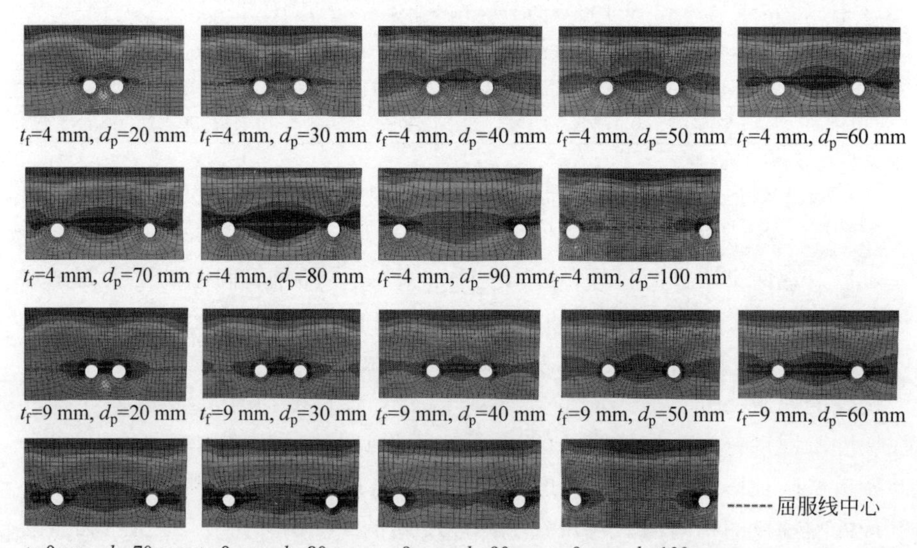

图 4.38　T 形件翼缘应力云图及屈服线分布随 t_f 与 d_p 的变化规律

约束作用的程度发生了变化，因此屈服线内移的深度也随之改变。为了进一步验证此推断，在每组 T 形件中保持铆钉间距不变(d_p＝60 mm)，增设了 3 个钉头与钉帽尺寸不同的试件，其编号后缀分别为 j，k 和 l，将所得到的极限承载力与对照试件(钉头与钉帽尺寸为原始尺寸，试件编号后缀为 e)承载力之比绘于图 4.39 中。

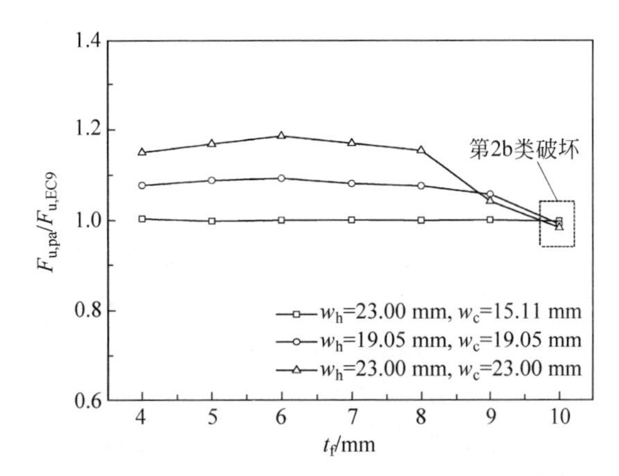

图 4.39　环槽铆钉钉头(w_c)与钉帽(w_h)尺寸对 T 形连接承载力的影响

从图 4.39 可发现,改变铆钉头的尺寸 w_h 对试件承载力几乎无影响,这是因为钉头尺寸往往大于钉帽,导致试件破坏的屈服线往往产生于钉帽一侧的 T 形件翼缘。试验现象也可以证明这一结论,观察图 4.11 可发现,所有的试件翼缘破坏均位于钉帽一侧。但改变钉帽尺寸 w_c 却可明显提高承载力(除发生第 2b 类破坏的试件以外)。因此,钉帽对 T 形件翼缘的约束而使屈服线内移的效应应该被考虑。

De Matteis 等人的有限元分析结果其实在一定程度上也印证了上述结论。文献[82]虽未提及螺栓头或螺栓帽的约束作用,但其结果也表明,随着 T 形件翼缘厚度和螺栓间距的改变,T 形件的屈服线分布模式将发生变化,只是 De Matteis 等人将其归因于有效长度的改变(已证明该结论有一定的局限性),本节将其归因于 m 的改变。不过,由于 De Matteis 等人的参数分析考虑的 d_p/b 范围过小,没有发现 T 形件承载力先增大后减小的规律。

考虑到翼缘与铆钉刚度比、钉帽尺寸以及铆钉间距对 m 的影响,本节提出了如下的修正公式:

$$m_{\text{prop}}=\begin{cases} d-\alpha_{\text{cr}}r-\left(1-\dfrac{S_{\text{f,ini}}}{S_{\text{pin,ini}}}\right)\dfrac{w_c}{2}, & \dfrac{S_{\text{f,ini}}}{S_{\text{pin,ini}}}<1 \\ d-\alpha_{\text{cr}}r, & \dfrac{S_{\text{f,ini}}}{S_{\text{pin,ini}}}\geqslant 1 \end{cases} \tag{4-19}$$

值得注意的是,在计算 $S_{\text{f,ini}}$ 时需用到 m 值,为避免迭代计算,使用 EC9 所定义的 m 带入计算即可,所得 m_{prop} 与迭代 5 次得到的"精确值"相比,误差仅为 1.68%(分析样本为 30 个试验试件)。为考虑铆钉间距的影响,还应在算得的承载力上乘以折减系数 β_f，其中 β_f 的计算公式如下：

$$\beta_f = 1 - \eta\left(\frac{2d_e - d_p}{\max(2d_e, d_p)}\right)^2 \tag{4-20}$$

式中，d_e 与 d_p 已在图 4.4 中说明；η 为待定系数，需要通过试验或有限元数据进行拟合。采用本节单排双列铆钉连接的铝合金 T 形件有限元数据可拟合得到 $\eta=0.18$。若紧固件仅有单列，则无需考虑折减系数，此时 $\beta_f=1$。若存在 3 列及以上铆钉，铆钉将翼缘板分割成的区段长度相比于 2 列铆钉更加均匀，可不考虑间距变化带来的折减。

根据式(4-19)和式(4-20)重新计算了图 4.37(a)中试件的设计承载力，并将有限元结果与设计结果之比 $F_{u,pa}/F_{u,prop}$ 绘于图 4.37(b)中。从中可以发现，本节所建议的修正方法明显提高了试件承载力的计算准确度(相比 EC9 平均提高 13%)，并大幅减小了计算结果的离散性。准确度和离散性的同时优化表明所建议的方法考虑了已有(EC9)方法中被忽略的因素，提升了方法的合理性与准确性。同时值得注意的是，式(4-19)仅修正了由于 m 计算有误带来的偏差，并未考虑其他因素产生的设计误差，因此设计值($F_{u,prop}$)与真实值($F_{u,pa}$)相比仍有一定的低估。

4.6　铝合金结构环槽铆钉 T 形连接设计方法

本节基于 EC9 中铝合金结构螺栓 T 形连接的设计方法，并结合本章试验研究得到的结论和 4.5 节工作机理分析中发现的规律，提出铝合金结构环槽铆钉 T 形连接的设计方法，并采用试验与有限元数据进行了验证。

4.6.1　破坏模式的重新界定

4.6.1.1　EC9 破坏模式界定的矛盾之处

通过对试验结果的梳理和对 T 形连接工作机理的分析发现，EC9 在界定第 2a 类破坏和第 2b 类破坏时存在矛盾，该矛盾直接导致了计算的误差。

按 EC9 规定，第 2a 类破坏模式是形成两个硬化塑性铰(腹板与翼缘交接处)，同时紧固件达到弹性极限承载力 B_o。对于环槽铆钉的 B_o，这里采用两种方法计算。一种是采用确定材性曲线名义屈服强度的思路，取环槽铆钉在受拉状态下 $N/A_{pin}-\Delta l/L_p$ 曲线上残余应变为 0.2%的点对应的强度，再乘以铆钉截面积，得到 B_o，在表 4.9 中用上标“(1)”标记。第二种是采用滑移等效段材性的 $f_{0.2}$（参见表 2.7）与 A_{pin} 的乘积作为 B_o，在表 4.9 中用上标“(2)”标记。但分析提取的数据发现，通过应变数据判断发生第 2a 类破坏的试件，其铆钉大都超过了表中两种方法计算得到的 B_o，并非 EC9 所说的处于弹性极限。但若以铆钉承受的荷载作为判别依据，则得到的结论与应变判据又会矛盾。

表 4.9 环槽铆钉受拉设计参数汇总

环槽铆钉类型（钉杆直径-钉帽材料）	$B_o^{(1)}$/kN	$B_o^{(2)}$/kN	$F_{p,C}$/kN	F_{PO}/kN
9.66 mm-铝合金帽	27.76	29.59	23.71	34.89
9.66 mm-不锈钢帽	35.59	38.61	29.42	49.57
12.70 mm-铝合金帽	40.84	41.82	24.63	56.65

对于第 2b 类破坏模式，EC9 对这一破坏模式的界定为在紧固件破坏的同时翼缘处于弹性极限，即腹板翼缘交接处的弯矩为 M_o。而在试验和数值模拟中，此处的截面最外侧纤维几乎都超过了 $f_{0.2}$（见图 4.10(b)）。所以在本书试验分析部分，只要铆钉发生破坏而翼缘腹板交接处的应变片读数超过名义屈服应变，即判定其发生了第 2b 类破坏。

规范中这两处矛盾直接导致了其保守的设计假设，即采用 B_o 和 M_o 计算 T 形连接的承载力，而产生较大程度的低估。

4.6.1.2 破坏模式的梳理与重新界定

图 4.40 按照 T 形件翼缘板由弱到强的顺序列出了铝合金结构环槽铆钉 T 形连接所有可能的破坏模式。其中②为规范中未提及的破坏模式，虽然环槽铆钉有一定的伸长但翼缘还是形成了 4 个塑性铰，文献[78]中也提到了该破坏模式，在这篇文献中将其划为第 2a 类。计算环槽铆钉的弹性极限对实际设计工作过于复杂，而铆钉的预紧力相对直观、容易测量，且铆钉在超过预紧力后迅速进入非线性变形阶段，可以在破坏模式的判断中替代 B_o，因此图 4.40 中将铆钉所受的力与 $F_{p,C}$（预紧力）及 F_{PO}（拉脱力）进行比较。由于铝合金材料不存在屈服平台，且铆钉的荷载位移曲线中也不存在平台段，因此⑤为临界情况，并非像钢结构 T 形件第 2 类破坏模式那样常见。⑥与⑦虽然在环槽铆钉受力和翼缘与腹板交接处弯矩均相同，但二者的区别在于是否存在撬力。⑧代表 T 形件翼缘最强的情况，翼缘几乎无变形。值得注意的是，铆钉受弯未在图 4.40 中体现。

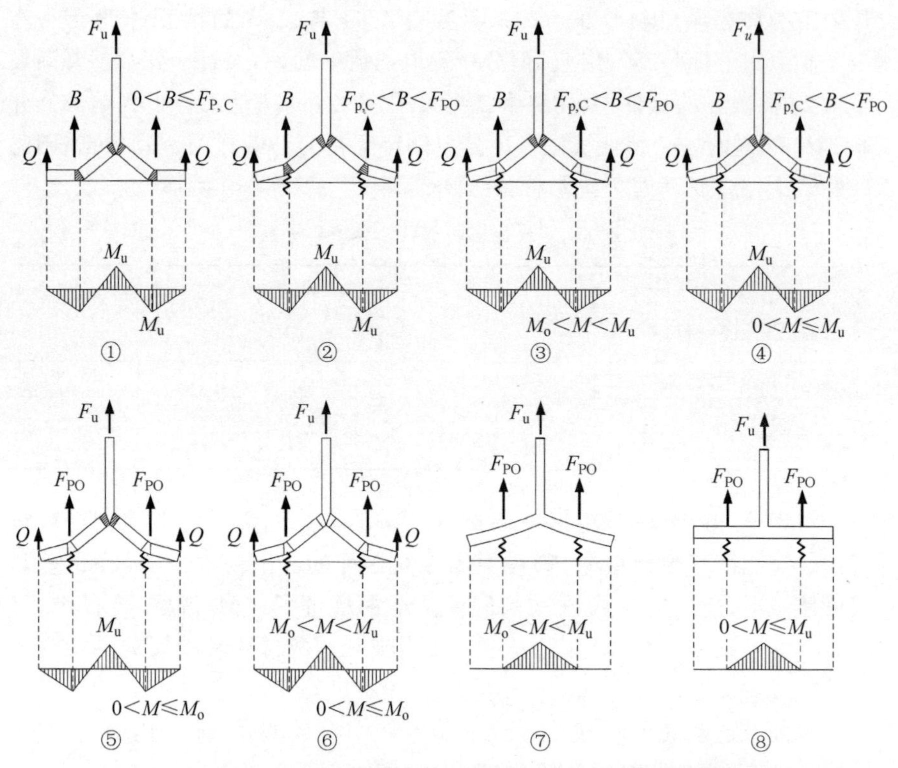

图 4.40　铝合金结构环槽铆钉 T 形连接所有可能的破坏模式汇总

若对 8 种不同的破坏模式逐一提出设计方法，未免过于繁琐。因此将它们进行合理地梳理与合并。

将①和②合称为“第 1 类破坏模式”；判别标准：T 形件翼缘形成 4 个硬化塑性铰。将③和④合称为“第 2a 类破坏模式”；判别标准：T 形件腹板与翼缘交接处形成硬化塑性铰，而铆钉处翼缘未形成，且铆钉未拉脱。将⑤和⑥合称为“第 2b 类破坏模式”；判别标准：环槽铆钉拉脱时仍存在撬力，同时 T 形件腹板与翼缘交接处超过弹性极限，最高可达 M_u。将⑦和⑧合称为“第 3 类破坏模式”，判别标准：仅有铆钉发生破坏，且破坏时双 T 形件翼缘已分离。为了与欧洲规范(包括 EC3 和 EC9)设计方法的语言体系保持一致，并没有将这 4 种破坏形态以 1～4 编号，而是沿用了 EC9 的命名方式。

在新的设计方法中使用 P_o 代替 B_o 作为第 2a 类破坏试件中铆钉的拉力。为了准确评估 P_o 的大小，提取了 4.3 节与 4.5 节中所有发生第 2a 类破坏的 33 个试件的铆钉力。这些试件排除了铆钉双排布置的 T 形连接和预紧力为 $0.99F_{PO}$ 的试件。设 $P_o=F_{p,C}+\alpha_o(F_{PO}-F_{p,C})$，则将 33 个试件的 α_o 值绘于图 4.41 中。从图中可发现，这些试件 α_o 值的离散性较低，平均值为 0.896。在实际设计中为确保安全，参考 EC9 中 B_o 的设计方法，在公式中增加安全系数 0.9，进而得到的 P_o 表达式：$P_o=0.9F_{p,C}+0.8(F_{PO}-F_{p,C})$。

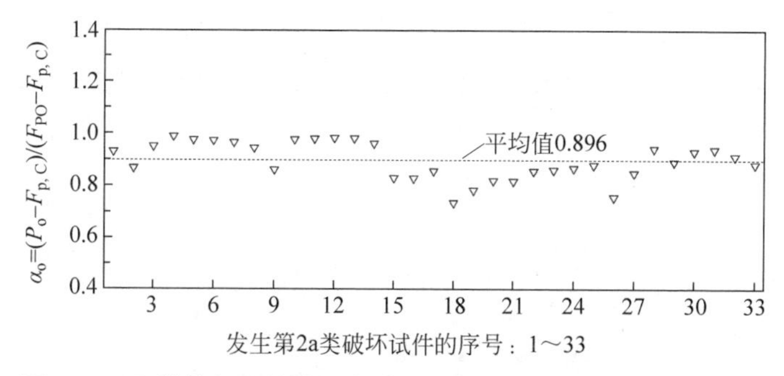

图 4.41　环槽铆钉连接的铝合金 T 形件所有可能的破坏模式汇总

对于第 2b 类破坏中翼缘与腹板交接处的弯矩，使用 $M_{ou,2}$ 代替 $M_{o,2}$，并定义 $M_{ou,2}=0.5(M_{o,2}+M_{u,2})$。由于 $M_{u,2}/M_{o,2}<f_u/f_{0.2}$，而铝合金材料的 $f_u/f_{0.2}$ 大都在 1.2 左右，所以不再进行复杂的插值与拟合，直接取 $M_{o,2}$ 与 $M_{u,2}$ 的平均值作为 $M_{ou,2}$。值得注意的是，在本书新提出的设计方法中将使用 $M_{csm,2}$（详见 4.6.2 节）代替 $M_{u,2}$，因此在新方法中，$M_{ou,2}=0.5(M_{o,2}+M_{csm,2})$。

4.6.2　CSM：考虑铝合金翼缘非线性行为的设计方法

铝合金是典型的非线性金属材料，其应力-应变曲线没有平台段且表现出明显的应变硬化行为，这应该在铝合金结构 T 形连接的设计方法中体现出来。现行的铝合金结构设计规范在计算 T 形件翼缘抵抗弯矩 $M_{u,1}$ 和 $M_{u,2}$ 时完全参考 EC3 中钢结构 T 形件的设计方法，仅引入折减系数 $1/k$，而未系统性地考虑材料的非线性行为。

由 4.3.4 节的分析可知，金属结构稳定分析中常用的连续强度方法(CSM)可以准确地考虑铝合金材料的非线性与应变强化行为，因此本书建议采用该方法作为设计 T 形件的基础方法，即使用 CSM 方法计算得到的塑性抵抗弯矩 $M_{csm,1}$ 和 $M_{csm,2}$ 替代 EC9 中的 $M_{u,1}$ 与 $M_{u,2}$。下面给出具体的设计步骤。

首先,采用4.3.4节描述的双线性本构模型[176]作为铝合金T形件翼缘的应力-应变关系,本构关系可用下式表达:

$$\sigma=\begin{cases}\varepsilon\cdot E, & 0<\varepsilon\leqslant f_{0.2}/E\\ f_{0.2}+\varepsilon\left(\dfrac{f_u-f_{0.2}}{C_2\varepsilon_u-f_{0.2}/E}\right), & f_{0.2}/E<\varepsilon\leqslant C_2\varepsilon_u\end{cases}\tag{4-21}$$

式中引入参数 C_2 使双线性模型能与真实的非线性曲线吻合良好并不被高估。经Su等人[176-177]对大量铝合金材料本构关系的梳理与拟合,得到 $C_2=0.5$。当应变超过 $0.5\varepsilon_u$ 而小于 ε_u 时,应力保持为 f_u。式中,ε_u 可根据试验数据取值,在无试验资料的情况下,可根据拟合公式进行计算:$\varepsilon_u=0.13\cdot(1-f_{0.2}/f_u)+0.059$,该式被证明比EC9预测铝合金 ε_u 的方法更精确。

在铝合金T形件翼缘被破坏前,设平截面假设仍然成立,截面最外侧纤维应变偏安全地取为材料极限应变 ε_u(断裂应变一般大于极限应变)。则翼缘截面的应力应变分布如图4.42所示。

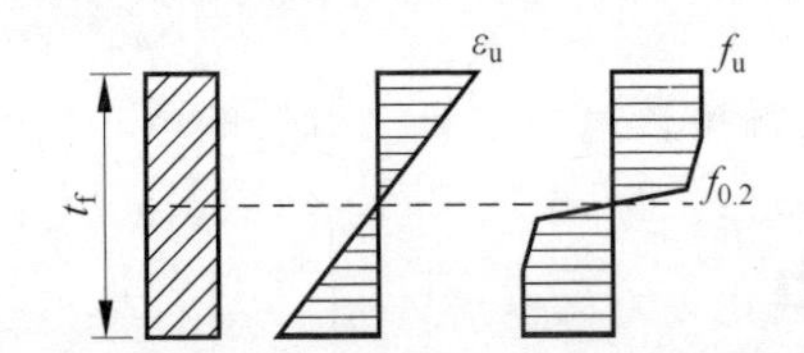

图4.42　基于CSM材料模型的铝合金T形件翼缘截面应力应变分布

进而可推导基于CSM的翼缘硬化塑形铰处的抵抗弯矩 $M_{CSM,n}$,见式(4-22):

$$M_{CSM,n}=\frac{1}{2}t_f^2 l_{eff,n}\left[\left(\left(\frac{1}{2}-C_3\right)\left(\frac{1}{6}+\frac{C_3}{6}\right)+\frac{3}{8}\right)f_u+\left(\left(\frac{1}{2}-C_3\right)\left(\frac{1}{12}+\frac{C_3}{3}\right)+\frac{1}{3}C_3^2\right)f_{0.2}\right]\tag{4-22}$$

式中,$C_3=f_{0.2}/(E\varepsilon_u)$,下标 n 表示破坏模式的种类编号,对于第2a类和第2b类破坏,n 均取为2。值得注意的是,计算 M_{CSM} 时不应考虑铆钉孔对 l_{eff} 的折减。对最常用的6061-T6铝合金材料,根据其材性指标式(4-22)可化简为

$$M_{CSM,n}=\frac{1}{2}t_f^2 l_{eff,n}(0.45f_u+0.045f_{0.2})\tag{4-23}$$

4.6.3　环槽铆钉受弯的影响

通过 4.5 节对铝合金结构环槽铆钉 T 形连接受力机理的分析可知,连接中的环槽铆钉以受拉为主,但弯曲作用仍对试件受力性能产生了一定的影响,因此本节将铆钉受弯的影响纳入设计方法的考虑范畴之中。

对于第 1 类破坏模式,环槽铆钉无伸长或伸长量很小,铆钉受弯作用十分有限,可不考虑。

对于第 2a 类破坏模式,铆钉虽有伸长,但试件的薄弱环节在于 T 形件翼缘,因此铆钉受弯不会削弱铆钉的承载力;相反,铆钉头与钉帽对翼缘约束作用产生的附加弯矩 M_a 对试件承载力产生贡献,如图 4.43 所示[170]。考虑附加弯矩的新平衡条件为

$$Q(m+n)+\frac{\sum M_a}{2}-\frac{\sum P_o}{2}m+M_{u,2}=0 \tag{4-24}$$

$$2Q+F=\sum P_o \tag{4-25}$$

式中,P_o 为发生第 2a 类破坏时环槽铆钉的拉力。整理式(4-24)和式(4-25)可以得到考虑附加弯矩贡献的 T 形连接承载力:

$$F=\frac{2M_{u,2}+n\sum P_o+\sum M_a}{m+n} \tag{4-26}$$

进而采用 Euler-Bernoulli 梁理论来计算附加弯矩值[170]。取双 T 形连接的一半进行分析,则半个环槽铆钉可视作纯弯矩作用下的悬臂梁,如图 4.43 所示,根据弯矩与转角之间的关系,则有下式成立:

$$\theta(x)\approx\tan\theta(x)=\frac{M_a x+\mathrm{C}}{E_{eq}\left(\frac{\pi d_{pin}^4}{64}\right)} \tag{4-27}$$

由于环槽铆钉不受剪力作用,虽然半铆钉的长度与铆钉截面高度的比值很小,Euler-Bernoulli 梁理论仍适用。在式(4-27)中,x 代表在加载方向上所研究的位置距离对称面的长度,θ 为环槽铆钉截面的转角,E_{eq} 为铆钉滑移等效段的弹性模量。将边界条件:$x=0,\theta=0$ 代入上式可得待定系数 C 恒为零。在 P 点有 $x=t_f+\Delta_o/2$(偏安全地认为钉头和钉帽两侧伸长量相等)和 $\theta=\alpha\approx\tan\alpha=\Delta_o/2n$。将该条件代入式(4-27),则可得到附加弯矩 M_a 的表达式:

$$M_{a,2a}=\frac{\Delta_o}{2n}\frac{E_{eq}}{(t_f+\Delta_o/2)}\left(\frac{\pi d_{pin}^4}{64}\right) \tag{4-28}$$

式中，M_a 增加下标“2a”特指此破坏模式下的附加弯矩值，Δ_o 为与 P_o 对应的环槽铆钉伸长量。若铆钉滑移等效段长度 $t_{eq}<t_f$，则依据 4.5.4 节中的假设，在计算 M_a 时用 t_{eq} 替换公式中 t_f 即可。

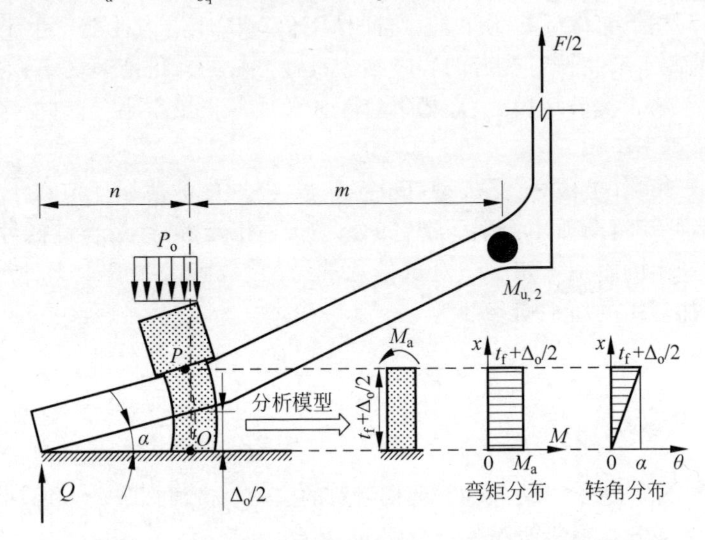

图 4.43　第 2a 类破坏模式中环槽铆钉受弯的分析模型

对于第 2b 类破坏模式，考虑铆钉受弯会削弱环槽铆钉的承载力，但却增加翼缘抗弯能力，在极限状态时可列如下的平衡方程：

$$F=\frac{2M_{ou,2}+n\sum\left(F_{PO}-\frac{M_a A_{pin}}{\gamma_m W_{en}}\right)+\sum M_{a,2b}}{m+n} \tag{4-29}$$

式中，$M_{ou,2}$ 指发生第 2b 类破坏时翼缘与腹板交接处的弯矩值。环槽铆钉在拉力与弯矩下的破坏准则及弯矩对承载力的削弱在下一段(第 3 类破坏)中有具体地描述和推导。式(4-29)经过化简可得

$$F=\frac{2M_{ou,2}+n\sum F_{PO}+(1-6.7n/d_{pin})\sum M_{a,2b}}{m+n} \tag{4-30}$$

式中，$M_{a,2b}$ 的计算方法同第 2a 类破坏模式，将 Δ_o 替换为 Δ_u 代入式(4-28)即可，其中 Δ_u 为极限状态时铆钉的伸长量。

对于第 3 类破坏模式，环槽铆钉实际上是在偏拉作用下发生破坏。在 4.3.4 节试验结果与规范的对比中，虽然“表面”上看设计规范也低估了发生第 3 类破坏试件的承载力，但这些参与比较的设计承载力其实是第 1 类或第 2a 类破坏对应的设计值，由于它们在数值上小于第 3 类破坏模式的设

计承载力，所以将真实破坏形式对应的承载力"遮盖"住了。若将规范中第 3 类破坏的设计值 $F_{3,\mathrm{Rd}}$ 直接与试验值进行比较，我们会得到相反的结论。将设计值 $F_{3,\mathrm{Rd}}$ 与 4.3 节及 4.5 节中发生第 3 类破坏的 5 个试件（TSDA-10-20，TSDA-12-20，TSDA-12-30，TSDS-16-20 和 TSDS-18-30。参与比较的试件中 TSDS-16-20 和 TSDS-18-30 各包含 5 个不同预紧力的模型，由于其承载力结果相近，仅使用预紧力为 30 kN 的 T 形连接参与对比）的承载力 $F_{\mathrm{u,test/FE}}$ 进行比较，可得其比值的平均值为 1.16，可发现规范方法偏不安全。所以，应该考虑第 3 类破坏时铆钉受弯的不利影响。采用偏拉构件的设计理论，以铆钉内侧（靠近 T 形件腹板一侧）应力达到拉脱极限应力作为破坏准则，则有

$$\frac{F}{n_{\mathrm{p}}A_{\mathrm{pin}}}+\frac{M_{\mathrm{a}}}{\gamma_{\mathrm{m}}W_{\mathrm{en}}}\leqslant\frac{F_{\mathrm{PO}}}{A_{\mathrm{pin}}}\tag{4-31}$$

式中，n_{p} 为 T 形连接中环槽铆钉的数量，γ_{m} 为截面塑性发展系数，对圆形实心截面可取为 1.2[129]，W_{en} 为铆钉的净截面模量，对于第 3 类破坏模式下铆钉所承受的弯矩 M_{a} 的计算，式(4-27)仍适用，但对于在 $x=t_{\mathrm{f}}+\Delta_{\mathrm{u}}/2$ 处的转角 θ 计算方法不同，这里将一侧的 T 形件翼缘等效为悬臂梁进行转角的推导。设一侧悬臂端的铆钉力为 $\lambda(\sum F_{\mathrm{PO}}/2)$ $(0<\lambda<1)$，则转角可由下式计算得到：

$$\theta=\frac{3\lambda\sum F_{\mathrm{PO}}(d-0.5w_{\mathrm{c}})^{2}}{E_{\mathrm{f}}bt_{\mathrm{f}}^{3}}\tag{4-32}$$

式中，d 为铆钉中心至腹板边缘的距离。将式(4-27)和式(4-32)代入式(4-31)并取等号，则可得到设计承载力 $F_{3,\mathrm{Rd}}$：

$$F_{3,\mathrm{Rd}}=\beta_{\mathrm{p}}\sum F_{\mathrm{PO}}\tag{4-33}$$

$$\beta_{\mathrm{p}}=1-n_{\mathrm{p}}\lambda\frac{E_{\mathrm{eq}}d_{\mathrm{pin}}^{3}(d-0.5w_{\mathrm{c}})^{2}}{E_{\mathrm{f}}bt_{\mathrm{f}}^{3}(t_{\mathrm{f}}+\Delta_{\mathrm{u}}/2)}\tag{4-34}$$

式中，Δ_{u} 为极限状态时（拉力为 λF_{PO}）铆钉的伸长量，由于 $\Delta_{\mathrm{u}}/2$（本书主要涉及的 3 种铆钉 $\Delta_{\mathrm{u}}/2$ 均小于 0.5 mm）远小于 t_{f}，当需简化计算时该项可忽略。若要确定 λ 值，需进行迭代计算，为避免多次迭代，应为 λ 选择较为合理的初始值。参考国产不锈钢螺栓连接的铝合金 T 形件[84]，取 $\lambda_{1}=0.710$ 为初始值，代入发生第 3 类破坏试件的材料与几何参数，可得 $F_{3,\mathrm{Rd}}=0.850\sum F_{\mathrm{PO}}$，可见 λ_{1} 取值过于保守；第二步迭代中取 $\lambda_{2}=0.850$，得到

$F_{3,\mathrm{Rd}}=0.820\sum F_{\mathrm{PO}}$；第三步中取$\lambda_3=0.820$，得到$F_{3,\mathrm{Rd}}=0.827\sum F_{\mathrm{PO}}$，已吻合良好。所以取0.82作为公式(4-34)中λ的最终值。请注意，在实际设计中，式(4-33)会用来计算每一种破坏模式下的T形连接，对于板件较弱的试件(发生前3类破坏模式)，上述的假设和推导不再适用。若强行用式(4-33)计算板件弱的T形连接，则会因算得的θ过大而产生很小且不合理的$F_{3,\mathrm{Rd}}$。因此规定，若得到的$\beta_{\mathrm{p}}<0.82$则取为0.82再计算$F_{3,\mathrm{Rd}}$。

根据建议公式得到的$F_{3,\mathrm{Rd}}$与4.3节及4.5节中发生第3类破坏的5个试件(同和EC9方法对比的试件)的承载力$F_{\mathrm{u,test/FE}}$进行比较，可得其比值的平均值为0.99，标准差为0.066，相比于EC9设计方法，安全性与准确性均大大提高。

4.6.4　设计方法及步骤总结

本节以①T形连接工作机理的分析，②T形连接组件(铝合金翼缘、环槽铆钉)的设计方法和③重新界定的破坏模式为基础，提出铝合金结构环槽铆钉T形连接的承载力设计方法和设计步骤，分别总结于表4.10和图4.44中。

表4.10　环槽铆钉连接的铝合金T形件承载力设计方法

破坏模式	破坏特点	承载力设计公式
1	形成4个硬化塑性铰	$F_{1,\mathrm{Rd}}=\dfrac{4M_{\mathrm{csm},1}}{m_{\mathrm{prop}}}\beta_{\mathrm{f}}$
2a	腹板与翼缘交接处形成2个硬化塑性铰	$F_{2\mathrm{a},\mathrm{Rd}}=\dfrac{2M_{\mathrm{csm},2}+n\sum P_{\mathrm{o}}+\sum M_{\mathrm{a},2\mathrm{a}}}{m_{\mathrm{prop}}+n}\beta_{\mathrm{f}}$
2b	铆钉拉脱时有撬力，腹板与翼缘交接处超过弹性极限	$F_{2\mathrm{b},\mathrm{Rd}}=\dfrac{2M_{\mathrm{ou},2}+n\sum F_{\mathrm{PO}}+(1-6.7n/d_{\mathrm{pin}})\sum M_{\mathrm{a},2\mathrm{b}}}{m_{\mathrm{prop}}+n}\beta_{\mathrm{f}}$
3	铆钉拉脱时无撬力	$F_{3,\mathrm{Rd}}=\beta_{\mathrm{p}}\sum F_{\mathrm{PO}}$

值得注意的是，所提出的设计方法仍保留了部分EC9设计公式中的符号及含义，其中$\sum$表示将T形连接中所有铆钉的该项力学性能参数进行加和，n应取铆钉至T形件边缘距离和$1.25m_{\mathrm{prop}}$之间的较小值。

将所提出的设计方法与312个试验及有限元数据点进行了比较，参与

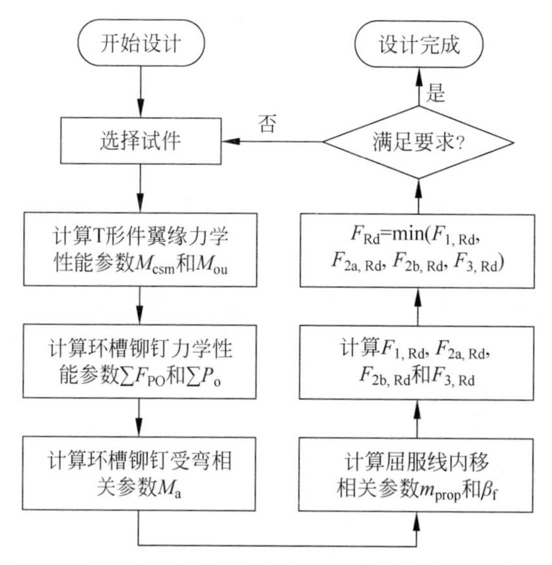

图 4.44　环槽铆钉连接的铝合金 T 形件承载力设计步骤

对比的试件涵盖了 4 种铝合金材料(6061-T6,6063-T5,6082-T6 和 7A04-T6)和工程常用的铝合金板件厚度(t_f=4～18 mm),涉及的参数还包括不同的预紧力值($F_{p,C}$=0～40 kN)、铆钉直径(d_{pin}=9.66～15.88 mm)、铆钉距腹板边缘的距离(d=20～60 mm)及不同的 T 形件翼缘宽度与倒角尺寸。表 4.11 和图 4.45 汇总了设计结果与试验及有限元结果对比的情况。可得到本书建议的设计方法与试验及有限元对比结果的平均值为 0.866,标准差为 0.067;而 EC9 的设计方法与相同数据点对比的平均值为 0.679,标准差为 0.091。图 4.45 中的空心点代表本书建议的设计方法与试验及有限元数据点的对比情况,而实心点代表 EC9 设计方法,通过该图可以直观地发现本书建议方法在准确性和数据离散性方面的优势。值得注意的是,本章提出的方法中板件承载力为全塑性抗弯承载力,相比于试验中板件断裂时刻的承载力还有一部分应变强化贡献未考虑进去,所以整体偏于保守。

综上所述,本章提出的设计方法相比于现行规范在设计准确性上有了大幅提高(准确度提高约 20%),且改善了设计结果的离散性。由此可见本章所建议的设计方法可以合理准确地对铝合金结构环槽铆钉 T 形连接进行设计。

表 4.11　本书建议公式与试验及有限元对比结果汇总

试件材料	试件来源	试件数量	本书建议公式 $F_{u,Rd}/F_{u,test/FE}$		EC9 设计公式 $F_{u,Rd}/F_{u,test/FE}$	
			平均值	标准差	平均值	标准差
6061-T6	试验	30	0.891	0.077	0.735	0.066
6061-T6	有限元	162	0.846	0.056	0.667	0.074
6063-T5	有限元	40	0.836	0.043	0.598	0.040
6082-T6	有限元	40	0.867	0.048	0.666	0.088
7A04-T6	有限元	40	0.955	0.054	0.782	0.104
总计		312	0.866	0.067	0.679	0.091

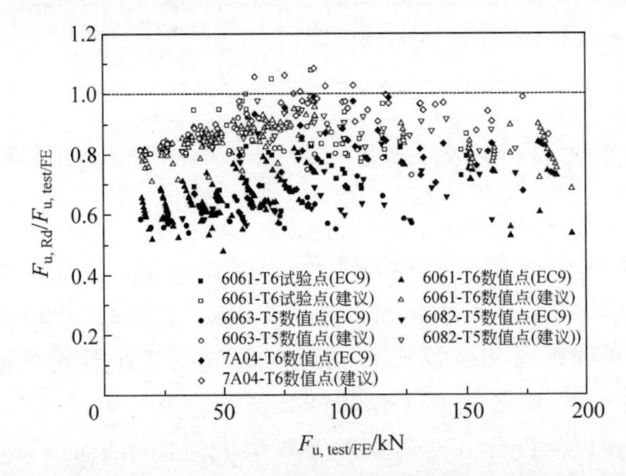

图 4.45　本书建议公式与试验及有限元对比结果汇总图

4.7　本章小结

本章系统性地开展了围绕铝合金结构环槽铆钉 T 形连接的研究，综合试验、有限元和理论分析等多种手段，完整地解决了 T 形连接力学性能、受力机理和设计方法等相关问题。具体来说，首先开展了 30 个 T 形连接的受拉试验并以此为基础和验证依据，建立了有限元模型。通过有限元分析进一步厘清了 T 形连接的受力机理并最终提出了合理可靠的设计方法。根据本章的相关研究，可得到如下结论：

（1）对从铝合金 T 形件翼缘和腹板取得的板材进行材料拉伸试验，得到了 3 组铝合金材料的应力-应变曲线以及材料力学性能指标。采用单阶段 R-O 模型进行拟合，拟合结果与试验曲线吻合良好。

(2) 对 30 个铝合金结构环槽铆钉 T 形连接进行受拉试验，采用摄影测量方法对试件上的标记点位移进行跟踪捕捉。依据试验现象和关键位置处荷载-应变数据判断出试件分别发生了 4 种不同的破坏形态，分别是：T 形件腹板与翼缘交接处和环槽铆钉所在处产生塑性铰破坏；T 形件仅腹板与翼缘交接处产生塑性铰破坏；环槽铆钉拉脱的同时 T 形件翼缘超过名义屈服应变；和环槽铆钉拉脱。

(3) 通过分析总结试验结果发现：随着环槽铆钉与 T 形件腹板间距离 ($m+0.8r$) 的减小或 T 形件翼缘厚度 (t_f) 的增加，试件的极限承载力和初始刚度均增加。通过影响环槽铆钉的承载力，铆钉帽材的种类和环槽铆钉杆的直径均影响 T 形连接的承载力。而增加环槽铆钉的排数对 T 形连接受力性能的影响甚微。

(4) 对比欧洲规范(EC9)与试验结果发现，欧洲规范方法对于铝合金结构环槽铆钉 T 形连接的承载力设计偏保守，且对于 T 形件翼缘发生破坏的试件承载力低估程度更高。采用连续强度方法(CSM)计算 T 形件翼缘硬化塑性铰的塑性抵抗弯矩而得到的结果比 EC9 更精确，但仍偏于保守，说明现行规范对 T 形连接承载力计算的力学模型尚需进一步优化，受力机理有待更深入地分析和认识。

(5) 使用 ABAQUS 建立了环槽铆钉 T 形连接的有限元模型，在其中精确考虑了铝合金材料的非线性行为及试件几何与接触的非线性。进而根据试验得到的极限承载力、荷载-位移曲线和破坏形态对所建立的数值模型进行验证，结果表明有限元模型可以很好地模拟 T 形连接的受力行为，可用于进一步的影响因素分析和工作机理研究。

(6) 对铝合金结构环槽铆钉 T 形连接工作机理和主要影响因素进行了分析，结果表明铆钉的预紧力主要影响试件的初始刚度，而增加铆钉直径则可同时提高试件的刚度和承载力，铆钉滑移等效段长度的改变对结构受力行为影响较小。根据撬力和翼缘与腹板交接处倒角对试件的影响效应，提出了现有设计方法的改进。基于充足的数据研究了铝合金 T 形件屈服线的分布规律，指出了现有研究中“有效长度改变说”的局限性，并提出了 m 的修正公式，经验证比现行方法更加准确。

(7) 对 T 形连接的破坏模式进行了重新的界定与梳理，提出了新判定标准下的第 1 类，第 2a 类，第 2b 类和第 3 类破坏模式，并提出了每种破坏模式对应的承载力设计公式。本书提出的建议公式采用CSM方法来考虑铝合金材料的非线性行为,并引入了铆钉受弯的影响。根据试验与有限元得到的共计312个结果,对建议方法的合理性进行评估,并得出结论:相比于现行规范EC9中的设计方法,建议方法有更高的准确性(准确性提高20%)和更小的离散性,可以对铝合金结构环槽铆钉T形连接进行合理可靠的设计。

第5章　环槽铆钉连接的铝合金梁柱节点承载性能试验与有限元分析

5.1　概　　述

为解决铝合金框架中梁柱有效连接的问题，本章创新性地提出了环槽铆钉连接的铝合金梁柱节点形式[187-189]，采用铝合金或不锈钢角形连接件作为连接梁柱的主要受力组件。该新型节点包含两种基本类型，分别是顶底角铝/不锈钢连接的节点(TSAC型)和顶底角铝/不锈钢-腹板双角铝/不锈钢连接的节点(TSWAC型)。作为研究该节点承载性能与设计方法的基础，本章首先开展了10个足尺节点的单调加载试验。试验通过改变节点的不同参数探究了角形件的材料种类与厚度、环槽铆钉直径及布置方式、柱翼缘加强垫板、柱腹板加劲肋及梁柱间缝隙等因素对节点承载能力、初始刚度及变形性能的影响。为进一步探究该节点的抗震性能，选取了与静力试验中完全相同的4个节点开展循环荷载作用下的试验研究，研究了材料、几何与构造参数对节点延性、破坏模式及耗能能力的影响，为铝合金梁柱节点抗震设计提供关键的数据支撑，并为设计中选择合理构造提供科学依据。最后，本章建立了梁柱节点在静力与循环荷载下的有限元模型，并根据试验进行了验证。

5.2　节点设计

所有梁柱节点按构造形式可分为两种类型，第一种为顶底角铝或角不锈钢连接的梁柱节点(以下简称为“TSAC型节点”)，第二种为顶底与梁端腹板两侧均采用角铝或角不锈钢连接的梁柱节点(以下简称为“TSWAC型节点”)，两种节点的基本构造如图5.1所示。梁与柱均为6061-T6挤压铝合金工字形构件，由于其尺寸非影响节点性能的主要参数[190]，梁柱截面均为相同设计：I 280×160×8×10（$H_c=H_b=280$ mm，$b_c=b_b=160$ mm，$t_{wc}=t_{wb}=8$ mm，$t_{fc}=t_{fb}=10$ mm）。由于加工偏差，试件 TSAC-S3-M 的梁柱腹板厚度比名义厚度小 1 mm。

5.2.1　节点命名与主要参数

节点的命名原则为可通过试件编号快速了解节点最主要的信息，因此其编号由节点类型（TSAC 或 TSWAC）、角形连接件材料（A 代表铝合金，S 代表不锈钢）、在该组试件中进行静力试验的序号以及加载制度组成。循环荷载的试件取对应的静力加载试件编号，将 M（单调）替换为 C（循环）。所有节点编号及其主要参数汇总于表 5.1。表中，r_p 代表与柱翼缘连接的铆钉排数，ag_1 为梁上翼缘表面与最近铆钉排的距离，g_p 为梁端与柱翼缘表面的缝隙宽度，其他参数如图 5.1 所示。

表 5.1　节点主要参数汇总

试件编号	翼缘加强垫板	槽型加劲肋	角形件材料	加载制度	r_p	几何参数/mm				
						d_{pin}	at_1	at_2	ag_1	g_p
TSAC-A1-M	无	无	6061-T6	单调	1	9.66	10	8	54.0	0
TSAC-S1-M	无	无	AISI 304	单调	1	9.66	10	8	54.0	0
TSAC-S2-M	无	无	AISI 304	单调	1	9.66	10	8	54.0	10
TSAC-S3-M	无	无	AISI 304	单调	2	9.66	10	8	41.5	0
TSAC-S4-M	有	无	AISI 304	单调	1	9.66	10	8	54.0	0
TSAC-S5-M	无	有	AISI 304*	单调	1	12.70	12	12	54.0	0
TSWAC-A1-M	无	无	6061-T6	单调	1	9.66	10	8	54.0	0
TSWAC-S1-M	无	无	AISI 304	单调	1	9.66	10	8	54.0	0
TSWAC-S2-M	有	无	AISI 304	单调	1	9.66	10	8	54.0	0
TSWAC-S3-M	有	有	AISI 304*	单调	1	12.70	12	12	54.0	0
TSAC-S4-C	有	无	AISI 304	滞回	1	9.66	10	8	54.0	0
TSWAC-A1-C	无	无	6061-T6	滞回	1	9.66	10	8	54.0	0
TSWAC-S2-C	有	无	AISI 304	滞回	1	9.66	10	8	54.0	0
TSWAC-S3-C	有	有	AISI 304*	滞回	1	12.70	12	12	54.0	0

注：角形件材料一栏标注 * 的代表该不锈钢材料来自于 L100×100×12 轧制型材，其余不锈钢材料来自 L100×100×10 型材。

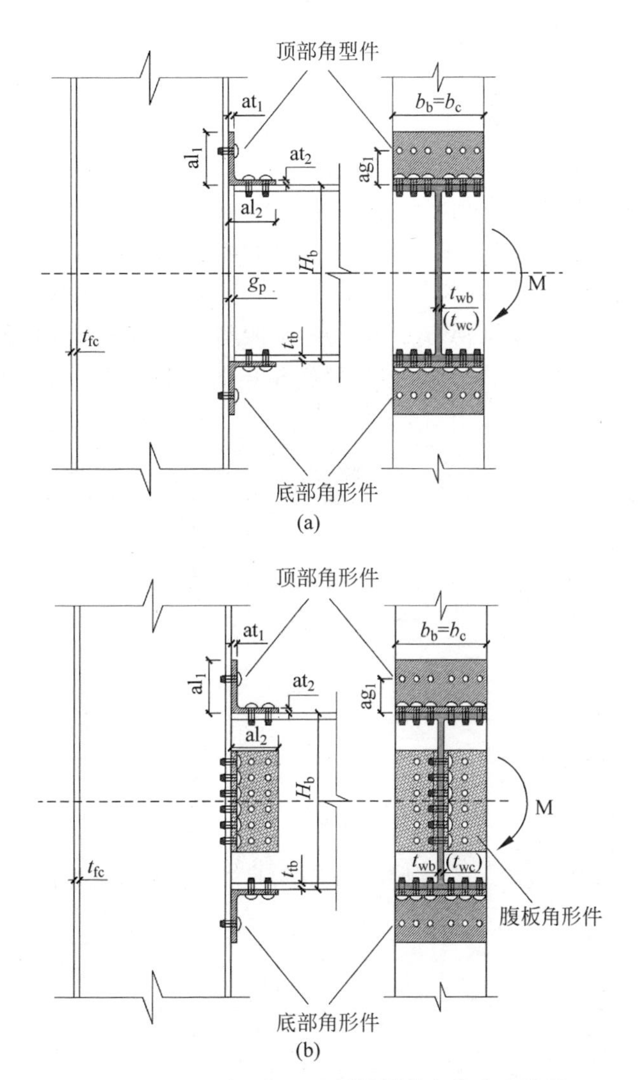

图 5.1　TSAC 和 TSWAC 型梁柱节点构造示意图

(a) TSAC 型；(b) TSWAC 型

5.2.2　角形连接件

角形连接件在荷载作用下可提供较高的抗弯承载力与良好的变形性能[192]，本试验中采用铝合金与不锈钢作为连接件的材料，从而避免与铝合金构件间产生电化学腐蚀[18]。由于单独开模具挤压角铝成本过高，试验中的角铝均从挤压工字形构件(I 280×160×8×10)中通过线切割的方式获得(类似于图4.5中切割T形件的方式);而角不锈钢从轧制型材(L100×100×10和L100×100×12)中沿长度方向切割得到。由于铝合金工字形构件翼缘与腹板厚度不等,为控制变量,角不锈钢(原厚度为10 mm)也通过精加工的方式使其几何尺寸与角铝保持一致(加工后 $at_1=10$ mm,$at_2=8$ mm)。大直径(12.70 mm)铆钉对应的角不锈钢直接从L100×100×12型材上切取,两肢厚度均为12 mm。所有节点顶底角形连接件的详细尺寸如图5.2所示。对于TSWAC型节点,梁腹板两侧的角形连接件尺寸详图见图5.3。两图中 $F1$ 面均为与柱翼缘相连的一侧而 $F2$ 面为与梁相连的一侧。

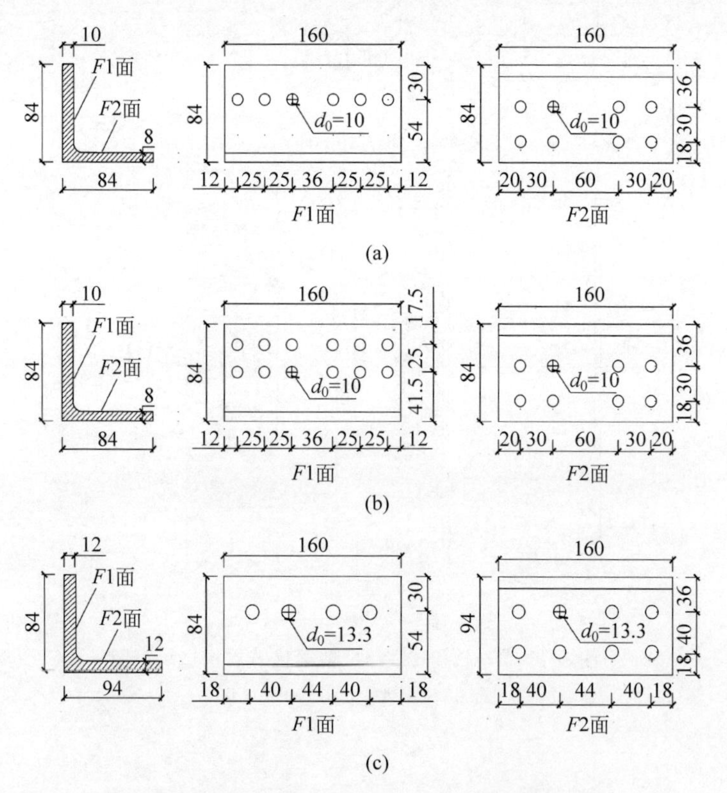

图5.2　梁柱节点顶底角形件尺寸详图(单位:mm)

(a) 直径为9.66 mm环槽铆钉连接的节点(除TSAC-S3-M);(b) TSAC-S3-M;(c) 直径为12.70 mm环槽铆钉连接的节点

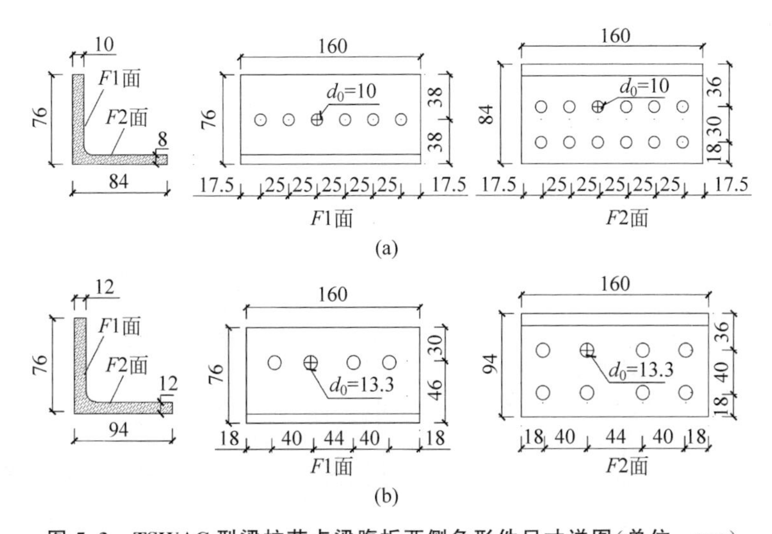

图 5.3　TSWAC 型梁柱节点梁腹板两侧角形件尺寸详图(单位：mm)

(a) 直径为 9.66 mm 环槽铆钉连接的节点；(b) 直径为 12.70 mm 环槽铆钉连接的节点

根据第 3 章提出的铝合金结构环槽铆钉受剪连接的建议构造要求，对梁柱节点中环槽铆钉的端距、边距和中距进行设计，满足本书所提出的限值要求。

5.2.3　节点域加强构造

铝合金材料的可焊性较差，根据我国铝合金结构设计规范[17]和欧洲规范[112]，对最常用的 6061-T6，焊接热影响区范围内的材料强度折减系数 $\rho_{haz}=0.5$。可见焊接会严重削弱铝合金材料强度。已有的焊接铝合金梁柱节点[110-111]试验结果也表明，节点往往在焊缝或热影响区发生破坏。因此对本书的梁柱节点，很难像钢结构一样通过焊接为节点域设置柱腹板加劲肋。所以针对铝合金的特殊性，本书提出两种创新性的加强构造方式。

第一种是柱翼缘加强垫板，主要目的为增加柱翼缘的抗弯能力[191]。试件 TSAC-S4-M/C 和 TSWAC-S2-M/C 采用了柱翼缘垫板的加强方式，构造详图如图 5.4 所示。根据第 4 章对铝合金结构环槽铆钉 T 形连接的分析可知，若将柱翼缘视作等效 T 形件的翼缘，则其薄弱处为翼缘与腹板交接处。因此，加强垫板在最内侧通过精加工设置圆角，一直延伸至柱腹板处，而其外缘与翼缘外侧对齐，实现对柱翼缘整个宽度范围内的加强，如图 5.5 所示。在柱轴线方向，铆钉孔与垫板边缘的距离 e_{bp} 满足 $e_{bp}\geqslant 2d_{pin}$

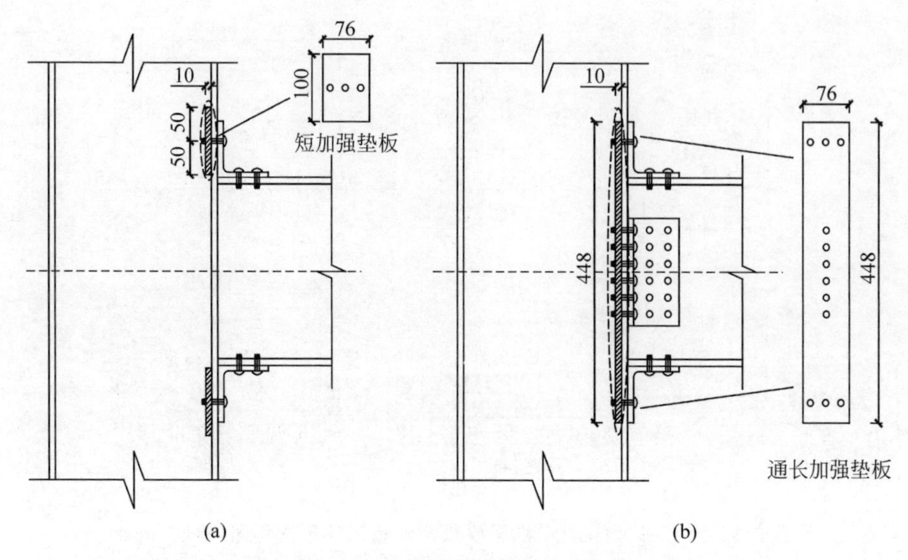

图 5.4　设置翼缘加强垫板的梁柱节点构造详图(单位：mm)

(a) TSAC-S4-M/C；(b) TSWAC-S2-M/C

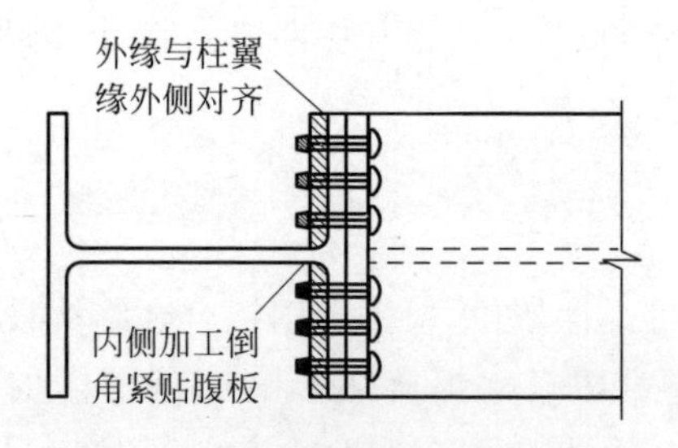

图 5.5　翼缘加强垫板的构造细节

的构造要求。值得注意的是，在 TSAC 型节点中受拉与受压区铆钉旁设置的是短加强垫板，而在 TSWAC 型节点中设置的为通长型加强垫板。垫板材料与梁柱材料相同，为 6061-T6 铝合金。试件 TSWAC-S3-M/C 在设置了槽型加劲肋加强的同时也辅助设置了垫板，如图 5.6(b)所示。

第二种加强方式为槽型加劲肋，主要应用于由大直径(12.70 mm)铆钉连接的梁柱节点中。槽型加劲肋材料为不锈钢 AISI 304，由 10 mm 厚的不锈钢板焊接加工而成。槽钢腹板与翼缘的焊接采用直角角焊缝和 V 形坡口焊缝。槽型加劲肋的构造细节和尺寸如图 5.6 所示。

虽然施工与安装较为困难，但槽型加劲肋是比垫板更强的加强方式，不

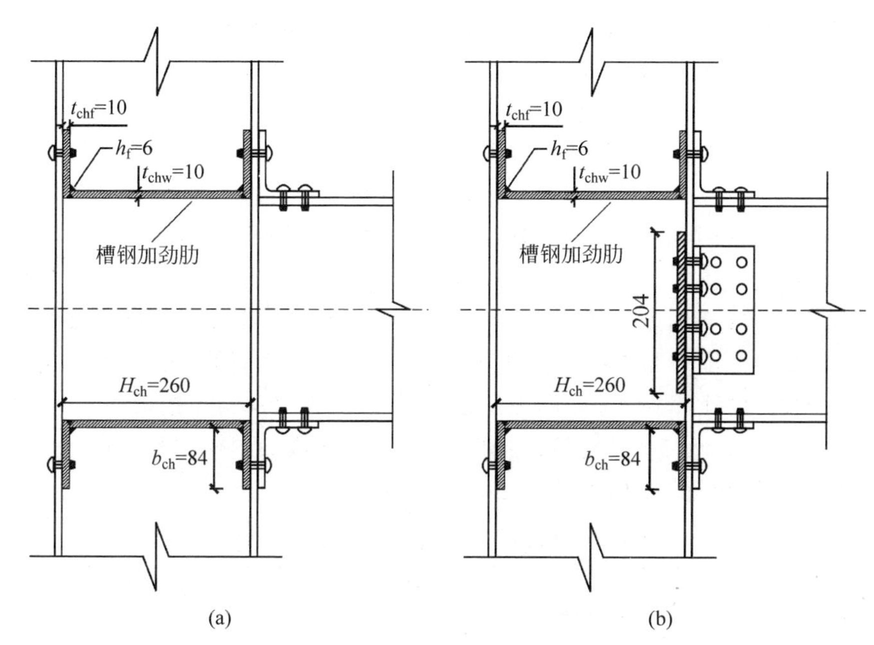

图 5.6　设置槽钢加劲肋的梁柱节点构造详图(单位：mm)

(a) TSAC-S5-M；(b) TSWAC-S3-M/C

仅对柱翼缘抗弯有所加强，还可以在一定程度上辅助柱腹板承受拉压力，防止腹板的压屈与拉裂。槽型加劲肋的腹板与角形连接件的腹板(根据 EC3 1-8[113]，与柱翼缘连接一侧称为角型连接件的“翼缘”，与梁连接的一侧称为角形连接件的“腹板”)中心对齐，槽钢上下翼缘的开孔方案与对应的角形连接件完全相同。与加强垫板类似，槽钢内侧也通过精加工设置倒角，在柱翼缘宽度方向也从翼缘外边延伸至腹板。每个加强的节点在柱腹板两侧对称布置 4 个槽型加劲肋。

5.2.4　环槽铆钉的类型、尺寸和紧固方式

节点采用全环槽铆钉连接。通过第 2 章对环槽铆钉的试验和工作机理研究可知，不锈钢帽和铝合金帽的环槽铆钉受剪承载力基本相同，而不锈钢帽铆钉的抗拉承载力明显高于铝合金帽铆钉。且不锈钢帽的价格约为铝合金帽的 2 倍。所以，考虑到经济性与实用性，在梁柱节点中所有以受拉为主的铆钉(与柱翼缘相连)均采用不锈钢帽；而所有以受剪为主的铆钉(与梁翼缘相连)均使用铝合金帽。即使实际工程中使用该方案，也并不会增加施

工难度，因为铝帽与不锈钢帽外观清晰可辨，而且可使用同一套铆钉枪进行紧固。由于目前无法获得直径为 12.70 mm 的不锈钢帽环槽铆钉，所以使用该尺寸的铆钉均搭配铝合金帽。

对环槽铆钉来说，其几何参数除直径外还有长度。由于钉杆上环槽分布的长度有限，某一个长度的铆钉只能连接固定厚度范围的板件，表 5.2 列出了试验节点中涉及的所有铆钉长度牌号及其可紧固的范围。值得注意的是，市场上直径为 9.66 mm 的铆钉长度牌号齐全，可满足节点中所有的紧固范围要求；但可获得的直径为 12.70 mm 的铆钉目前仅有长度牌号为 20 的，其紧固范围为 28.70～35.05 mm，普遍大于需紧固的板件厚度。为解决该问题，设计了不同厚度的不锈钢垫圈，置于铆钉头与连接板件之间，使钉帽能够可靠地与钉杆连接，如图 5.7 所示。垫圈的内径比铆钉杆直径大 0.3 mm，外径与 w_h 相同(见表 2.6)。

表 5.2　环槽铆钉长度牌号及其可紧固范围

铆钉直径 d_{pin}/mm	长度牌号	钉帽类型	可紧固的范围/mm	
			最小值	最大值
9.66	14	铝合金	16.67	23.01
9.66	16	铝合金	19.84	26.19
9.66	18	铝合金	23.01	29.36
9.66	12	不锈钢	15.88	22.23
9.66	18	不锈钢	25.40	31.75
9.66	20	不锈钢	28.58	34.93
12.70	20	铝合金	28.70	35.05

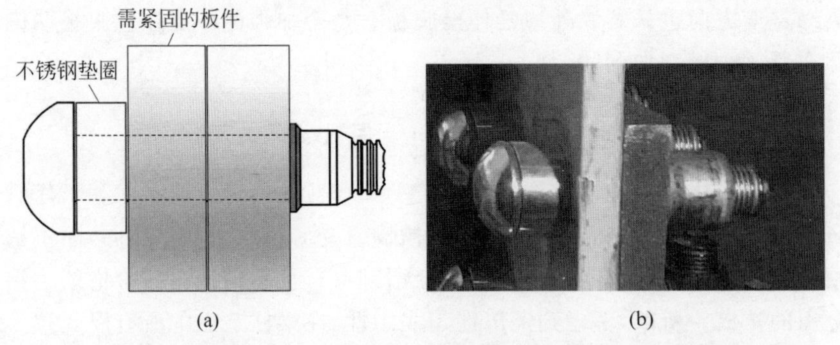

(a)　　(b)

图 5.7　与直径为 12.70 mm 的环槽铆钉配合使用的不锈钢垫圈

(a) 示意图；(b) 实物图

试验场地配备的铆钉枪可对直径为 9.66 mm 的所有铆钉完成紧固，由于直径为 12.70 mm 的铆钉还在推广阶段，适配铆钉枪稀缺，所以紧固拼装工作在外地完成。得益于环槽铆钉可快速紧固的特性，所有节点的实际拼装用时不超过 5 min。

试验节点中环槽铆钉的力学性能详见第 2 章相关内容。

5.2.5　材料力学性能

根据《金属材料 拉伸试验第 1 部分：室温试验方法》[119]，对 14 个节点试件中涉及的 4 种铝合金板件和 3 种不锈钢板件进行了室温拉伸试验。环槽铆钉的材性试验及结果详见 2.3.1 节。

铝合金材性试件沿挤压方向取自工字形构件的翼缘与腹板，对于腹板加工有偏差的构件(I 280×160×7×10)也同样切取了材性试件进行测试。不锈钢材性试件分别沿轧制方向取自 L100×100×10 和 L100×100×12 角钢型材和组成槽型加劲肋的 10 mm 厚不锈钢板件。每种材料都加工了 3 个相同的材性试件。材性试验在 Zwick/Roell Z050 和 Z1200 全自动拉伸试验机上完成，试验机自带全过程引伸仪可对其应变进行实时测量，如图 5.8 所示。组成槽钢的不锈钢板材性试验没有与其他试件同一批次进行，试验装置为如图 4.2(a)所示的 300 kN 拉伸试验机，未能测到接近断裂时的应变，且测得的曲线略有抖动。

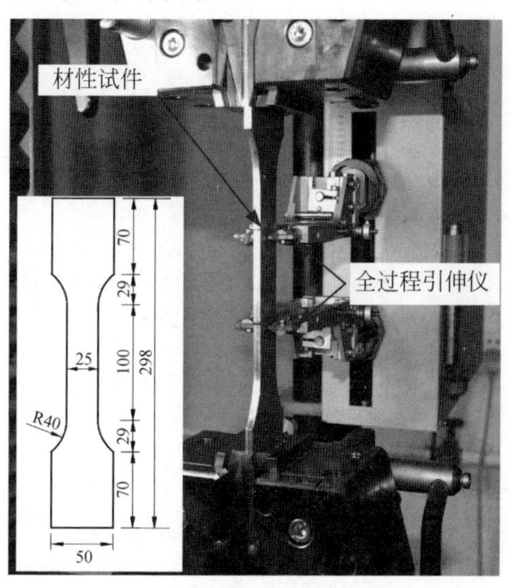

图 5.8　材性试验加载与量测设备及试件尺寸(单位：mm)

对每组3个试件的材性试验结果取平均值，汇总于表5.3中，表中符号已在前文介绍。所有材性试件的应力-应变曲线绘于图5.9中。从汇总表和应力-应变曲线图中可发现，不锈钢在名义屈服强度、极限强度和材料延性方面比铝合金都有明显的优势。所获得的材性数据为从材料层面解释节点不同的力学行为和开展进一步的精细化数值模拟提供了重要支撑。

表5.3　节点中板材的材料力学性能汇总

试件取材位置	E /MPa	$f_{0.2}$ /MPa	f_u /MPa	ε_u /%	ε_f /%	n	m_u
I280×160×8×10 翼缘	69 100	266.6	304.6	8.3	11.9	31.1	—
I280×160×7×10 翼缘	69 300	248.3	277.7	7.6	8.8	28.9	—
I280×160×8×10 腹板	71 400	262.0	298.7	8.4	11.1	31.0	—
I280×160×7×10 腹板	67 500	245.3	281.2	8.0	9.2	31.2	—
角不锈钢 L100×100×10	192 000	390.4	707.4	41.3	56.9	25.4	3.0
角不锈钢 L100×100×12	193 900	414.0	737.8	41.2	57.0	21.8	3.5
10 mm 厚不锈钢板	184 000	356.9	767.9	44.8	—	7.5	1.9

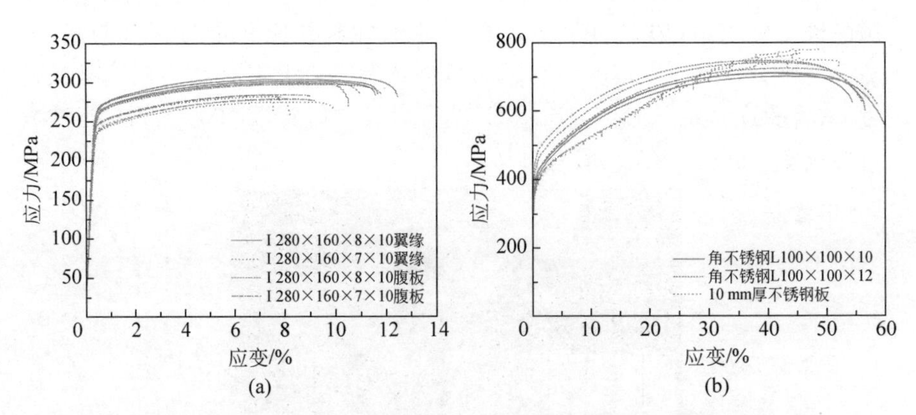

图5.9　组成梁柱节点的铝合金与不锈钢板材的应力-应变曲线

(a) 铝合金；(b) 不锈钢

5.2.6　不锈钢与铝合金间的抗滑移系数

由于节点试验中涉及不锈钢与铝合金板件的接触，而现有的研究中并没有两种材料之间抗滑移系数的数据，因此根据3.3节铝合金板件抗滑移系数试验的方法，进行了一组不锈钢与铝合金板件的抗滑移系数测试，如

图5.10所示。试验装置、量测和加载方案均与3.3节试验相同。试件的内板为不锈钢板，取自L100×100×12角钢型材，外板为6061-T6挤压铝合金板材。测试结果汇总于表5.4中，表中符号均在3.3节中定义。试验得到的4个滑移荷载离散性较大，若将与平均值相差10%的数据剔除再求平均，则只剩F_{S34}，因而此处直接将平均值用来计算抗滑移系数。使用梁柱节点试验加载初期的滑移弯矩(见5.4.1节)反算得到的抗滑移系数平均值与该结果十分相近，印证了所得μ值的可靠性。

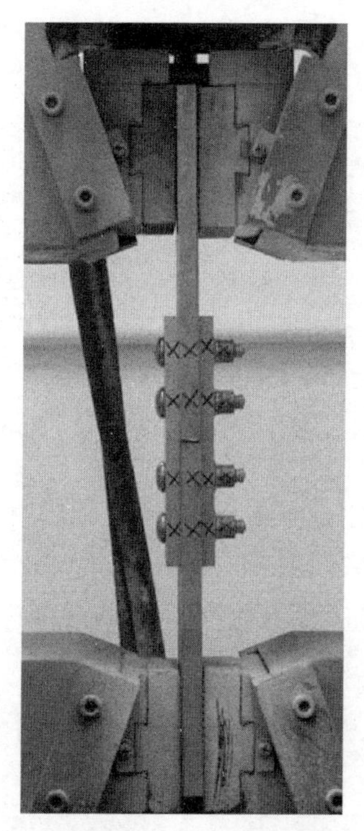

图5.10 不锈钢与铝合金板抗滑移系数试验

表5.4 不锈钢与铝合金板抗滑移系数试验结果

材料种类	滑移荷载/kN					抗滑移系数μ
	F_{S12}	F_{S34}	F_{S12}^*	F_{S34}^*	平均值F_S	
铝合金(6061-T6)-不锈钢(AISI 304)	21.20	26.45	20.58	30.61	24.71	0.261

5.3 试验方案

5.3.1 试验装置

梁柱节点的静力与循环加载试验于清华大学结构工程实验室进行，试验现场分别如图 5.11(a)和(b)所示。两套试验在实验室内的两个场地进行，但除了加载千斤顶外，没有其他本质区别，可用同一个示意图表示，如图 5.12。试验中的柱子水平放置，梁端竖起作为加载端，加载点到梁另一端距离为 1.25 m。柱子两端用钢梁压住并通过锚栓固定于地面，同时柱端

(a)

(b)

图 5.11　试验现场图

(a) 静力试验；(b) 循环试验

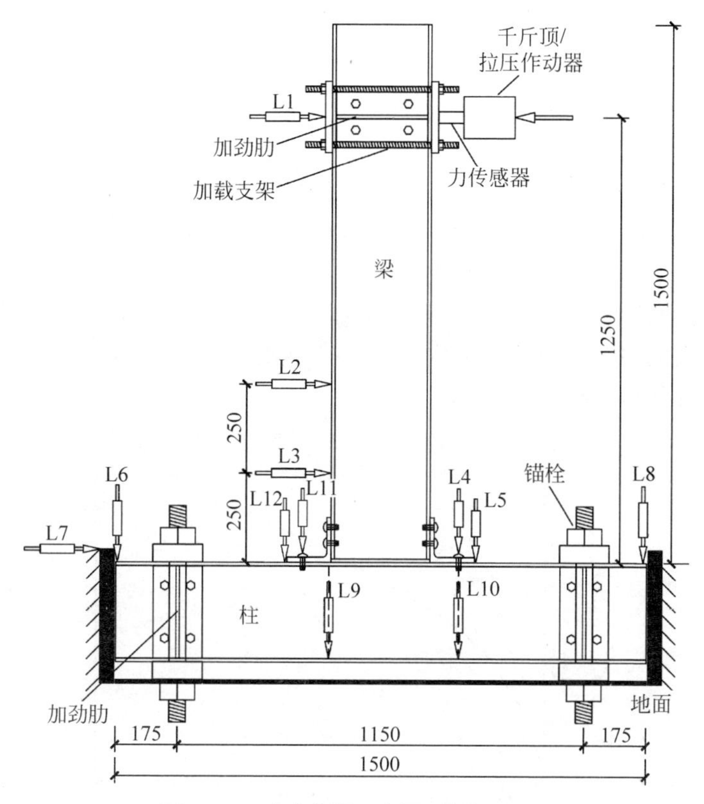

图 5.12　试验装置示意图(单位：mm)

截面使用钢墩顶紧，限制其水平位移。在柱与地面以及压梁与柱之间垫以截面边长为 50 mm 的正四棱钢柱用来控制铝合金柱受约束的面积和准确位置。在钢梁压住的位置，为防止铝合金柱的局部承压破坏，设计了两对可重复利用的加劲肋作为加强措施，同样设置加劲肋的还有梁水平加载点处。由于水平千斤顶可侧向移动，需外加约束防止梁的失稳。因此在梁端安装加载支架并在两侧对称安装高强钢索，并在加载前施加适当的预紧力，试验中的钢索可在支架的钢杆上自由滑动。试验均采用位移加载，对于单调试验加载速率为 1.0 mm/min，加载至节点发生破坏为止；循环试验的加载方案详见下一节。

5.3.2　循环加载方案

循环试验的加载方案依据 ECCS[193] 建议的加载制度。ECCS 推荐的先静力后循环的完整加载方案(complete testing procedure)使用静力加载的结果作为确定循环加载制度的基础。由于所有节点试件均关于梁轴线对称,即在水平推力或拉力作用下性能相同,所以省去 ECCS 的静力反方向加载试验。

第一步,需根据静力试验得到的弯矩-转角(M-Φ)曲线确定屈服转角 Φ_y,确定的方式如图 5.13 所示。首先根据曲线初始段确定初始刚度 $S_{j,ini}$,再做出斜率为 $S_{j,ini}/10$ 的曲线切线,这两条直线的交点就是该曲线的屈服点,对应的纵坐标为屈服弯矩而横坐标为屈服转角。得到屈服转角后可根据试验数据得到对应的屈服位移 Δ_y。上述确定屈服点的方法对弯矩-位移曲线同样适用,也可用来直接得到 Δ_y。

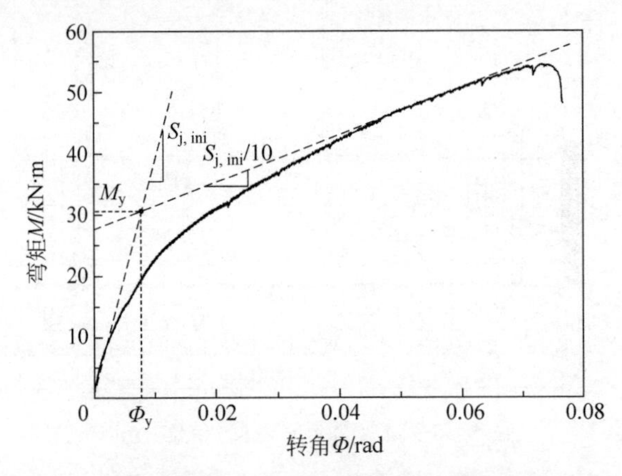

图 5.13　根据 ECCS[193] 确定弯矩-转角曲线屈服点的方法

在得到 Δ_y 之后,便可按照建议编写循环加载的制度。循环加载全程采用位移控制,在节点屈服前分 4 级加载,每级循环 1 次。节点屈服后的第一级位移为 $2\Delta_y$,循环 3 次,此后每级的位移增量为 $2\Delta_y$,且均循环 3 次,直到节点破坏。本书的加载制度如图 5.14 所示。拉压千斤顶的最大输出荷载为 200 kN,行程为±250 mm,规定以推力为正拉力为负。

5.3.3　量测方案

静力与循环试验通过布置力传感器、位移计、应变片(花)和摄影测量设备捕捉试验过程中的受力与变形数据。

力传感器与千斤顶的加载端相连,记录试验过程中的水平荷载。

位移计布置于试件关键点上,用来监测变形发展情况,如图 5.12 所示。

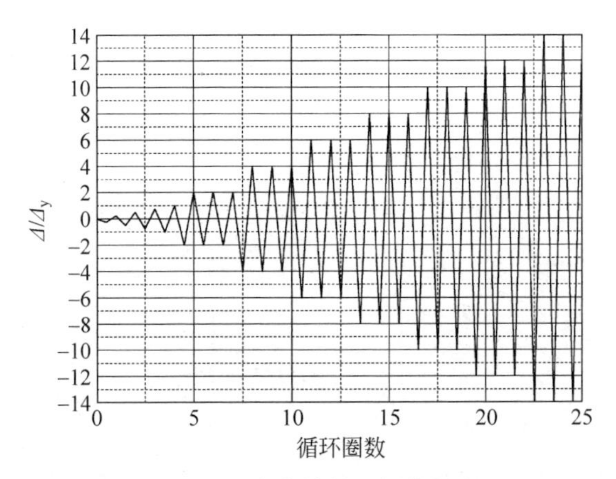

图 5.14　本书的循环加载制度

静力试验中使用的位移计编号为 L1～L10，循环试验的位移计在此基础上增加了 L11 和 L12。L1～L3 用来测量梁的位移进而计算其转动，柱的位移由 L9 和 L10 测量。L4 和 L5 以及 L11 和 L12 用来测量受拉环槽铆钉的伸长。虽然柱端的竖向与水平位移均被限制，但为防止约束不牢靠，布置位移计 L6～L8 测量可能产生的刚体位移。

应变片与应变花的布置方案如图 5.15 所示。应变花布置于节点域(柱腹板上虚线与柱翼缘围成区域)，用来测量其剪应变。根据 EC3 1-8[113]，此类节点的受压中心位于受压侧角形件腹板的中线，而受拉中心在抗拉的环槽铆钉中心线上，节点域以这两个中心所在的线为边界。B1 截面布置应变片来测量与角形件相连处梁翼缘和腹板的应变，应变片也粘贴于临近角形件边缘的 B2 截面。但在 TSWAC 型节点中，由于腹板两侧角形件的遮盖，B1-3 和 B1-4 没有布置。在柱受拉中心所在的截面(C1)和受压中心截面(C2)也布置了应变片监测柱腹板受拉压的情况和翼缘受弯的应力发展。对于含加强垫板的试件，应变片 C1-1，C1-2，C2-1 和 C2-2 粘贴于垫板下侧对应的位置。在顶底角形件和一侧的腹板角形件上也布置了应变片，在静力试验中腹板角形件上的应变片 WA-5 布置于受拉侧。对含槽钢加劲肋的节点，槽钢腹板处也布置了应变片。

基于两个目的，在节点试验中也应用了摄影测量设备。首先是用摄影测量的数据校核位移计结果的准确性，第二是获取位移计难以布置的测点位移(集中于角形件处)。摄影测量装置的组成、工作原理和操作步骤详见 4.3.3 节。节点试验中标记点的布置见图 5.16。编号以 TA 开头的标记点

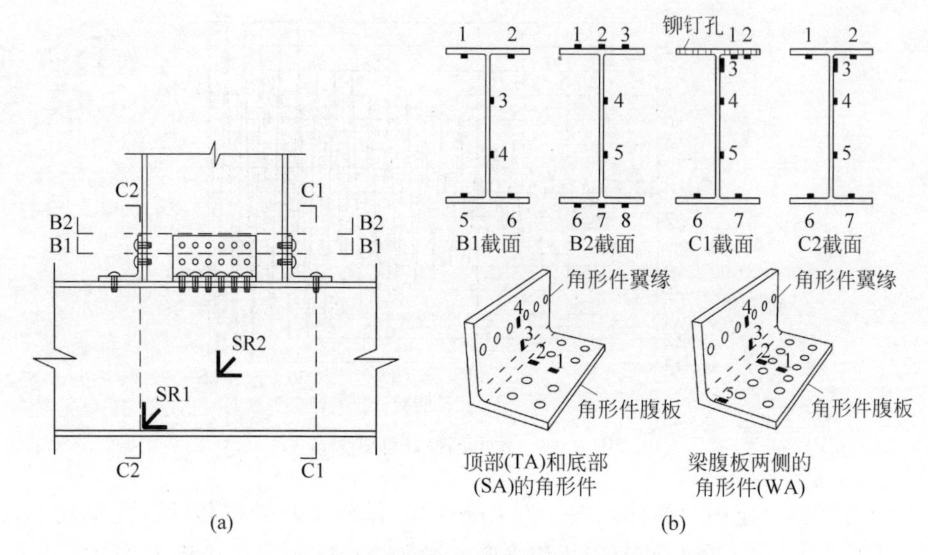

图 5.15　应变片与应变花的布置方案

(a) 应变片布置的截面与应变花位置；(b) 应变片布置细节

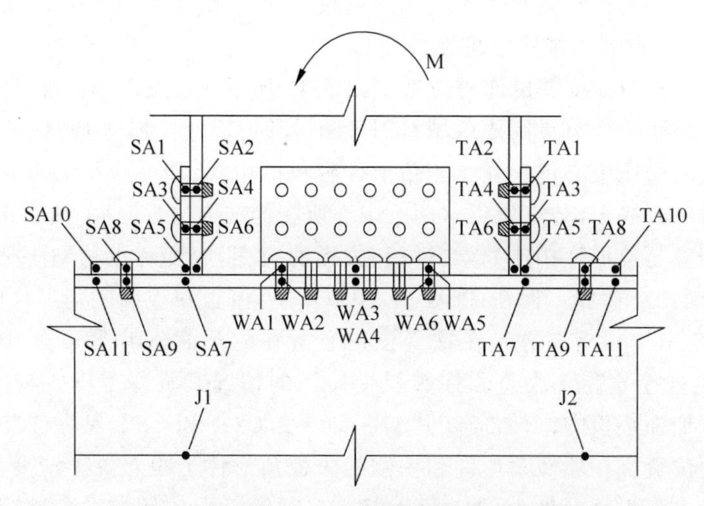

图 5.16　节点试验中摄影测量标记点的布置方案

用来测量顶部(静力试验中的顶部指受拉侧,循环试验中规定加载初始阶段受拉侧为顶部,反之为底部)角形件的变形情况,以 SA 开头的标记点测量底部角形件的变形。其中三组标记点：TA2 和 SA2,TA4 和 SA4 以及 TA6 和 SA6 所得数据可计算梁端截面的转动,以校核位移计得到的结果。

WA1～WA6用来监测TSWAC型节点腹板角形件的变形情况。J1和J2用来测量节点域的变形，在有槽型加劲肋的节点中此组标记点涂画于槽钢腹板处。

5.4 静力试验结果与分析

静力试验结果包括弯矩-转角(M-Φ)曲线、初始转动刚度、节点的屈服与极限弯矩、转动能力、破坏形态以及重要测点的应变。在两类试验节点中，将编号含“S1”的节点视作基准节点，而组内其他节点仅在S1节点的基础上改变了1个或2个材料或构造参数。进而将不同节点的试验结果与基准节点进行对比分析，更直观地体现关键参数对TSAC型和TSWAC型节点承载性能的影响效应。

5.4.1 弯矩-转角特性

5.4.1.1 M-Φ 曲线

弯矩-转角曲线是梁柱节点受力性能的重要体现，本节在展示所有试验节点弯矩-转角曲线的基础上，从中提取了初始转动刚度、节点的屈服与极限弯矩以及转动能力等关键试验结果。

节点承受的弯矩由施加的水平荷载与荷载距离柱表面(上翼缘)长度的乘积得到[194-195]。根据对节点转角的传统定义[196]，转角Φ应指相比于初始状态梁与柱轴线夹角的改变量。所以对试验节点，转角Φ定义为与柱相连的梁端截面的相对转角，其包含两个主要的组成部分[197]：①Φ_m：由角形件受弯、环槽铆钉受拉以及柱翼缘的弯曲变形引起；②Φ_v：由节点域的剪切变形产生。节点转角及其组成如图5.17所示。由于转角测量的重要性，同时使用位移计和摄影测量得到的结果来计算Φ值，并校核其一致性。由3组位移计得到的转角值分别记为$\Phi_{LVDT,1}=(\Delta_{L1}-\Delta_{L2})/750$，$\Phi_{LVDT,2}=(\Delta_{L1}-\Delta_{L3})/1000$和$\Phi_{LVDT,3}=(\Delta_{L2}-\Delta_{L3})/250$，其中$\Delta_L$表示位移计读数。由摄影测量得到的3组转角值分别记为$\Phi_{VG,1}=(\Delta_{TA6,y}-\Delta_{SA6,y})/(H_b-t_{fb})$，$\Phi_{VG,2}=(\Delta_{TA4,y}-\Delta_{SA4,y})/(H_b-t_{fb})$和$\Phi_{VG,3}=(\Delta_{TA2,y}-\Delta_{SA2,y})/(H_b-t_{fb})$，其中$\Delta_{TA}$和$\Delta_{SA}$表示顶底角形件测点的位移，由于摄影测量得到的结果包含三个维度，下角标“y”表示位移的方向。

以节点TSAC-S1-M为例，将由位移计和摄影测量得到的6条弯矩-转

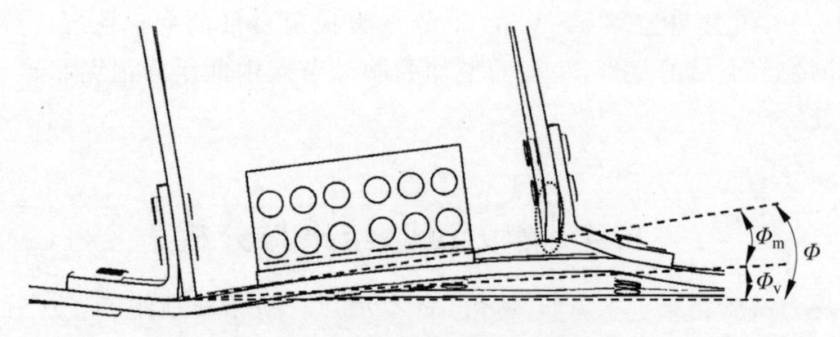

图 5.17　试验中节点转角及其组成

角曲线绘于图 5.18 中，可以发现不同曲线的一致性总体较好，证明了不同测量方法所得数据的可靠性。但同时发现，由位移计得到的曲线转角略高于由摄影测量标记点算得的转角，这是因为位移计测量的转角中还包含了梁的弹性变形。而对摄影测量而言，标记点 TA4 和 TA6 所在的翼缘在某些构件中可能产生局部受压变形（在图 5.17 中圈出）而对转角结果产生影响。鉴于此，选择最为可靠的 $\Phi_{VG,3}$ 作为所有节点的转角值。所有试验节点的弯矩-转角曲线绘于图 5.19 中。由于在加载过程中提拉千斤顶，试件 TSAC-S4-M 和 TSWAC-S3-M 的曲线有抖动。

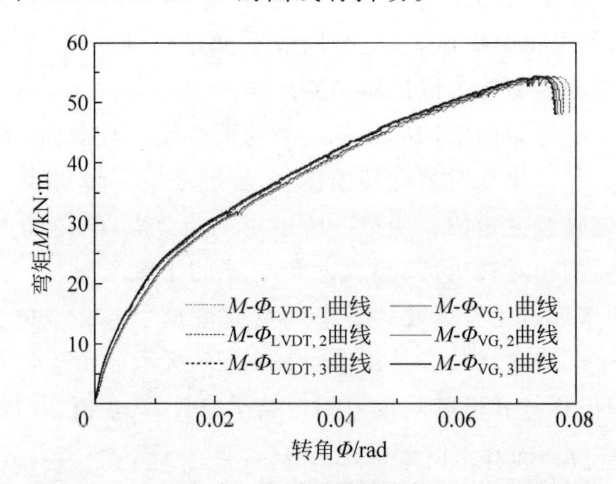

图 5.18　由位移计和摄影测量得到的 M-Φ 曲线对比

5.4.1.2　初始转动刚度

通过观察可发现，曲线在加载初期（弯矩达到 10%～15%M_u 之前）保持线性，随后进入非线性阶段。对曲线的线性部分数据点（最初的数据若有

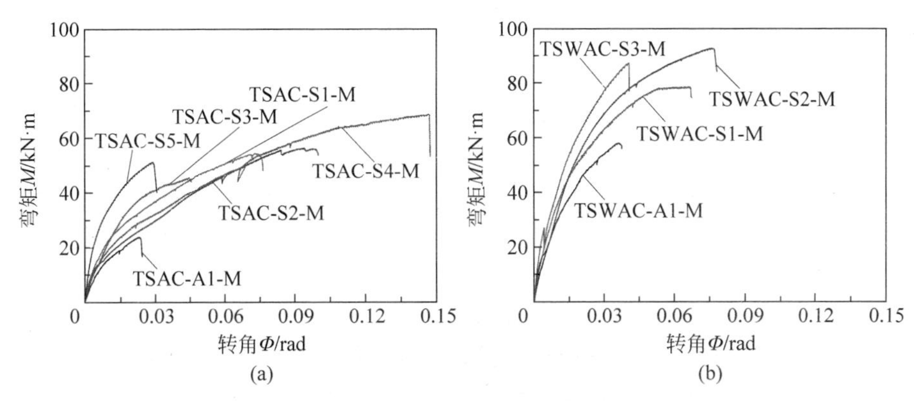

图 5.19　所有静力试验节点的弯矩转角(M-Φ)曲线

(a) TSAC 型节点；(b) TSWAC 型节点

抖动应排除)进行回归分析得到节点的初始转动刚度 $S_{j,ini}$[194]，汇总于表 5.5 中，其与基准节点的比值 $S_{j,ini}/S_{j,ini\text{-}S1}$ 列于表 5.6 中。通过两张表中的数据可发现，TSWAC 型节点的初始刚度总体高于 TSAC 型节点，而角形件为不锈钢的节点刚度明显高于采用角铝连接的节点。对比是否有垫板加强的节点结果可以发现，垫板对初始刚度的影响很有限，TSAC-S4-M 和 TSAC-S1-M 以及 TSWAC-S2-M 和 TSWAC-S1-M 的曲线初始段几乎重合，得到的初始刚度值相差也在 10%左右。这在一定程度上验证了欧洲规范在计算节点刚度时忽略垫板贡献的合理性。在两类节点中，初始刚度最高的试件均为 12.70 mm 铆钉连接、含槽型加劲肋的节点。这一方面得益于铆钉更大的轴向刚度，另一方面是因为所用角形件厚度的增加。采用角不锈钢和直径为 9.66 mm 的铆钉连接的 4 个 TSAC 型节点(S1～S4)刚度相差不大，但梁柱之间设有缝隙的节点(S2)刚度值在其中最低。根据 EC3 1-8[113]，节点按照刚度可分为刚性节点、半刚性节点和铰接节点，分类标准为 $S_{j,ini}$ 的大小。当 $S_{j,ini}\leqslant 0.5EI_b/L_b$ 时，将节点划分为铰接；当 $S_{j,ini}\geqslant k_b EI_b/L_b$ 时，节点为刚接；而当初始转动刚度介于两个限值之间时，节点为半刚性节点。上述的限值中的 I_b 与 L_b 分别为梁的截面惯性矩和跨度，k_b 对有支撑框架取为 8，对无支撑框架取为 25。假设节点位于无支撑框架且取常用梁跨为 5 m，则所有试验节点均为半刚性节点。

5.4.1.3　铆钉滑移段

由于节点试件铆钉孔的直径仅比铆钉直径大 0.34 mm(直径为 9.66 mm

的铆钉)和0.6 mm(直径为12.70 mm的铆钉),曲线在初始线性段之后的铆钉滑移段并不明显。仅有TSAC-S1-M(M =15.8 kN・m处),TSAC-S2-M(M =15.0 kN・m处),TSAC-S3-M(M =13.8 kN・m处),TSAC-S4-M(M =14.0 kN・m处)和TSWAC-S2-M(M =17.3 kN・m处)观察到了微小的滑移段。将铆钉所连板件发生滑移时的弯矩定义为滑移弯矩M_{sp},则在TSAC型节点中对M_{sp}起主要贡献的是受拉侧梁翼缘与角形件背侧的摩擦力,在TSWAC型节点中除摩擦力的贡献还有梁腹板处铆钉伸长的贡献,因此TSWAC型节点的M_{sp}高于TSAC型节点。4个可观察到滑移的TSAC型节点的角形件材料均为不锈钢,其M_{sp}平均值为14.7 kN・m,而采用表5.4中的实测μ值计算滑移弯矩得到的结果为14.1 kN・m,二者非常接近。更清楚的曲线滑移段参见试验与有限元对比图。

5.4.1.4　屈服与极限弯矩

在得到曲线初始刚度之后,按照图5.13中确定屈服点的方法得到了所有节点的屈服弯矩M_y和屈服转角Φ_y,并汇总、对比于表5.5和表5.6中,表中同时列出了极限弯矩M_u和对应的转角Φ_u。通过比较可发现,由于增加了梁腹板处的角形件,TSWAC型节点的屈服与极限弯矩大幅高于相应的TSAC型节点。在除腹板角形件外其他条件相同的节点中,TSWAC-A1-M比TSAC-A1-M的极限弯矩高出145%,TSWAC-S1-M比TSAC-S1-M高出45%。而从TSWAC-A1-M到TSWAC-S1-M加强效应减弱的原因在于,TSWAC-S1-M节点已不是在角形件处发生破坏,节点其他组件的提前失效限制了腹板角钢的加强作用(详见5.4.2节)。角钢连接的节点比角铝连接节点的承载力有明显提升,TSAC-S1-M的极限弯矩比TSAC-A1-M提升了130%,TSWAC-S1-M比TSWAC-A1-M提高约35%。通过对比TSAC-S4-M和TSAC-S1-M以及TSWAC-S2-M和TSWAC-S1-M的结果可知,垫板对于节点极限抗弯承载力的提升很明显。对于由大直径(12.70 mm)铆钉连接的节点,其屈服与极限弯矩并没有理想中提升那么多或者根本没有提升。这是因为虽然单颗铆钉的抗拉承载力有所提升,但由于铆钉列数的减少,抗拉铆钉的总承载力其实是下降的(56.65 kN×4 < 49.57 kN×6)。在试验中,由于大直径铆钉和紧固设备的限制,直径为12.70 mm的铆钉的拉脱承载力是在梁柱节点设计拼装完成后才通过试验知晓,所以在设计初期高估了大直径铆钉的单钉承载力。不过,在后续分析中可通过在精细化的数值模型中引入承载力更高的铆钉,进一步发挥节点

中槽型加劲肋和角不锈钢的潜力。梁柱间缝隙对节点抗弯承载力并无明显的影响。对于增加一排铆钉的节点TSAC-S3-M，其抗弯承载力并无提升，这与第4章T形连接中得到的结论一致，其M_u相比于基准试件略有降低的原因是该节点柱截面相比于其他试件稍有削弱，而在柱腹板处被提前破坏(详见图5.23)。

表5.5 静力试验结果汇总

节点编号	$S_{j,ini}$ /(kN·m/rad)	弯矩/kN·m		转角/mrad				Δ_{L4-5} /mm	μ
		M_u	M_y	Φ_u	Φ_y	Φ_f	Φ_v		
TSAC-A1-M	2369.3	23.8	20.3	23.3	8.6	24.5	1.0	1.0	2.71
TSAC-S1-M	3875.1	54.4	30.6	73.2	7.9	76.6	2.4	5.1	9.27
TSAC-S2-M	3144.5	56.4	32.3	94.0	10.3	100.1	1.9	5.7	9.13
TSAC-S3-M	3892.6	45.6	32.7	44.6	8.4	45.7	2.3	3.5	5.31
TSAC-S4-M	3553.8	68.7	30.2	146.8	8.5	147.4	2.5	13.7	17.27
TSAC-S5-M	7212.7	51.3	34.7	28.8	4.8	30.7	3.7	1.4	6.00
TSWAC-A1-M	4298.4	58.3	47.5	36.0	11.1	37.5	2.5	0.8	3.24
TSWAC-S1-M	5083.9	78.8	57.4	65.7	11.3	67.3	3.6	4.1	5.81
TSWAC-S2-M	5847.6	92.8	60.5	75.8	10.3	78.0	4.1	2.6	7.36
TSWAC-S3-M	9111.2	87.4	56.7	40.5	6.2	40.7	7.1	2.2	6.53

表5.6 主要试验结果与基准试件结果的比值

节点编号	$S_{j,ini}/S_{j,ini\text{-}S1}$	$M_u/M_{u\text{-}S1}$	$M_y/M_{y\text{-}S1}$	$\Phi_u/\Phi_{u\text{-}S1}$	$\Phi_y/\Phi_{y\text{-}S1}$	$\Phi_f/\Phi_{f\text{-}S1}$
TSAC-A1-M	0.61	0.44	0.66	0.32	1.09	0.32
TSAC-S1-M	1.00	1.00	1.00	1.00	1.00	1.00
TSAC-S2-M	0.81	1.04	1.06	1.28	1.30	1.31
TSAC-S3-M	1.00	0.84	1.07	0.61	1.06	0.60
TSAC-S4-M	0.92	1.26	0.99	2.01	1.08	1.92
TSAC-S5-M	1.86	0.94	1.13	0.39	0.61	0.40
TSWAC-A1-M	0.85	0.74	0.83	0.55	0.98	0.56
TSWAC-S1-M	1.00	1.00	1.00	1.00	1.00	1.00
TSWAC-S2-M	1.15	1.18	1.05	1.15	0.91	1.16
TSWAC-S3-M	1.79	1.11	0.99	0.62	0.55	0.60

5.4.1.5 转动能力

表5.5和表5.6列出了节点破坏时的极限转角Φ_f。通过观察可发现，

就极限转动能力而言，TSWAC 型节点和 TSAC 型节点并无明显的优劣之分，但由角不锈钢连接的节点明显优于由角铝连接的节点。这是由于不锈钢材料的极限应变高，可以在大变形时继续承载而不断裂，而铝合金在应变达到 10%左右即拉断。在两类节点中转动能力最强的都是含柱翼缘加强垫板的试件，而除角铝连接节点以外最弱的都是直径为 12.70 mm 的铆钉连接的节点。在大直径铆钉连接节点中，除铆钉伸长直至破坏以外，其他组件的变形很有限(详见图 5.25 和图 5.29)。所以若要保证节点良好的转动能力，应约束角形件和铆钉之间的强度比不能太高。值得注意的是，由于缝隙的存在，TSAC-S2-M 梁端受压侧可不受柱翼缘的限制而发展变形，所以其转动能力优于基准试件。

对于节点转动能力的评价，欧洲规范(EC8[199])给出了延性良好(ductility class high，DCH)的评价标准：节点总转角不小于 35 mrad。所有节点中除 TSAC-A1-M 和 TSAC-S5-M 外，都符合这一标准。TSAC-A1-M 和 TSAC-S5-M 基本满足 EC8 对中等延性(DCM)节点的要求($\Phi \geqslant 25$ mrad)。

我国规范《建筑抗震试验规程》(JGJ/T 101-2015)[200]虽未给出节点转动能力的评价标准，但建议采用延性系数 μ 作为其量化的依据，其计算方法见式(5-1)：

$$\mu = \Phi_u / \Phi_y \tag{5-1}$$

根据式(5-1)得到的所有 μ 值列于表 5.5 中。文献[201]根据延性系数(该文献中称为“相对延性系数”，计算方法相同)设定了评价的标准，当 $2.5 \leqslant \mu \leqslant 3$ 时，节点为可用于非抗震区、延性良好的节点；当 $\mu \geqslant 6$ 时，节点为可用于抗震区、延性良好的节点。而延性系数介于 3～6 的试件为可用于抗震区但延性适中的节点。根据此标准可判断，几乎所有角不锈钢连接的节点都属于延性良好且可用于抗震区的节点，而角铝连接的节点不宜用于抗震区。

5.4.2 试验现象与破坏形态

图 5.20～图 5.29 展示了所有静力试验节点的破坏形态。下面对梁柱节点的试验现象和破坏过程进行详细地描述。

(1) TSAC-A1-M：在整个加载过程中，试件节点域和角形件变形不是很明显，在接近极限弯矩时听到试件有清脆的响声，进而观察到顶部(受拉)角形件在其腹板与翼缘交接处发展出一条近乎贯穿整个宽度的裂纹，随即荷载迅速降低，加载立刻终止。该裂纹首先是从受力平面的内侧萌生，说明水平荷载有一定的面外偏心，使角铝内侧的应力较高而首先达到了材料的

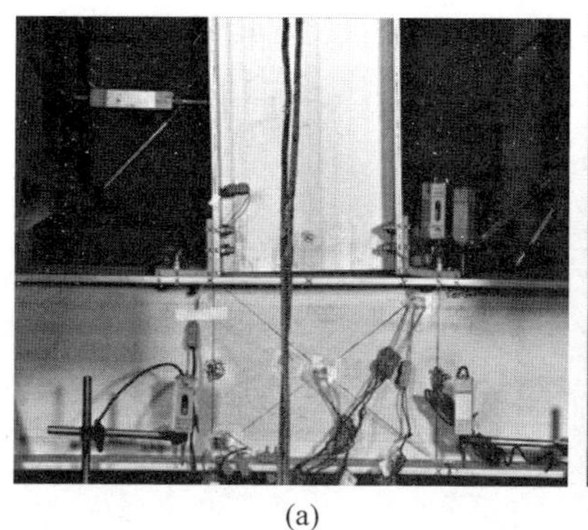

(a)

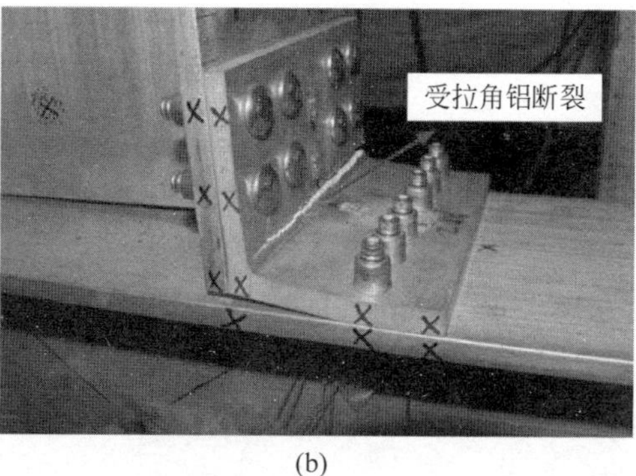

(b)

图 5.20　TSAC-A1-M 破坏形态

(a) 概览；(b) 破坏细节

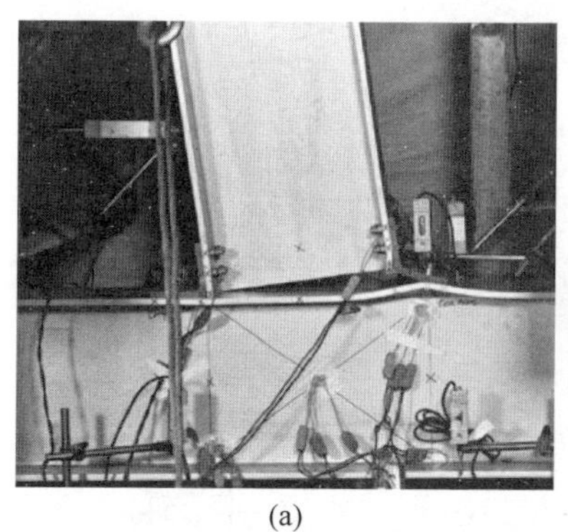

(a)

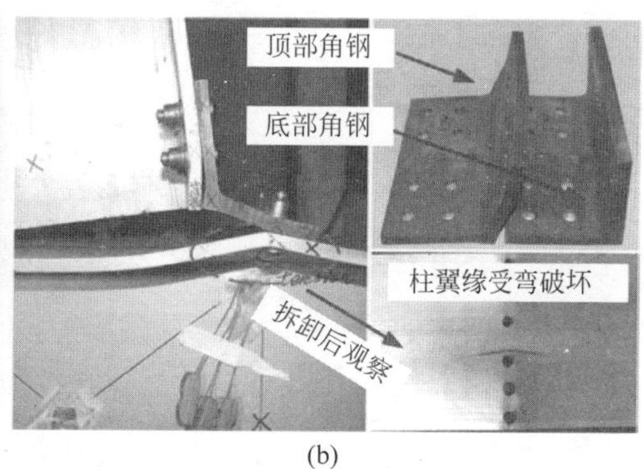

(b)

图 5.21　TSAC-S1-M 破坏形态

(a) 概览；(b) 破坏细节

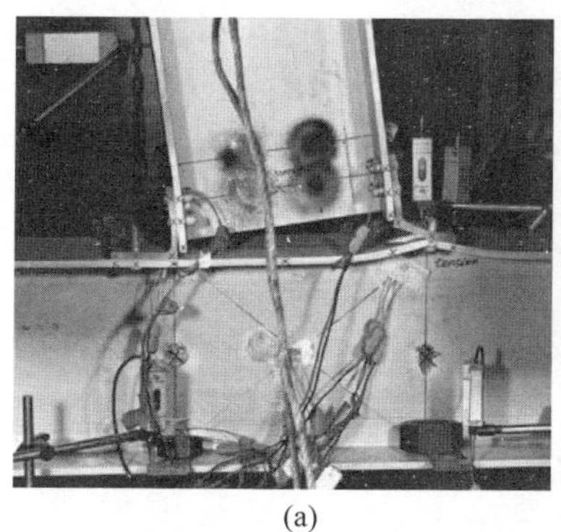

(a)

(b)

图 5.22　TSAC-S2-M 破坏形态

(a) 概览；(b) 破坏细节

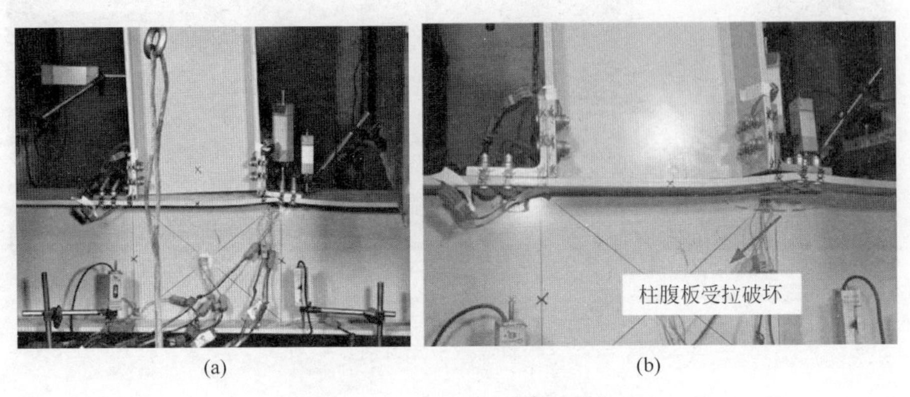

(a)　　　(b)

图 5.23　TSAC-S3-M 破坏形态

(a) 概览；(b) 破坏细节

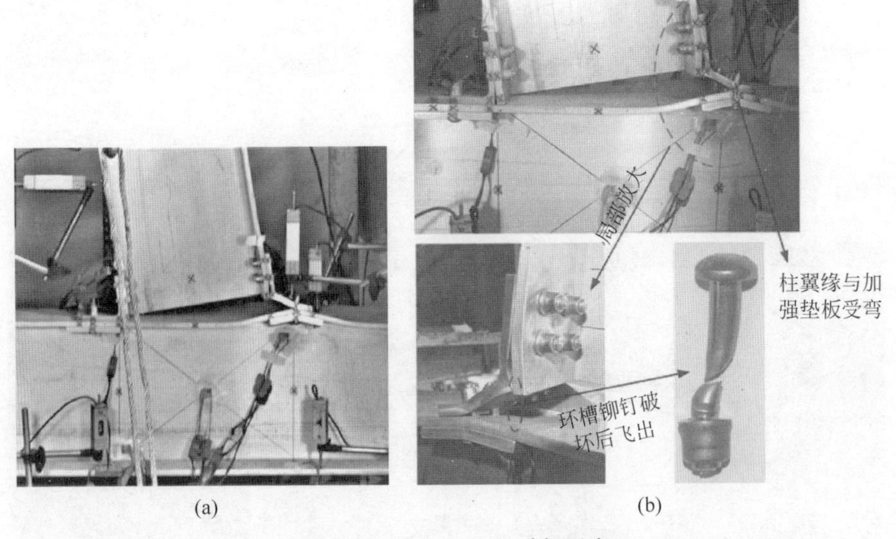

(a)　　　(b)

图 5.24　TSAC-S4-M 破坏形态

(a) 概览；(b) 破坏细节

(a)

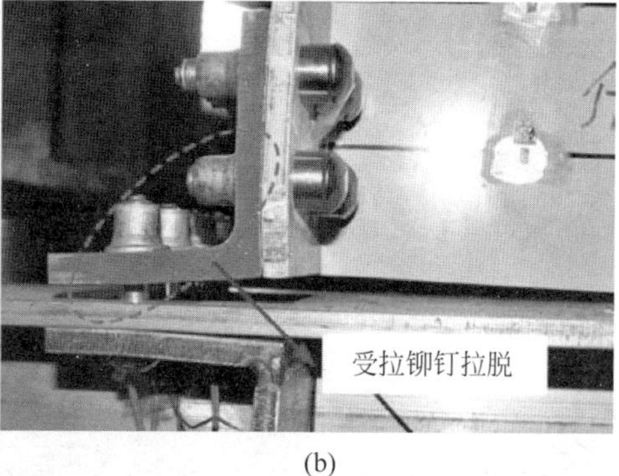

(b)

图 5.25 TSAC-S5-M 破坏形态

(a) 概览；(b) 破坏细节

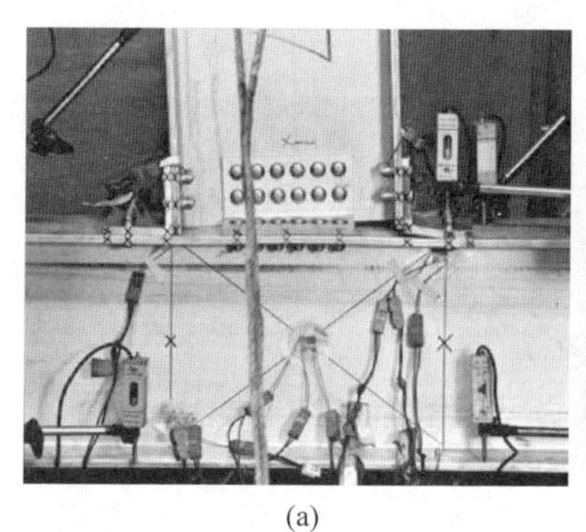

(a)

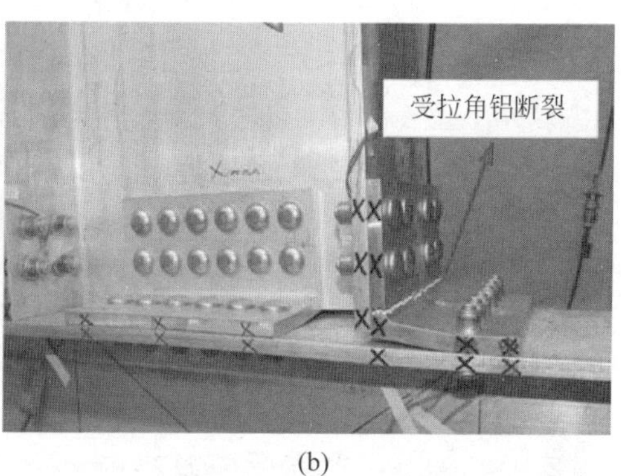

(b)

图 5.26 TSWAC-A1-M 破坏形态

(a) 概览；(b) 破坏细节

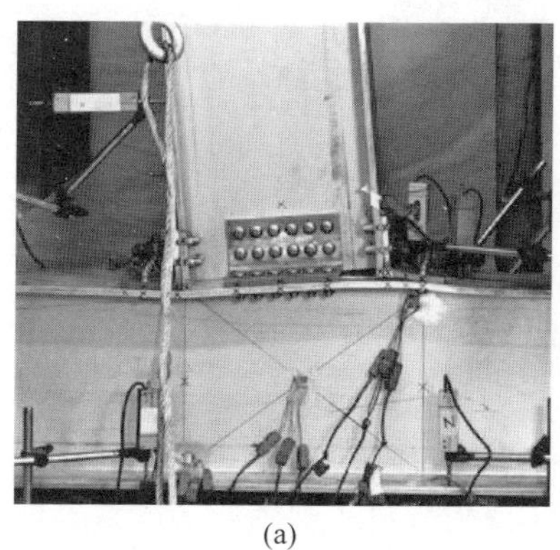

(a)

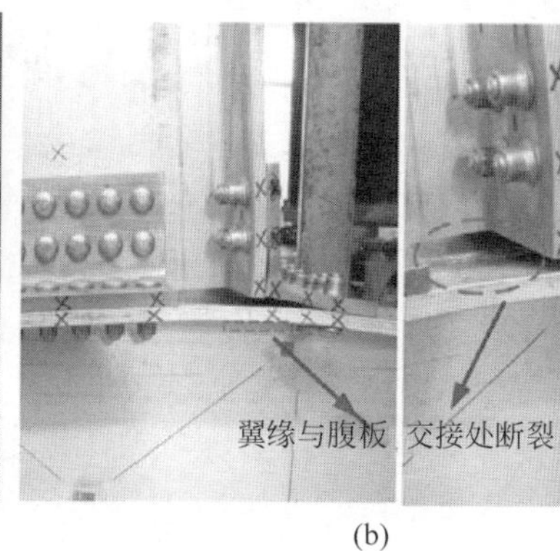

(b)

图 5.27 TSWAC-S1-M 破坏形态

(a) 概览；(b) 破坏细节

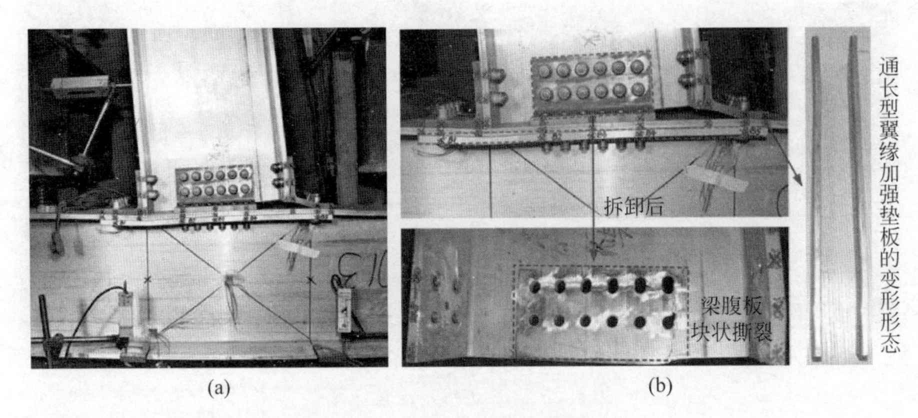

图 5.28　TSWAC-S2-M 破坏形态

(a) 概览；(b) 破坏细节

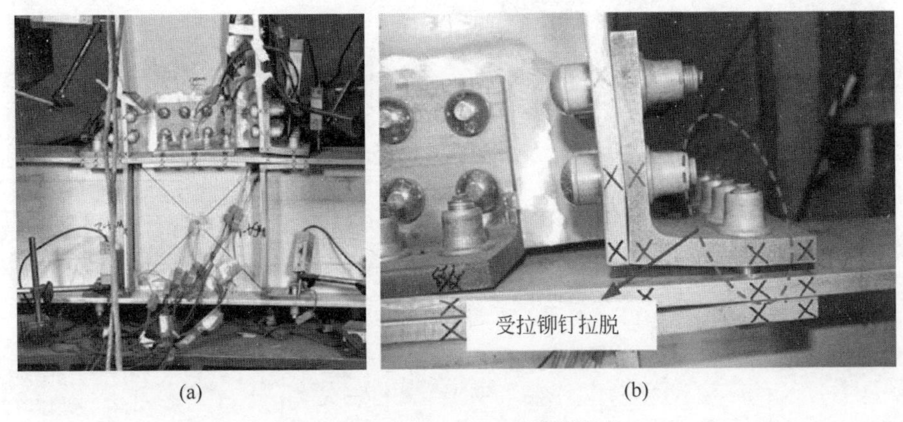

图 5.29　TSWAC-S3-M 破坏形态

(a) 概览；(b) 破坏细节

断裂应变。卸载后观察发现连接节点的铆钉并无任何拉脱或滑移现象，节点的其他组件也无可见的残余变形。

(2) TSAC-S1-M：随着荷载的增加，可观察到顶部角钢和与其相连柱翼缘的受弯变形逐渐发展，底部角钢由于和它相连梁翼缘的转动也由直角变为锐角。在接近极限弯矩时试件突然发出巨响，同时荷载迅速下降，试验停止。卸载后发现在受拉铆钉下方柱翼缘与腹板相连处发生断裂，试件拆卸后可更清楚地观察到该现象，见图 5.21(b)，从而判断该试件是因柱翼缘受弯破坏造成了节点的失效。观察破坏后的试件发现，受拉铆钉虽未拉脱但最中间的两颗铆钉已有明显的滑移，而外侧铆钉几乎没有伸长或变形。相应地，顶部角钢翼缘的变形也呈现两侧变形小、中间变形大的形态。

(3) TSAC-S2-M：节点在加载初期的试验现象与 TSAC-S1-M 相似。在水平荷载达到 40 kN 时可观察到受拉铆钉下侧柱翼缘发生开裂，此时荷载仅小幅降低后继续上升，直到听见巨大响声、荷载大幅下降，同时发现翼缘明显撕裂，随即停止加载。卸载后发现除位于中间位置的 1 颗铆钉发生一定的滑移外，其他铆钉并无明显的变形。

(4) TSAC-S3-M：随着荷载的增加可观察到顶部角钢与柱翼缘明显的变形。两排受拉铆钉随柱翼缘都有所上移，但内排（靠近梁翼缘）铆钉的变形更明显。在接近极限弯矩时，伴随着巨大的声响，受拉铆钉附近的柱腹板被拉裂。虽然拉裂的位置也靠近柱的腹板翼缘交接处，但与此前两个节点不同的是，该节点是腹板的破坏。该试件的破坏很突然，柱腹板断裂前并无其他征兆。卸载后发现，所有铆钉均无明显变形。

(5) TSAC-S4-M：在荷载达到 40 kN 以前，受拉角钢的变形明显而与其连接的柱翼缘及加强垫板变形较小。而在 40 kN 后，三者的变形均迅速发展，直到接近极限弯矩时，顶部角钢中间的环槽铆钉在拉剪作用下断裂飞出，发出巨响，进而荷载迅速下降。卸载后发现柱翼缘和加强垫板也发生受弯破坏。除断裂的铆钉外，其他受拉铆钉也发生了一定的滑移。

(6) TSAC-S5-M：试验中可观察到顶部角钢翼缘变形随荷载增加而逐步发展，而其他组件的变形不明显。在接近极限承载力时突然听到两个声响，一小一大，同时承载力陡降，随即立刻停止试验。卸载后发现，承受拉力的 4 颗铆钉全部拉脱，结合听到响声的次数和大小推断，第一次应该是 1 颗铆钉拉脱，第二次是剩下 3 颗铆钉同时拉脱。

(7) TSWAC-A1-M：该节点的破坏与 TSAC-A1-M 相似，但在加载过程中变形更明显，可观察到顶部及腹板处的角铝随荷载变大而变形增长。在接近极限荷载时，顶部角铝的腹板产生贯通式裂纹，导致节点破坏。

(8) TSWAC-S1-M：加载时除观察到顶部及腹板角钢明显变形外，从顶部角钢翼缘最外端延伸至腹板角钢中心位置对应的柱翼缘也发生了明显的弯曲。该节点中翼缘受弯变形的范围明显高于以上所有节点。同时，在底部角钢翼缘对应的节点域位置观察到较为明显的受压变形。当荷载刚过 60 kN 时，发现柱翼缘出现裂纹，此时荷载不再增加，当继续加载时发现该裂纹迅速发展，进而荷载下降。卸载后发现受压侧角钢也发生塑性变形，直角变为锐角。但环槽铆钉并无拉脱和滑移现象。

(9) TSWAC-S2-M：荷载在达到 65 kN 以前，仅能观察到顶部与腹板角钢的变形，65 kN 之后柱翼缘和加强垫板也产生了可见的弯曲变形，但相较于试件 TSWAC-S1-M 小得多。在荷载超过 70 kN 后发现角形件与柱翼缘的变形基本不增加，而梁持续转动，在接近极限承载力时听到迅速而持续的多个声响，然后荷载下降、试验停止。在卸载后并未观察到任何可见的板件断裂或铆钉拉脱，进而对试件进行拆卸，发现与两侧角钢相连的梁腹板发生了块状撕裂(见图 5.28(b))。

(10) TSWAC-S3-M：当荷载达到 45 kN 时，观察到受拉区柱翼缘与槽型加劲肋翼缘间出现缝隙，继续加载发现顶部角钢、腹板角钢和柱翼缘有一定的变形发展。在接近 M_u 时，突然听到一声巨响，然后发现 4 个铆钉均拉脱、承载力骤降，随即停止加载。值得注意的是，虽然只听到一声巨响，但无法判断这 4 颗铆钉是同时拉脱的，因为若响声间隔很近人耳是难以分辨的。根据 TSAC-S5-M 的现象推测，该试件也是最弱(或受力最大)的铆钉先拉脱，进而引发剩余 3 个铆钉无法承载也迅速被破坏。

5.4.3 主要变形结果与分析

5.4.3.1 节点域剪切转角

通过在节点域布置的摄影测量标记点 J1 和 J2，可按下式计算节点域剪切转角 Φ_v：

$$\Phi_v = \frac{\Delta_{J2,y} - \Delta_{J1,y}}{H_b + ag_1 + at_2/2} \tag{5-2}$$

将极限弯矩时所有试件的 Φ_v 按式(5-2)计算并汇总于表 5.5 中。布置于柱下翼缘的位移计 L9 和 L10 其实也可用来计算 Φ_v，但由于大部分试件节点域并未布置加劲肋，力在节点域边界的传递是向下扩散的，因而腹板底部的变形小于中间的变形值，所以最终使用摄影测量数据计算剪切变形，位移计读数仅用于校核。在摄影测量过程中，个别试件的防失稳钢索挡住了节点域测点，此时取最临近时刻的数据用于计算。

分析表 5.5 中的数据可发现，试件的节点域剪切转角占总节点转角比例非常小，平均占比仅为 6.5%。这说明转角的来源主要是角形件受弯、环槽铆钉受拉和柱翼缘受弯而非节点域受剪。TSAC 型和 TSWAC 型节点中剪切转角占比最高的均为加设槽型加劲肋的试件，其 Φ_v/Φ_u 的值分别为 12.8% 和 17.5%，这说明加劲肋可以集中有效地传递节点域边界处的拉压力，同时增加了节点域对抵抗弯矩的参与程度。除设加劲肋的试件外，其余节点的 Φ_v 大体与其极限弯矩值成正比。

5.4.3.2　环槽铆钉的变形

试验中准确测量环槽铆钉变形的困难在于无法在铆钉头尾直接布置量测设备，也很难在钉杆开槽贴应变片。因此在量测方案中退而求其次，采用测量与其相连的板件变形，间接地评估其变形的大小。

(1) 中间铆钉：使用分别布置在受拉铆钉排中间和紧临顶部角形件柱翼缘中间的位移计 L4 和 L5 来测量。但用 $\Delta_{L4\text{-}5}=\Delta_{L4}-\Delta_{L5}$ 来反映中间铆钉的伸长会引起高估，其来源有 2 个：第一个是 $\Delta_{L4\text{-}5}$ 中包含了无法排除的柱腹板受拉变形；第二个是为了不使位移计探头触碰到铆钉排中间的应变片(编号为 TA-4，如图 5.15 所示)，位移计常向内侧微调，这造成实测的 Δ_{L4} 中还包含角形件翼缘受弯变形。所以本节得到的极限弯矩时的 $\Delta_{L4\text{-}5}$ (列于表 5.5 中)主要用于定性判断不同节点铆钉伸长量的大小。通过表中数据发现，对 TSAC 和 TSWAC 两类试件，角铝节点的 $\Delta_{L4\text{-}5}$ 值均为最小，说明铝合金角形件无法充分发挥环槽铆钉的抗拉强度。$\Delta_{L4\text{-}5}$ 的最大值出现于试件 TSAC-S4-M，这也是唯一一个发生铆钉(9.66 mm)破坏飞出的节点，测得结果与试验现象相符。

(2) 两侧铆钉：两侧铆钉的伸长由摄影测量标记点 TA8 和 TA9 的位移差反应。然而通过提取数据发现，在极限弯矩时两侧的铆钉几乎都无伸长。图 5.30 以试件 TSWAC-S1-M 为例绘出了典型的铆钉伸长-转角曲线。而最外侧铆钉无伸长并不能说该列铆钉对承受拉力无贡献，可能是其拉力尚未克服预紧力。由于量测技术的限制，试验中无法获取第 2 列(从两

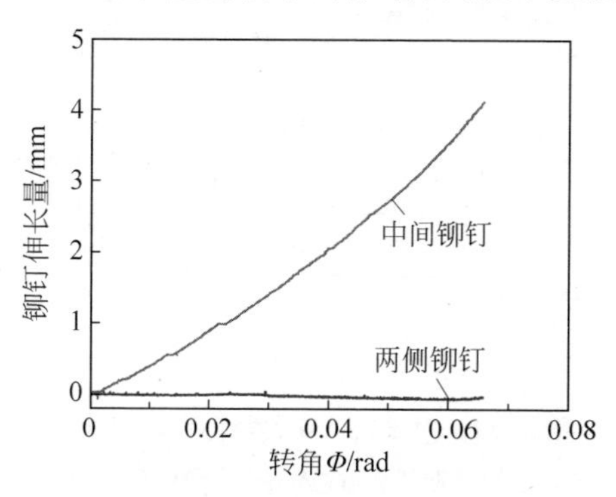

图 5.30　铆钉伸长-节点转角典型曲线(TSWAC-S1-M)

侧向中间数）小直径铆钉的受力信息。

5.4.3.3　TSAC 型节点角形件应变分布

图 5.31 绘出了 TSAC 型节点顶底角形件的应变分布情况。试验中所使用的应变片在 20000 微应变(2.0%应变)后失效，所以图中的应变值截止于此。从图中可发现，角铝与角钢的应变发展趋势很相似。对顶部角形件：拉应变都是首先在角形件腹板与翼缘交接处的腹板一侧(TA-2)快速发展并达到屈服(试件 TSAC-A1-M 最终破坏的位置也是此处，见图 5.20)，进而靠近交接处的翼缘侧(TA-3)应变也迅速增长并超过屈服应变。其中角形件中铝合金和不锈钢的屈服应变分别约为 0.6%和 0.4%。顶部角形件中受拉与受剪铆钉中心的应变在整个加载过程中都很小。对底部角形件：压应变发展最快的位置是靠近交接处的腹板侧。因为角钢连接节点承受的

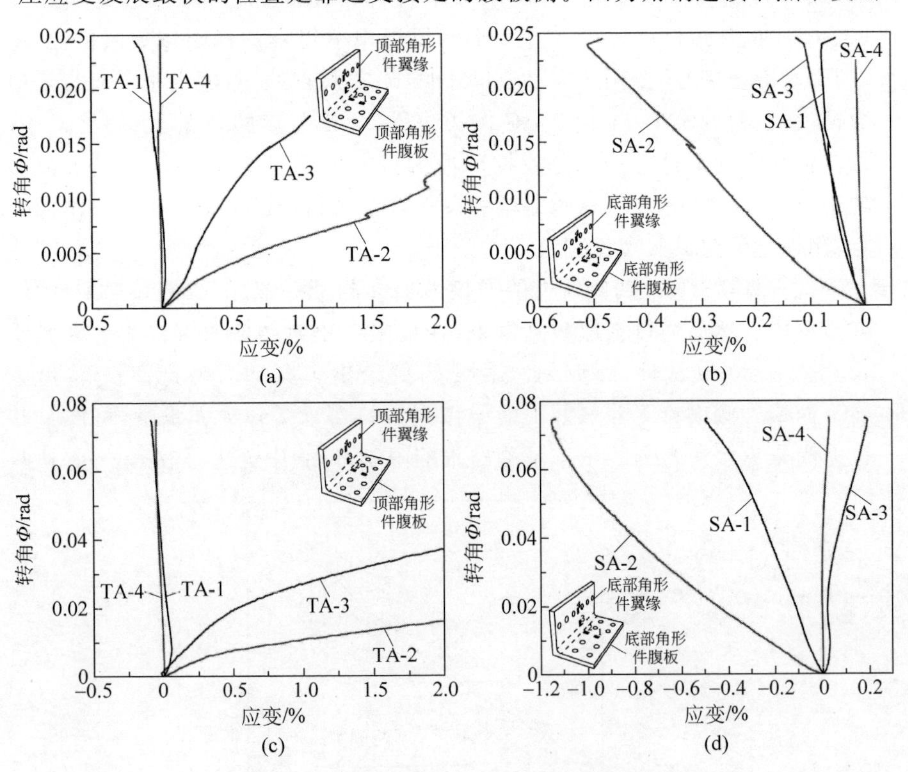

图 5.31　TSAC 型节点角形件的应变分布

(a) TSAC-A1-M 的顶部角铝；(b) TSAC-A1-M 的底部角铝；

(c) TSAC-S1-M 的顶部角钢；(d) TSAC-S1-M 的底部角钢

弯矩大，受压角形件腹板承担的压力就大，因而在节点破坏前早已屈服。而在试件 TSAC-A1-M 中的底部角铝始终处于弹性状态，这是不锈钢与铝合金角形件的不同之处。

5.4.3.4　TSWAC 型节点角形件应变分布

图 5.32 绘出了 TSWAC 型节点顶底和腹板角形件的应变分布情况。TSWAC-A1-M 的 TA-2 应变片失效过早，所以未在图中展示。为了更直观地体现腹板角形件对节点受力性能的影响，在图 5.32 顶底角形件应变分布的图中还以虚线绘出了对应的无腹板角形件加强的节点（TSAC-A1-M 和 TSAC-S1-M）应变。对于顶部角形件来说，在相同的节点转角下，有无腹板角形件加强的节点其应变几乎相同，如图 5.32(a)和(c)所示。但对于底部角形件来说，有腹板加强的节点压应变更大，图 5.32(d)可明显体现该现象。这初步说明了一个事实：腹板角形件为顶部角形件分担了一部分拉力，使在相同转角时虽然节点总弯矩增加而顶部角形件应变基本不增加；而腹板角形件参与受压有限，所以底部角形件由于更高的弯矩作用产生了更大的压应变。

图 5.32(e)和(f)展示了腹板角形件的应变变化，从中可发现角形件腹板受拉侧(WA-5)很早就达到了屈服，由于 TSWAC-S1-M 试件的薄弱环节是柱翼缘，腹板角钢上其他位置基本处于弹性状态，小于 TSWAC-A1-M 相应位置的应变值。试件 TSWAC-S1-M 的曲线在转角为 0.055 rad 附近时略有抖动；在该转角时，节点的水平荷载约为 60 kN，如 5.4.2 节中对试验现象的描述，此时的节点翼缘处出现裂纹并开始发展(参见图 5.27 (b))，这导致了腹板角形件的卸载，所以曲线产生回折。

5.4.3.5　柱腹板拉压应变

所有节点柱腹板拉压中心处应变汇总于图 5.33 中。其中受拉中心的应变值从应变片 C1-3 中提取，受压中心的应变从 C2-3 中提取。通过该图可发现，节点柱腹板受压应变总体高于受拉应变，大部分节点的腹板(与翼缘交接附近)均达到或接近受压屈服。超过受拉屈服应变的仅有试件 TSAC-S3-M，这也与它的破坏形态(柱腹板断裂，见图 5.23(b))一致。观察该图还可发现，设有槽型加劲肋的试件腹板受压应变几乎为 0，这说明槽型加劲肋基本承担了所有底部角形件传递的压力。翼缘加强垫板在一定程度上降低了腹板受拉应变，却并不降低受压区腹板的应变。这是由于受拉

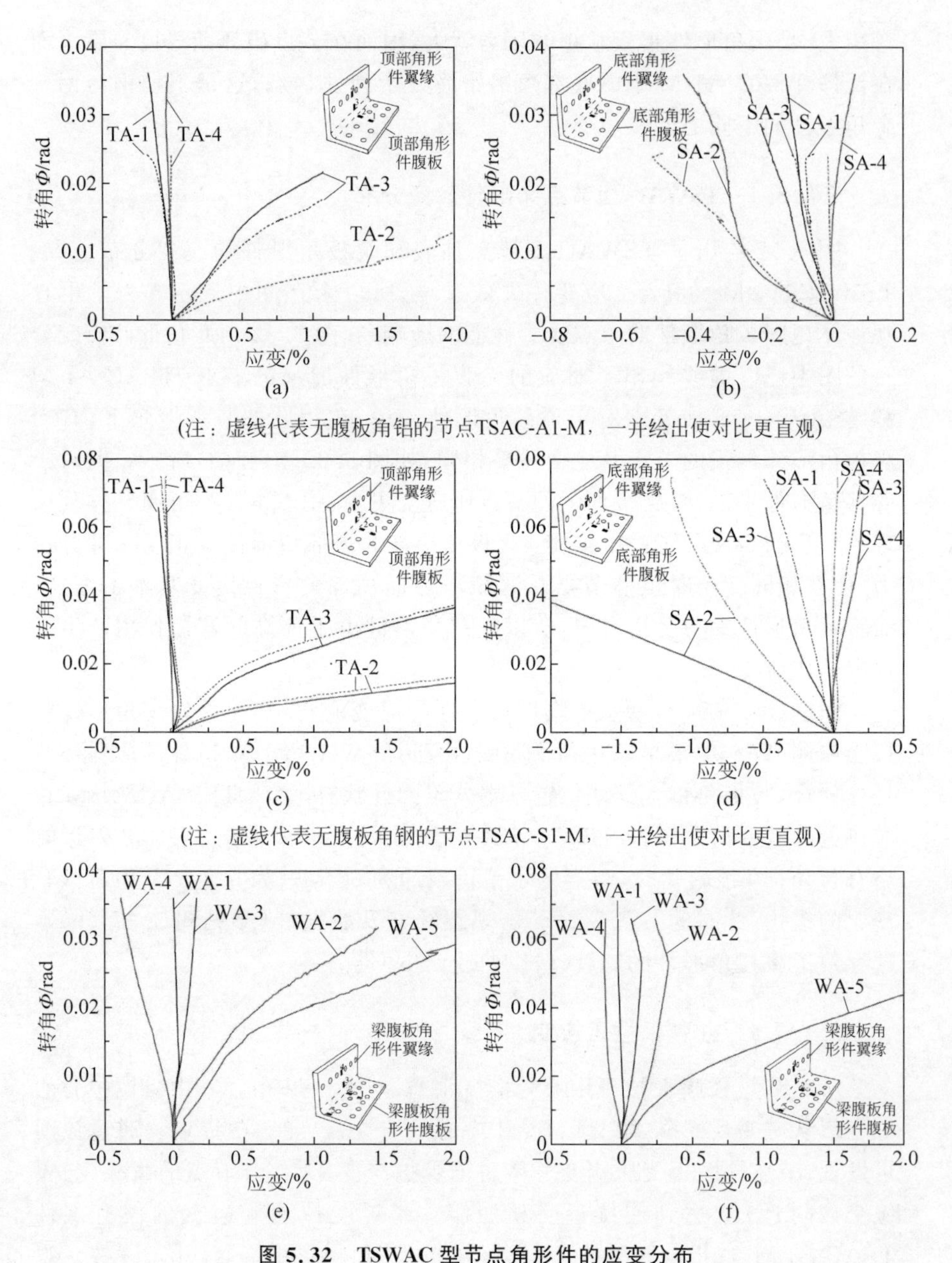

图 5.32 TSWAC 型节点角形件的应变分布

(a) TSWAC-A1-M 的顶部角铝；(b) TSWAC-A1-M 的底部角铝；(c) TSWAC-S1-M 的顶部角钢；(d) TSWAC-S1-M 的底部角钢；(e) TSWAC-A1-M 腹板角铝；(f) TSWAC-S1-M 的腹板角钢

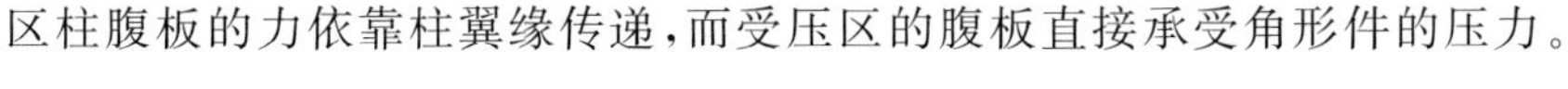

区柱腹板的力依靠柱翼缘传递，而受压区的腹板直接承受角形件的压力。

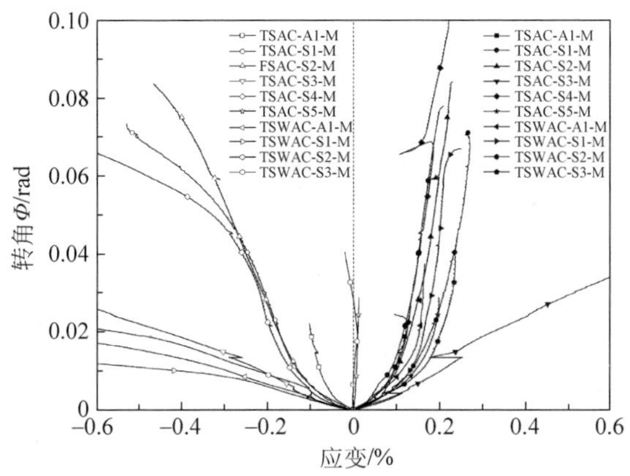

图 5.33　所有节点柱腹板在受拉中心和受压中心处的应变

5.4.4　关键参数的影响分析小结

通过以上对试验现象与结果的总结分析，可得到如下关键参数对环槽铆钉连接的铝合金梁柱节点承载性能的影响机制。

(1) 节点类型：试验涉及的两个节点类型——TSAC 型与 TSWAC 型的本质区别在于是否有腹板角形件加强；有加强的试件抗弯承载力与初始刚度明显提高，然而转动能力并无显著改善。腹板角形件可协同顶部角形件共同承受拉力，但参与向柱腹板传递压力的程度有限。

(2) 角形件材料：使用角不锈钢的节点在承载性能、初始刚度以及转动能力方面均优于角铝连接的节点，这是由不锈钢材料本身更高的强度和延性决定的。静力试验中没有任何不锈钢角形件发生破坏。然而由于角钢的使用，改变了角形件与柱翼缘及腹板的强弱对比关系，使二者有可能成为节点中的薄弱环节而出现破坏。试验节点的工作原理符合"木桶效应"，在承载性能和转动能力上都取决于最弱的组件，初始刚度在很大程度上也由最柔的部分决定，所以平衡各组件的强弱对合理设计、充分利用材料有重要的意义。

(3) 加强垫板：加强垫板显著增强了柱翼缘的抗弯性能，对比试件 TSAC-S4-M 和 TSAC-S1-M 以及 TSWAC-S2-M 和 TSWAC-S1-M 的主要力学性能指标即可发现。除此之外，试件的破坏形态图 5.34 可进一步证明这一点：图 5.34(a)为试件 TSWAC-S2-M 和 TSWAC-S1-M 柱翼缘的应变,图 5.34(b)为翼缘的竖向位移。通过对比可知,柱翼缘的应变与位移均因垫板加强而减小。同时值得注意的是,短垫板与长垫板的加强作用也有区别,短垫板以局部加强为主,很难将集中的荷载传递到更靠近节点域中心的位置而进一步降低柱翼缘应力,而长垫板可以做到这一点,所以短垫板加强的柱翼缘最后仍发生断裂,但长垫板加强试件却得以幸免。垫板对改善柱腹板受力状态的效果甚微。

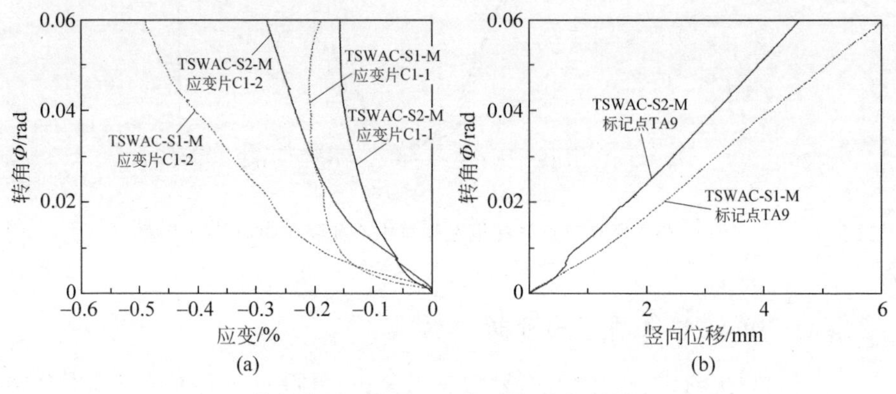

图 5.34　垫板的加强效果——柱翼缘弯曲应变与位移对比

(a) 柱翼缘弯曲应变;(b) 柱翼缘竖向位移

(4) 槽型加劲肋:因为试验中直径为 12.70 mm 的铆钉没有达到预期的强度,槽型加劲肋的强度没有完全发挥。但通过试验结果的分析还是可以发现,加劲肋明显增加了节点域参与转动的程度,请注意这里应当将加劲肋本身也计入节点域的范畴。同时加劲肋大幅降低了柱腹板的压应变。

(5) 环槽铆钉:①直径为 9.66 mm:试验中采用不锈钢帽铆钉抗拉、铝合金帽铆钉抗剪的设计方案。经试验发现,没有任何受剪铆钉发生破坏,这说明在实际节点中采用铝合金帽铆钉用于受剪是可行的。试件 TSAC-S3-M 的试验结果表明,在受拉角钢上布置两排铆钉对节点力学性能影响很小。试验中除 TSAC-S4-M 中的一颗铆钉发生拉剪破坏外,其余铆钉均未拉脱或剪断。②直径为 12.70 mm:试验中破坏较早,将在数值模型中探索直径不变、强度更高的铆钉对节点受力性能的提升效果。

(6) 梁柱缝隙:梁柱间设置缝隙是为了模拟实际施工现场经常出现的梁长度出现负公差而产生的间隙[202-203]。这种间隙在其他类型的节点,如焊接、端板连接或栓焊混接节点中需特殊处理,但在角钢或角铝连接的节点中只需调整铆钉孔在角形件腹板上的位置即可。试验发现,缝隙对节点的承载能力几乎没有影响，却增加了梁受压侧的变形空间、提高了相同弯矩下的节点转角，因而含缝隙的节点初始刚度减小，但转动能力增加。

5.5　循环试验结果与分析

本节总结并分析了 4 个环槽铆钉连接的铝合金梁柱节点循环加载试验的结果，包括弯矩-转角滞回曲线、骨架曲线、试验现象与破坏形态、主要应变分布、节点耗能能力及刚度退化系数等。

5.5.1　滞回与骨架曲线

所有循环试验的弯矩-转角滞回曲线及骨架曲线绘于图 5.35 中。在循环加载试验中摄影测量软件每小时需退出工作对记录数据进行保存，使后

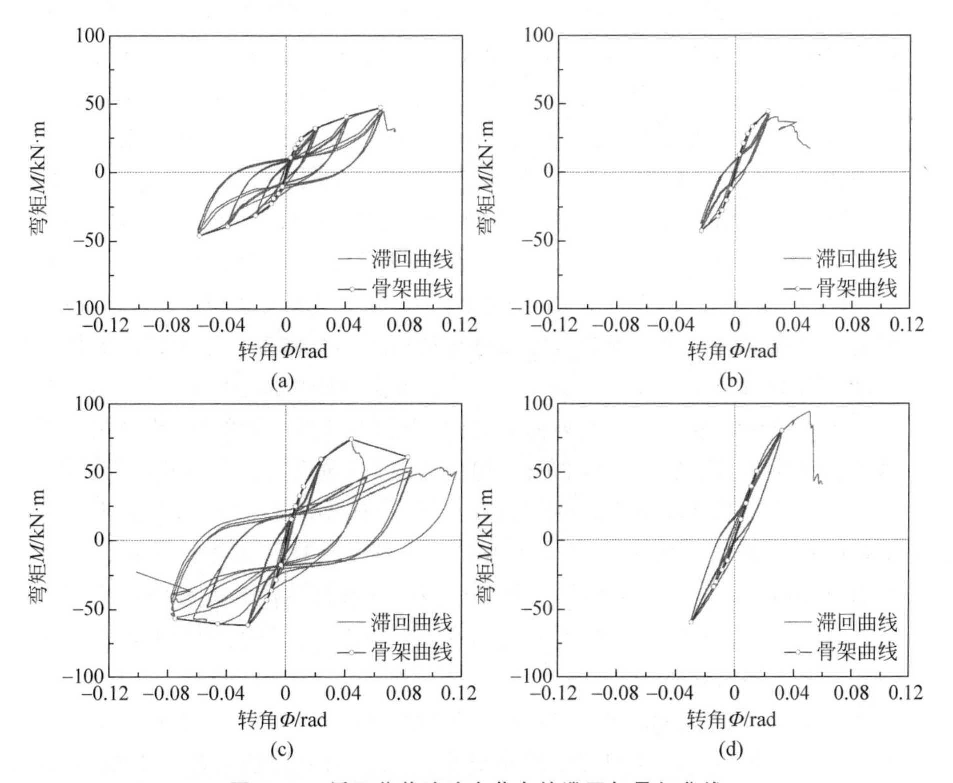

图 5.35　循环荷载试验中节点的滞回与骨架曲线

(a) TSAC-S4-C；(b) TSWAC-A1-C；(c) TSWAC-S2-C；(d) TSWAC-S3-C

续与前面数据的衔接出现困难，且标记点在循环荷载作用下发生的往复变形使其无法被测量系统精确捕捉。因此循环试验中的节点转角使用几乎不受梁变形影响的 $\Phi_{\mathrm{LVDT},3}$ 来计算。骨架点取每一级加载的滞回曲线第一圈峰值点[200]，若未满一圈则不取，连接所有骨架点形成骨架曲线。

通过观察可发现，4个节点的滞回曲线存在明显的捏拢效应，对于转角较大的两个试件 TSAC-S4-C 和 TSWAC-S2-C，其曲线呈明显的反 S 形。节点每次的卸载段基本平行，刚度与初始刚度大致相同，但在反向加载的初期发生较明显的刚度退化现象，直到接近此级加载的峰值时刚度才重新提升。这是两方面因素造成的，首先角钢(使用角铝的节点 TSWAC-A1-C 变形较小，该现象不是很明显)严重的残余变形使其两肢之间不再保持 90°从而降低了刚度；其次，角钢的残余变形使梁端被架起(见图 5.39(c))，使紧密贴合的梁柱产生间隙，通过静力试验中 TSAC-S2-M 与基准试件对比得到的结论可知，梁柱间有间隙的转动刚度要小于无间隙的节点。当反向加载继续进行，到梁的受压侧与柱重新接触后(见图 5.39(d))，节点刚度得以提升。对于 TSWAC 型节点，梁腹板铆钉孔产生的块状撕裂使梁柱的缝隙无法被腹板角钢连接所阻止(见图 5.39(b))。相比而言，由角铝连接的节点和由直径大但数量少的铆钉连接的节点滞回曲线不饱满。试件 TSWAC-S2-C 在变形较大时发生了同级荷载和加载级之间的承载力退化。

滞回曲线与相同节点单调加载的荷载-位移曲线对比于图 5.36 中。从中可发现节点在循环荷载下的初始刚度及弯矩-转角关系与单调荷载的结果吻合良好。但发现大部分节点在循环荷载下的极限弯矩小于相应的静力结果，仅试件 TSWAC-S3-C 与此相反。结合节点的破坏形态分析(在 5.5.3 节中详述)，单调承载力高而循环荷载低的节点，破坏处均为板件(铝合金或不锈钢)，循环荷载引起了板件材料的损伤与退化，导致其强度不及静力强度。而单调承载力低循环荷载高的节点发生的是环槽铆钉的拉脱，在静力试验中环槽铆钉受力不均匀，一旦一个铆钉拉脱则其他铆钉由于无法承受高荷载而迅速破坏；但逐级增加的往复荷载使环槽铆钉钉帽与钉杆间产生多次滑移，使不同铆钉的内力趋于均匀(前提是柱翼缘与顶底角钢刚度足够)，从而产生更高的极限承载力。

除上述表征节点加载全过程特性的曲线外，表 5.7 汇总了循环试验的主要力学性能指标。其中初始转动刚度 $S_{\mathrm{j,ini}}$ 的计算方法与静力下相同，取正负段刚度的平均值作为最终结果。极限弯矩 M_{u} 取加载过程中最大弯矩的绝对值，Φ_{u} 为其对应的转角。根据图 5.13 所示的方法取骨架曲线的屈

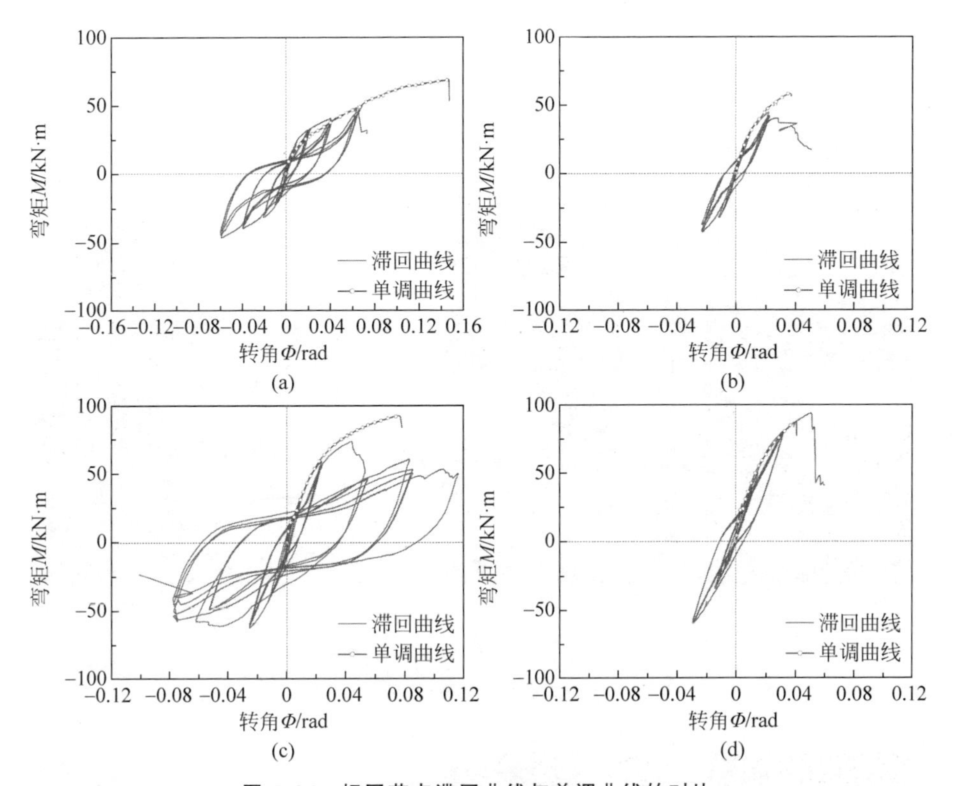

图 5.36　相同节点滞回曲线与单调曲线的对比

(a) TSAC-S4-C；(b) TSWAC-A1-C；(c) TSWAC-S2-C；(d) TSWAC-S3-C

服点，将正负屈服点对应的 $M_y^{(+)}$，$\Phi_y^{(+)}$ 以及 $M_y^{(-)}$，$\Phi_y^{(-)}$ 绝对值的平均值作为最终结果。Φ_f 为节点破坏对应转角的绝对值。

从表 5.7 中可以看出，虽然循环试验初始刚度、极限弯矩及转动能力与静力结果不完全相同，但试验中所关注的重要参数，如节点类型、角形件材料种类等对节点主要力学性能指标的影响效应与静力试验一致。

表 5.7　循环试验结果汇总

节点编号	$S_{j,ini}$ /(kN·m/rad)	弯矩/kN·m		转角/mrad			μ	$\xi_{eq,y}$	$\xi_{eq,last}$
		M_u	M_y	Φ_u	Φ_y	Φ_f			
TSAC-S4-C	3870.5	47.3	27.3	63.9	7.0	73.5	9.13	0.072	0.119
TSWAC-A1-C	4639.0	44.4	37.1	22.2	8.0	50.8	2.78	0.041	0.078
TSWAC-S2-C	4596.5	74.1	57.8	44.3	12.6	101.4	3.52	0.059	0.228
TSWAC-S3-C	3625.7	93.6	55.6	50.7	15.3	53.2	3.31	0.058	0.071

5.5.2 试验现象与破坏形态

图 5.37～图 5.40 展示了所有循环试验节点的破坏形态，下面对试验现象和破坏过程进行详细的描述。

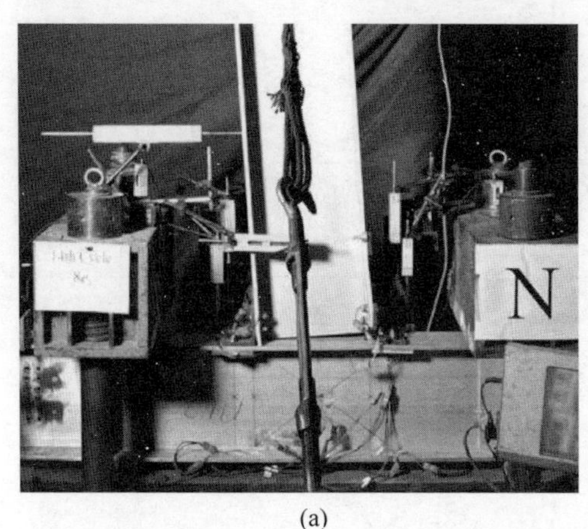

(a)

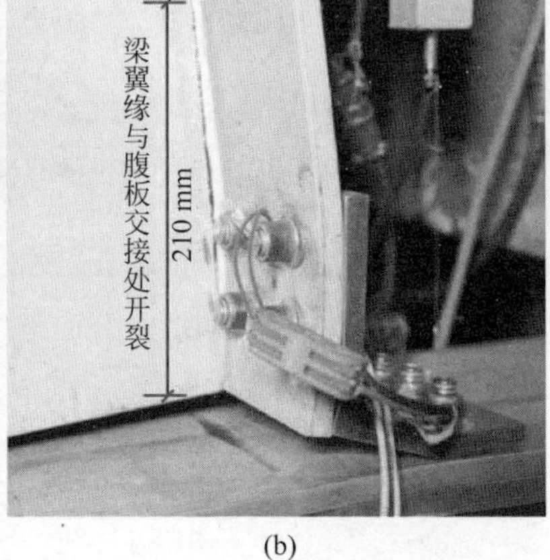

(b)

图 5.37 TSAC-S4-C 破坏形态

(a) 概览；(b) 破坏细节

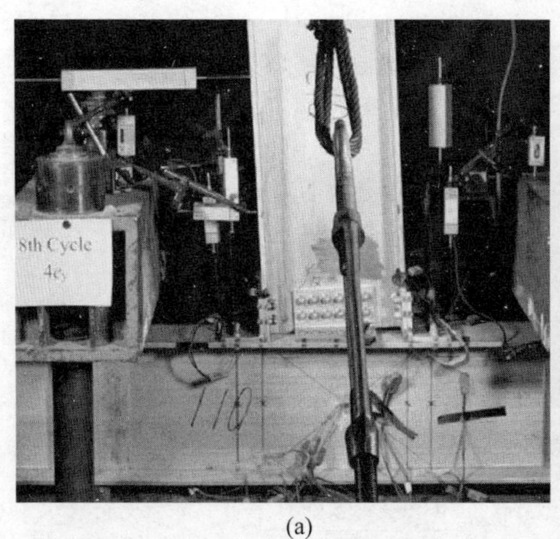

(a)

(b)

图 5.38 TSWAC-A1-C 破坏形态

(a) 概览；(b) 破坏细节

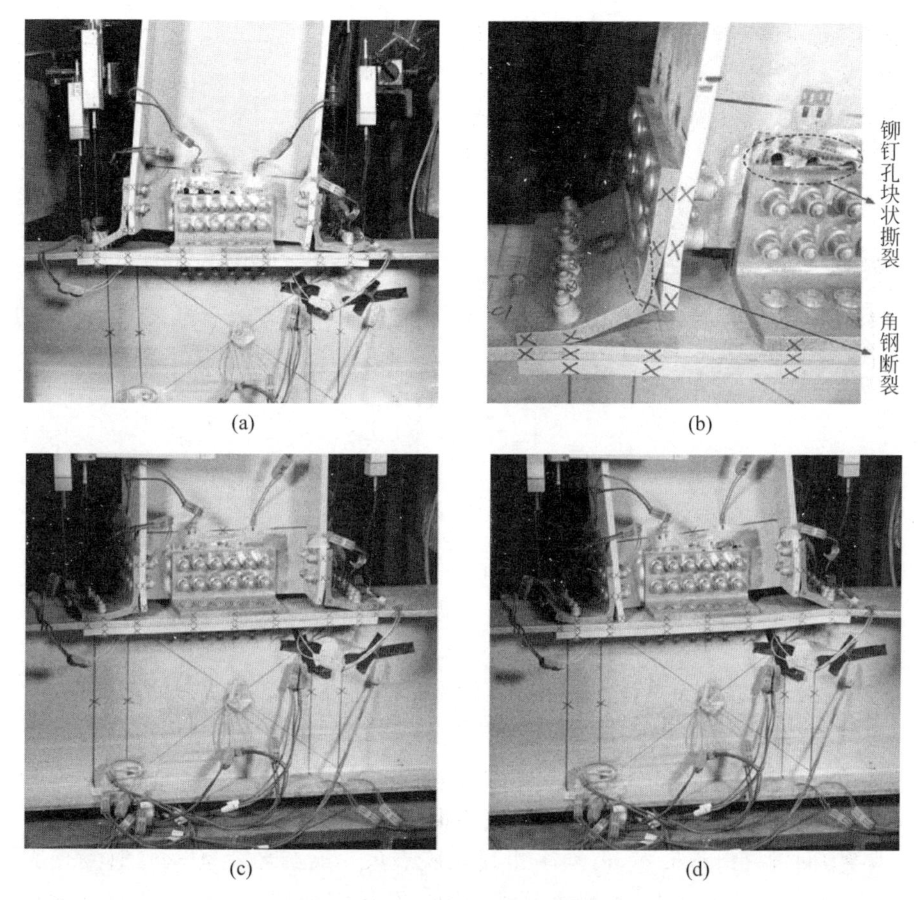

(a)　(b)　(c)　(d)

图 5.39　TSWAC-S2-C 破坏形态

(a) 概览；(b) 破坏细节；(c) 梁端被架起($\Phi=0$ 时观察)；(d) 梁端受压侧重新与柱贴合

(1) TSAC-S4-C：试件在加载到屈服转角($\Phi=\Phi_y$)前没有明显现象。在 $\Phi=2\Phi_y$ 时，梁受拉侧与柱翼缘间出现明显缝隙。当转角达 6 倍屈服转角时，可观察到顶底角钢均有很明显的残余变形，且梁翼缘端部均因角钢的作用产生了较大局部形变。继续加载至 $8\Phi_y$ 级开始时，听到逐渐增大的金属撕裂声音，发现梁受拉侧翼缘腹板开裂约 200 mm，进而承载力明显下降，随即停止加载。破坏时柱翼缘及加强垫板并没有明显的变形。仅有连接顶底角钢与柱翼缘的中间铆钉发生很微小的滑移。

(2) TSWAC-A1-C：当节点加载至 $2\Phi_y$ 左右时，顶底角铝出现较明显的变形，同时受拉侧梁翼缘离开柱表面。在刚刚完成 $4\Phi_y$ 级加载、即将开

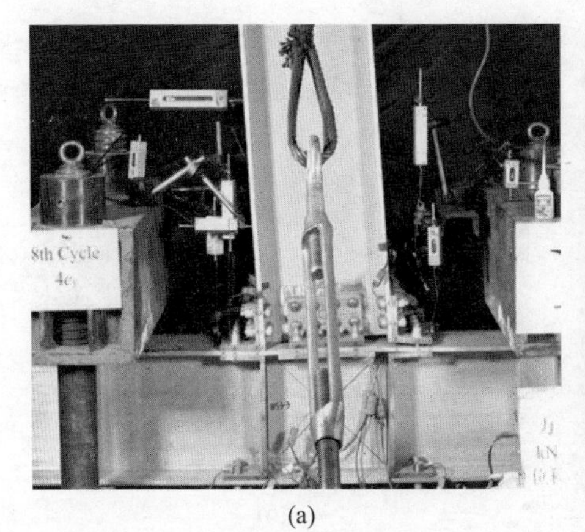

(a)

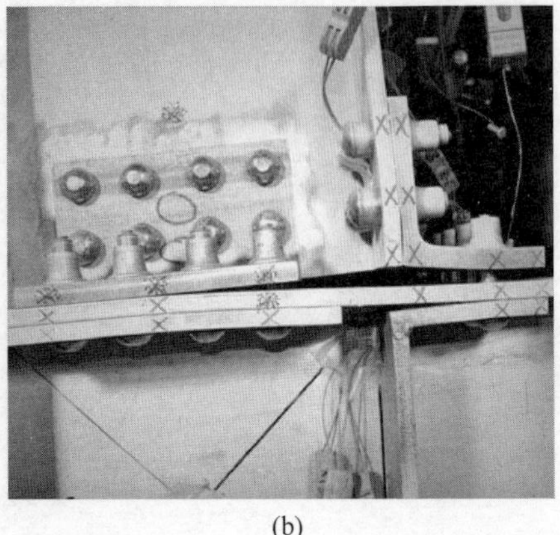

(b)

图 5.40 TSWAC-S3-C 破坏形态

(a) 概览；(b) 破坏细节

始下一级时，听到清脆的金属拉断的声音，发现受拉侧和梁腹板角铝均发生断裂，进而荷载大幅下降，然后试验停止。卸载后观察无铆钉发生明显滑移。

(3) TSWAC-S2-C：当加载至 $4\Phi_y$ 时，顶底角钢产生明显的塑性形变。继续加载可观察到节点域微小的剪切变形。当加载至 $6\Phi_y$ 时，可通过从腹板角钢中露出的梁端铆钉孔判断，其已经发生块状撕裂，从而使腹板角钢对梁的约束作用大大减弱。连接顶底角钢与柱翼缘的铆钉发生不同程度的滑移，中间铆钉滑移最多，但均未出现拉脱现象。继续加载至 $8\Phi_y$ 时发现腹板角钢已几乎不变形，推测此时梁端铆钉孔已完全撕裂。在加载接近该级位移峰值时，突然听到一声巨响，受拉侧角钢发生断裂，进而荷载陡降，试验停止。通过试验现象以及绘出的滞回曲线判断，节点在 $6\Phi_y$ 以后，梁腹板完全被撕裂退出工作，TSWAC 型节点退化为 TSAC 型节点。

(4) TSWAC-S3-C：试验在加载开始时由于加载员输入指令错误，千斤顶迅速出力至 43 kN，发现后立即中止试验并卸载。卸载后仔细检查试件，虽未发现明显变形，但环槽铆钉可能有略微松动，因此该试件计算得到的初始刚度明显小于相应的静力节点。然后正式开始试验，加载至 $2\Phi_y$ 前无明显现象，随着荷载级的增加，可观察到受拉侧角钢根部微微抬起。当加载至 $4\Phi_y$ 时听到一声巨响，4 颗受拉的铆钉均拉脱，腹板角钢最靠近受拉侧的铆钉也产生明显的滑移，荷载大幅下降，进而停止试验。

(5) 对破坏模式的总结分析：4 个循环荷载试验中节点的破坏模式可

大体分为两类。第一类是铝合金或不锈钢板件在超低周疲劳下的破坏。超低周疲劳是指循环次数小于 100 次，而构件的应力应变均进入深度塑性的疲劳破坏[204]。发生这类破坏的试件为 TSAC-S4-C 的梁翼缘与腹板交接处，TSWAC-A1-C 的顶底与腹板角铝和 TSWAC-S2-C 的受拉角钢。由超低周疲劳引起的材料损伤和退化，循环试件破坏时的承载能力与变形均小于相应的静力加载试件。试件 TSAC-S4-C 翼缘处的破坏在意料之外，这说明在实际结构中应保证梁翼缘与腹板交接处倒角的尺寸，降低其应力集中的程度。第二类破坏模式为环槽铆钉的拉脱，仅有试件 TSWAC-S3-C 发生此类破坏。该试件破坏模式与静力荷载下完全相同，但由于前文所述的原因，循环荷载下 4 颗受拉铆钉的内力分布更加均匀，因此承载力略高。值得注意的是，不锈钢帽铆钉在试验中均未发生破坏，甚至在循环往复荷载作用下没有出现明显的滑移现象，可见该紧固件的确具有较好的抗震动、防松动的特性。

5.5.3　角形件应变分布与分析

图 5.41 绘出了所有循环试验节点顶底角形件和梁腹板角形件的应变分布情况，图中横轴为加载级别，纵轴为应变数值。应变值取每一加载级首圈的峰值点，由于应变片在 2%应变后失效，所以超过该数值的应变均记为 2%。从 4 幅图可以发现，在加载至节点屈服位移（$\Phi = \Phi_y$）之前，角形件的应变基本处于弹性范围，而在此后受力较大处迅速进入塑性，这说明图 5.13 所示的由 ECCS 推荐的屈服点确定方法在一定程度上适用于由角形件连接的铝合金梁柱节点。试件 TSWAC-S3-C 顶底与腹板角形件的应变均未超过 1%，与试验中观察到其变形的情况相吻合。所有节点受拉角形件腹板翼缘交接处（TA-2，TA-3）的拉应变和铆钉所在处翼缘上表面的压应变（TA-4）发展得最快，这与第 4 章 T 形连接研究中得到的结论和节点静力试验的结果一致。对于腹板角形件，和静力试验中的结果相似，WA-5 应变明显超过其他位置的应变。试件 TSWAC-A1-C 的受拉角铝在最后一级荷载时应变（TA-2 和 TA-3）减小，而腹板角铝应变（WA-5）增加，据此推断，应是受拉角铝先发生断裂，将荷载转移至腹板角铝，最后腹板角铝也发生破坏。试件 TSWAC-S2-C 的腹板角钢应变（WA-5）在最后一级荷载时也明显降低，这是由于梁腹板发生铆钉孔的块状撕裂，导致弯矩不再由梁端传至腹板角钢，进而造成其卸载。

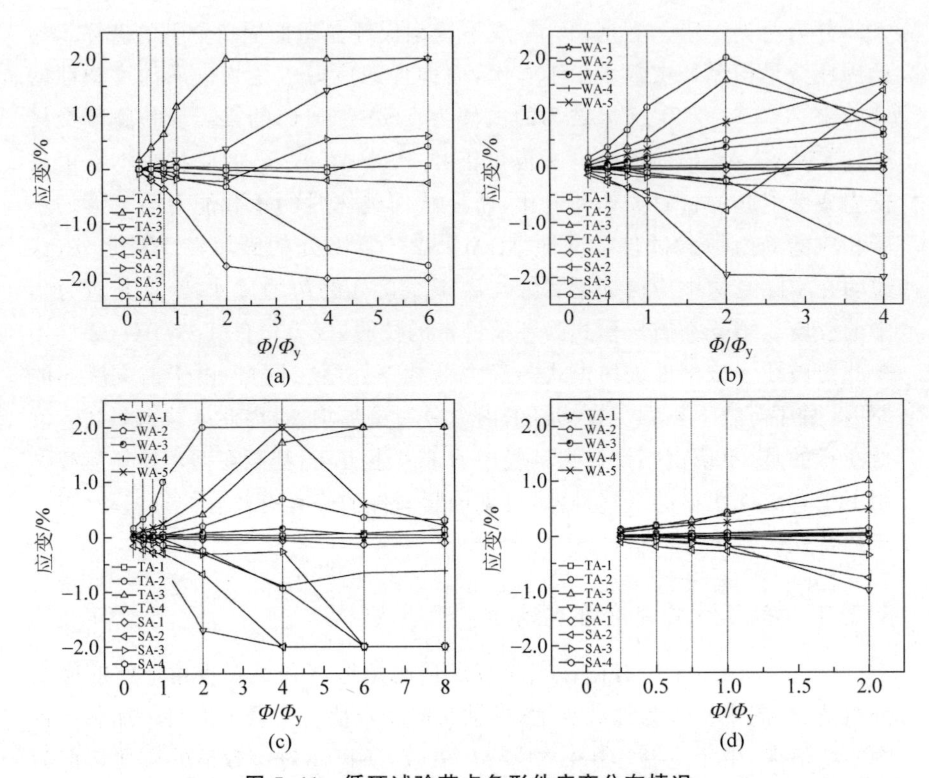

图 5.41　循环试验节点角形件应变分布情况

(a) TSAC-S4-C；(b) TSWAC-A1-C；(c) TSWAC-S2-C；(d) TSWAC-S3-C

5.5.4　耗能能力与延性分析

图 5.42 绘出了节点累积耗能随加载半圈数的发展情况，通过该图可发现节点总耗能随加载半圈数呈指数型增长。这说明能经受更大加载级、能产生更大节点转角的试件，其耗能能力将显著增强。对比主要差别为角形件材料的两个试件：TSWAC-A1-C 和 TSWAC-S2-C，二者总耗能相差超过 20 倍，反映出不锈钢在耗能能力方面远优于铝合金。对比试件 TSAC-S4-C 和 TSWAC-S2-C 可发现，虽然二者的加载圈数基本相同，但设置腹板角钢的节点在相同转角下的弯矩更大，因而耗能能力更强。对比试件 TSWAC-S3-C 和 TSWAC-S2-C 可发现，前者虽然在极限弯矩和极限转角的数值上都超过了 TSWAC-S2-C，但该节点在加载圈数很少时就因铆钉拉脱而失效，所以耗能能力被大大削弱。因此，若要使此类节点拥有好的耗能

能力，一定要避免铆钉的过早破坏，要让不锈钢角形件产生深度的塑性变形，从而发挥其优秀的耗能潜力。作为试验中耗能能力最优秀的节点，TSWAC-S2-C的总耗能不弱于同类型的全钢结构节点[205]。

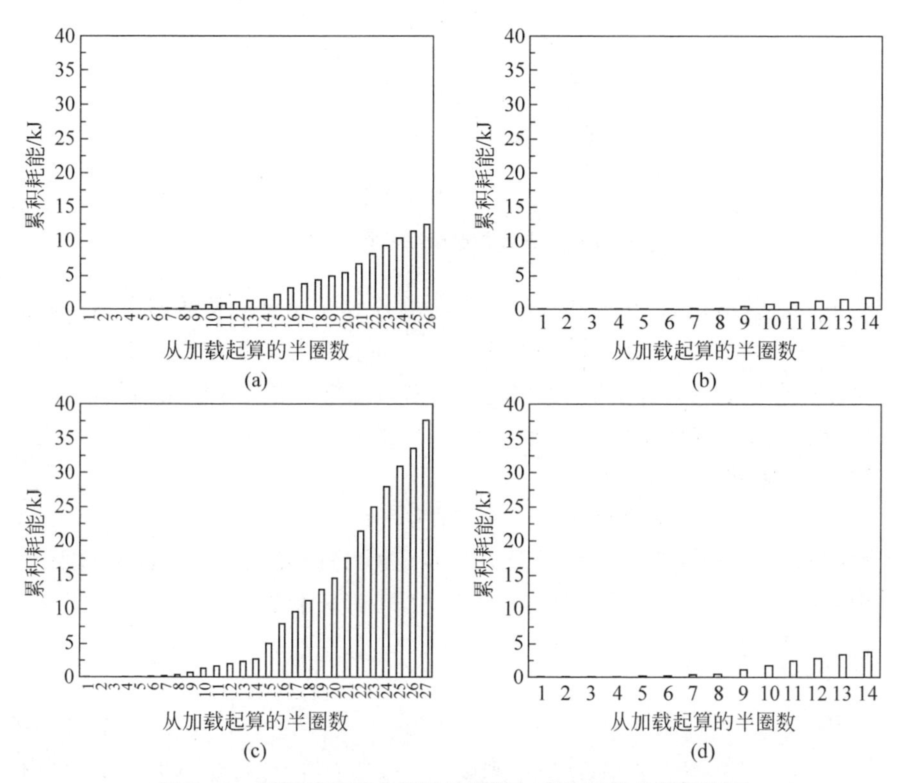

图5.42 循环试验节点累计耗能随加载半圈数的发展情况

(a) TSAC-S4-C；(b) TSWAC-A1-C；(c) TSWAC-S2-C；(d) TSWAC-S3-C

在循环加载试验中，除用节点耗散的总能量衡量其耗能能力外，还使用等效黏滞阻尼系数 ξ_{eq} 来进行评价，ξ_{eq} 是通过在一次加载循环内等效黏滞阻尼做功与实际阻尼力所做的功相等的原理得到的[206]，其计算方法如式(5-3)和图5.43所示：

$$\xi_{eq}=\frac{1}{2\pi}\cdot\frac{S_{(ABC+CDA)}}{S_{(OBE+ODF)}} \tag{5-3}$$

式中，S 表示面积。同一个节点随加载历程的发展，其等效黏滞阻尼系数是不同的，因此本节给出了各个节点在屈服位移加载级和加载历程最后一圈中的等效黏滞阻尼系数，分别记为 $\xi_{eq,y}$ 和 $\xi_{eq,last}$，列于表5.7中。从表中

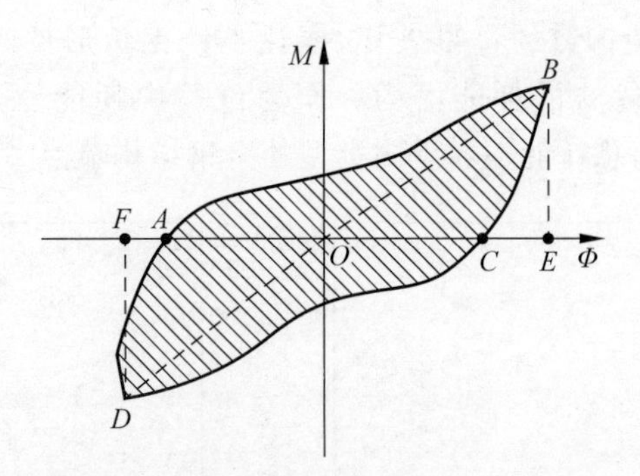

图 5.43　等效黏滞阻尼系数的计算方法

结果可以看出,节点在加载最后一圈时的等效黏滞阻尼系数明显高于屈服位移时的数值,而比较不同节点的 $\xi_{eq,last}$,可得到与分析累积耗能一致的结论。值得注意的是,虽然等效黏滞阻尼系数是抗震试验中较为常用的指标,但目前还没有具体的评价标准,对于不同的铝合金结构应采用什么范围内的 ξ_{eq} 需要更进一步的研究。

由表 5.7 中的数据可知,所有节点在循环试验中的转角均超过 35 mrad,满足欧洲规范(EC8[199])对延性良好节点(DCH)的要求。就延性系数而言,由于超低周疲劳引发的节点提前失效,循环荷载下节点的 μ 普遍小于单调荷载下的结果。

5.5.5　节点的刚度退化

采用弯矩-转角曲线的割线刚度 K_i 来表征节点刚度随加载历程退化的特性,K_i 按下式计算:

$$K_i = \frac{|+M_i| + |-M_i|}{|+\Phi_i| + |-\Phi_i|} \tag{5-4}$$

式中,$+M_i$ 和 $-M_i$ 分别表示第 i 级第一圈加载的正反向弯矩的峰值,而 $+\Phi_i$ 和 $-\Phi_i$ 分别为正负弯矩峰值对应的转角值。把 4 个梁柱节点的割线刚度除以初始转动刚度进行归一化后,将刚度退化曲线绘于图 5.44 中。观察该图可发现,4 个节点刚度退化的速度先快后慢,绝大部分的退化在前半阶段(最大转角的一半)完成。造成节点刚度退化的原因包括角形连接件的塑性变形、梁柱间缝隙的产生、梁端铆钉孔的变形与撕裂和环槽铆钉的滑移。在转角相同时,试件 TSWAC-S3-C 的退化程度最弱,这是因为产生退化的前 3 点因素基本没有发生在该节点上,而铆钉一经滑移就迅速发展进而拉脱，所以铆钉滑移引起的刚度退化未反应在曲线中。相比而言，无腹板角形件加强的节点TSAC-S4-C在转动相同角度时的刚度退化最严重。

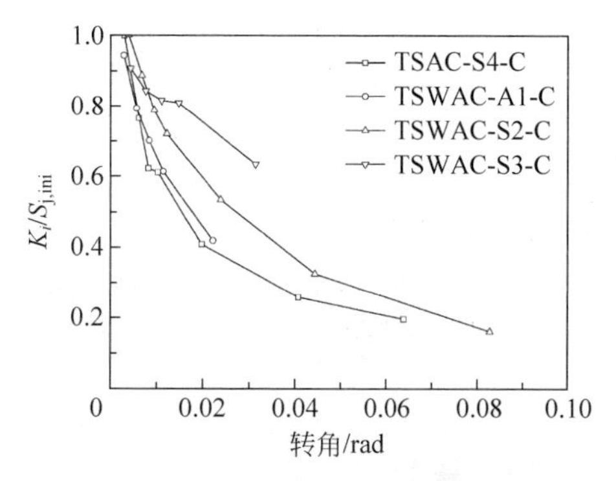

图5.44 循环试验节点刚度退化曲线

5.6 梁柱节点的有限元模型

采用通用有限元软件ABAQUS对环槽铆钉连接的铝合金梁柱节点的静力试验与循环试验开展了有限元分析。有限元模型中的环槽铆钉采用2.6节提出的简化模型，而梁柱构件、角形连接件和加强板件则进行精细化建模。有限元模型充分考虑了材料非线性以及几何与接触的非线性。

5.6.1 有限元模型的建立

对于静力试验的模拟，除环槽铆钉的滑移等效段采用提出的四步标定法进行确定以外，所有其他材料的本构关系均取试验实测值。在将本构关系输入有限元软件之前，按照式(2-22)和式(2-23)将工程应力、应变转化为真实应力和塑性真实应变。对于有限元弯矩-转角曲线截断点的问题，采用材料断裂应变作为截断依据，从而确定极限承载力。

对于循环荷载作用下铝合金材料的本构关系，Guo等人在2018年开展了6082-T6和7020-T6的循环本构试验研究[55]，研究结果表明材料在滞回荷载作用下的骨架曲线基本与单调加载曲线重合；Dusicka和Tinker对6061-T6511铝合金的研究也表明使用循环本构模型不会明显影响模拟的结果[56]。因此，循环加载有限元模型中的铝合金仍使用单调拉伸试验得到的材料本构关系。而对不锈钢材料，目前对其循环本构的研究较多[207-209]，但这些研究主要聚焦于不锈钢材料的强化效应(包括随动强化及等向强化)，而未考虑材料在超低周疲劳下的损伤。且即使牌号相同，不同厂家和批次的不锈钢材性也有较大差距，直接使用文献中的材料本构不利于精确地模拟试验结果，因此不锈钢材料使用本章实测的本构关系。

所建立的有限元模型和节点区网格划分细节见图 5.45。由于节点的主要受力部件和应力较高的位置处于节点域附近，所以网格进行了适当的加密。加密区网格的基本尺寸为 4 mm，为确保计算收敛和大变形阶段结果准确，根据第 3 章数值模拟的经验，进一步加密铆钉孔附近的单元，加密后的网格尺寸为 2 mm。环槽铆钉的网格尺寸为 2 mm。根据 4.4 节中 T 形连接的建模经验，梁柱节点所有单元类型选为 8 节点六面体线性减缩积分单元 C3D8R。

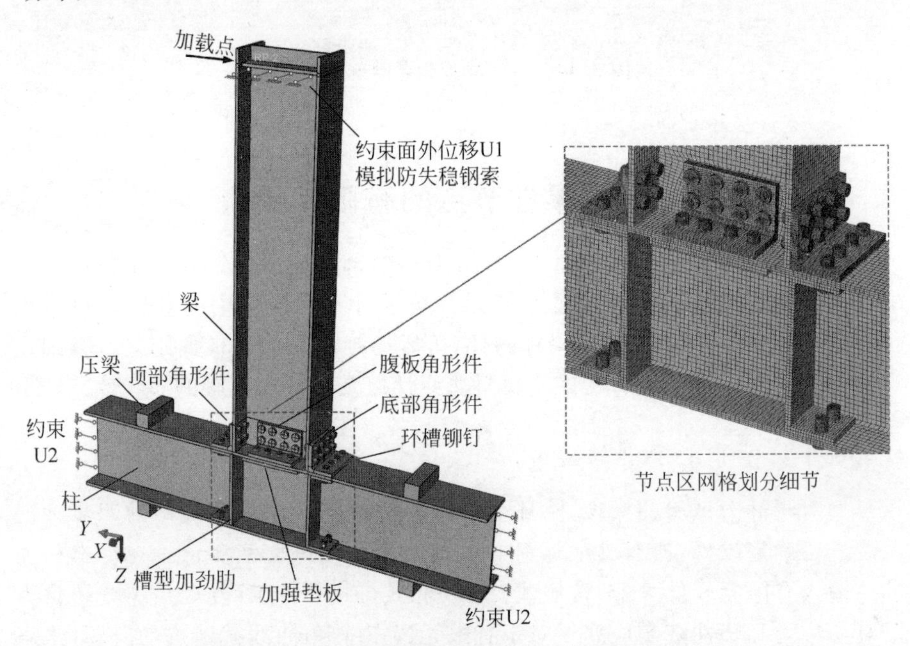

图 5.45　梁柱节点有限元模型及节点区网格划分

每个节点的有限元模型包含了数目庞大的接触对(约 300 个)，其中主要为环槽铆钉头、钉帽及钉杆与相邻板件及铆钉孔的接触关系。为提升建模效率，对相同的组件进行有规律的编号和命名，采用 ABAQUS 自带的宏管理器(macro manager)对第一个手动建立的接触进行自动学习，再修改生成的.py 文件中的 Python 语句、建立循环命令，实现对剩余大量同类接触关系的自动建立。模型中除压梁与柱翼缘设置为 Tie 以外，其他接触关系均按照试验中的真实接触关系进行建模：铆钉头和帽与板件间的接触及板件之间的互相接触考虑切向行为和法向行为，铆钉杆与板孔之间的接触考虑法向行为。法向行为均设置为 hard contact，切向行为采用“罚函数”(penalty)进行定义，摩擦系数取为实测值(详见表 3.2 和表 5.4)。

模型中边界条件的施加也力求与试验中完全一致。在加载端的加劲肋处，设置了面外约束，防止加载中梁的失稳，此约束是模拟试验中的防失稳钢索。在柱的两端约束其 U2 方向的位移，模拟试验中的钢墩。

环槽铆钉的预紧力分 3 步施加完成，第一步仅施加 1 kN 的初始值以避免不收敛的问题；第二步加至实测预紧力值；第三步则选择 fix at current length，进而可以进行下一步的正式加载。静力模型中的单调荷载以位移的形式施加在加载点上，而循环模型中通过在 amplitude 窗口中创建循环位移来对试件进行往复加载。

若要使环槽铆钉简化模型实现精确模拟，应满足本书 2.6 节所提出的 3 个约束条件，概括来说需要满足受拉、受弯与受剪情况下简化模型与真实铆钉的一致性。对于 TSAC 型节点，现有的简化计算模型认为受压侧铆钉抗剪，而受拉侧的铆钉仅抗拉；而对 TSWAC 型节点一般认为腹板铆钉主要承受剪力。但实际情况中受拉侧的铆钉也承受不同程度的剪力作用，若在精细化的有限元模型中完全忽略剪力影响，则计算精度难以保证，因此在梁柱节点的有限元模型中使用 2.6 节所建议的外加套环(见图 2.26)的方法来解决该问题。模型中套环的材性设置为与铆钉杆材一致，远高于滑移等效段的材料强度，在数值分析中基本无变形。套环下表面与铆钉帽上表面接触，套环上表面与连接板件的外侧接触，套环内表面与铆钉杆间仅有法向接触，不设置摩擦力，以免影响滑移等效段的受力性能。该改进措施对于试验中铆钉几乎无滑移的节点来说影响不大(如 TSAC-A1-M 和 TSWAC-A1-M/C)，对于受拉角形件几乎无变形而铆钉直接拉脱的节点(TSAC-S5-M 和 TSWAC-S3-M/C)影响也有限。但对角形件变形大且铆钉有一定滑移，最后为钉杆拉剪破坏的试件影响最明显。在所有试验节点中，影响最大的试件为 TSAC-S4-M，此节点在试验后观察到的破坏模式为环槽铆钉的拉剪破坏。以该节点为例说明增设套环的影响效果，如图 5.46 所示。从该图可以发现，增设套环的模型在破坏模式上与实际试验中完全一致，均为钉杆的拉剪破坏；其次，从整个节点的弯矩-转角特性而言，增设套环使节点的承载能力与试验得到的结果近乎一致，且曲线几乎与试验曲线重合(详见图 5.47(e))。由此可见，在梁柱节点中的铆钉简化模型里增设套环是更合理的，因此实际建模均采用此方案。

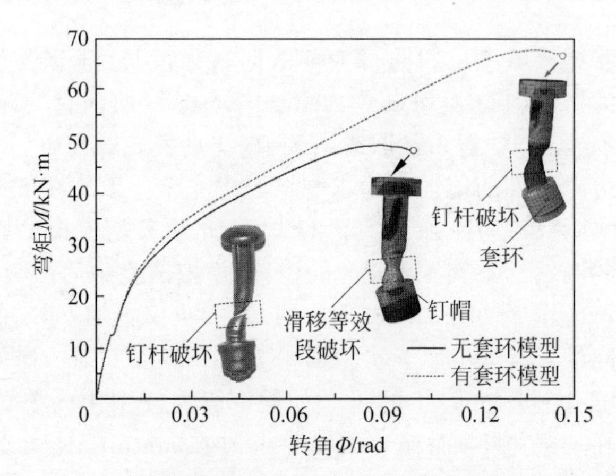

图 5.46　增设套环对节点 TSAC-S4-M 有限元结果的影响

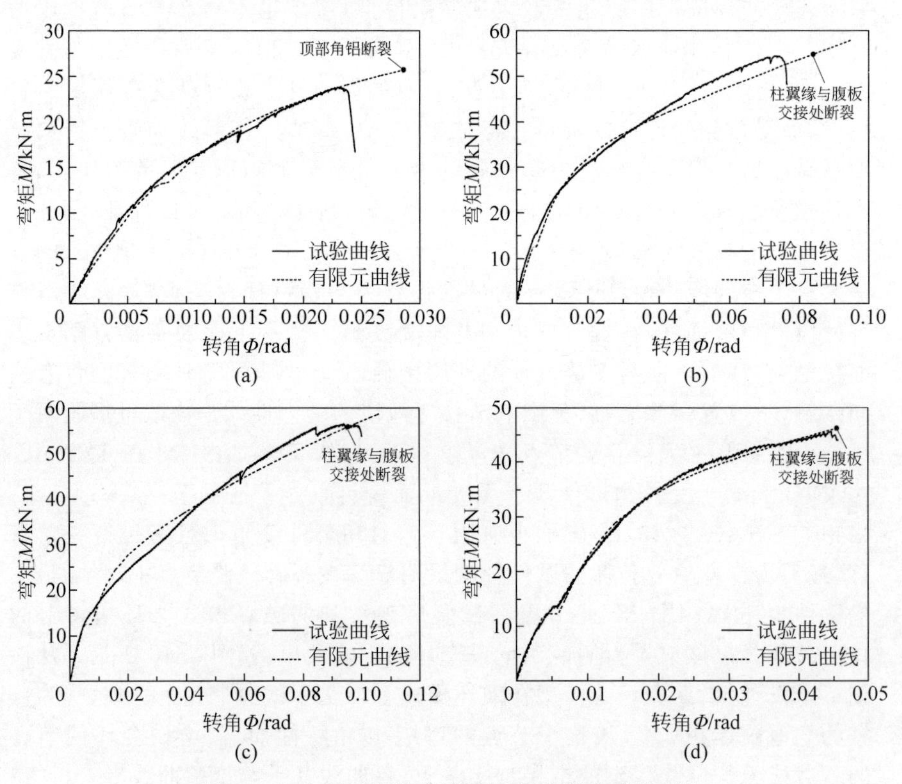

图 5.47　有限元与静力试验的弯矩-转角曲线对比

(a) TSAC-A1-M；(b) TSAC-S1-M；(c) TSAC-S2-M；(d) TSAC-S3-M；(e) TSAC-S4-M；(f) TSAC-S5-M；(g) TWSAC-A1-M；(h) TSWAC-S1-M；(i) TSWAC-S2-M；(j) TSWAC-S3-M

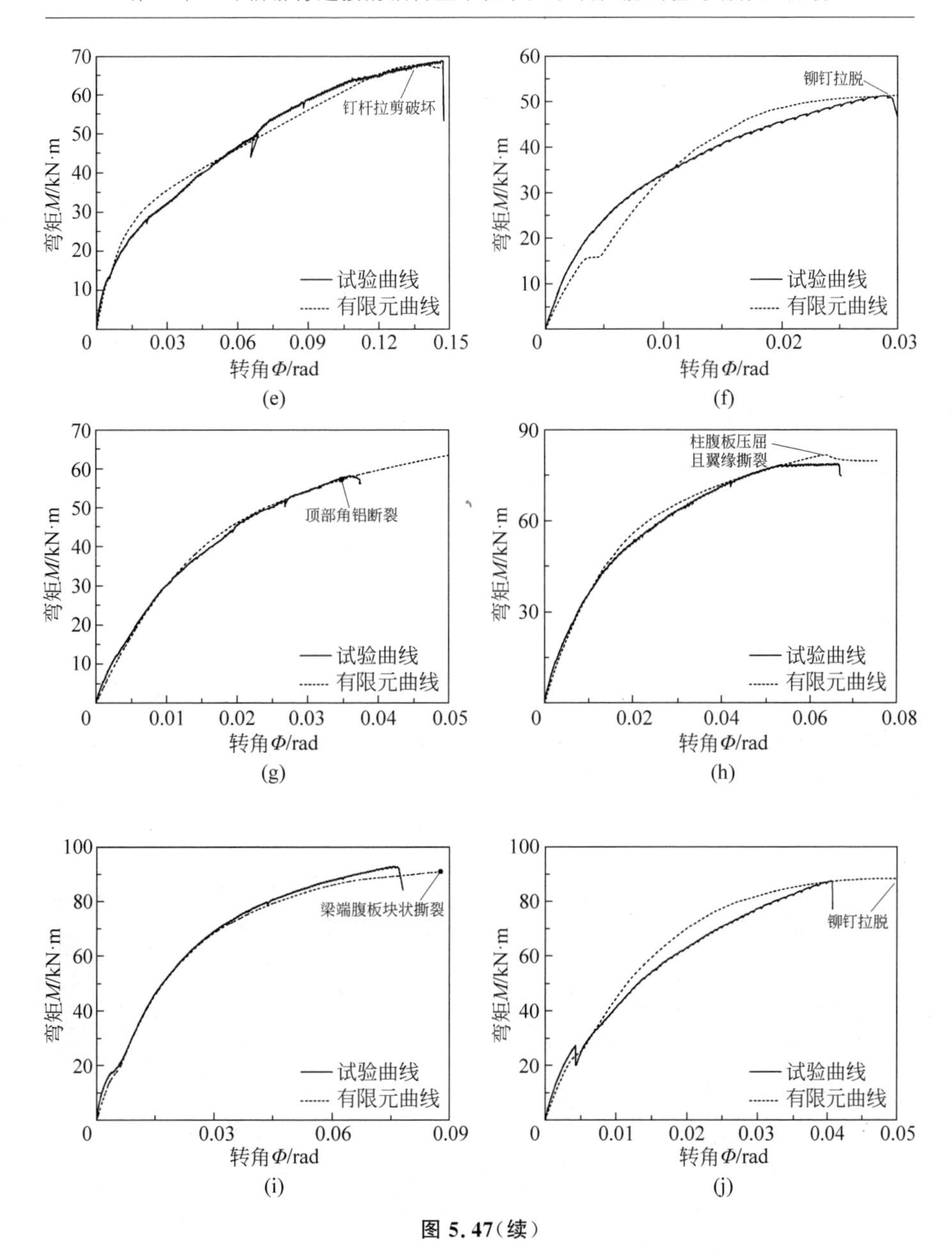

图 5.47(续)

5.6.2　静力有限元模型的验证

通过将有限元结果与相应静力试验结果对比来验证本节所建立的有限元模型的准确性。

图 5.47 对比了所有节点的有限元弯矩-转角曲线与试验曲线，通过对比可以发现，有限元曲线大体与试验曲线重合，吻合良好。初始段的刚度、极限承载能力和转动能力方面均可以很好地反应试验中节点的真实性能。

表 5.8 列出了有限元计算得到的节点初始刚度与极限弯矩结果及其与试验值的对比。通过该表可以发现，有限元得到的极限弯矩值与试验比值的平均值为 1.01，标准差为 0.031，可见吻合非常良好。而对于节点的初始刚度，数值结果与试验结果有一定的偏差，究其原因，在于在加载初期仪表采集的数据不够稳定，导致初始刚度可能产生一定的偏差，此问题在多篇文献中都有提及[210-212]。因而文献[212]还提出，验证后的有限元模型算得的初始刚度相比于试验值更准确、更有代表性。

表 5.8 有限元与试验主要结果对比

节点编号	$S_{j,ini,test}$ /(kN·m/rad)	$S_{j,ini,FE}$ /(kN·m/rad)	$S_{j,ini,FE}/S_{j,ini,test}$	$M_{u,test}$ /kN·m	$M_{u,FE}$ /kN·m	$M_{u,FE}/M_{u,test}$
TSAC-A1-M	2369.3	2091.3	0.88	23.8	25.7	1.08
TSAC-S1-M	3875.1	3085.3	0.80	54.4	54.7	1.01
TSAC-S2-M	3144.5	2864.1	0.91	56.4	55.8	0.99
TSAC-S3-M	3892.6	3440.2	0.88	45.6	46.2	1.01
TSAC-S4-M	3553.8	3191.3	0.90	68.7	67.7	0.99
TSAC-S5-M	7212.7	5492.7	0.76	51.3	52.2	1.02
TSWAC-A1-M	4298.4	3703.1	0.86	58.3	57.2	0.98
TSWAC-S1-M	5083.9	4687.7	0.92	78.8	81.7	1.04
TSWAC-S2-M	5847.6	4493.0	0.77	92.8	91.0	0.98
TSWAC-S3-M	9111.2	7083.7	0.78	87.4	88.3	1.01
平均值			0.85			1.01
标准差			0.062			0.031

所有试件有限元破坏形态与试验破坏形态的对比绘于图 5.48～图 5.57 中。可以观察到，节点的有限元破坏形态与试验基本吻合。在此对个别存在差别的试件加以说明：TSAC-S4-M 在试件破坏、采集停止后，千斤顶继续向前推进一段距离使破坏形态更加显著，因此比相应有限元中的变形更明显一些。TSAC-S5-M 在拍摄试验破坏形态时铆钉完全拉脱已无内力，而有限元破坏形态中铆钉中尚有拉力，因此角钢的变形略大于试验中的变形；相同的情况同样存在于试件 TSWAC-S3-M 中。借助 ABAQUS 强大的后处理显示功能，试件 TSWAC-S1-M 柱腹板局部受压屈曲得以更明显地表现出来，而在试验中该现象并没有被清楚地观察到。

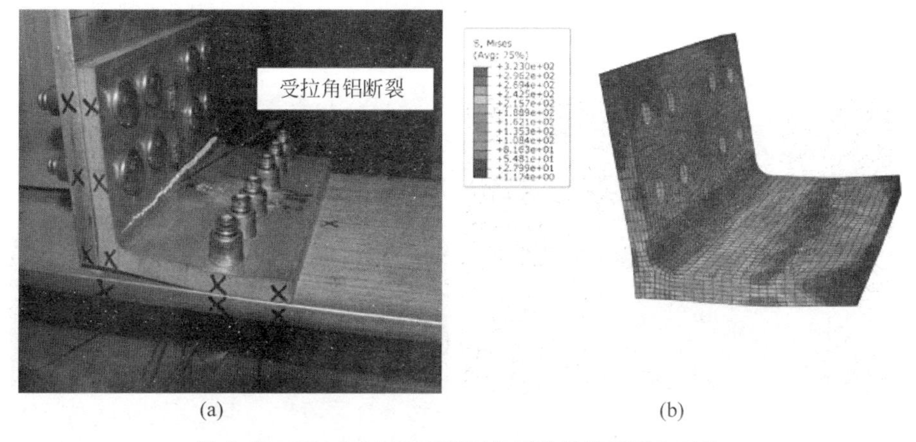

图 5.48　TSAC-A1-M 有限元与试验的破坏形态对比

(a) 试验破坏形态；(b) 有限元破坏形态

图 5.49　TSAC-S1-M 有限元与试验的破坏形态对比

(a) 试验破坏形态；(b) 有限元破坏形态

图 5.50　TSAC-S2-M 有限元与试验的破坏形态对比

(a) 试验破坏形态；(b) 有限元破坏形态

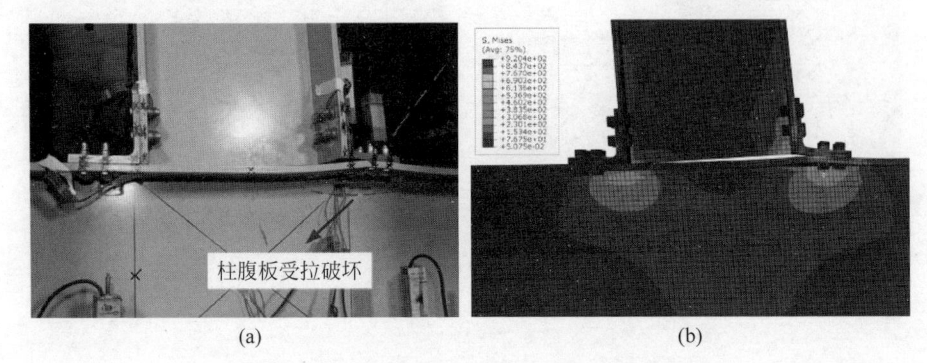

(a)　　(b)

图 5.51　TSAC-S3-M 有限元与试验的破坏形态对比

(a) 试验破坏形态；(b) 有限元破坏形态

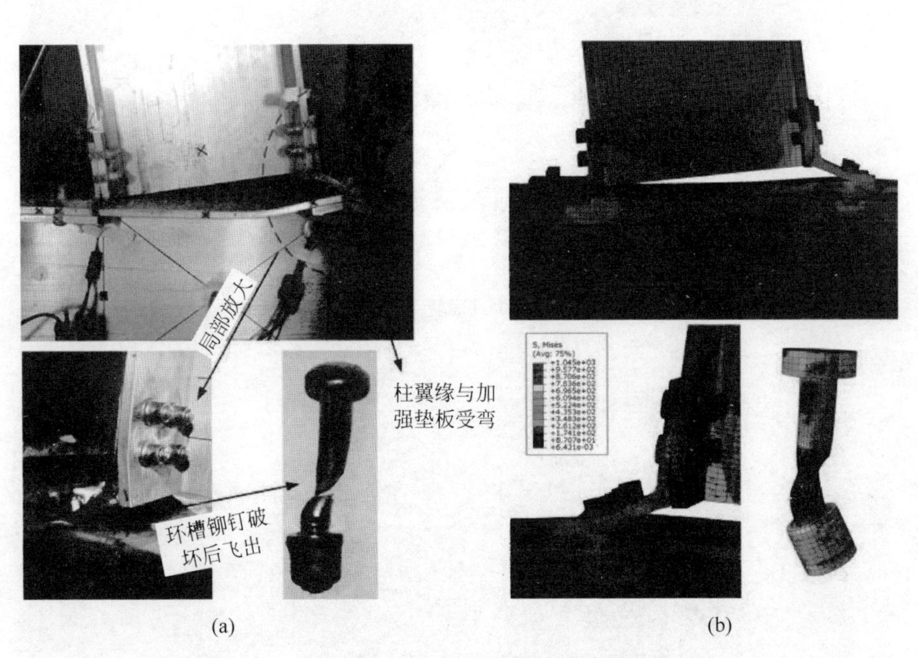

(a)　　(b)

图 5.52　TSAC-S4-M 有限元与试验的破坏形态对比

(a) 试验破坏形态；(b) 有限元破坏形态

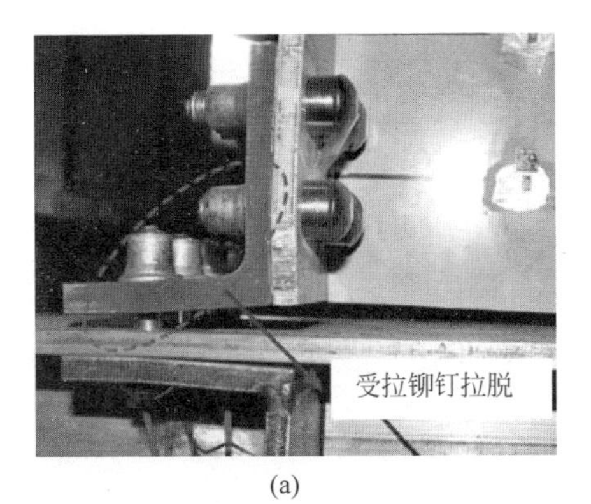

(a)

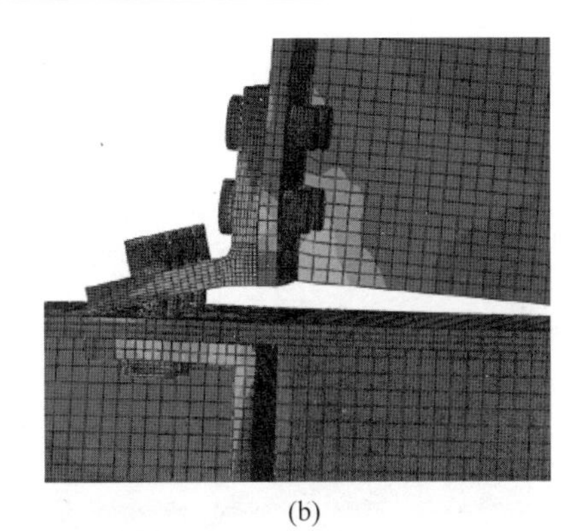

(b)

图 5.53　TSAC-S5-M 有限元与试验的破坏形态对比

(a) 试验破坏形态；(b) 有限元破坏形态

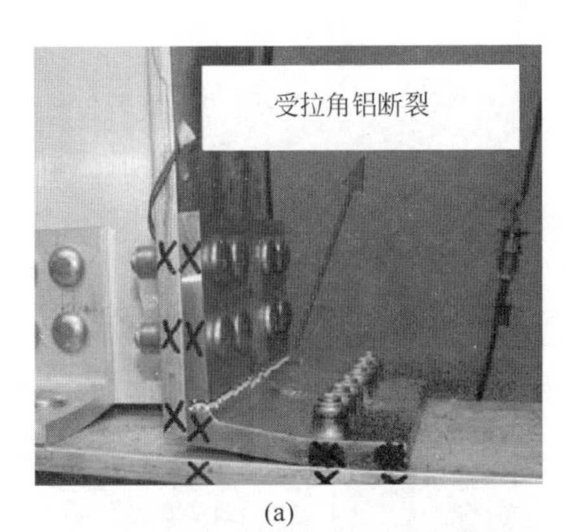

(a)

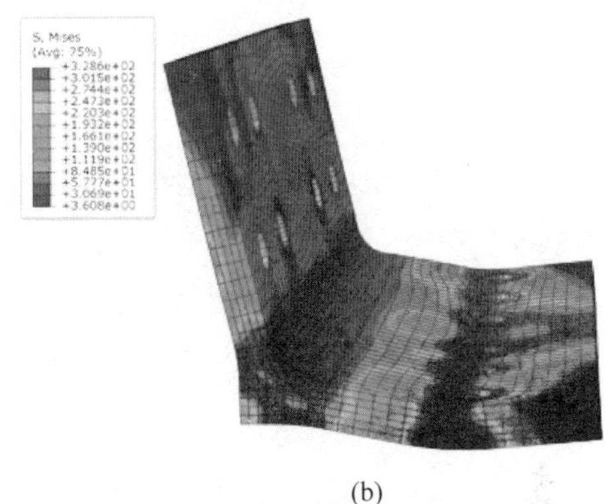

(b)

图 5.54　TSWAC-A1-M 有限元与试验的破坏形态对比

(a) 试验破坏形态；(b) 有限元破坏形态

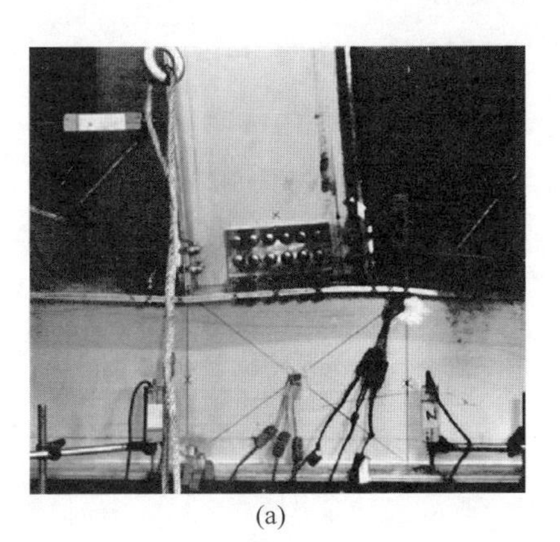

(a)

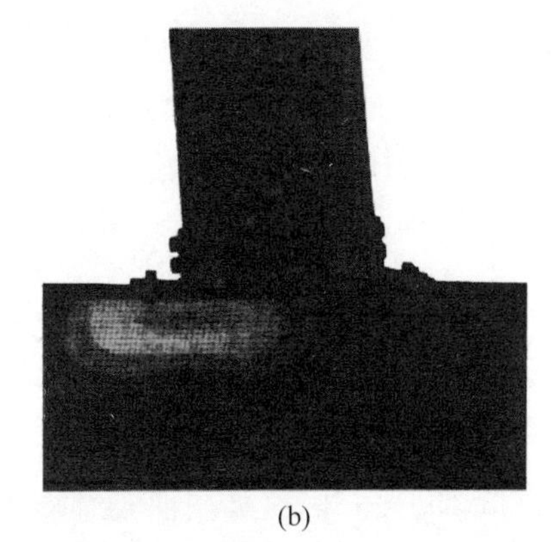

(b)

图 5.55　TSWAC-S1-M 有限元与试验的破坏形态对比

(a) 试验破坏形态；(b) 有限元破坏形态

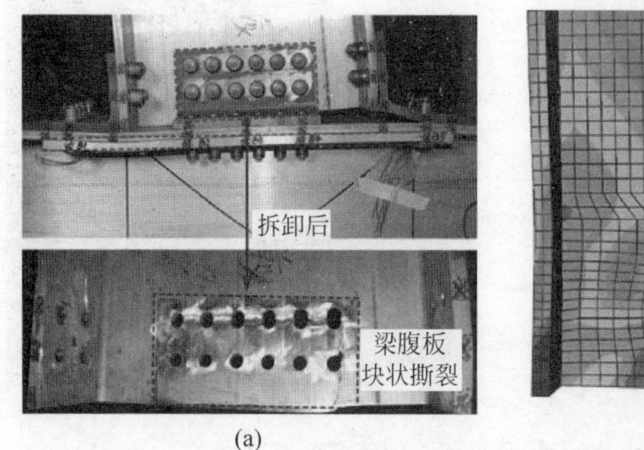

(a)

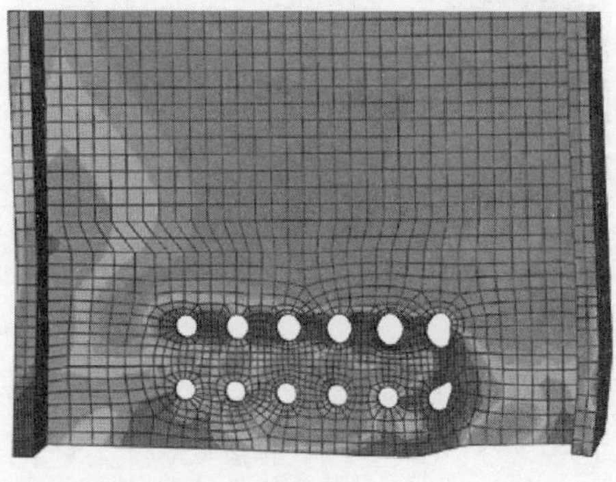

(b)

图 5.56　TSWAC-S2-M 有限元与试验的破坏形态对比

(a) 试验破坏形态；(b) 有限元破坏形态

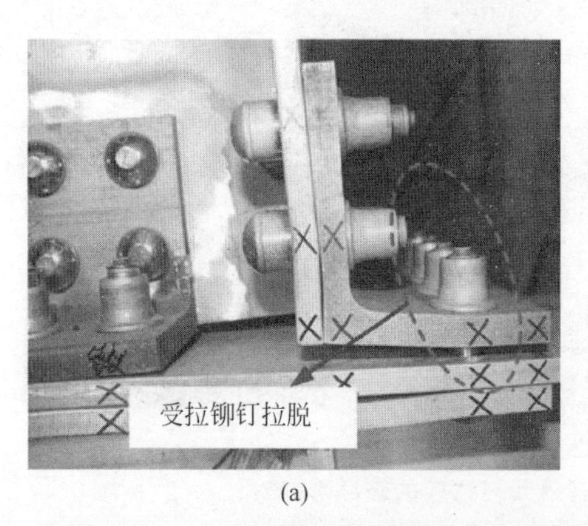

(a)

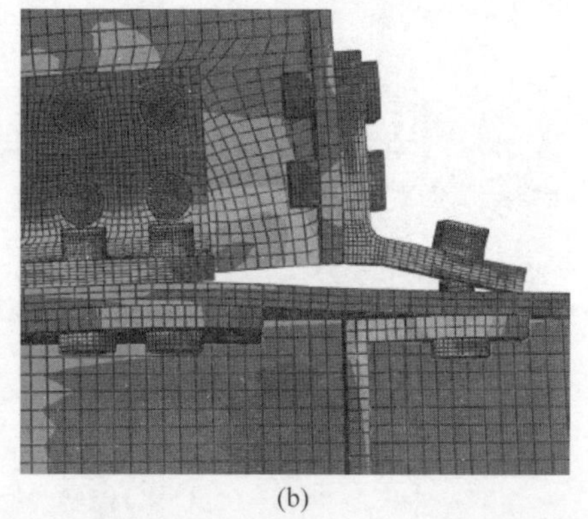

(b)

图 5.57　TSWAC-S3-M 有限元与试验的破坏形态对比

(a) 试验破坏形态；(b) 有限元破坏形态

综上所述，本节建立的有限元模型可以很好地模拟环槽铆钉连接的铝合金梁柱节点在静力荷载下的受力性能，良好地反映其加载过程中的弯矩-转角特性并准确地体现其最后的破坏形态。因此该验证过的模型可以用来开展进一步的参数分析。

5.6.3　循环有限元模型的验证

循环有限元滞回曲线与骨架曲线及其与试验结果的对比绘于图 5.58 和图 5.59 中，从两组曲线对比中可以发现，所建立的模型总体上可以对环槽铆钉连接的铝合金梁柱节点的滞回行为进行良好地模拟。但同时应注

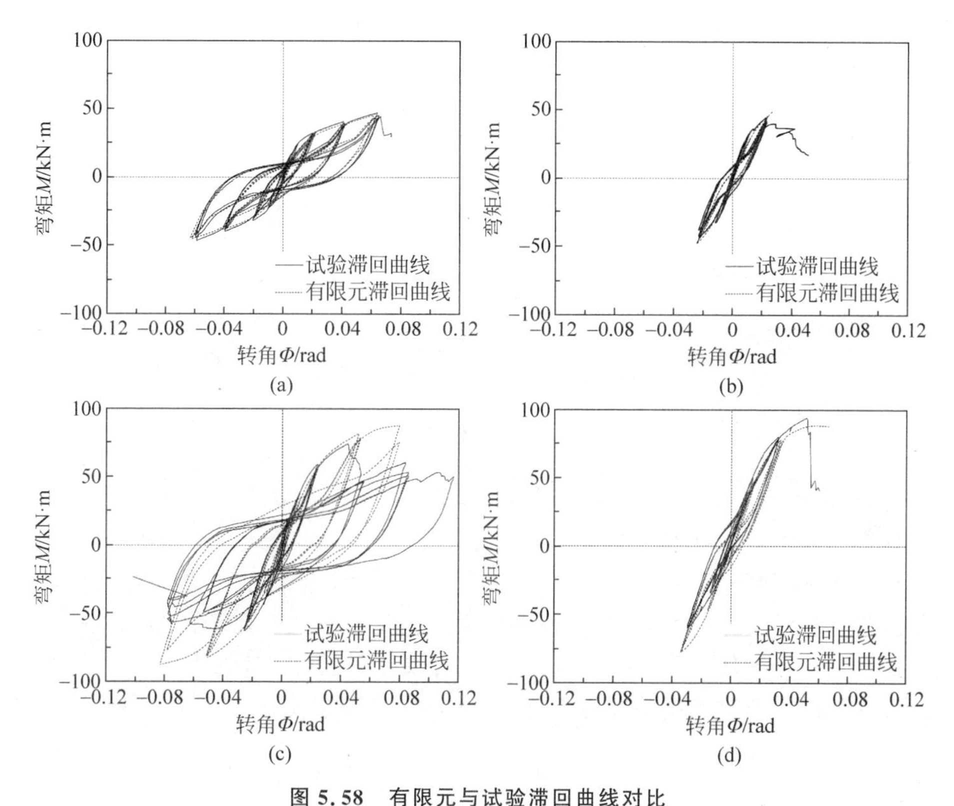

图 5.58　有限元与试验滞回曲线对比

(a) TSAC-S4-C；(b) TSWAC-A1-C；(c) TSWAC-S2-C；(d) TSWAC-S3-C

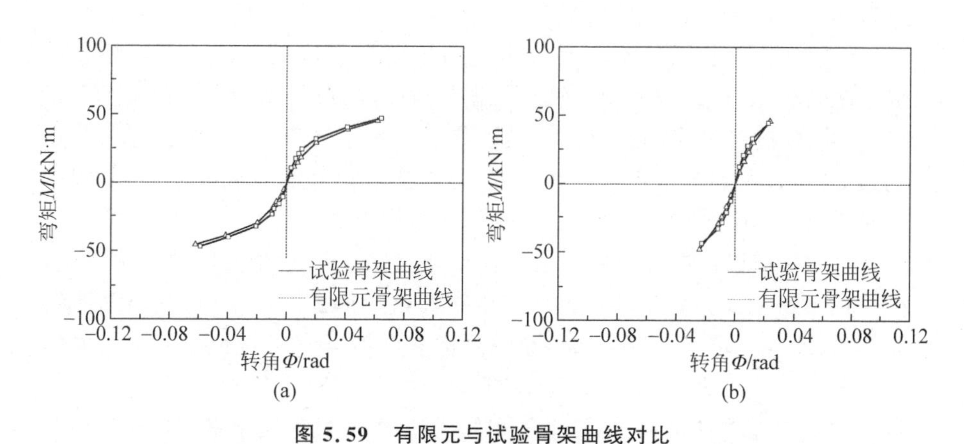

图 5.59　有限元与试验骨架曲线对比

(a) TSAC-S4-C；(b) TSWAC-A1-C；(c) TSWAC-S2-C；(d) TSWAC-S3-C

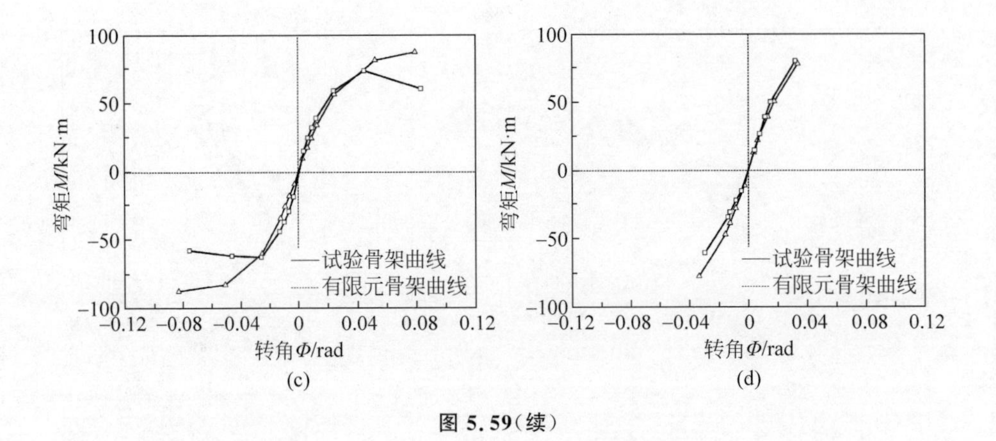

图 5.59（续）

意，目前所建立的模型仍有一定的不足，这体现在对节点 TSWAC-S2-C 组件损伤破坏后的行为预测上。由于有限元模型未包括断裂与损伤的信息，所以实际中 TSWAC-S2-C 的梁腹板由于撕裂而退出工作，但在有限元中该组件仍提供了部分的承载力，所以产生了一定的高估。但若认为节点的任何组件一经破坏该节点即失效，那么此有限元模型可以被认为能非常准确、可靠地模拟节点的真实行为。

5.7 本章小结

为研究环槽铆钉连接的铝合金梁柱节点在静力与循环荷载下的承载性能，本章设计并进行了 10 个足尺节点的单调加载试验和 4 个循环加载试验，并建立了相应的有限元模型。根据上述研究，可得到如下结论：

（1）环槽铆钉连接的铝合金梁柱节点为半刚性节点，选择合理的节点构造、连接件材料与节点域加强措施，可以获得很好的承载能力、初始刚度与延性，建议用于低层或多层铝合金框架结构当中。

（2）环槽铆钉连接的铝合金梁柱节点滞回曲线存在一定的捏拢效应，但采用不锈钢作为连接件材料且使用腹板角形件加强的节点，其滞回曲线较为饱满、耗能能力与同类型的全钢结构节点相当[205]，因此本章研究的铝合金节点经合理设计可应用于抗震框架当中。并且可通过前期设计使角钢成为主要耗能构件，使破坏集中于此处，震后可通过替换角钢实现对结构的有效修复。

（3）环槽铆钉在节点试验中表现出良好的连接性能。除直径为 12.70 mm

的铝合金帽环槽铆钉由于前期缺乏基本性能资料、其承载力被高估而在试验中拉脱外，其余环槽铆钉均无拉脱现象。循环荷载中的铆钉也仅产生有限的滑移，未对节点的滞回性能产生明显影响。选择铝合金帽铆钉受剪、不锈钢帽铆钉受拉的方案可以很好地平衡经济性与安全性的双重要求。研制出更大直径、更高承载力的铆钉可以进一步提升节点的承载性能。

(4) TSWAC 型节点在承载能力和初始刚度方面均明显优于 TSAC 型节点。腹板角形件可协同顶部角形件共同承受拉力，但参与向柱腹板传递压力的程度有限。在循环试验中，含腹板角形件的节点耗能能力也更强。

(5) 采用不锈钢作为角形件材料的节点在承载能力、初始刚度、延性和耗能能力上大幅优于角铝连接的节点。除铆钉过早失效的节点外，所有角不锈钢连接的试件均满足 EC8 中对延性良好节点的要求。因此，除有特殊要求的结构(如零磁结构[24])外，在铝合金框架结构中宜选取不锈钢作为角形件的结构材料，在抗震区的铝合金框架中应使用角不锈钢作为结构连接件。

(6) 针对铝合金材料的特殊性，本章提出两种新型节点域加强措施，分别是柱翼缘加强垫板(包括短型与通长型)和槽型加劲肋，研究表明合理的节点域加强方式可以提高节点的承载与转动能力。加强垫板主要通过增强柱翼缘的抗弯能力，提高受拉排铆钉的协同工作能力而提升梁柱节点的工作性能。槽型加劲肋提高了节点域参与转动的能力，并有效分担了柱腹板受压侧的压力，避免了腹板的压屈。

(7) 通过对静力试验中设置的梁柱间初始间隙及循环试验过程中梁柱间产生的间隙分析可知，间隙会降低节点的转动刚度、增加相同弯矩下的节点变形。对于循环加载试验，这是捏拢效应的重要来源。

(8) 从试件 TSWAC-S2-M 和 TSWAC-S2-C 的破坏模式中得到结论，实际设计中应关注梁端铆钉孔强度，可以采用加厚梁腹板、增加铆钉孔顺剪力和垂直剪力方向中距等方法予以加强，避免梁端块状撕裂对节点受力性能与耗能能力的削弱。

(9) 所建立的有限元模型可以考虑环槽铆钉连接的铝合金梁柱节点中存在的材料、几何与接触非线性行为。经过相应的试验数据验证可知，该数值模型可以较为良好地模拟节点在静力和循环受力状态下的受力性能，可以用于进一步的参数分析。

第6章 环槽铆钉连接的铝合金梁柱节点承载性能设计方法

6.1 概 述

在结构分析中,半刚性节点的转动是框架结构变形的重要组成部分,而且节点的弯矩-转动特性影响了框架中构件内力的分配,一个简单的例子就是节点刚度的提升会减小梁跨中的弯矩值。欧洲铝合金结构设计规范(EC9)[112]中规定了两种框架整体分析的方法,一种是弹性分析(elastic global analysis)另一种为塑性分析(plastic global analysis)。若选择塑性分析方法,确定框架节点的弯矩-转动特性是必要的前提条件。因而本章以此为目的,结合全书其他章节的研究成果,并以组件法为基础,提出了适用于环槽铆钉连接的铝合金梁柱节点的初始刚度、承载能力和弯矩-转角全曲线的设计方法。为简化设计工作并控制实际工程中节点的屈服模式,本章以参数分析的结果为支撑提出了构造建议和符合构造建议的节点简化设计方法。最后本章提出抗震设计建议和此类节点的滞回模型。

6.2 梁柱节点的参数分析

本节利用5.6节所建立并验证的有限元模型,开展参数分析,主要目的是扩展试验中涉及的参数范围,为进一步提出可靠的构造建议提供依据。

6.2.1 分析参数的选择

(1) 角形件:如第5章得到的结论,角形件的材料显著地影响节点的承载性能,虽然试验涉及的铝合金材料6061-T6较弱而使角形件过早破坏,但数值模型中将进一步探究强度稍高的6082-T6材料和高强铝合金材料7A04-T6对节点性能的影响。两种材料的本构关系取第3章试验的实测值(见表3.1)。同时角形件厚度at也是考虑的参数之一。参数分析中考虑角形件两肢的厚度相同，即 $at_1 = at_2 = at$（参数含义详见图 5.1）。为和试验节点对比，参数分析中仅试件 AC-A5，AC-A10 和 WAC-A5 设置为 $at_1 = 10$ mm，$at_2 = 8$ mm。

(2) 加强垫板：试验中通过增设柱翼缘加强垫板提升了节点的整体受力性能，而垫板的厚度（t_{bp}）和长度（l_{bp}）需通过参数分析进一步研究。

(3) 受拉环槽铆钉距梁翼缘表面的距离：受拉环槽铆钉的位置影响了节点的力臂大小，因而通过改变该参数（ag_1）探究其对节点力学性能的影响。

(4) 梁柱间隙：参数分析中通过变化梁柱间隙（g_p）的大小来定量地研究其对节点弯矩-转动性能的影响。

(5) 梁柱截面：文献[190]指出对于角形件连接的梁柱节点，梁柱截面尺寸对节点性能的影响甚微。而通过试验与有限元分析，本书得出了与此稍有不同的结论，即梁柱腹板的厚度过小会造成梁端的块状撕裂和柱腹板的受压屈曲。所以在参数分析中，梁柱的高宽仍与试验中保持一致，但通过改变梁和柱腹板的厚度（t_{wb} 和 t_{wc}）探究其对节点受力性能的影响。节点中梁柱的材料仍使用工程中最常用的 6061-T6。

(6) 环槽铆钉：试验中主要使用直径为 9.66 mm 的环槽铆钉用于受拉，而直径为 12.70 mm 的铆钉由于与铝合金帽搭配，强度低于预期值而过早破坏。因而本节借助验证的数值模型，探究 4.5.3 节中提出的直径为 12.70 mm 和 15.88 mm 的不锈钢帽环槽铆钉对节点受力性能的影响。参数分析算例中环槽铆钉的布置方式与试验中相同（参见图 5.1 至图 5.3），其中直径为 15.88 mm 的铆钉与试验中直径为 12.70 mm 的铆钉连接节点的布置形式一致。

考虑上述参数的影响，本节设计并计算了 70 个环槽铆钉连接的铝合金梁柱节点，这些节点的编号和主要参数汇总于表 6.1 中。表中的“N/A”表示该节点未设置此构造措施。为方便后文区别参数分析的试件和试验试件，参数分析的试件编号中均省去字母“TS”，剩余字符和含义与试验中相同。在角形件材料的表示中将 6082-T6 简记为 6082，7A04-T6 简记为 7A04，将 AISI 304 简记为 304。参数分析中的所有不锈钢材性均按角不锈钢 L100×100×10 的材性试验结果取值。

节点参数分析的主要结果汇总于表 6.2 中，表中未给出屈服转角 Φ_y，但可通过表中列出的 M_y 与 $S_{j,ini}$ 之比算得。各力学性能指标的确定方法与试验中相同。对于极个别节点，其弯矩-转角曲线的切线刚度在节点失效前并未降至初始刚度的 1/10 或由于悬链线效应[213]刚度有所提升（如节点 AC-S1），则图 5.13 中的切点只能由交点代替，交点对应的转角值参考同类试件的切点处转角。

表 6.1 梁柱节点参数分析主要参数列表

试件	角形件材料	at /mm	d_{pin} /mm	ag_1 /mm	t_{bp} /mm	l_{bp} /mm	g_p /mm	t_{wb} /mm	t_{wc} /mm
AC-A1	6082	6	9.66	54	N/A	N/A	N/A	8	8
AC-A2	6082	8	9.66	54	N/A	N/A	N/A	8	8
AC-A3	6082	10	9.66	54	N/A	N/A	N/A	8	8
AC-A4	6082	12	9.66	54	N/A	N/A	N/A	8	8
AC-A5	6082	8/10	9.66	54	N/A	N/A	N/A	8	8
AC-A6	7A04	6	9.66	54	N/A	N/A	N/A	8	8
AC-A7	7A04	8	9.66	54	N/A	N/A	N/A	8	8
AC-A8	7A04	10	9.66	54	N/A	N/A	N/A	8	8
AC-A9	7A04	12	9.66	54	N/A	N/A	N/A	8	8
AC-A10	7A04	8/10	9.66	54	N/A	N/A	N/A	8	8
AC-S1	304	6	9.66	54	N/A	N/A	N/A	8	8
AC-S2	304	8	9.66	54	N/A	N/A	N/A	8	8
AC-S3	304	10	9.66	54	N/A	N/A	N/A	8	8
AC-S4	304	12	9.66	54	N/A	N/A	N/A	8	8
WAC-A1	7A04	6	9.66	54	10	448	N/A	12	8
WAC-A2	7A04	8	9.66	54	10	448	N/A	12	8
WAC-A3	7A04	10	9.66	54	10	448	N/A	12	8
WAC-A4	7A04	12	9.66	54	10	448	N/A	12	8
WAC-A5	7A04	8/10	9.66	54	10	448	N/A	12	8
WAC-S1	304	6	9.66	54	10	448	N/A	12	8
WAC-S2	304	8	9.66	54	10	448	N/A	12	8
WAC-S3	304	10	9.66	54	10	448	N/A	12	8
WAC-S4	304	12	9.66	54	10	448	N/A	12	8
AC-S5	304	10	9.66	54	6	100	N/A	8	8
AC-S6	304	10	9.66	54	10	100	N/A	8	8
AC-S7	304	10	9.66	54	14	100	N/A	8	8
AC-S8	304	10	9.66	54	18	100	N/A	8	8
AC-S9	304	10	9.66	54	10	80	N/A	8	8
AC-S10	304	10	9.66	54	10	120	N/A	8	8
AC-S11	304	10	9.66	54	10	140	N/A	8	8
AC-S12	304	10	9.66	54	10	160	N/A	8	8
WAC-S5	304	10	9.66	54	10	488	N/A	12	8
WAC-S6	304	10	9.66	54	10	528	N/A	12	8
WAC-S7	304	10	9.66	54	10	568	N/A	12	8

续表

试件	角形件材料	at /mm	d_{pin} /mm	ag_1 /mm	t_{bp} /mm	l_{bp} /mm	g_p /mm	t_{wb} /mm	t_{wc} /mm
AC-S13	304	8	9.66	30	N/A	N/A	N/A	8	8
AC-S14	304	8	9.66	35	N/A	N/A	N/A	8	8
AC-S15	304	8	9.66	40	N/A	N/A	N/A	8	8
AC-S16	304	8	9.66	45	N/A	N/A	N/A	8	8
AC-S17	304	8	9.66	50	N/A	N/A	N/A	8	8
AC-S18	304	8	9.66	60	N/A	N/A	N/A	8	8
AC-A11	7A04	8	9.66	30	N/A	N/A	N/A	8	8
AC-A12	7A04	8	9.66	35	N/A	N/A	N/A	8	8
AC-A13	7A04	8	9.66	40	N/A	N/A	N/A	8	8
AC-A14	7A04	8	9.66	45	N/A	N/A	N/A	8	8
AC-A15	7A04	8	9.66	50	N/A	N/A	N/A	8	8
AC-A16	7A04	8	9.66	60	N/A	N/A	N/A	8	8
WAC-S8	304	10	9.66	30	10	448	N/A	12	8
WAC-S9	304	10	9.66	45	10	448	N/A	12	8
WAC-S10	304	10	9.66	60	10	448	N/A	12	8
WAC-A6	7A04	10	9.66	30	10	448	N/A	12	8
WAC-A7	7A04	10	9.66	45	10	448	N/A	12	8
WAC-A8	7A04	10	9.66	60	10	448	N/A	12	8
AC-S19	304	8	9.66	54	N/A	N/A	1.6	8	8
AC-S20	304	8	9.66	54	N/A	N/A	3.2	8	8
AC-S21	304	8	9.66	54	N/A	N/A	8	8	8
AC-S22	304	8	9.66	54	N/A	N/A	16	8	8
WAC-S11	304	10	9.66	54	10	448	2	12	8
WAC-S12	304	10	9.66	54	10	448	4	12	8
WAC-S13	304	10	9.66	54	10	448	10	12	8
WAC-S14	304	10	9.66	54	10	448	20	12	8
WAC-S15	304	10	9.66	54	10	448	N/A	6	12
WAC-S16	304	10	9.66	54	10	448	N/A	8	12
WAC-S17	304	10	9.66	54	10	448	N/A	10	12
WAC-S18	304	10	9.66	54	10	448	N/A	12	12
WAC-S19	304	10	9.66	54	10	448	N/A	12	10
WAC-S20	304	10	9.66	54	10	448	N/A	12	6
WAC-S21	304	12	12.70	54	10	204	N/A	12	8
WAC-S22	304	12	15.88	54	10	204	N/A	12	8
WAC-A9	7A04	12	12.70	54	10	204	N/A	12	8
WAC-A10	7A04	12	15.88	54	10	204	N/A	12	8

表 6.2 梁柱节点参数分析主要结果汇总

试件	$S_{j,ini}$ /(kN·m/rad)	M_u /kN·m	M_y /kN·m	Φ_u /mrad	试件	$S_{j,ini}$ /(kN·m/rad)	M_u /kN·m	M_y /kN·m	Φ_u /mrad
AC-A1	1118.6	20.5	10.4	69.0	AC-S14	3620.9	61.7	42.2	78.8
AC-A2	1868.7	28.9	19.7	57.9	AC-S15*	3343.9	63.3	38.1	98.6
AC-A3	2456.5	41.6	31.0	56.8	AC-S16*	3048.0	65.4	33.6	114.3
AC-A4	2985.7	58.3	41.6	75.0	AC-S17*	2854.6	67.4	29.0	136.9
AC-A5	2285.8	40.4	28.1	66.8	AC-S18*	2266.0	65.2	22.2	163.7
AC-A6	1127.0	20.3	17.6	39.3	AC-A11	3660.4	58.4	47.1	52.0
AC-A7	1885.1	36.9	31.3	46.2	AC-A12	3209.4	56.1	45.4	48.0
AC-A8	2482.3	53.8	43.8	58.6	AC-A13	2747.2	52.1	42.9	49.2
AC-A9	2998.7	66.4	48.7	91.8	AC-A14	2391.2	46.8	39.0	48.9
AC-A10	2305.8	45.5	38.9	45.7	AC-A15	2041.7	40.9	35.6	46.3
AC-S1*	1911.6	63.6	13.1	163.2	AC-A16	1504.4	31.9	27.9	45.6
AC-S2*	2720.1	65.1	24.4	138.9	WAC-S8	6167.9	95.4	77.5	55.1
AC-S3*	3395.7	61.6	36.0	94.2	WAC-S9	5718.7	98.4	75.2	55.0
AC-S4	3775.7	65.3	44.0	85.1	WAC-S10*	5100.7	92.8	68.6	63.0
WAC-A1	2502.3	50.3	44.2	42.4	WAC-A6	5374.0	94.4	78.2	56.1
WAC-A2	3647.2	76.9	64.9	50.6	WAC-A7	4710.2	98.0	80.2	56.1
WAC-A3	4439.9	96.3	77.3	60.9	WAC-A8	4043.9	92.8	76.0	60.2
WAC-A4	4985.7	103.5	83.6	58.2	AC-S19*	2406.6	66.1	25.3	147.4
WAC-A5	4165.5	84.1	71.2	47.9	AC-S20*	2353.9	65.3	25.3	143.3
WAC-S1*	3661.0	83.6	34.3	121.1	AC-S21*	2275.8	64.7	23.8	145.9

续表

试件	$S_{j,ini}$ /(kN·m/rad)	M_u /kN·m	M_y /kN·m	Φ_u /mrad	试件	$S_{j,ini}$ /(kN·m/rad)	M_u /kN·m	M_y /kN·m	Φ_u /mrad
WAC-S2 *	4795.4	86.4	56.9	77.1	AC-S22	2109.6	64.9	22.4	154.0
WAC-S3 *	5490.4	94.3	70.3	58.0	WAC-S11 *	4571.4	100.5	72.1	80.0
WAC-S4	5959.4	103.7	79.4	57.5	WAC-S12 *	4544.6	103.6	69.1	101.9
AC-S5 *	3260.6	67.2	35.2	119.8	WAC-S13 *	4402.0	101.4	68.4	113.1
AC-S6 *	3323.6	69.5	35.9	126.0	WAC-S14	4272.6	99.5	67.3	115.1
AC-S7 *	3471.7	71.4	36.0	125.8	WAC-S15	5719.6	85.3	63.2	84.9
AC-S8 *	3572.3	72.5	36.1	125.1	WAC-S16 *	5881.7	94.9	69.8	74.8
AC-S9 *	3337.8	69.4	35.8	126.7	WAC-S17 *	5985.6	106.1	72.2	87.5
AC-S10	3359.2	69.7	35.9	127.0	WAC-S18 *	6080.7	107.9	72.9	89.9
AC-S11 *	3359.2	69.7	35.9	125.9	WAC-S19 *	5723.2	106.5	71.2	97.3
AC-S12 *	3360.1	69.7	35.9	126.6	WAC-S20	4774.1	71.5	59.9	61.8
WAC-S5 *	5502.4	94.4	70.4	57.9	WAC-S21	7174.6	147.3	90.3	117.8
WAC-S6 *	5432.1	94.1	70.6	58.1	WAC-S22 *	7701.8	161.0	100.0	129.7
WAC-S7 *	5498.5	94.1	70.6	57.9	WAC-A9	5660.5	129.3	102.4	65.6
AC-S13	4094.4	60.6	45.2	63.9	WAC-A10	6131.2	141.8	113.9	64.4

注：* 表示该节点符合本章提出的构造要求，详见 6.4.4 节。

6.2.2　角形件与铆钉的影响分析

角形件与铆钉是本书所研究的梁柱节点最重要的受力组件，二者的相对强弱关系决定了整个节点的变形模式和延性高低，因此本节将与二者相关的影响因素及其关联效应汇总进行分析。

对角形件材料种类和厚度的影响效应如图 6.1 所示。图中不仅绘出了各个节点的弯矩-转角曲线，还标记了节点的破坏形式和对应的时刻。组件断裂的确定基于有限元结果中的等效塑性应变（PEEQ），当 PEEQ 值达到断裂应变（详见表 3.1 和表 5.3）即认为该组件被破坏，此方法也被不锈钢梁柱节点的相关数值研究[127,214]所采纳。观察图 6.1 可发现，当角形件材料使用高强铝合金时，在相同节点转角下试件的抗弯承载力与使用角不锈

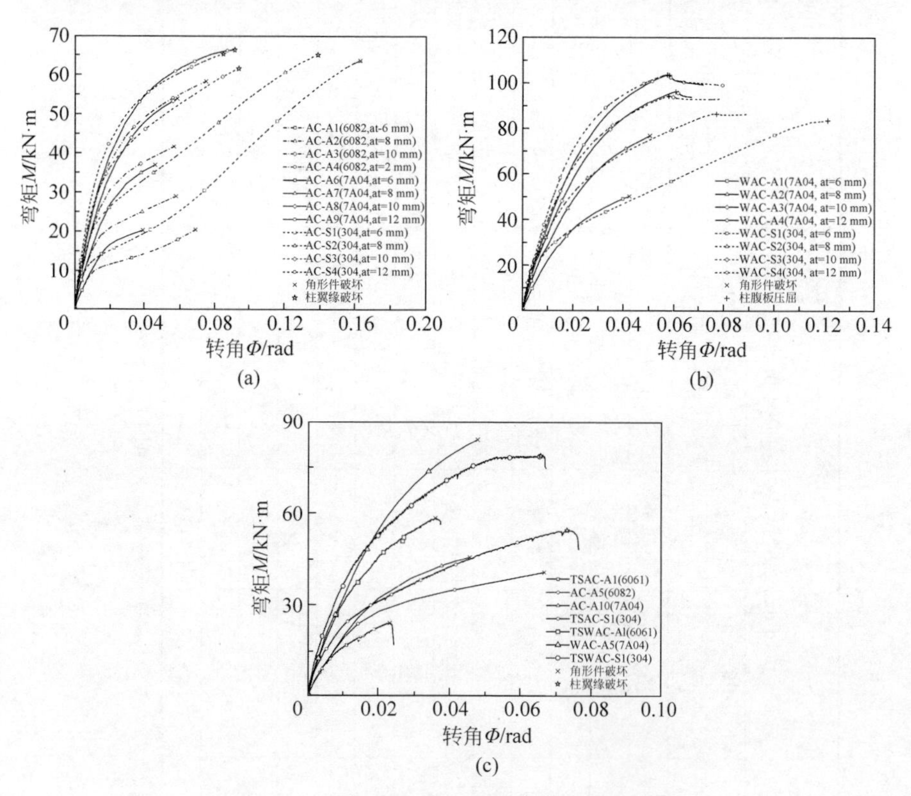

图 6.1　梁柱节点角形件材料与厚度的影响

(a) TSAC 型节点；(b) TSWAC 型节点；

(c) 参数分析节点与试验节点结果对比(仅角形件材料不同)

钢的节点相当甚至略高，但节点转动能力受到7A04-T6材料延性的制约，远不如角不锈钢连接节点。但该结论对于角形件厚度较大而基本不变形(例如AC-A9或WAC-A4)、节点转动主要依靠铆钉伸长或节点域变形的试件不适用。图6.1(c)展示的是以试验节点TSAC-A1和TSWAC-A1为参照，仅有角形件材料不同的试件结果对比。从图中可以看出，6082-T6材料在一定程度上改善了节点的转动能力，但在转角相同时比6061-T6节点承载力提升的程度有限。

角形件厚度对节点转动性能有较大的影响：当角铝或角钢很厚时，其在节点受力过程中基本不变形，因此主要变形组件是铆钉或柱翼缘；而当角形件较薄时，它的受弯变形将显著增加。但分析图6.1可发现，角铝和角钢厚度对节点转动能力的影响机理虽一致，结果却相反。原因在于高强铝合金延性很差，即使发生第1类破坏模式(此处指将角形件等效为T形件的破坏模式，详见4.6.1节)，其所提供的转角也很小，如试件AC-A6。但当高强角铝较厚时，应变不在角铝处发展而在柱翼缘增加，所以节点的转角由柱翼缘受弯来提供，如试件AC-A9。而不锈钢材料的延性很好，所以角不锈钢变形的大小基本与节点的转动能力高低呈正相关关系。

通过第4章对T形连接受力机理的研究可知，与角形件厚度影响效应类似的参数是受拉铆钉与梁表面的距离ag_1，其影响效应如图6.2所示，可发现ag_1的增加与前文所述的角形件厚度的减小对节点受力性能产生的影响趋势是一致的。通过分析ag_1不同的节点数据可以发现，当ag_1很小时，角形件的变形非常有限，铆钉拉脱成为节点的控制破坏模式(如WAC-A6和WAC-S8)或在节点破坏时铆钉几乎处于拉脱状态(如AC-S13和AC-S14)。这是节点设计中最需要避免的情况，因此6.4.4节中将通过构造要求对此加以限制。值得注意的是铆钉杆拉剪破坏的延性远优于拉脱破坏。

虽然试验中未涉及大尺寸不锈钢帽环槽铆钉，但节点参数分析中通过置入12.70 mm和15.88 mm不锈钢帽铆钉分析了高承载力铆钉对节点受力性能的影响。大直径铆钉的预紧力与钉杆截面积之比与直径为9.66 mm的不锈钢帽铆钉一致。4个大直径铆钉连接节点的弯矩-转角曲线汇总于图6.3中。从中可以发现，WAC-22节点的破坏位置为梁端，该节点极限弯矩达到161 kN·m，已超过根据GB 50429-2007[17]计算得到的梁截面塑性弯矩135 kN·m，说明大直径不锈钢帽铆钉若能应用在铝合金梁柱节点中可实现等强连接。但值得注意的是，若使用高承载力铆钉，则必须配合使用本书提出的槽钢加劲肋，否则节点域将首先破坏。而且角铝不适合与大直径铆

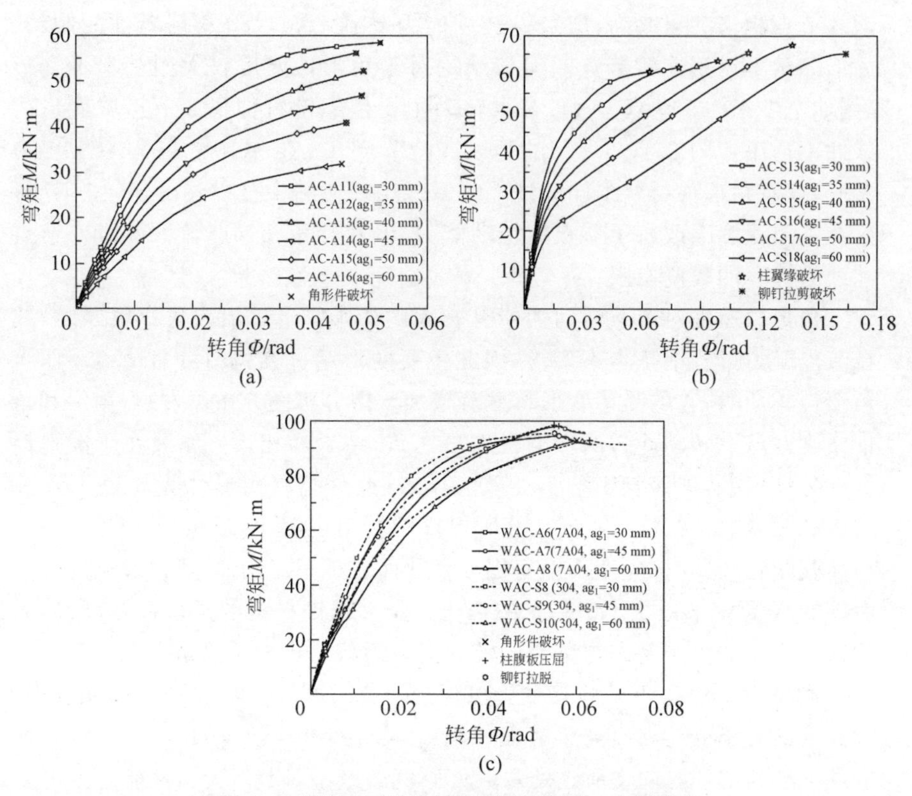

图 6.2　受拉铆钉与梁翼缘表面距离 ag_1 的影响

(a) TSAC 型节点(角铝连接); (b) TSAC 型节点(角不锈钢连接); (c) TSWAC 型节点

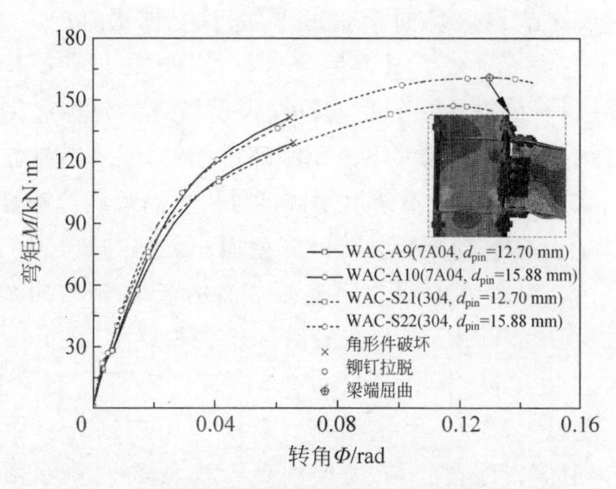

图 6.3　大直径环槽铆钉连接节点的弯矩-转角曲线

钉搭配，根据参数分析的结果，即使使用了高强铝合金，WAC-A9 和 WAC-A10 仍在转角较小时发生破坏，无法充分发挥铆钉承载力。

6.2.3 加强垫板的影响分析

加强垫板的厚度与长度对节点受力性能的影响效应如图 6.4 所示。本节所讨论的加强垫板分为两种形式，分别是适用于 TSAC 型节点的短加强垫板和适用于 TSWAC 型节点的通长型加强垫板，垫板的构造细节和布置方式详见图 5.4。通过对比参数分析的结果可发现，垫板厚度对其加强效果的影响远比垫板长度明显。对比试件 AC-S5 和 AC-S6 可发现，当垫板厚度从 6 mm 增加至 10 mm 后，节点的薄弱组件由柱翼缘变为其他组件，可见提高垫板厚度可以显著增加柱翼缘抗弯能力。参数分析的算例在较大的范围内变化垫板长度，但从结果来看，影响甚微。因此在后续梁柱节点设计方法中，长度因素可忽略，而应考虑不同垫板厚度对承载力的影响。

另外，结合图 6.4 和表 6.2 中的数据可知，变化垫板的几何参数对节点刚度几乎没有影响，因此在节点初始刚度的设计方法中将忽略垫板的贡献。

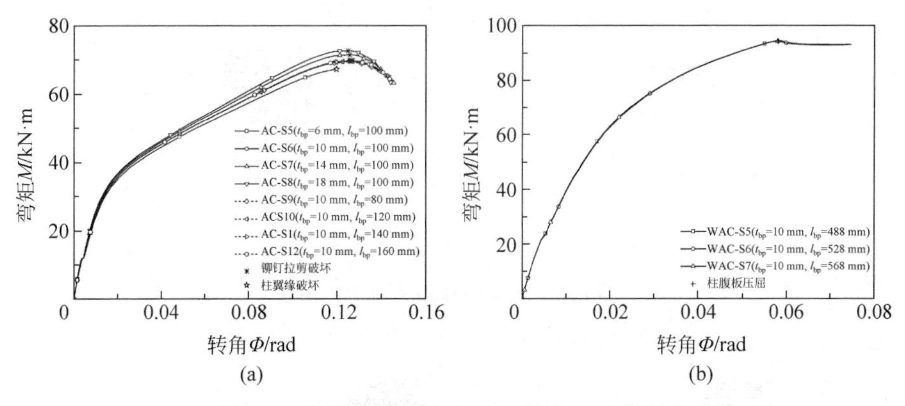

图 6.4 加强垫板厚度(t_{bp})与长度(l_{bp})的影响

(a) TSAC 型节点(短垫板)；(b) TSWAC 型节点(通长垫板)

本节所包含的数值结果及其分析将为后文提出的构造建议提供依据。

6.2.4 梁柱构件的影响分析

与梁柱构件相关的影响参数有两个，第一个是梁柱之间的缝隙，第二个是梁柱截面。图 6.5(a)绘出了不同梁柱间隙对节点受力性能的影响，参数分析中梁柱间隙的大小为角形件厚度的倍数，最小间隙为 $g_p=0.2at$，最大

间隙为 $g_p=2at$。观察该图可发现，从弯矩-转角曲线的形状来说，间隙大小的影响很微弱。但分析提取的结果数据(详见表 6.2)可知，间隙为 2at 的节点初始刚度相比于间隙为 0.2at 的节点分别降低了 13%(TSAC 型节点)和 7%(TSWAC 型节点)。在材料用量没有任何减少的情况下，仅由于间隙增加而明显降低了节点的转动刚度，这对实际工程来说是不利的。刚度降低的来源有两个，第一个是缝隙使梁受压侧翼缘无法与柱表面接触，这在第 5 章已有详细的说明；第二个是借助有限元模型分析发现的：缝隙降低了梁翼缘对于角形件与梁连接一肢的约束所用，使其变形增大，如图 6.6 所示。而且因为缺乏必要的约束，破坏可能由角形件翼缘移至角形件腹板。同时从表 6.2 可以发现，当间隙宽度大于角形件板厚时，承载力会有所降低，这也是 EC3 1-8[113] 中对间隙大小进行限制的原因。本章 6.4.4 节将进一步对梁柱间隙提出具体的构造要求。

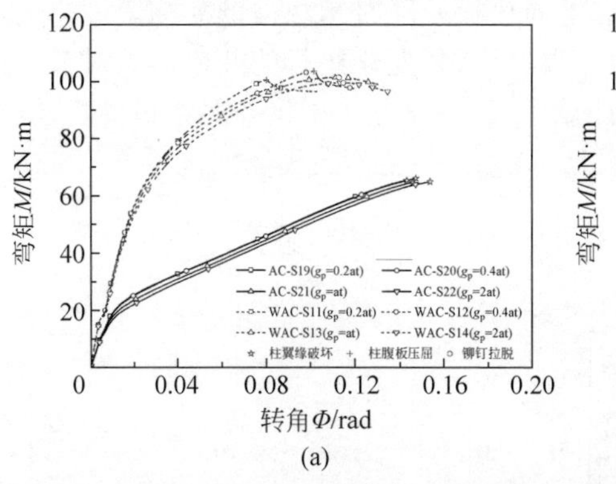

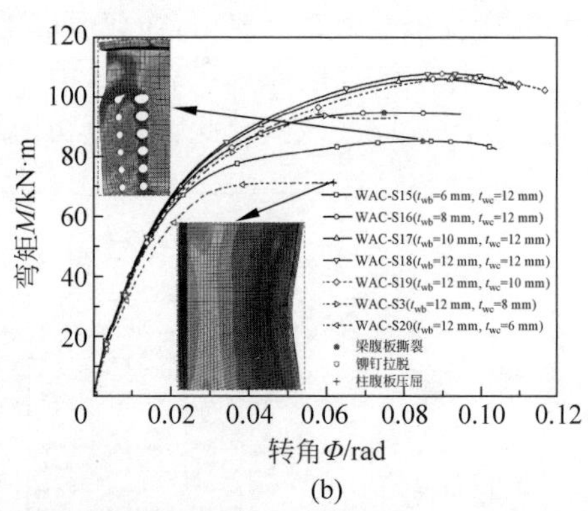

图 6.5　梁柱构件相关参数的影响

(a) 梁柱间隙的影响；(b) 梁柱腹板厚度的影响

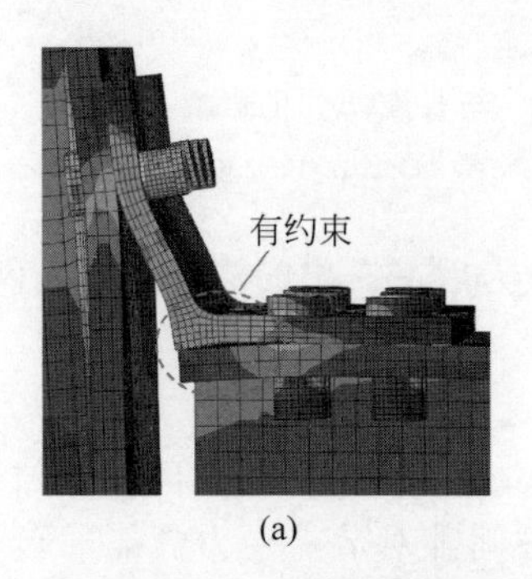

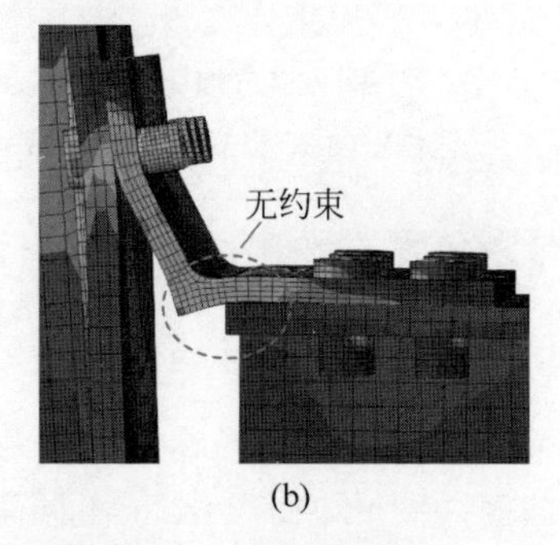

图 6.6　梁柱间隙影响梁端对角形件变形的约束作用

(a) AC-S19($g_p=0.2at$)；(b) AC-S22($g_p=2at$)

在钢结构梁柱节点中很少发生梁端板孔撕裂的情况，究其原因在于螺栓直径往往较大而布置稀疏，而且构件与连接件的用材相同，板孔受剪不会成为节点的薄弱环节。但由于铝合金节点的特殊性，需要对此格外注意。WAC-S15～WAC-S18 对比了梁腹板厚度变化对节点承载性能的影响，如图 6.5(b)所示。从图中可明显发现当 t_{wb} 小于 10 mm 时，节点的承载力显著降低。

柱腹板失稳在钢结构节点中也因设置焊接加劲肋而避免，但在无槽钢加劲肋的铝合金梁柱节点中，这会成为限制节点承载能力的重要因素。WAC-S18～WAC-S20 和 WAC-S3 对比了柱腹板厚度变化对节点性能的影响，如图 6.5(b)所示。当柱腹板厚度小于 10 mm 时，其受压失稳成为整个节点的控制破坏模式。而当腹板厚度进一步降低至 8 mm 时，节点的屈服模式也由其控制。

综合梁柱腹板厚度对节点受力性能的影响，6.4.4 节将提出具体的构造要求对梁端板孔撕裂和柱腹板失稳加以限制。

6.3　初始刚度设计方法

Nethercot 和 Zandonini 曾总结得到节点弯矩-转角特性的各种方法，其中包括：曲线拟合法、力学分析方法、简化力学模型法和有限单元法[215]。其中曲线拟合法需要根据特定节点的试验或有限元数据进行拟合，结果几乎不具备普适性；力学分析方法需要根据节点的材料与几何参数进行力学建模，进而依据加载的过程进行增量分析，过程复杂且需要编程计算；有限单元法，也是 5.6 节和 6.2 节所使用的方法，主要在科学研究中使用较多，结果虽最精确但难以应用在具体的设计中，一般仅作为结构设计的校核使用。四种方法中使用最为普遍的是简化力学模型法，即通过计算梁柱节点的力学特征指标(如初始转动刚度与塑性抗弯承载力等)，再采用合适的曲线拟合方程得到节点的弯矩-转角曲线[216]。而组件法(component method)是目前最为常用的简化力学模型法，也是欧洲钢结构设计规范 EN 1993-1-8[113]所采用的进行节点设计的方法。组件法将由不同板件、紧固件构成的梁柱节点等效为不同组件组成的集合体，每个组件都由一个有着特定受拉、受压或受剪初始刚度与承载力的非线性弹簧来代表[217]，通过确定每个组件的力学特征指标再进行集成就可以得到整个节点的弯矩-转动性能。目前，组件法广泛应用于钢结构和钢与混凝土组合结构的节点中，尚未使用在铝合金节点中。本节和6.4节将采用组件法的设计思路,并根据铝合金节点的特殊性进行方法的修正,进而提出环槽铆钉连接的铝合金梁柱节点刚度和承载力的设计方法。

6.3.1　TSAC 型节点

顶底角形件连接(TSAC 型)节点的刚度计算模型如图6.7所示,其中k_i($i=1,2,3,4,6,10$)为不同节点组件的刚度系数。在进行每一个节点组件刚度系数的计算前,首先应确定刚度集成的法则。

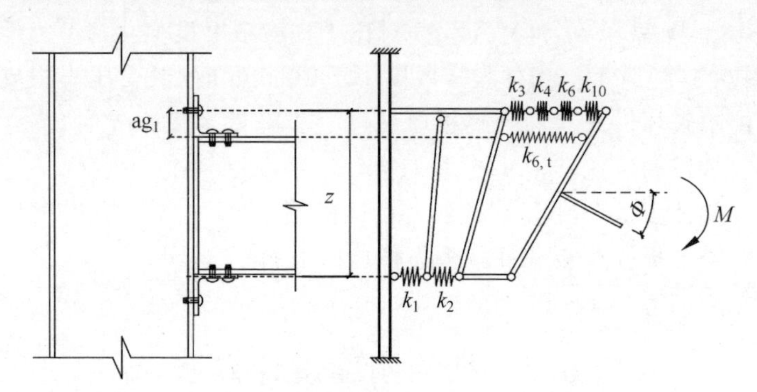

图 6.7　TSAC 型节点的刚度计算与集成模型

6.3.1.1　刚度集成的法则

现行的欧洲钢结构设计规范 EC3 1-8[113]中所采用的组件法刚度集成公式无法计算由弹性模量不同的材料(如铝合金和不锈钢)所组成的节点刚度,而本书所涉及的大部分梁柱节点均是不锈钢与铝合金的组合节点,因此需重新推导刚度集成公式。设节点的初始转动刚度为$S_{j,ini}$,在节点转动的初始阶段有

$$S_{j,ini}=M/\Phi \tag{6-1}$$

根据欧洲规范的建议,TSAC 型节点的拉压中心分别位于受拉铆钉中心和底部角形件腹板中心,其间距为z,拉压荷载等大而反向,设大小为F_{tc},则有如下两式成立:

$$M=F_{tc}\cdot z \tag{6-2}$$

$$\Phi=\frac{\Delta}{z}=\left(\frac{F_{tc}}{E_1k_1}+\frac{F_{tc}}{E_2k_2}+\frac{F_{tc}}{E_3k_3}+\frac{F_{tc}}{E_4k_4}+\frac{F_{tc}}{E_6k_6}+\frac{F_{tc}}{E_{10}k_{10}}\right)\Big/z \tag{6-3}$$

式中,Δ代表拉压位移的大小。将式(6-2)和式(6-3)代入式(6-1)可得到考

虑不同材料弹模的节点初始刚度计算公式：

$$S_{\mathrm{j,ini,prop}}=\frac{z^2}{\sum_i \frac{1}{E_i k_i}}\quad (i=1,2,3,4,6,10)\tag{6-4}$$

式中，E_i 表示第 i 个组件所对应的材料弹性模量。

6.3.1.2　节点域剪切刚度系数 k_1

对于无柱腹板加劲肋的节点域，EC3 1-8[113]给出了其刚度系数的计算方法：

$$k_1=\frac{0.38A_{\mathrm{VC}}}{\beta z}\tag{6-5}$$

式中，β 为考虑中柱节点的转换参数，对本书研究的单边节点均取为1，A_{VC} 为节点域受剪面积，按照下式计算：

$$A_{\mathrm{VC}}=A_{\mathrm{c}}-2b_{\mathrm{c}}t_{\mathrm{fc}}+(t_{\mathrm{wc}}+2r_{\mathrm{c}})t_{\mathrm{fc}}\tag{6-6}$$

式中，A_{c} 为柱截面的总面积，r_{c} 为柱翼缘与腹板交接处的倒角半径。在Yee和Melchers[218]根据忽略弯矩作用的简支板推导的公式中，与受剪面积相乘的系数为0.385，与欧洲规范设计方法中的系数0.38十分接近。

而对于含加劲肋的节点，欧洲规范认为其节点域剪切刚度为无穷大，这显然高估了真实的情况。因为即使有加劲肋的加强，在肋板边缘分布的剪应力仍会引起节点域的剪切变形[219]。因此，在此结合我国钢结构设计标准GB 50017—2017[129]给出的节点域屈服弯矩 M_{vy}，推导含加劲肋时的刚度系数 k_1：

$$k_1=\frac{M_{\mathrm{vy}}}{\Phi_{\mathrm{vy}}}\frac{E_1}{z^2}=\frac{\frac{4}{3}f_{\mathrm{vy}}(H_{\mathrm{c}}-t_{\mathrm{fc}})H_{\mathrm{b}}t_{\mathrm{wc}}}{f_{\mathrm{vy}}/\frac{E_1}{2(1+\nu)}}\frac{E_1}{z^2}=\frac{0.51(H_{\mathrm{c}}-t_{\mathrm{fc}})H_{\mathrm{b}}t_{\mathrm{wc}}}{z^2}\tag{6-7}$$

式中，Φ_{vy} 为节点域的剪切屈服转角[197]，考虑到槽钢加劲肋腹板边缘与梁截面的外缘对齐，式(6-7)使用的是梁全截面高度 H_{b}，式中的泊松比 ν 取为0.3。

6.3.1.3　柱腹板受压及受拉刚度系数 k_2 和 k_3

根据欧洲规范[113]，无加劲肋的柱腹板受压刚度系数的计算方法为

$$k_2=\frac{0.70b_{\mathrm{eff,c,wc}}t_{\mathrm{wc}}}{H_{\mathrm{c}}-2t_{\mathrm{fc}}}\tag{6-8}$$

式中，$b_{\mathrm{eff,c,wc}}=2at_1+0.6r_a+5(t_{fc}+r_c)$为有效受压长度，$r_a$为角形件的倒角直径。而对于有加劲肋的柱腹板，规范建议将其刚度值取为无穷大，经过对试验数据的分析（详见5.4.3节），该建议合理且适用于槽钢加劲肋。与受压刚度类似，受拉刚度系数计算方法为

$$k_3=\frac{0.70b_{\mathrm{eff,t,wc}}t_{\mathrm{wc}}}{H_c-2t_{fc}} \tag{6-9}$$

式中，$b_{\mathrm{eff,t,wc}}$为有效受拉长度，按照图4.33～图4.35中总结的屈服线有效长度计算方法进行确定。同理，对于有加劲肋的节点，k_3为无穷大。

6.3.1.4　柱翼缘与角形件受弯刚度系数 k_4 和 k_6

柱翼缘与角形件的受弯均可以等效为T形件受弯进行建模计算[113]。其中角形件的等效过程如图6.8所示，等效后的T形件有效计算长度l_{eff}减半。进而将k_4与k_6的求解转化为求T形件翼缘抗弯刚度的问题。

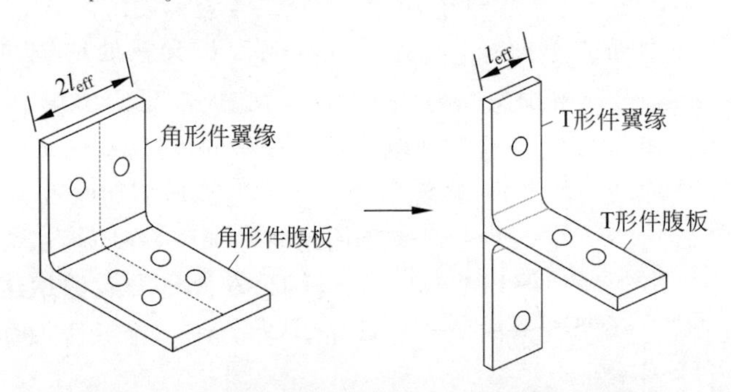

图6.8　将TSAC型节点中角形件等效为T形件

对于T形连接的抗弯刚度，国内外学者开展了大量的研究[181,183,185,218,220-222]。在详细比较这些文献所得出的结论后发现，这些研究大都基于EC3 1-8[113]中现有的刚度计算公式进行改进，所考虑的因素包括了撬力的影响、预紧力的影响以及螺栓对板件约束程度的影响等。这些文献中提出的建议公式有很多与该文献中的试验或有限元数据对比良好，但经其他学者验证则存在一定的偏差[185]，而且绝大多数的公式形式复杂，有的甚至必须使用试验或有限元数据进行参数标定，几乎无法在设计中使用。值得注意的是初始刚度问题与本书第4章主要研究的承载力问题的不同点在于，在加载初期的弹性段，铝合金并未表现出其非线性特征，所以可以参考钢结构相关研究中所得出的结论。因而本书采用Jaspart等人[181]提出的考虑撬力影响的刚

度修正公式：

$$k_{\text{t-fl}}=\frac{0.85l_{\text{eff}}t_{\text{f}}^{3}}{m^{3}} \tag{6-10}$$

式中，l_{eff} 为 T 形件的有效长度。进而可得到受弯柱翼缘的刚度系数 k_4，只需将柱翼缘厚度 t_{fc} 代入式(6-10)即可，l_{eff} 的计算方法同 $b_{\text{eff,t,wc}}$，m 从受拉铆钉中心起算。文献[223]中采用与式(6-10)几乎相同(公式系数为 0.9)的计算方法，得到了与实际节点弯矩-转角曲线几乎一致的理论解，进一步证明了式(6-10)的可靠性。

而对于角型连接件，EC3 1-8 认为它所处的位置与铆钉受拉、柱翼缘受拉为同一水平线。但事实上，角形连接件真正发生变形的位置为图 6.7 中的 $k_{6,\text{t}}$ 处，所以 EC3 的简化方法将高估真实的节点刚度。因此，若想不改变节点的力臂仍使用式(6-4)进行刚度的集成，则需对 k_6 进行折减。根据二者所处位置的几何关系，可知 $k_{6,\text{t}}$ 处弹簧和 k_6 处“虚设”弹簧伸长量之间的比值，则二者的刚度系数之比为变形量的反比。所以可得 k_6 的表达式为

$$k_{6}=\left(\frac{z-\text{ag}_{1}}{z}\right)\cdot\frac{0.85l_{\text{eff,a}}\text{at}_{1}^{3}}{m^{3}} \tag{6-11}$$

值得注意，式中的 $l_{\text{eff,a}}$ 应取角钢实际宽度的一半。对于梁柱间隙 $0.4\text{at}_1\leqslant g_{\text{p}}\leqslant\text{at}_1$ 的节点，规范建议通过增大 m 值实现对刚度的折减，具体取值方法如图 6.9 所示，间隙大小不应超过 at_1。根据 EC3 1-8 的建议[113]，不考虑加强垫板对初始刚度的贡献，通过试验与参数分析(详见 6.2.3 节)也证明了此建议的合理性，因此在后续设计中都予以忽略。

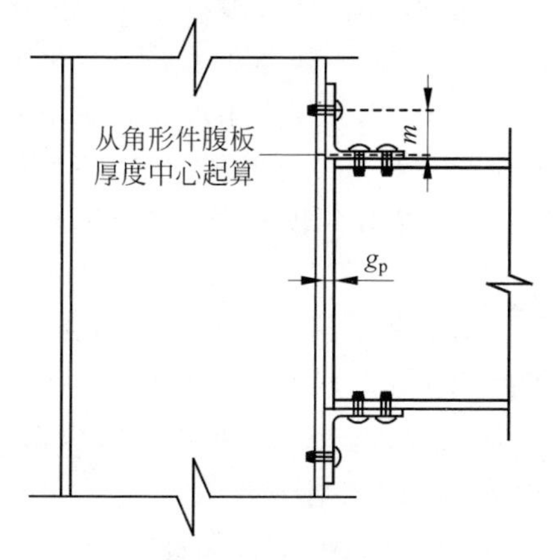

图 6.9　当 $0.4\text{at}_1\leqslant g_{\text{p}}\leqslant\text{at}_1$ 时确定 m 值的方法

6.3.1.5 环槽铆钉抗拉刚度系数 k_{10}

根据环槽铆钉的简化模型可知，环槽铆钉在拉力作用下的变形主要集中于滑移等效段，因此刚度计算时忽略原始段的贡献（详见2.6节）。则推导环槽铆钉的刚度系数 k_{10} 为

$$k_{10}=n_{\mathrm{p}}\frac{0.80A_{\mathrm{pin}}}{t_{\mathrm{eq}}} \tag{6-12}$$

式中，n_{p} 为受拉铆钉的个数，式中系数0.80用来考虑撬力对初始刚度产生的折减效应[181]。在对各个弹簧进行组装集成时，E_{10} 应取环槽铆钉滑移等效段刚度 E_{eq}。根据对实际节点的计算可知，铆钉抗拉刚度系数明显大于其他组件的刚度系数。由于环槽铆钉均为含预紧力的紧固件，根据欧洲规范的建议，铆钉的受剪和承压刚度系数均为无穷大[113]。

6.3.2 TSWAC 型节点

TSWAC型节点与TSAC型节点的不同之处在于多出的腹板角形件，而腹板角形件的刚度系数和含有腹板角形件的节点刚度集成方法在现行规范[113]中并没有给出。通过试验研究发现，含腹板角形件的节点刚度明显高于不含的节点，由此可知这部分刚度贡献不应被忽略。因此本节将首先确定将TSWAC型节点各组件刚度进行集成的方法，再将腹板角形件定义为新组件计算其刚度系数。

6.3.2.1 刚度集成的法则

在确定刚度集成的原则之前，首先确定节点的受压中心。提取了典型的TSWAC节点有限元变形模式，如图6.10所示，从中可以发现节点的受压中心与TSAC型节点一致，仍为底部角形件腹板中心的位置。而且通过提取有限元中腹板受拉铆钉的应力可发现，一排6个铆钉均受拉力。进而根据Pucinotti的建议[224]，提出本书TSWAC型节点的刚度计算与集成模型，如图6.11所示。

在节点计算模型中新增加了腹板角形件作为新的组件，该组件的刚度系数又由与之相连的多个子组件所确定，使用系数 $k_{\mathrm{w}p,q}$ 来表示每一个子组件的刚度。其中w代表腹板(web)；p 代表腹板铆钉所在的排数，最上面一排的铆钉 p 值取为1，对于本书所研究的节点 p 最大取为6；q 代表此排铆钉所在位置处不同子组件的刚度系数编号，编号原则同TSAC型节点

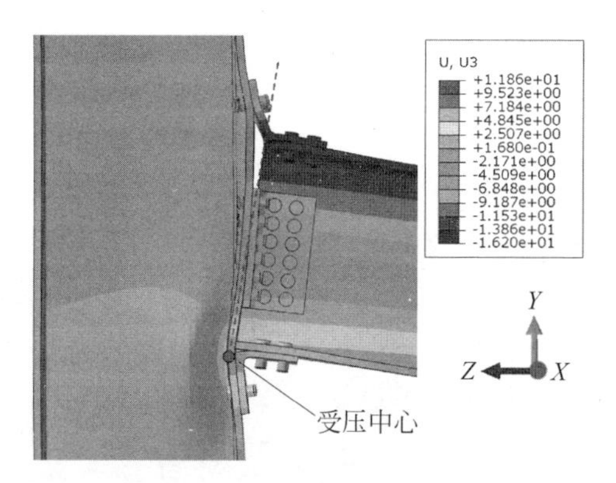

图 6.10　典型 TSWAC 型节点变形模式(变形放大 2 倍)

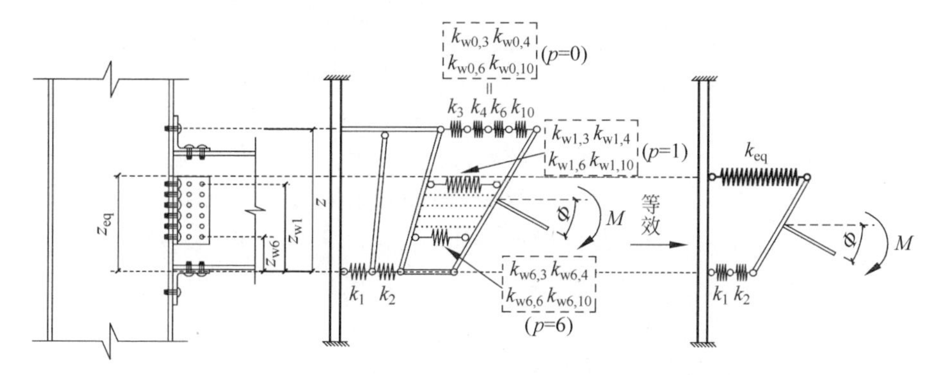

图 6.11　TSWAC 型节点的刚度计算与集成模型

一致：即 $q=3$ 代表柱腹板受拉，$q=4$ 代表柱翼缘受弯，$q=6$ 代表角形件受弯，$q=10$ 代表环槽铆钉受拉。值得注意的是，加载初期梁腹板铆钉孔几乎没有变形，因此忽略承压变形，对比参数分析中 WAC-S15-WAC-S18 的初始刚度也可证明忽略此部分刚度贡献是合理的。同时，腹板角形件与梁腹板相连的一肢在平面内变形，刚度远远大于其他组件，因此也忽略其形变[223]。

对于图 6.11 所示的节点，其由 30 个弹簧所组成，这些弹簧刚度的集成遵循一定的法则：处于同一高度的弹簧为串联，通过串联法则进行第一步集成之后，再与不同高度的弹簧进行并联。弹簧串联法则见式(6-4)，而弹簧的并联需首先求出等效的受拉中心及其到受压中心的距离 z_{eq}，依据的是力与弯矩等效的原则，因此可得到两个等效方程：

$$z_{eq}E_{eq}k_{eq}=\sum_{p=0}^{6}z_{wp}E_{eff,wp}k_{eff,wp} \tag{6-13}$$

$$z_{eq}^{2}E_{eq}k_{eq}=\sum_{p=0}^{6}z_{wp}^{2}E_{eff,wp}k_{eff,wp} \tag{6-14}$$

为简化公式形式并使符号的格式统一，将顶部角形件所在的位置记为第0排，即 $p=0$，则 $z_{wp}(p=0-6)$ 为第 p 排组件到受压中心的距离，且有 $z=z_{w0}$。k_{eq} 表示除受压弹簧(k_1 和 k_2)外所有弹簧的等效刚度系数，E_{eq} 表示与之对应的等效弹性模量。通过化简公式可得到 $E_{eq}k_{eq}$ 的表达式为

$$E_{eq}k_{eq}=\frac{\sum_{p=0}^{6}z_{wp}E_{eff,wp}k_{eff,wp}}{z_{eq}} \tag{6-15}$$

在后续计算节点刚度的公式中，$E_{eq}k_{eq}$ 乘积将作为整体出现，所以在此不再分别推导，式(6-15)仅含一个未知量 z_{eq}，可通过式(6-14)和式(6-13)相除得到：

$$z_{eq}=\frac{\sum_{p=0}^{6}z_{wp}^{2}E_{eff,wp}k_{eff,wp}}{\sum_{p=0}^{6}z_{wp}E_{eff,wp}k_{eff,wp}} \tag{6-16}$$

在式(6-15)和式(6-16)中，$E_{eff,wp}$ 和 $k_{eff,wp}$ 表示第 p 排子组件进行串联后的等效弹模与弹簧刚度系数，其计算方法为

$$E_{eff,wp}k_{eff,wp}=\frac{1}{\sum_{q=3,4,6,10}\frac{1}{E_{wp,q}k_{wp,q}}} \tag{6-17}$$

进而可以求得整个节点的刚度 $S_{j,ini,prop}$：

$$S_{j,ini,prop}=\frac{z_{eq}^{2}}{1/E_1k_1+1/E_2k_2+1/E_{eq}k_{eq}} \tag{6-18}$$

对于不含加劲肋的TSWAC型节点，节点域剪力不再通过上下两点的拉压传递，在相同弯矩下的剪切转角减小，参考Malaga和Elgazouli的处理方式[225]，在刚度组装时予以忽略。

采用上述方法计算此类节点刚度的另一个优势在于，若前期已算得与之相应的TSAC型节点的刚度，只需再将外加的腹板角形件与之集成组装即可得到TSWAC节点的刚度，大大简化了设计计算过程。

6.3.2.2　腹板角形件刚度系数 $k_{wp,q}$

由于腹板角形件是一个连续的整体，若把它按照铆钉排数进行离散化建模，则首先需要对其进行分段。分段的原则为所有的分割线均位于两排铆钉的中线处，如图 6.12 所示。

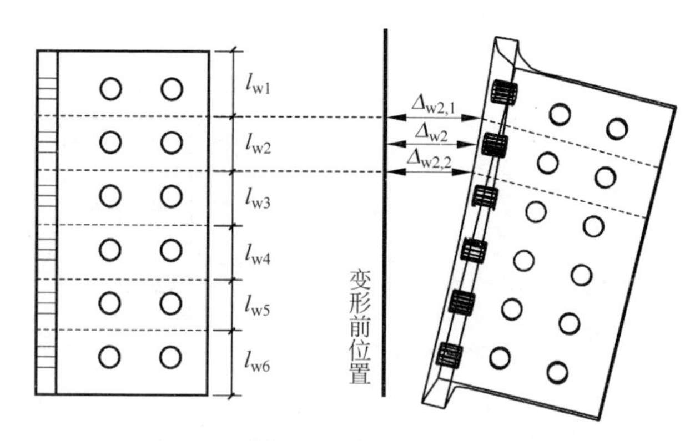

图 6.12　腹板角形件的分段与变形模式

计算与腹板角形件相关联的柱腹板受拉、柱翼缘受弯和环槽铆钉受拉（$k_{wp,3}$、$k_{wp,4}$ 和 $k_{wp,10}$）的方法与计算 6.3.1 节中 k_3，k_4 和 k_{10} 的完全相同。但需注意两点，第一点是腹板角形件是成对布置的，因此 $k_{wp,10}$ 和接下来计算的 $k_{wp,6}$ 需要乘以 2；第二点，在计算第 2 排至第 5 排柱腹板受拉与翼缘受弯的有效长度时，为避免重复叠加，若按公式计算得到的 $b_{eff,t,wc}$ 或 l_{eff} 小于 l_{wq}，取计算值，否则取 l_{wq}。

计算腹板角形件与柱相连一肢的受弯则略有不同。由于该肢的受弯是由与梁腹板相连的一肢传递的连续荷载引起的，所以变形具有连续性。但通过分析真实的变形情况（见图 6.12）发现，变形基本为线性变化，每一分割段内的铆钉上部和下部的变形平均值与铆钉处的变形几乎相同，即 $\Delta_{w2}=0.5(\Delta_{w2,1}+\Delta_{w2,2})$。因此可以用每段内铆钉处的角形件刚度系数表示整段的系数，计算方法与计算顶部角形件相同。Yan 等人[223]在研究腹板双角钢连接的节点时也提出了类似的建议。

6.3.3　设计方法验证

根据本节提出的设计方法计算了 10 个静力加载节点的初始刚度值并与对应的试验结果进行了对比，如表 6.3 所示。设计与试验结果比值的平均值为0.91,标准差为0.11,可知使用所提出的设计方法可以合理可靠地计算环槽铆钉连接的铝合金梁柱节点初始刚度。由于4个循环荷载下的节点几何与材料参数与对应的静力节点完全相同,所以设计结果也与静力节点一致,6.6.2节中根据滞回模型得到的曲线将采用本节所提出的初始刚度设计方法,因而此处不再重复比较。设计方法与参数分析中符合构造要求的节点对比验证详见6.4.4节。

表6.3 本书建议设计方法与试验结果对比

节点编号	$S_{j,ini,test}$ /(kN·m/rad)	$S_{j,ini,prop}$ /(kN·m/rad)	$S_{j,ini,prop}/S_{j,ini,test}$	$M_{y,test}$ /kN·m	$M_{y,prop}$ /kN·m	$M_{y,prop}/M_{y,test}$
TSAC-A1-M	2369.3	2574.9	1.09	20.3	22.5	1.10
TSAC-S1-M	3875.1	3585.0	0.93	30.6	27.9	0.91
TSAC-S2-M	3144.5	3170.7	1.01	32.3	23.4	0.72
TSAC-S3-M	3892.6	3373.7	0.87	32.7	33.4	1.02
TSAC-S4-M	3553.8	3565.8	1.00	30.2	27.5	0.91
TSAC-S5-M	7212.7	7096.1	0.98	34.7	33.5	0.97
TSWAC-A1-M	4298.4	3481.3	0.81	47.5	49.9	1.05
TSWAC-S1-M	5083.9	4451.4	0.88	57.4	58.8	1.02
TSWAC-S2-M	5847.6	4449.2	0.76	60.5	58.6	0.97
TSWAC-S3-M	9111.2	6995.9	0.77	56.7	48.7	0.86
平均值			0.91			0.95
标准差			0.11			0.11

6.4 承载能力设计方法

根据组件法的设计思路,环槽铆钉连接的铝合金梁柱节点的承载力取决于承载力最小的组件[113]。对于TSAC型节点,可直接使用组件最小承载力与力臂 z 相乘得到节点的抗弯承载力;而对于TSWAC型节点,仍需对各个高度上的承载力进行集成组装。本节首先给出一般的节点设计方法,再提出符合本节建议构造要求的简化设计方法。

6.4.1 TSAC型节点

为使承载力与刚度系数在表达形式上一致,采用 F_{ji} 来表示每个组件的承载力,i 取为1,2,3,4,6和10,与刚度系数中的数字表达含义相同。

6.4.1.1　节点域受剪及柱腹板拉压承载力

节点域受剪和柱腹板拉压破坏可通过必要的构造措施加以避免，但对于一般的节点来说，仍应进行必要的承载力校核，本节根据 EC3 1-8[113] 的设计建议，给出可用于铝合金节点的相应承载力计算方法。首先，节点域受剪承载力采用下式计算：

$$F_{j1}=0.9f_{0.2,wc}A_{vc}/\sqrt{3} \tag{6-19}$$

式中，$f_{0.2,wc}$ 代表柱腹板的名义屈服强度。对于含加劲肋的节点来说，规范建议增加加劲肋的抗弯贡献项 $V_{wp,add,Rd}$，但通过第 5 章的试验发现，加劲肋是有效的加强措施，因此对于含本书所提出的槽钢加劲肋的节点，可不进行节点域受剪验算。

对于柱腹板拉压承载力，可用相同的公式进行表达：

$$F_{j2/j3}=\frac{\rho_c b_{eff,wc}t_{wc}f_{0.2,wc}}{\sqrt{1+1.3(b_{eff,c,wc}t_{wc}/A_{vc})^2}} \tag{6-20}$$

式中，$b_{eff,wc}$ 表示有效受力长度，在计算时根据拉压受力状态的不同分别代入 $b_{eff,t,wc}$（受拉）或 $b_{eff,c,wc}$（受压）；ρ_c 表示柱腹板受压失稳的折减系数，计算方法如图 6.13 所示，在受拉计算时不考虑。

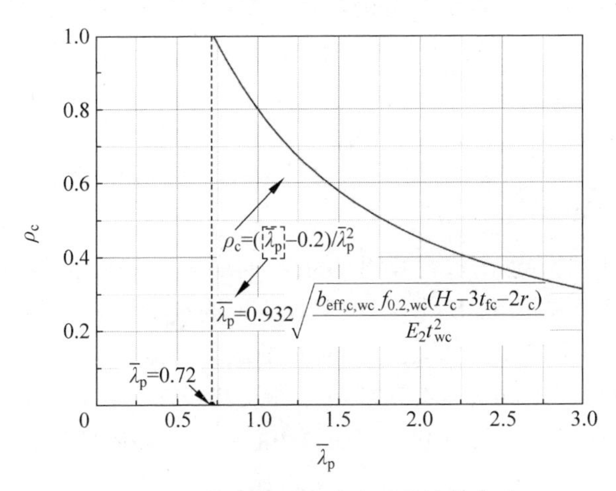

图 6.13　柱腹板受压失稳系数计算方法

6.4.1.2　柱翼缘与角钢受弯及环槽铆钉抗拉承载力

柱翼缘与角钢受弯以及环槽铆钉抗拉可等效为 T 形件中翼缘板受弯

与铆钉受拉问题，进而可以使用本书第4章提出的T形连接设计公式进行计算，可分别得到 F_{j4}，F_{j6} 和 F_{j10}。

需要补充说明的是，当柱翼缘有垫板加强时，应计入其抗弯贡献，因此对于发生第1类破坏模式的受弯柱翼缘，其承载力计算公式为

$$F_{j4}=\frac{4M_{CSM,1}\beta_f+0.5t_{bp}^2 l_{eff} f_{0.2,bp}}{m_{prop}} \tag{6-21}$$

式中，$f_{0.2,bp}$ 为加强垫板的名义屈服强度，由于槽钢加劲肋的翼缘起到了与加强垫板相同的作用，所以也采纳式(6-21)，考虑其抗弯贡献。如有多排受拉铆钉，m_{prop} 的起算位置为离柱腹板最近的一排。

对于角不锈钢而言，材料的非线性行为与铝合金有较大不同，为确保安全，保守地采纳EC3中普通钢结构的设计方法来计算其板件的全塑性抗弯承载力 $M_{EC3,ss}$：

$$M_{EC3,ss}=0.25l_{eff}at_1^2 f_{0.2} \tag{6-22}$$

但角不锈钢仍应遵循第4章所揭示的T形连接受力机理，因此在实际计算时，仅需将 $M_{EC3,ss}$ 替换表4.10所列公式中的 M_{CSM} 即可。

在正常设计节点中，环槽铆钉的承载力 F_{j10} 不应成为节点的控制荷载，因为铆钉的破坏将大大降低节点的变形性能，在抗震框架中更应避免铆钉先坏。但对本书试验中涉及的特殊情况(试件TSAC-S5-M和TSWAC-S3-M)，在计算其塑性抗弯承载力时，应带入铆钉的 $F_{p,C}$ 值进行计算，即认为铆钉在超过预紧力后进入荷载-位移曲线的塑性阶段，此时表4.10公式中 β_p 可取为1.0。

6.4.2　TSWAC型节点

TSWAC型节点的抗弯承载力由不同高度上弹簧提供的弯矩之和确定，计算模型如图6.14所示，模型假设不同高度处组件弹簧的变形符合线性分布。根据文献[225]的建议和对本书试验与数值结果的分析，TSWAC型节点的塑性弯矩可认为由顶部角形件及其相连组件所控制。因此，首先应计算除去腹板角形件以外节点受拉中心弹簧的屈服位移 $\Delta_{eff,1}$：

$$\Delta_{eff,1}=F_{eff,1}/(E_{eff,1}k_{eff,1}) \tag{6-23}$$

式中，$F_{eff,1}$ 为所在高度上最小组件的承载力，$E_{eff,1}k_{eff,1}$ 为此处所有串联弹簧的等效刚度值。进而根据不同高度上的弹簧伸长量线性分布及其几何关系，可以求出腹板角形件各处的弹簧伸长量 $\Delta_{eff,wp}$：

$$\Delta_{eff,wp}=\Delta_{eff,1}z_{wp}/z \tag{6-24}$$

在顶部弹簧达到屈服时，腹板角形件对应的弹簧仍处于弹性阶段，所以其受力可通过刚度与伸长量相乘得到，进而可以求得此时节点的塑性抗弯承载力 $M_{y,prop}$：

$$M_{y,prop}=F_{eff,1}z+\sum_{p=1}^{6}\Delta_{eff,wp}E_{eff,wp}k_{eff,wp}z_{wp} \tag{6-25}$$

式中的 $E_{eff,wp}k_{eff,wp}$ 在 6.4.1 节已进行了推导。

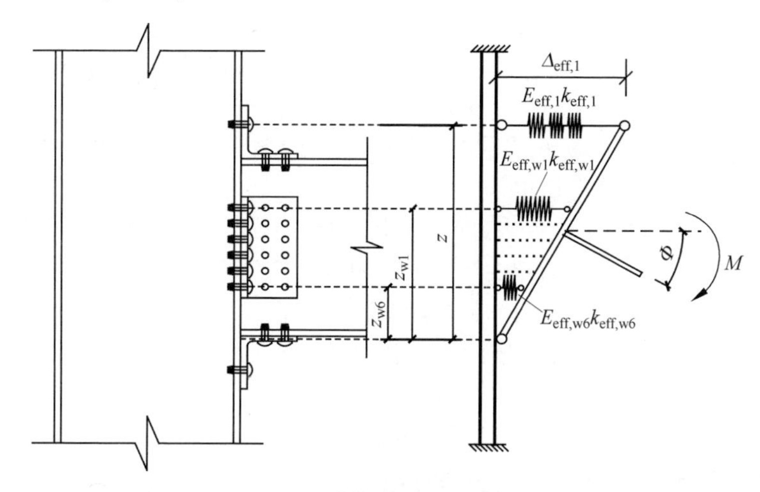

图 6.14　TSWAC 型节点的抗弯承载力计算模型

对于 TSWAC 型节点中剪力的传递，应按照所有剪力均由腹板角形件承担来设计。则腹板角形件与柱翼缘连接的铆钉承受拉力与剪力的共同作用，其中最上排为最不利的位置。按照欧洲规范的设计要求，应该对此处的铆钉进行拉剪共同作用下的承载力校核。而本书第 2 章所提出的铆钉在拉剪组合作用下的设计方法，即式(2-24)～式(2-26)，正是此处校核的依据；计算的具体步骤可参见图 2.29。

6.4.3　设计方法验证

根据本节提出的承载力设计方法计算了 10 个静力节点的承载力设计值并与试验结果进行了对比，如表 6.3 所示。设计与试验结果比值的平均值为 0.95，标准差为 0.11，可见此设计方法可以对环槽铆钉连接的铝合金梁柱节点进行合理、安全的设计。试件 TSAC-S2-M 的承载力被低估的程度最大，原因在于本节提出的设计方法采纳了欧洲规范的建议，对梁柱间隙大于 $0.4at_1$ 的节点角形件 m 值进行扩增，如图 6.9 所示，从而低估了其抗弯承载力。因此6.4.4节将对梁柱间隙进行限制，以保证设计方法的适用性和实际节点良好的工作性能。

6.4.4　构造要求和承载力简化设计

虽然组件法可以对几乎任意变化的组件进行设计与组装，但这样的节点可能因为延性太差或重要组件发生破坏而不适用于实际工程。因此本节提出环槽铆钉连接的铝合金梁柱节点构造要求，通过构造措施控制节点的屈服模式并对符合构造要求的节点进行承载力简化设计，可避免较烦琐的计算程序。

(1) 首先，除有特殊要求的结构(如零磁实验室等)外，此类梁柱节点的角形件材料宜选择不锈钢。

(2) 其次，角不锈钢连接节点最佳的屈服模式为角形件首先屈服[225]，这可以保证节点较好的延性和变形性能，而最应避免屈服的是环槽铆钉，所以可以通过控制角形件与铆钉的相对强弱来设计得到理想的屈服模式。欧洲规范[113]在设计螺栓连接的钢结构梁柱节点时有类似的考虑，并提出下式作为构造要求：

$$\mathrm{at} \leqslant 0.36d\sqrt{f_{\mathrm{ub}}/f_{\mathrm{y}}} \tag{6-26}$$

式中，d 为螺栓直径，f_{ub} 为螺栓极限抗拉强度而 f_{y} 为角钢连接件的屈服强度。但式(6-26)没有将紧固件与角形件根部塑性铰的距离纳入公式，但6.2.2节的分析已指出这也是影响因素之一。所以提出式(6-27)作为本书所研究梁柱节点的构造要求：

$$\frac{\mathrm{at}}{\sqrt{\mathrm{ag}_1 - \mathrm{at} - 0.8r_{\mathrm{a}}}} \leqslant C_{\mathrm{j}} d_{\mathrm{pin}} \sqrt{n_{\mathrm{p}} f_{\mathrm{u,pin}} / f_{0.2,\mathrm{a}}} \tag{6-27}$$

式中，$f_{\mathrm{u,pin}} = F_{\mathrm{PO}}/(0.25\pi d_{\mathrm{pin}}^2)$，$f_{0.2,\mathrm{a}}$ 为角形件的名义屈服强度，n_{p} 为受拉铆钉的个数，C_{j} 与式(6-26)中的系数0.36的含义相同，为待标定的参数。式(6-27)左端的分母本应使用 m_{prop} 作为铆钉至角形件根部塑性铰的距离，但考虑到根据构造要求确定试件参数往往在设计的最初始阶段，不应涉及复杂的计算，所以对此进行了合理简化。

根据参数分析中角不锈钢连接节点的材料与几何参数反算得到的结果以及节点的屈服模式可得：当 C_{j} 取为0.05时，节点的屈服将由角形件控制。为验证此结果的准确性，计算了所有试验节点的实际 C_{j} 值(将式(6-27)取等号并代入实际节点参数反算得到)，发现试件TSAC-S5-M和TSWAC-S3-M的 C_{j} 值为0.073，明显高于0.05，而实际节点的屈服的确由铆钉控制。除这两个试件外，试验节点 TSAC-S3-M 的 C_j 值为 0.059，略高于构造要求的限值，而试验中此节点的转动能力也确实为同类节点（TSAC-S1-M-TSAC-S4-M）中最差。

（3）梁柱间隙应小于等于角形件厚度，即 $g_p \leqslant at$。满足此要求的节点在进行承载力简化计算时忽略缝隙对 m 值的影响。

（4）为避免柱腹板压屈成为控制屈服的模式，在节点域无加劲肋加强时，根据本章参数分析有限的算例结果，偏于安全地规定柱腹板高厚比应满足 $(H_c - t_{fc})/t_{wc} \leqslant 35\varepsilon$；参考 EC9[112] 中的公式，$\varepsilon$ 取为 $(250/f_{0.2,wc})^{1/2}$。

（5）应避免 TSWAC 型节点梁端板孔撕裂成为节点的控制屈服模式。在节点破坏后观察多个板孔整体的破坏形态为块状撕裂（如图 5.28 所示），但在节点的受力过程中最先达到屈服的一定为梁腹板最上部的板孔，所以对该处的板孔屈服进行限制。

图 6.15 展示了 TSWAC 型节点梁端腹板最上部铆钉孔的受力情况和几何参数。其中每个铆钉孔的极限承载力根据式（3-22）进行计算。但值得注意的是，根据欧洲规范[112]的建议，在计算 2 号铆钉孔受力时可将铆钉中距等效为端距，从而可以直接代入第 3 章所提出的公式进行计算，等效公式为 $e_{1,eq} = p_1 - 0.75d_0$，$e_{1,eq}$ 为等效端距。若考虑边距时，垂直于受力方向的铆钉间距 p_2 与间距有类似的折减效应，可以等效为边距进行计算，等效公式为 $e_{2,eq} = 0.5p_2$[112]。进而可将 1 号与 2 号铆钉孔承载力（$F_{web,pin1}$ 和 $F_{web,pin2}$）进行叠加得到 z_{w1} 高度处铆钉孔的极限承载力，此处忽略两个板孔最大承载力不同时发生的情况[161]。但构造建议进行控制的是屈服模式而非极限状态，根据 Yan 等人的建议[223]，取受剪连接极限承载力的 2/3 作为其屈服承载力。所以可得到下式作为限制梁端板孔屈服的构造要求：

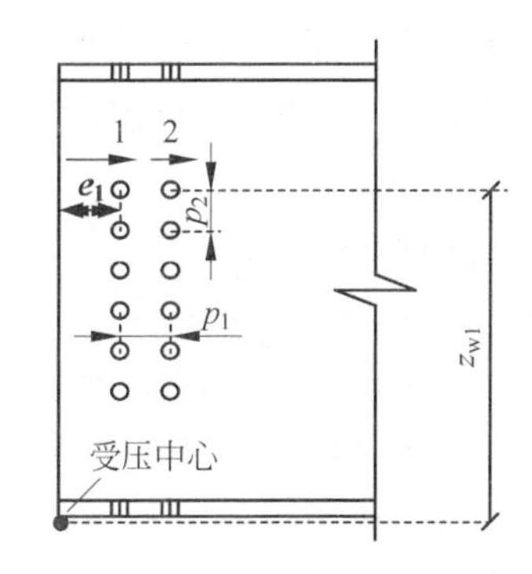

图 6.15　TSWAC 型节点梁端腹板铆钉孔受力和几何参数示意图

$$\frac{2}{3}(F_{web,pin1} + F_{web,pin2})/z_{w1} \leqslant F_{j,4}/z \tag{6-28}$$

$F_{j,4}$ 为角形件的屈服承载力，详见 6.4.1 节。

根据式(6-28)计算参数分析试件 WAC-S15～WAC-S18 后发现，梁腹板厚度为 6 mm 的试件不满足上述构造要求；而腹板厚度为 8 mm 时刚刚满足，几乎处于临界状态。这与从参数分析数值模型中提取的结果相符，证明此构造的要求是合理的。

(6) 分析试验和有限元的节点数据发现，当满足以上构造要求且采用本书所提出的铆钉布置形式时，即使不用加强垫板，柱翼缘的屈服承载力也高于角形件的承载力。但为确保安全，实际设计中要求柱翼缘厚度不小于角形件厚度。增设加强垫板或加劲肋将作为抗震设计建议在 6.6 节具体规定。

对满足上述 6 条构造要求的环槽铆钉连接的铝合金梁柱节点，可认为其屈服由角形件控制，且角形件变形模式为第 1 类(等价于 T 形连接中的第 1 类破坏模式)。所以可采用如下的承载力化简设计公式：

$$M_{y,smp}=\begin{cases}F_{j,4}z, & \text{TSAC 型节点}\\ F_{j,4}z+\sum_{p=1}^{6}\Delta_{eff,wp}E_{eff,wp}k_{eff,wp}z_{wp}, & \text{TSWAC 型节点}\end{cases} \tag{6-29}$$

值得注意的是，对于节点的刚度设计仍需进行弹簧的组装计算。若为了简化计算而只考虑角形件的刚度贡献，将显著高估节点的实际初始刚度而偏不安全。

采用简化设计方法对参数分析试件进行了设计计算以验证此方法的可靠性。70 个节点中共有 33 个符合构造要求(在表 6.2 中以 * 标记)，将这些节点的设计值与实际值(有限元提取的结果)列于表 6.4 并进行了对比，表中除了包含简化方法得到的承载力设计值，还根据 6.3 节的设计方法计算了节点的初始刚度。

表 6.4 中的对比结果证明了承载力简化设计方法是合理可靠的，并进一步验证了刚度设计方法的准确性。通过对比可发现，相比于完整设计方法，承载力简化设计方法略偏保守，这是因为符合简化设计的角形件有良好的延性，由于应变强化效应，其硬化塑性铰处的应力已超过 $f_{0.2}$。若要实现更精确的承载力设计，可按本书第 4 章的研究方法提出考虑不锈钢非线性行为的不锈钢 T 形件设计方法。

表 6.4　符合本节构造要求的参数分析节点的设计值与实际值对比

试件	$S_{j,ini,FE}$ /(kN·m/rad)	$S_{j,ini,prop}$ /(kN·m/rad)	$S_{j,ini,prop}/S_{j,ini,test}$	$M_{y,FE}$ /kN·m	$M_{y,smp}$ /kN·m	$M_{y,smp}/M_{y,test}$
AC-S1	1911.6	1951.7	1.02	13.1	10.7	0.82
AC-S2	2720.1	2924.0	1.07	24.4	18.6	0.76
AC-S3	3395.7	3575.4	1.05	36.0	27.7	0.77
WAC-S1	3661.0	2812.7	0.77	34.3	24.6	0.72
WAC-S2	4795.4	3861.7	0.81	56.9	40.4	0.71
WAC-S3	5490.4	4449.7	0.81	70.3	63.0	0.90
AC-S5	3260.6	3575.4	1.10	35.2	27.7	0.79
AC-S6	3323.6	3575.4	1.08	35.9	27.7	0.77
AC-S7	3471.7	3575.4	1.03	36.0	27.7	0.77
AC-S8	3572.3	3575.4	1.00	36.1	27.7	0.77
AC-S10	3359.2	3575.4	1.06	35.9	27.7	0.77
AC-S9	3337.8	3575.4	1.07	35.8	27.7	0.77
AC-S11	3359.2	3575.4	1.06	35.9	27.7	0.77
AC-S12	3360.1	3575.4	1.06	35.9	27.7	0.77
WAC-S5	5502.4	4449.7	0.81	70.4	63.0	0.90
WAC-S6	5432.1	4449.7	0.82	70.6	63.0	0.89
WAC-S7	5498.5	4449.7	0.81	70.6	63.0	0.89
AC-S15	3343.9	3624.8	1.08	38.1	28.6	0.75
AC-S16	3048.0	3419.2	1.12	33.6	23.9	0.71
AC-S17	2854.6	3158.1	1.11	29.0	20.6	0.71
AC-S18	2266.0	2557.6	1.13	22.2	16.2	0.73
WAC-S10	5100.7	4247.2	0.83	68.6	57.2	0.83
AC-S19	2406.6	2924.0	1.21	25.3	18.6	0.74
AC-S20	2353.9	2411.9	1.02	25.3	18.6	0.74
AC-S21	2275.8	2411.9	1.06	23.8	18.6	0.78
WAC-S11	4571.4	4449.7	0.97	72.1	63.0	0.87
WAC-S12	4544.6	4073.9	0.90	69.1	63.0	0.91
WAC-S13	4402.0	4073.9	0.93	68.4	63.0	0.92
WAC-S16	5881.7	4449.7	0.76	69.8	63.0	0.90
WAC-S17	5985.6	4449.7	0.74	72.2	63.0	0.87
WAC-S18	6080.7	4449.7	0.73	72.9	63.0	0.86
WAC-S19	5723.2	4449.7	0.78	71.2	63.0	0.89
WAC-S22	7701.8	7692.6	1.00	100.0	72.9	0.73
平均值			0.96			0.80
标准差			0.14			0.07

6.5 弯矩-转角全曲线

由于铝合金节点明显的非线性受力特征，仅得到初始刚度与屈服弯矩还不足以准确地描述节点的弯矩-转动行为，也很难直接使用这两个参数进行框架结构的整体分析，因此提出适用于本书所研究节点的弯矩-转角全曲线至关重要。

根据大量钢结构梁柱节点的研究成果，Lee 和 Moon[227] 总结了描述节点弯矩-转角曲线的模型，共有如下几种：

(1) 线性模型：包括单线性和双线性模型，优点是模型使用简单，缺点是与真实的节点弯矩-转角曲线相差太远而且多线性模型会产生刚度突变现象。

(2) 多项式模型：通过拟合 M 与 Φ 之间的多项式系数从而确定二者间的函数关系，此方法的优点是拟合准确性较高，缺点是待定系数过多且缺乏物理意义，同时曲线会发生波动。

(3) 幂函数模型：其中包括两个较有影响力和代表性的模型，分别是 Richard-Abbott 模型[228] 和 Ramberg-Osgood(R-O)模型[229]。幂函数模型可以模拟弯曲-转角曲线的正刚度值、零刚度值甚至负刚度值，并能使用有限的参数实现较为准确的模拟。

(4) 指数函数模型：其中最有代表性的是 Chen 等人[230-231] 提出的多参数的指数模型，此模型虽然对试验曲线拟合较好，但无法模拟刚度变化剧烈的曲线，而且拟合过程较为复杂。

除了以上曲线模型外，以 Swanson 和 Leon[232] 为代表的学者还发展了增量分析方法来确定节点弯矩-转角全曲线。增量分析法将节点的受力过程划分为多个阶段，通过建立适用于该阶段节点受力特征的力学模型得到该段曲线的函数关系。此方法的优点是曲线参数物理意义明确且拟合较为精确，缺点是它的应用依赖于节点组件明确的屈服点而且方法使用难度很大。

而现行规范(EC3 1-8[113])也给出了建议的曲线模型：

$$S_{\mathrm{j}}=\begin{cases}S_{\mathrm{j,ini}}, & M\leqslant\dfrac{2}{3}M_{\mathrm{y}}\\[2ex] S_{\mathrm{j,ini}}/(1.5M/M_{\mathrm{y}})^{\Psi}, & \dfrac{2}{3}M_{\mathrm{y}}<M\leqslant M_{\mathrm{y}}\end{cases}\tag{6-30}$$

式中，M 与 S_j 分别为曲线任意一点的弯矩值及该点与原点连线的斜率(割线刚度值)，Ψ 为区别节点类型的系数，对于角形件连接节点取为3.1。当节点弯矩值达到 M_y 以后，EC3 1-8规定曲线纵坐标保持不变，即此后的节点弯矩-转动特性被假设为理想塑性。由此可见，欧洲规范建议的曲线模型仅在(2/3)M_y 至 M_y 间体现节点的非线性转动行为，与实际情况相差较大。而且节点的抗弯能力截止于 M_y，对于进行弹塑性分析的结构而言将产生严重的承载力低估。

鉴于此，本节提出符合环槽铆钉连接的铝合金梁柱节点弯矩-转动特点的全曲线模型。综合分析已有模型的特点和优劣，发现Ang与Morris[229]建议的基于R-O模型的节点弯矩-转角曲线可以较好地反应铝合金节点的非线性特征和组件的应变强化行为。R-O模型原本是用来描述非线性金属材料应力与应变关系的表达式，此处进行形式上的转换来描述弯矩 M 与转角 Φ 之间的关系：

$$\frac{\Phi}{\Phi_0}=\frac{K\times M}{M_0}\left[1+\left(\frac{K\times M}{M_0}\right)^{n-1}\right] \tag{6-31}$$

式中，Φ_0 与 M_0 为曲线特征点的横纵坐标，K 为缩放曲线纵坐标的参数，n 为表示曲线形状的系数。经过对本书试验和有限元中梁柱节点结果的分析，建议将曲线特征点取为屈服点，即(Φ_y，M_y)，缩放系数 K 值取为1.0，形状系数 n 值取为3.0。至此，可得到环槽铆钉连接的铝合金梁柱节点弯矩-转角全曲线。

为验证所提出曲线模型的合理性，将设计曲线与10个静力节点的试验曲线进行对比，绘于图6.16中，一同参与比较的还有欧洲规范设计曲线。设计曲线中的屈服点均根据本章设计方法确定，具体数值详见表6.3，其中 Φ_y 由 $M_y/S_{j,ini}$ 得到。通过对比可以发现本书所建议的全曲线模型有明显的优势，相比于EC3 1-8的设计方法，本书建议的方法可以更准确地反映环槽铆钉连接的铝合金梁柱节点弯矩-转动特性。而且无论节点类型是TSAC型还是TSWAC型，无论连接件材料是铝合金还是不锈钢，甚至无论节点的屈服由角形件控制还是由铆钉控制，本书所建议的方法均可以较好地拟合。本书方法的优势尤其体现在角形件延性较好、应变强化现象比较明显的节点，如TSAC-S1-M，TSAC-S2-M及TSAC-S4-M等。且此模型所需参数较少，便于设计使用。

静力荷载作用下的梁柱节点设计方法至此完成。图6.17总结了一般的设计流程，可供设计参考。

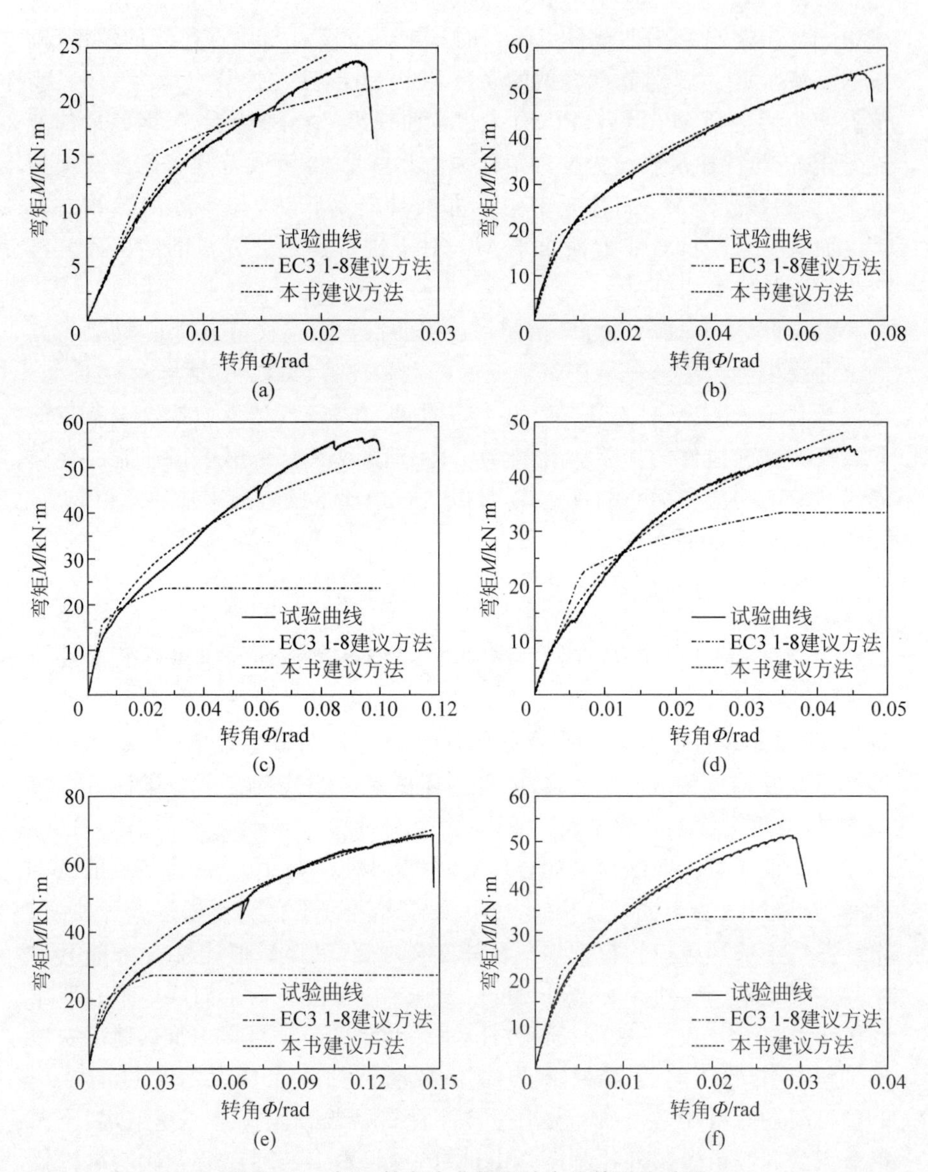

图 6.16 弯矩-转角全曲线设计方法的对比验证

(a) TSAC-A1-M；(b) TSAC-S1-M；(c) TSAC-S2-M；(d) TSAC-S3-M；(e) TSAC-S4-M；(f) TSAC-S5-M；(g) TWSAC-A1-M；(h) TSWAC-S1-M；(i) TSWAC-S2-M；(j) TSWAC-S3-M

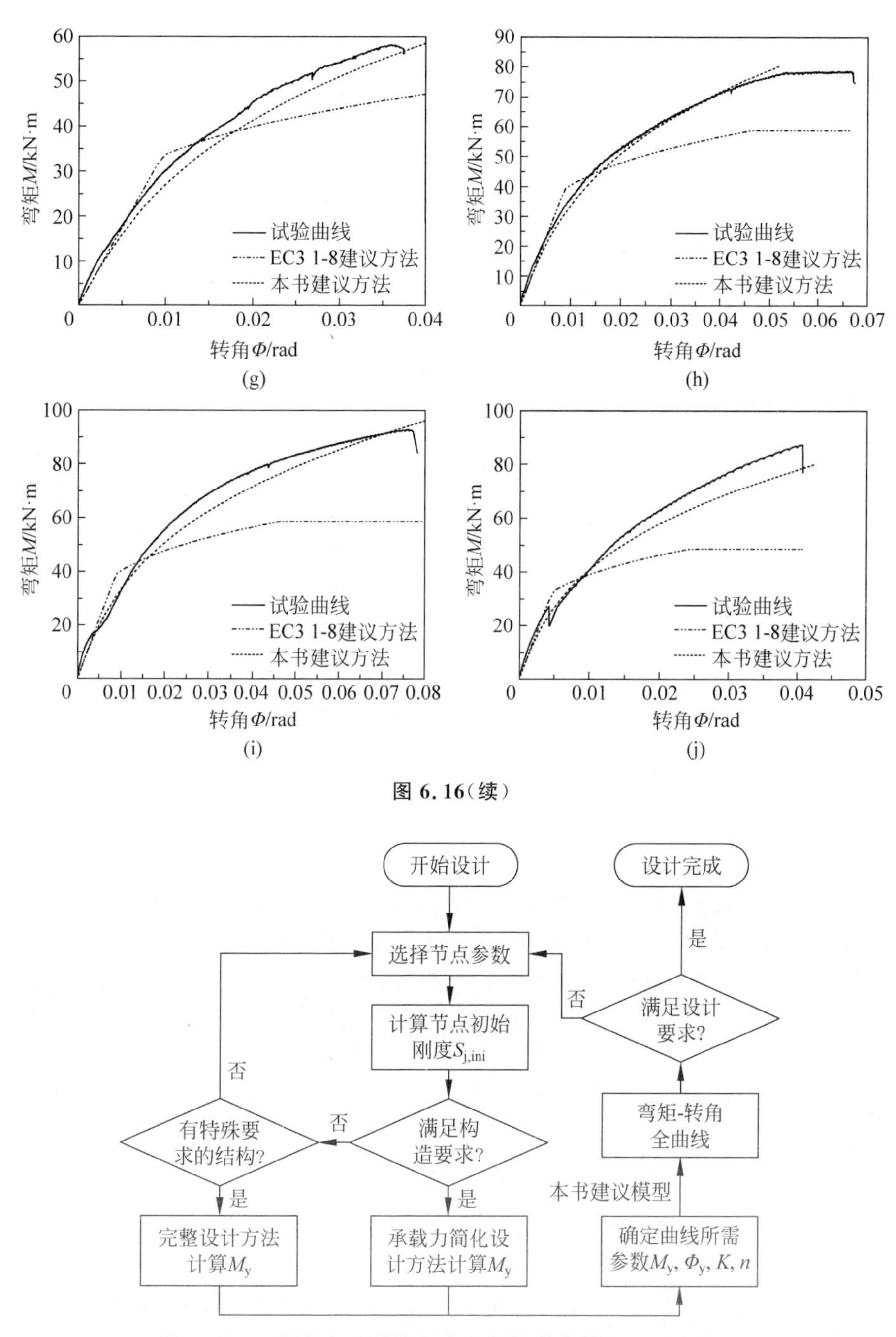

图 6.16(续)

图 6.17　环槽铆钉连接的铝合金梁柱节点的一般设计流程

6.6 抗震设计建议

6.6.1 抗震构造建议

为保证此类节点在地震下良好的延性和耗能能力，提出如下抗震构造建议：

(1) 为确保“强铆钉弱板件”，应满足本章 6.4.4 节提出的构造要求。

(2) 抗震框架中角形件的材料必须使用不锈钢。

(3) 抗震框架中节点的类型宜选择 TSWAC 型。

(4) 节点域应设有必要的加强措施，第一选择为本书提出的槽钢加劲肋，若受限于造价或施工难度可使用柱翼缘加强垫板。其中加强垫板的厚度应不小于柱翼缘厚度，短加强垫板长度应不小于 10 倍铆钉直径，通长型加强垫板的长度应至少覆盖拉压角形件的最外缘。加强垫板在宽度方向应覆盖整个柱翼缘宽度，可参见图 5.5。

(5) 抗震框架的铝合金梁柱截面应选择挤压型构件，翼缘与腹板交接处的倒角半径不宜低于 4 mm。

(6) 抗震框架中应使用不锈钢帽环槽铆钉。

6.6.2 节点滞回模型

梁柱节点的滞回模型是对试验或有限元分析得到的恢复力-变形关系的函数表达，是开展进一步框架与结构地震响应分析的基础。不同类型的节点所适用的滞回模型差别较大。王萌曾总结了钢结构梁柱节点常用的滞回模型种类[204]，其中包括①线性模型(主要指双线性和三线性)，②连续光滑模型和③考虑捏拢效应的模型。线性模型的优势在于参数较少、计算简便，对于刚性节点可以很好地模拟；但对于本书所涉及的半刚性节点，线性模型无法得到连续变化的刚度，也难以考虑捏拢效应。因此本节结合连续光滑模型与考虑捏拢效应模型二者的优点，提出如图 6.18 所示的“R-O 指向峰值模型”，实现对环槽铆钉连接的铝合金梁柱节点滞回关系的定量描述。

R-O 指向峰值滞回模型主要由两部分组成：第一部分是循环骨架曲线，第二部分是滞回准则。根据文献[226]的研究结论和本书循环试验观察到的现象，在节点组件发生破坏前，循环骨架曲线可用单调曲线替代，循环强化效应在角形件连接节点中十分微弱，可忽略不计。因此，模型的骨架曲

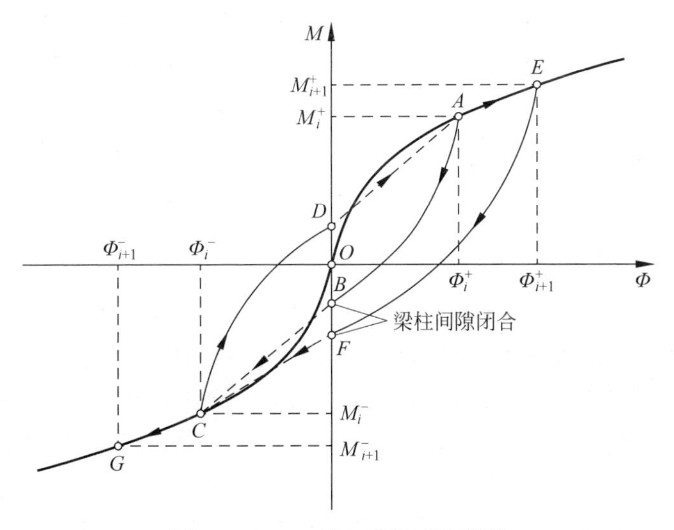

图 6.18　R-O 指向峰值滞回模型

线采用 6.3 节和 6.4 节中提出的静力设计方法计算力学性能指标并采用 R-O 模型确定曲线形状，模型假设为拉压对称。考虑到这里提出的滞回模型主要用于节点抗震设计，所以未包括节点组件损伤退出工作（如梁腹板块状撕裂）引起的骨架曲线强度退化。包含强度退化的骨架曲线主要应用于倒塌问题的研究[233]。

对于滞回准则，模型采用了指向峰值的原则考虑滞回过程中的刚度退化现象。对于滞回准则的每一阶段，下面给出具体的计算方法：

(1) O-A 段：初次加载曲线应与骨架曲线重合。

(2) A-B 段：模型定义从卸载点 A 至转角恢复为 0 的 B 点之间的曲线为卸载段。Malaga 对大量钢结构角形件连接节点卸载段曲线特征进行梳理后提出卸载段曲线应是卸载点前曲线形状的两倍[234]。这里的两倍应指将初始段曲线的横轴与纵轴均放大两倍，同时将卸载点与初始曲线零点对应并做曲线翻转，这一准则可以考虑曲线的捏拢效应。但铝合金材性与钢材有所不同，所以模型定义卸载段形状为初始段的 K_A 倍，则可以得到此段曲线的函数表达式为

$$\Phi_{AB}=\Phi_i^{+}-\left(\frac{K\times(M_i^{+}-M_{AB})}{K_A M_0}\left[1+\left(\frac{K\times(M_i^{+}-M_{AB})}{K_A M_0}\right)^{n-1}\right]\right)K_A\Phi_0$$

$$(0\leqslant\Phi_{AB}<\Phi_i^{+})\tag{6-32}$$

(3) B-C 段：定义从 B 点至负向峰值 C 点之间的曲线为反向加载段。

当节点卸载至转角为 0 时，本来开展的梁柱间隙闭合，梁端开始与柱翼缘接触(5.5 节对此现象有详细说明)，因此从 A 点延续到 B 点的弯矩-转角关系发生改变，曲线刚度的绝对值不应继续下降。同时考虑到反向加载刚度比初始刚度减小的退化机制，采纳 Clough 和 Johnston 提出的指向峰值模型[235]来描述 BC 段曲线：

$$\Phi_{BC}=(M_{BC}-M_B)\left(\frac{\Phi_i^-}{M_i^- - M_B}\right)\quad(\Phi_i^+ \leqslant \Phi_{BC} < 0) \tag{6-33}$$

(4) C-D 段和 D-A 段：C-D 段曲线的滞回准则与 A-B 段相同，而 D-A 段同样采纳指向峰值模型，可使用与 B-C 段相似的表达式描述。至此，第 i 圈加载结束。值得注意的是，由于铝合金梁柱节点 M-Φ 骨架曲线为非线性，不存在完美的弹性加载、卸载段，因此可在任意转角处应用以上滞回准则。

(5) A-E 段：第 $i+1$ 圈的初始段遵循骨架曲线的弯矩-转角关系。

(6) E-F 段和 F-C 段：分别重复 A-B 段与 B-C 段的滞回准则。此处值得注意的是 F 点所指向的峰值是上一圈反向加载的峰值，而非本圈将要达到的峰值。

(7) C-G 段及以后：先沿骨架曲线到 G 点，之后则重复上述滞回准则，即可实现对循环加载全过程的模拟。

此模型所需要的参数包括 M_0，Φ_0，K，n 和 K_A，其中前四个参数通过单调模型已完成标定。通过对本书所研究的循环荷载作用下梁柱节点试验数据的分析拟合，给出 K_A 的建议值为 1.5。在无试验数据参考的情况下，若节点满足本节提出的抗震构造要求，对 TSAC 型节点，Φ_u 可保守取为 $5\Phi_y$；对 TSWAC 型节点，Φ_u 可保守取为 $3\Phi_y$，从而确定滞回曲线的"终点"。

将循环荷载作用下的试验节点参数代入上述 R-O 指向峰值模型中得到了理论滞回曲线，将其与试验曲线对比并绘于图 6.19 中。由于此模型无法考虑节点组件损伤破坏引起的强度退化，所以图 6.19(c)中承载力退化段以灰线表示，以示区别。观察该图可以发现，本书所提出的滞回模型可以较好地模拟节点在循环荷载作用下的弯矩-转动行为，能够合理、可靠地反映节点包括捏拢效应及刚度退化在内的滞回特性。从本书所研究的 4 个节点来看，该模型所能达到的拟合精度接近于有限元方法。

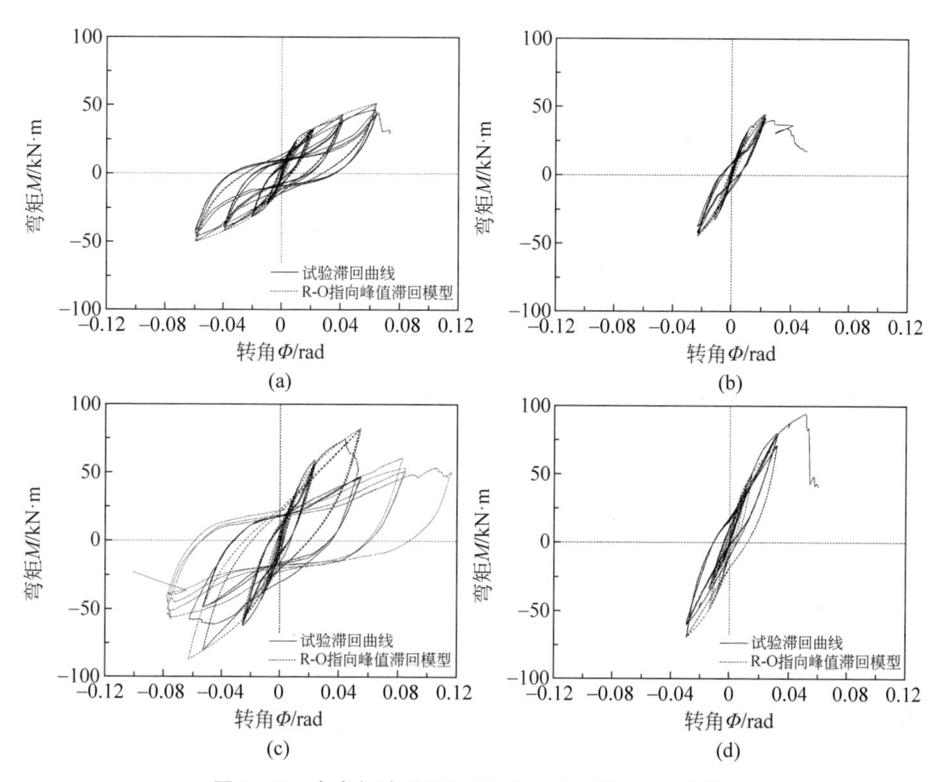

图 6.19　本书提出的滞回模型与试验滞回曲线对比

(a) TSAC-S4-C；(b) TSWAC-A1-C；(c) TSWAC-S2-C；(d) TSWAC-S3-C

6.7　本 章 小 结

本章以第 2 章～第 5 章的研究成果为基础，综合了环槽铆钉、铝合金结构环槽铆钉受剪与 T 形连接相关的设计方法与受力机理，并遵循组件法的设计思路，系统性地提出了环槽铆钉连接的铝合金梁柱节点承载性能设计方法，主要包括：

(1) 提出了可考虑各组件不同弹模的刚度集成公式，并结合现行规范和研究成果提出了可合理组装 TSAC 型和 TSWAC 型节点弹簧组件的力学模型。将所提出的初始刚度设计方法与试验及参数分析结果进行对比，吻合良好。

(2) 对于一般情况，提出了可准确计算 TSAC 型和 TSWAC 型节点抗弯承载力的设计公式。在此基础上对满足建议构造要求的节点提出承载力简化设计方法，通过与 33 个节点结果的对比证明了简化方法的安全合理。

（3）基于 R-O 模型提出了节点弯矩-转角全曲线设计方法，经试验结果验证发现该方法能准确考虑此类节点的非线性弯矩-转动行为，且明显优于现行规范方法。

（4）提出了可保证节点延性与耗能能力的抗震设计建议，并提出可准确反映循环荷载作用下节点捏拢效应与刚度退化的滞回模型。

第7章　结论与展望

7.1　结　　论

本书对铝合金结构环槽铆钉连接及梁柱节点的受力机理与设计方法进行了深入分析，综合试验、数值及理论分析等多种手段开展了从紧固件层次（环槽铆钉）到连接层次（受剪连接与T形连接）再到节点层次（梁柱节点）的系统性、多维度的完整研究。全书以新型紧固件——环槽铆钉的受力性能研究为基础，揭示了铝合金结构环槽铆钉连接与梁柱节点受力机理的特点并提出了合理可靠的设计方法。本书得到如下结论：

（1）设计并完成了44个环槽铆钉在不同荷载条件（纯拉、纯剪和拉剪组合）下的承载性能试验，其中包含直径为9.66 mm和12.70 mm、铝合金帽与不锈钢帽环槽铆钉，为环槽铆钉受力性能的相关研究提供了基础数据。基于试验和有限元结果，提出了环槽铆钉承载性能的设计方法和一般设计步骤，经验证该方法合理准确。

（2）分别建立了可准确模拟环槽铆钉受力行为的精细化与简化有限元模型，标定了简化模型中的关键材料与几何参数。其中简化模型可以在消耗很少计算资源的条件下实现精确模拟，并经后续铝合金结构环槽铆钉T形连接及梁柱节点试验结果的验证，证明其合理、可靠，因此建议可将此模型用于实际结构的模拟计算当中。

（3）设计并完成了23个铝合金结构环槽铆钉受剪连接的拉伸试验，其中包括4种铝材（其中1种为高强铝合金），3种铆钉布置形式和不同的铆钉端距、边距和中距。试验观察到了4种破坏形态并得到了试件的极限承载力与荷载-位移曲线。同时进行了受剪连接组成部件的性能测试，包括铝板抗滑移系数和表面粗糙度测量。这一围绕受剪连接的系统性试验研究将为相关研究提供基础性的数据与参考。

（4）利用编程软件Matlab开发了基于ABAQUS的可自动划分网格、建立单元的有限元程序，开展了930个受剪连接的数值分析。在铝合金板件受剪连接问题中创新性地使用基于应力三轴度的断裂应变作为铆钉孔前材料的失效准则，并经试验验证准确合理。通过对大量数值结果的分析，梳理了关键参数的影响效应，并发现受剪连接中的摩擦力占比有限，建议作为承压型连接进行设计。同时发现，高强与普通铝合金的延性差别导致其承压强度不同，设计中应区别对待。

(5) 分别提出了端部剪出和承压破坏的设计公式，可以区别设计普通和高强铝合金的承载力，并合理考虑了预紧力变化和边距的影响效应。通过与各国现行规范和实测数据对比，发现本书方法的准确性和一致性良好，可以用于实际设计当中。对我国规范而言，本书提出的方法弥补了端部剪出设计承载力的空白，并比规范承压强度设计值的准确性提高了约 60%。本章还给出了受剪连接的构造建议，为实际节点中环槽铆钉的布置提供了参考。

(6) 进行了 30 个铝合金结构环槽铆钉 T 形连接的试验研究，得到了此类试件的破坏模式和承载能力数据，为铝合金 T 形连接和梁柱节点的相关研究提供了重要基础。

(7) 建立了铝合金结构环槽铆钉 T 形连接有限元模型，经相应的试验数据验证后开展了大规模参数分析，总结了关键的材料与几何参数的影响效应，并以此为理论依据提出了 T 形连接的设计方法。该方法以连续强度理论(CSM)为设计基础，考虑了铝合金材料的非线性行为，并考虑铆钉受弯对承载力的影响。通过 312 个试验与数值结果的验证表明该方法安全合理，可用于实际工程的设计，并为进一步研究铝合金结构梁柱节点打下重要基础。

(8) 创新性地提出了环槽铆钉连接的铝合金梁柱节点构造形式并首次在梁柱节点中组合使用铝合金与不锈钢。设计并进行了 10 个该类型节点的静力加载和 4 个循环加载试验，得到了节点的承载能力、转动刚度、转动能力、延性以及耗能能力、刚度退化系数等关键力学性能指标，为相关的研究与工程设计提供了重要参考。

(9) 以验证的有限元模型为基础开展了节点参数分析，扩展了试验中参数的范围并充分认清其影响效应。进而基于组件法，推导了现行规范未包括的 TSWAC 型节点弹簧集成组装公式、提出了环槽铆钉连接的铝合金梁柱节点初始刚度与承载力设计方法以及满足构造要求的简化设计方法。进而基于 R-O 模型，提出了可准确捕捉铝合金梁柱节点非线性弯矩-转动特性的全曲线设计方法。本书还提出了此类节点的抗震设计建议和滞回模型。

7.2 展　　望

铝合金结构的相关研究在我国起步较晚，目前关于铝合金结构连接与节点的研究十分有限。而环槽铆钉应用于建筑结构中的研究也才刚刚开始。但二者的组合表现出诸多优势，因此在工程领域逐渐成为应用热点而且前景广阔，所以围绕二者的研究还有许多相关工作需要开展。以本书的研究成果为基础，未来还可以进行如下研究：

(1) 以眉山中车集团为代表的国内企业正在研制国产环槽铆钉[37,40]，因此基于试制成功的新型大直径、高预紧力铆钉，可开展其力学性能与破坏模式的研究，为实际工程提供更丰富的铆钉选择，并为设计计算提供参考与依据。通过更多类型铆钉的试验数据可进一步验证或修正本书第 2 章所提出的设计方法与理论公式。

(2) 以可用于摩擦型连接的高抗滑移系数($\mu \geqslant 0.3$)为目标，探索铝合金表面处理的技术工艺，并进行相应的抗滑移系数测试与铝合金结构摩擦型受剪连接试验与理论研究。

(3) 开展铝合金和不锈钢的循环本构与超低周疲劳破坏损伤机理研究；开展环槽铆钉在循环荷载作用下的相关研究，探究循环荷载对环槽与钉帽之间相互作用、相对滑移的影响机理。上述研究将为循环荷载作用下环槽铆钉连接的节点与结构更高精度数值模拟提供依据。

(4) 基于本书所提出的节点连接形式，开展环槽铆钉连接的铝合金框架受力性能研究，为进一步推动此类节点应用于实际工程提供更直接的依据与参考。

参 考 文 献

[1] 王元清,石永久,陈宏,等.现代轻钢结构建筑及其在我国的应用[J].建筑结构学报,2002,23(1):2-8.

[2] 李国强.我国高层建筑钢结构发展的主要问题.建筑结构学报[J],1998,19(1):24-32.

[3] 董石麟.我国大跨度空间钢结构的发展与展望[J].空间结构,2000,6(2):3-13.

[4] 施刚,石永久,王元清.超高强度钢材钢结构的工程应用[J].建筑钢结构进展,2008,10(4):32-38.

[5] 陈绍蕃,顾强.钢结构 上册 钢结构基础[M].3版.北京:中国建筑工业出版社,2014:352-360.

[6] DAS S K,KAUFMAN J G. Aluminium alloys for bridges and bridge decks [J]. The Minerals,Metals & Materials Society,2007,61-72.

[7] 柳晓晨.铝合金网格结构盘式节点受力性能研究[D].北京:清华大学,2016.

[8] WANG Z X,WANG Y Q,YUN X,et al. Experimental and numerical study of fixed-ended high strength aluminum alloy angle section columns [J]. Journal of Structural Engineering,2020,146(10):04020206.

[9] WANG Y Q,WANG Z X,HU X G,et al. Experimental study and parametric analysis on the stability behavior of 7A04 high-strength aluminum alloy angle columns under axial compression [J]. Thin-Walled Structures,2016,108:305-320.

[10] 程明.铝合金受弯构件的非线性变形和稳定性研究[D].北京:清华大学,2007.

[11] MAZZOLANI F M. Structural applications of aluminium in civil engineering [J]. Structural Engineering International,2006,16(4):280-285.

[12] 常婷.铝合金轴心受压构件局部稳定与相关稳定性能研究[D].北京:清华大学,2014.

[13] 王中兴.高强铝合金在国防工程中的应用[C]//第四届国防装备轻质高强新材料应用研讨会[出版地不详,出版者不详],2016.

[14] 尹昊.方钢管柱端板节点柔性支撑钢框架抗震性能及设计方法[D].北京:清华大学,2019.

[15] DE MATTEIS G,BRANDO G. Analysis of aluminium beam-to-column joints by the component method:existing studies and research needs [J]. Key Engineering Materials,2016,710:409-414.

[16] SPYRAKOS C C,ERMOPOULOS J. Development of aluminum load-carrying space frame for building structures [J]. Engineering Structures,2005,27(13):1942-1950.

[17] GB 50429-2007.铝合金结构设计规范[S].北京:中国计划出版社,2007.

[18] WANG Z X, WANG Y Q, ZHANG Y, et al. Experimental investigation on the behaviour of aluminium alloy beam-to-column joints connected by swage-locking pins [J]. Engineering Structures, 2020, 213: 110578.

[19] 王嘉昌,金鑫,郑宝锋,等.不锈钢高强度螺栓摩擦型连接的试验研究[C]//第十八届全国现代结构工程学术研讨会论文集 四:钢结构.[出版地不详,出版者不详],2018: 277-281.

[20] BOUCHAÏR A, AVERSENG J, ABIDELAH A. Analysis of the behaviour of stainless steel bolted connections [J]. Journal of Constructional Steel Research. 2008, 64(11): 1264-1274.

[21] 周欢欢,程孝龙.铝生产的发展历程[J].军民两用技术与产品,2016,10: 244.

[22] 王祝堂.新的变形铝合金的成分与简明性能[J].轻合金加工技术,2001,29(1): 1-4.

[23] NILSSON L, HOGLUND T. Aluminium in bridge decks and in a new military bridge in Sweden [J]. Structural Engineering International, 2006, 16: 348-351.

[24] 钱基宏,邓曙光,洪涌,等.某零磁实验室全铝网架结构实验研究及设计与施工[C]//第九届空间结构学术会议论文集.[出版地不详,出版者不详],2000.

[25] GB/T 16474-2011.变形铝及铝合金牌号表示方法[S].北京:中国标准出版社,2012.

[26] GB/T 16475-2008.变形铝及铝合金状态代号[S].北京:中国标准出版社,2008.

[27] 沈祖炎,郭小农,李元齐.铝合金结构研究现状简述[J].建筑结构学报,2007,28(06): 102-111.

[28] RENEWABLE ENERGY WORLD. The 150, 000-square-meter sky bridge of Shanghai's Rafael Gallery will be covered in solar [EB/OL]. [2019-07-19]. https://www. renewableenergyworld. com/2019/07/19/the-150000squaremeter-sky-bridge-of-shanghais-rafael-gallery-will-be-covered-in-solar/#gref.

[29] WIKIPEDIA. British Airways i360 [EB/OL]. [2018-01-02]. https://en. wikipedia. org/wiki/British_Airways_i360.

[30] WANG Z X, WANG Y Q, SOJEONG J, et al. Experimental investigation and parametric analysis on overall buckling behavior of large-section aluminum alloy columns under axial compression [J]. Thin-Walled Structures, 2018, 122: 585-596

[31] 王立维,杨文,冯远,等.中国现代五项赛事中心游泳击剑馆屋盖铝合金单层网壳结构设计[J].建筑结构,2010,40(9): 73-76.

[32] 杨建国,吴利权,王永焕,等.西单铝合金桁架人行天桥荷载试验及承载能力分析[J].工业建筑,2009,39(s1): 559-562.

[33] 杨联萍,邱枕戈.铝合金结构在上海地区的应用[J].建筑钢结构进展,2008,10(1): 53-57.

[34] SIWOWSKI T. Aluminium Bridges-past, present and future [J]. Structural

Engineering International,2006,16(4): 286-293.

[35] CHUNG K R,UM K H. Structural design and construction of aluminum dome for Yong-san station [J]. Korean Association of Spatial Structures,2004,4(4): 15-19.

[36] 三〇一所资料室标准情报组.为什么采用"环槽铆钉"这个名称?[J].航空标准化,1974,4: 22.

[37] 眉山中车紧固件科技有限公司,清华大学土木工程系.不锈钢高强度短尾环槽铆钉连接副评审材料[R].眉山:[出版者不详],2019.

[38] 蒋斯来.环槽铆钉[J].航空标准化,1979,3: 28-30.

[39] HOWMET AEROSPACE. Huck products-tooling. [EB/OL]. [2020-04-01]. https://www.hfsindustrial.com/brands/huck/products/tooling.html.

[40] 中国建筑金属结构协会钢结构桥梁分会.《钢结构桥梁用高强铆钉(环槽铆钉)的应用研究》技术成果鉴定会圆满成功[J].中国建筑金属结构,2019,12: 19.

[41] 李磊,骆传中,李建生.一种新的紧固件——环槽铆钉[J].煤矿机械,1990,11: 9-10.

[42] GB/T 36993-2018.环槽铆钉连接副 技术条件[S].北京:中国标准出版社,2019.

[43] LBFOSTER. direct fixation fasteners, contact rail systems, embedded track systems, two block ties, engineering and testing. [EB/OL]. [2020-04-02]. https://www.lbfoster.com/en/market-segments/rail-technologies/solutions/track-fastening-systems.

[44] BRIDGE AND CIVIL. Ironbark Bridge at Sandgate. [EB/OL]. [2020-04-02]. https://www.bridgeandcivil.com/ironbark-bridge-at-sandgate.html.

[45] RAMBERG W, OSGOOD W R. Description of stress-strain curves by three parameters [R]. Washington, D. C.: National Advisory Committee for Aeronautics,1943.

[46] 郭小农.铝合金结构构件理论和试验研究[D].上海:同济大学,2006.

[47] STEINHARDT O. Aluminum constructions in civil engineering [J]. Aluminium, 1971,47: 131-139.

[48] MAZZOLANI F M. Aluminium structural design [M]. New York: Springer,2014.

[49] BAEHRE R. Comparsion between structural behavior of elastopiastic materials [R].[S.l.: s.n.],1966.

[50] WANG Z X,WANG Y Q,ZHANG G X,et al. Tests and parametric analysis of aluminum alloy bolted joints of different material types [J]. Construction and Building Materials,2018,185: 589-599.

[51] ZHAO Y Z,ZHAI X M,SUN L J. Test and design method for the buckling behaviors of 6082-T6 aluminum alloy columns with box-type and L-type sections under eccentric compression [J]. Thin-Walled Structures,2016,100: 62-80.

[52] 郭小农,高志朋,朱劭骏,等.国产结构用铝合金高温力学性能试验研究[J].湖南大学学报(自然科学版),2018,45(7):20-28.

[53] 彭航,蒋首超,赵媛媛.建筑用 6061-T6 系铝合金高温下力学性能试验研究[J].土木工程学报,2009,42(7):54-57.

[54] MALJAARS J, SOETENS F, KATGERMAN L. Constitutive model for aluminum alloys exposed to fire conditions [J]. Metallurgical and Materials Transactions A,2008,39(4):778-789.

[55] GUO X, WANG L, SHEN Z, et al. Constitutive model of structural aluminum alloy under cyclic loading [J]. Construction and Building Materials, 2018, 180: 643-654.

[56] DUSICKA P, TINKER J. Global restraint in ultra-lightweight buckling-restrained braces [J]. Journal of Composites for Construction,2013,17(1):139-150.

[57] WANG Y Q, WANG Z X. Experimental investigation and FE analysis on constitutive relationship of high strength aluminum alloy under cyclic loading [J]. Advances in Materials Science and Engineering,2016,2016:1-16.

[58] MILLER R A. The bearing strength of steel and aluminum alloy sheet in riveted or bolted joints [J]. Journal of the Aeronautical Sciences,1937,5(1):22-24.

[59] MENZEMER C C, FEI L, SRIVATSAN T S. Failure of bolted connections in an aluminum alloy [J]. Journal of Materials Engineering and Performance, 1999, 8(2):197-204.

[60] MENZEMER C C, FEI L, SRIVATSAN T S. Mechanical response and failure of bolted connection elements in aluminum alloy 5083 [J]. Journal of Materials Engineering and Performance,1999,8(2):211-218.

[61] MENZEMER C C, ORTIZ-MORGADO R, IASCONE R, et al. An investigation of the bearing strength of three aluminum alloys [J]. Materials Science and Engineering: A,2002,327(2):203-212.

[62] WANG C, MENZEMER C C. Shear lag in bolted single aluminum angle tension members [J]. Journal of Materials Engineering and Performance, 2005, 14(1): 61-68.

[63] DUNN W, MOORE R. Tensile tests of aluminum angles loaded through one leg [R]. Engineering Design Division Report. Alcoa: 1967.

[64] 张贵祥.铝合金构件螺栓连接抗剪抗拉受力性能与计算方法研究[D].北京:清华大学,2006.

[65] 石永久,张贵祥,王元清.铝合金结构螺栓连接的抗剪计算方法[J].建筑钢结构进展,2008,10(1):1-7.

[66] 王元清,袁焕鑫,石永久,等.铝合金板件螺栓连接承压强度试验与计算方法[J].四川大学学报(自然科学版),2011,43(5):203-208.

[67] 李静斌,张其林,丁洁民.铝合金栓接节点承载性能研究[J].建筑钢结构进展,

2008,10(1): 15-21.

[68] 郭小农,邱丽秋,徐晗,等.铝合金受剪螺栓连接孔壁承压强度[J].同济大学学报:自然科学版,2014,42(1): 36-43.

[69] 郭小农,于孟同,梁水平,等.铝合金板件不锈钢螺栓连接的高温承载性能分析[J].浙江大学学报(工学版),2017,51(9): 1695-1703.

[70] 郭小农,梁水平,蒋首超.铝合金板件不锈钢螺栓连接的高温承载性能数值研究[J].工业建筑,2015,45(S): 1617-1624.

[71] KIM T S,CHO Y H. Investigation on ultimate strength and failure mechanism of bolted joints in two different aluminum alloys [J]. Materials and Design,2014, 58: 74-88.

[72] CHO Y H, KIM T S. Estimation of ultimate strength in single shear bolted connections with aluminum alloys (6061-T6) [J]. Thin-Walled Structures,2016, 101: 43-57.

[73] HWANG B K,KIM T S. An investigation on ultimate strength of high strength aluminum alloys four-bolted connections with out-of-plane deformation [J]. International Journal of Steel Structures,2019,19(4): 1158-1170.

[74] TAJEUNA T A D,LÉGERON F,LABOSSIÈRE P,et al. Effect of geometrical parameters of aluminum-to-steel bolted connections [J]. Engineering Structures, 2015,102: 344-357.

[75] 陈伟刚.平板型铝合金格栅结构板式节点的受力性能研究[D].杭州:浙江大学,2015.

[76] 邓华,陈伟刚,白光波,等.铝合金板件环槽铆钉搭接连接受剪性能试验研究[J].建筑结构学报,2016,37(1): 143-149.

[77] ZHU P H,ZHANG Q L,LUO X Q,et al. Experimental and numerical studies on ductile-fracture-controlled ultimate resistance of bars in aluminum alloy gusset joints under monotonic tensile loading [J]. Engineering Structures, 2020, 204: 109834.

[78] DE MATTEIS G,MANDARA A,MAZZOLANI F M. T-stub aluminium joints: Influence of behavioural parameters [J]. Computers & Structures,2000,78(1-3): 311-327.

[79] DE MATTEIS G,DELLA CORTE G,MAZZOLANI F M. Experimental analysis of aluminium T-stubs: Tests under monotonic loading [C]//InXVIII Congresso CTA.[S. l.]: ACS ACAI Servizi srl,2001,2: 29-40.

[80] DE MATTEIS G,DELLA CORTE G,MAZZOLANI F M. Experimental analysis of aluminium T-stubs: Tests under cyclic loading [C]//The International Conference on Advances in Structures.[S. l. : s. n.],2003.

[81] DE MATTEIS G, BRESCIA M, FORMISANO A, et al. Behaviour of welded aluminium T-stub joints under monotonic loading [J]. Computers & Structures,

2009,87(15-16)：990-1002.

[82] DE MATTEIS G,NAQASH M T,BRANDO G. Effective length of aluminium T-stub connections by parametric analysis [J]. Engineering Structures,2012,41：548-561.

[83] 李静斌. 铝合金结构连接静力强度的理论和试验研究[D]. 上海：同济大学,2006.

[84] 徐晗,郭小农,罗永峰. 铝合金构件 T 形连接承载性能[J]. 同济大学学报(自然科学版),2012,40(10)：1445-1451.

[85] EFTHYMIOU E,ZYGOMALOS M,BANIOTOPOULOS C C. On the structural response of aluminium T-stub joints under tension [J]. Transactions of Famena,2006,30：45-58.

[86] MALJAARS J, DE MATTEIS G. Structural response of aluminium T-stub connections at elevated temperatures and fire [J]. Key Engineering Materials,2016,710：127-136.

[87] 王元清,柳晓晨,石永久,等. 铝合金网壳结构盘式节点受力性能试验[J]. 沈阳建筑大学学报(自然科学版),2014,30(5)：769-777.

[88] 王元清,柳晓晨,石永久,等. 铝合金网壳结构盘式节点受力性能有限元分析[J]. 天津大学学报(自然科学与工程技术版),2015,48(s)：1-8.

[89] 王元清,柳晓晨,石永久,等. 铝合金盘式节点静力性能的有限元参数分析[J]. 武汉大学学报(工学版),2017,50(5)：688-696+732.

[90] 王元清,柳晓晨,石永久,等. 铝合金网壳箱形-工字形杆件盘式节点受力性能试验研究[J]. 建筑结构学报,2017,38(7)：1-8.

[91] GUO X,XIONG Z,LUO Y,et al. Experimental investigation on the semi-rigid behaviour of aluminium alloy gusset joints [J]. Thin-Walled Structures,2015,87：30-40.

[92] XIONG Z, GUO X, LUO Y, et al. Elasto-plastic stability of single-layer reticulated shells with aluminium alloy gusset joints [J]. Thin-Walled Structures,2017,115：163-175.

[93] 徐帅. 泰姆科节点试验研究及铝合金单层网壳结构性能分析[D]. 天津：天津大学,2015.

[94] 孟祥武,高维元,管建国,等. 铝合金螺栓球节点网架的试验研究及应用[C]//第十届空间结构学术会议. 北京：[出版者不详],2002.

[95] 钱基宏. 铝网架结构应用研究与实践[J]. 建筑钢结构进展,2008,10(1)：58-62.

[96] 郝成新,钱基宏,宋涛,等. 铝网架结构的研究与工程应用[J]. 建筑结构学报,2003,24(4)：70-75.

[97] 严仁章,陈志华,王小盾,等. 弗伦第尔空腹铝网壳的稳定性分析[J]. 空间结构,2013,19(2)：22-29.

[98] 卜宜都,陈志华,王小盾,等. 单层与空腹铝合金网壳静力性能对比分析[J]. 工业

建筑，第十三届全国现代结构工程学术研讨会(增刊)，2013：122-128.

[99] 王亚昌，刘锡良. 单层铝合金网壳非线性分析及试验研究[C]. 第七届空间结构学术会议. 文登，1994.

[100] 郑科. FAST反射面铝合金支撑网壳优化设计及铝合金网壳承载性能研究[D]. 上海：同济大学，2002.

[101] 施刚，罗翠，王元清，等. 铝合金网壳结构中新型铸铝节点承载力设计方法研究[J]. 空间结构，2012，18(1)：78-84.

[102] 施刚，罗翠，王元清，等. 铝合金网壳结构中新型铸铝节点受力性能试验研究[J]. 建筑结构学报，2012，33(3)：70-79.

[103] MATUSIAK M. Strength and ductility of welded structures in aluminium alloys [D]. Trondheim：Norwegian University of Science and Technology，1999.

[104] 李强. 拼装式铝合金活动房承载力试验及应用研究[D]. 西安：西安建筑科技大学，2011.

[105] WANG T，HOPPERSTAD O S，LADEMO O G，et al. Finite element analysis of welded beam-to-column joints in aluminium alloy EN AW 6082 T6 [J]. Finite Elements in Analysis & Design，2007，44(1)：1-16.

[106] BRANDO G，SARRACCO G，DE MATTEIS G. Strength of an aluminum column web in tension [J]. Journal of Structural Engineering，2014，141(7)：04014180.

[107] 蒋首超，张锦骁. 纤维增强复合材料加强铝合金焊接梁柱节点性能试验研究[J]. 工业建筑，2015，45(7)：170-175.

[108] 杨德鹏. 新型铝木组合结构梁柱节点拟静力性能研究[D]. 天津：天津大学，2017.

[109] 刘翔. 集成式铝合金结构房屋标准编制及足尺试验研究[D]. 广州：华南理工大学，2018.

[110] 宁秋君. 箱型铝合金结构焊接节点力学性能研究[D]. 西安：西安工业大学，2018.

[111] 黄娟娟. 铝合金框架全焊接连接梁柱节点受力性能研究[D]. 福州：福建工程学院，2019.

[112] EN 1999-1-1：2007. Eurocode 9：Design of aluminium structures—Part 1-1：General structural rules [S]. Brussels：European Committee for Standardization (CEN)，2007.

[113] EN 1993-1-8：2005. Eurocode 3：Design of steel structures—Part 1-8：Design of joints [S]. Brussels：European Committee for Standardization(CEN)，2005.

[114] Aluminum Design Manual 2015. Specification for aluminium structures：Aluminium design manual (ADM) [S]. Washington. D. C.：Aluminium Association，2015.

[115] AS/NZS 1664.1：1997. Aluminium structures part 1：Limit state design [S].

Sydney: Standards Australia,1997.

[116] CHESSON E,MUNSE W. Studies of the behaviour of high strength bolts and bolted joints [R]. Chicago: University of Illinois,1965.

[117] REUTHER D,BAKER I,YETKA A,et al. Relaxation of ASTM A325 bolted assemblies [J]. Journal of Structural Engineering,2014,140(9),04014060.

[118] 王元清,杨璐,关建,等. 不锈钢螺栓应变松弛的长时间试验监测[J]. 沈阳建筑大学学报(自然科学版),2015,31(2): 201-208.

[119] GB/T 228.1-2010. 金属材料-拉伸试验-第 1 部分: 室温试验方法[S]. 北京: 中国标准出版社,2011.

[120] AS 1391—2007. Metallic Materials—Tensile Testing at Ambient Temperature [S]. Sydney: Standards Australia,2007.

[121] SONG Y,WANG J,UY B,et al. Experimental behaviour and fracture prediction of austenitic stainless steel bolts under combined tension and shear [J]. Journal of Constructional Steel Research,2020,166: 105916.

[122] 王中兴,王元清,欧阳元文. 一种多角度可调节的试样同时承受拉力与剪力的试验装置: 201711320296.5[P]. 2018-06-15.

[123] DREAN M,HABRAKEN A M,BOUCHAÏR A,et al. Swaged bolts: Modelling of the installation process and numerical analysis of the mechanical behaviour [J]. Computers & structures,2002,80(27-30): 2361-2373.

[124] RASMUSSEN K J R. Full-range stress-strain curves for stainless steel alloys [J]. Journal of constructional steel research,2003,59(1): 47-61.

[125] CESCOTTO S,CHARLIER R. Frictional contact finite elements based on mixed variational principles [J]. International Journal for Numerical Methods in Engineering,1993,36(10): 1681-1701.

[126] TEH L H,UZ M E. Ultimate shear-out capacities of structural-steel bolted connections [J]. Journal of Structural Engineering,2015,141(6): 04014152.

[127] ELFLAH M,THEOFANOUS M,DIRAR S. Behaviour of stainless steel beam-to-column joints-part 2: Numerical modelling and parametric study [J]. Journal of Constructional Steel Research,2019,152: 194-212.

[128] 王元清,关建,张勇,等. 不锈钢构件螺栓连接摩擦面抗滑移系数试验[J]. 沈阳建筑大学学报 (自然科学版),2013,29(5): 769-774.

[129] GB 50017-2017. 钢结构设计标准[S]. 北京: 中国建筑工业出版社,2018.

[130] JGJ 82-2011. 钢结构高强度螺栓连接技术规程[S]. 北京: 中国建筑工业出版社,2011.

[131] EN 1090-2: 2018. Execution of steel structures and aluminium structures Part 2: Technical requirements for steel structures [S]. Brussels: European Committee for Standardization(CEN),2018.

[132] 刘斌,冯其波,匡萃方. 表面粗糙度测量方法综述[J]. 光学仪器,2004,26(5):

54-58.

[133] CHANG W R. The effect of surface roughness on dynamic friction between neolite and quarry tile [J]. Safety Science, 1998, 29(2): 89-105.

[134] EN ISO 8503-4: 2012. Preparation of steel substrates before application of paints and related products—Surface roughness characteristics of blast-cleaned steel substrates Part 4: Method for the calibration of ISO surface profile comparators and for the determination of surface profile—Stylus instrument procedure [S]. Brussels: European Committee for Standardization (CEN), 2012.

[135] EN ISO 4288. Geometric Product Specification (GPS)—Surface texture—Profile method: Rules and procedures for the assessment of surface texture [S]. Brussels: European Committee for Standardization (CEN), 1998.

[136] BS ISO 4287. Geometric Product Specifications (GPS)—Surface texture: Profile method—Terms, definitions and surface texture parameters [S]. British Standards Institution (BSI), 1997.

[137] STIGLER S M. Francis Galton's account of the invention of correlation [J]. Statistical Science, 1989, 1, 73-79.

[138] TEH L H, CLEMENTS D D A. Block shear capacity of bolted connections in cold-reduced steel sheets [J]. Journal of Structural Engineering, 2012, 138(4): 459-467.

[139] RASMUSSEN K J. Full-range stress-strain curves for stainless steel alloys [J]. Journal of constructional steel research. 2003, 59(1): 47-61.

[140] GARDNER L, YUN X. Description of stress-strain curves for cold-formed steels [J]. Construction and Building Materials. 2018, 189: 527-538.

[141] MIRAMBELL E, REAL E. On the calculation of deflections in structural stainless steel beams: An experimental and numerical investigation [J]. Journal of Constructional Steel Research, 2000, 54(1): 109-133.

[142] ARRAYAGO I, REAL E, GARDNER L. Description of stress-strain curves for stainless steel alloys [J]. Materials and Design, 2015, 87: 540-552.

[143] SUN E Q. Shear locking and hourglassing in MSC Nastran, ABAQUS, and ANSYS [C]//Proceedings of MSC Software Corporation's 2006 Americas Virtual Product Development Conference: Evolution to Enterprise Simulation. [S. l. : s. n.], 2006.

[144] ABAQUS. Abaqus analysis user's guide: Online documentation [M]. Providence: Dassault Systemes Simulia Corp, 2017.

[145] ELLIOTT M D, TEH L H. Whitmore tension section and block shear [J]. Journal of Structural Engineering, 2018, 145(2): 04018250.

[146] ELLIOTT M D, TEH L H, AHMED A. Behaviour and strength of bolted connections failing in shear [J]. Journal of Constructional Steel Research, 2019,

153: 320-329.

[147] XING H Y, TEH L H, JIANG Z Y, et al. Shear-out capacity of bolted connections in cold-reduced steel sheets [J]. Journal of Structural Engineering, 2020,146(4): 04020018.

[148] SALIH E L, GARDNER L, NETHERCOT D A. Bearing failure in stainless steel bolted connections [J]. Engineering Structures,2011,33(2): 549-562.

[149] SALIH EL,GARDNER L,NETHERCOT D A. Numerical investigation of net section failure in stainless steel bolted connections [J]. Journal of Constructional Steel Research,2010,66(12): 1455-1466.

[150] 祁爽,蔡力勋,包陈,等. 基于应力三轴度的材料颈缩和破断行为分析[J]. 机械强度,2015,37(6): 1152-1158.

[151] BAO Y,WIERZBICKI T. On fracture locus in the equivalent strain and stress triaxiality space [J]. International Journal of Mechanical Sciences,2004,46(1): 81-98.

[152] CLEMENTS D D,TEH L H. Active shear planes of bolted connections failing in block shear [J]. Journal of Structural Engineering,2012,139(3): 320-327.

[153] GHAHREMANINEZHAD A,RAVI-CHANDAR K. Ductile failure behavior of polycrystalline Al 6061-T6 under shear dominant loading [J]. International Journal of Fracture,2013,180(1): 23-39.

[154] KHAN F I. Failure modeling of the tubular expansion process [D]. Abu Dhabi: The Petroleum Institute,2012.

[155] CHEN X, PENG Y, PENG S, et al. Flow and fracture behavior of aluminum alloy 6082-T6 at different tensile strain rates and triaxialities [J]. PloS one. 2017,12(7): e0181983.

[156] 张伟,肖新科,魏刚. 7A04 铝合金的本构关系和失效模型[J]. 爆炸与冲击, 2011,31(1): 81-87.

[157] AALBERG A, LARSEN P K. Bearing strength of bolted connections in high strength steel [C]//Proc. 9th Nordic Steel Construction Conf[S. l.: s. n.], 2001,859-866.

[158] PERRY W C. The bearing strength of bolted connections [D]. Austin: University of Texas at Austin,1981.

[159] AISC. Steel construction manual. American Institute of Steel Construction [S]. Chicago (US),2005.

[160] ABAQUS. Abaqus version 2017 [CP]. SIMULIA-Dassault Systèmes,2017.

[161] TEH L H,UZ M E. Combined bearing and shear-out capacity of structural steel bolted connections [J]. Journal of Structural Engineering,2016,142(11): 04016098.

[162] YANG L,WANG Y Q,GUAN J,et al. Bearing strength of stainless steel bolted connections [J]. Advances in Structural Engineering,2015,18(7): 1051-1062.

[163] TEH L H,UZ M E. Effect of loading direction on the bearing capacity of cold-reduced steel sheets [J]. Journal of Structural Engineering,2014,140(12),06014005.

[164] CHEN W, DENG H, DONG S, et al. Numerical modelling of lockbolted lap connections for aluminium alloy plates [J]. Thin-Walled Structures,2018,130: 1-11.

[165] YU W W,MOSBY R L. Bolted connections in cold-formed steel structures [R]. ROllar: University of Missouri-Rolla,1981.

[166] WANG Y Q,WANG Z X,YIN F X,et al. Experimental study and finite element analysis on the local buckling behavior of aluminium alloy beams under concentrated loads [J]. Thin-Walled Structures,2016,105: 44-56.

[167] WANG Z X, WANG Y Q, YUN X, et al. Strength of swage-locking pinned aluminium alloy shear connections [J]. Thin-Walled Structures, 2021, 163: 107641.

[168] CAI Q,DRIVER R G. Prediction of bolted connection capacity for block shear failures along atypical paths [J]. Engineering Journal-Chicago,2010,47(4): 213-221.

[169] ANSI/AISC 360-16. Specification for structural steel buildings [S]. Chicago: American Institute of Steel Construction,2016.

[170] WANG Z X, WANG Y Q, ZHANG Y, GARDNER L, OUYANG Y W. Experimental investigation and design of extruded aluminium alloy T-stubs connected by swage-locking pins [J]. Engineering Structures, 2019, 200: 109675.

[171] GARDNER L,YUN X. Description of stress-strain curves for cold-formed steels [J]. Construction and Building Materials,2018,189: 527-538.

[172] YUAN H X, HU S,DU X X, et al. Experimental behaviour of stainless steel bolted T-stub connections under monotonic loading [J]. Journal of Constructional Steel Research,2019,152: 213-224.

[173] COELHO A M,BIJLAARD F S,GRESNIGT N,et al. Experimental assessment of the behaviour of bolted T-stub connections made up of welded plates [J]. Journal of Constructional Steel Research,2004,60(2): 269-311.

[174] 王小川. 基于 DIC 冻融循环作用下泥质白云岩损伤破坏机制分析[D]. 贵阳: 贵州大学,2017.

[175] IMETRUM. Video Gauge-How it works [EB/OL]. [2020-01-02]. https://www.imetrum.com/video-gauge/how-it-works/.

[176] SU M N,YOUNG B,GARDNER L. The continuous strength method for the design of aluminium alloy structural elements [J]. Engineering Structures,2016, 122: 338-348.

[177] SU M N,YOUNG B,GARDNER L. Testing and design of aluminum alloy cross

sections in compression [J]. Journal of Structural Engineering, 2014, 140(9): 04014047.

[178] SU M N, YOUNG B, GARDNER L. Deformation-based design of aluminium alloy beams [J]. Engineering Structures, 2014, 80: 339-349.

[179] MASSIMO L, GIANVITTORIO R, ALDINA S, et al. Experimental analysis and mechanical modeling of T-stubs with four bolts per row [J]. Journal of Constructional Steel Research, 2014, 101: 158-174.

[180] LIANG G, GUO H, LIU Y, et al. Q690 high strength steel T-stub tensile behavior: Experimental and numerical analysis [J]. Thin-Walled Structures, 2018, 122: 554-571.

[181] WEYNAND K, JASPART J P, STEENHUIS M. The stiffness model of revised Annex J of Eurocode 3 [C]//Proceedings of the Third International Workshop on Connections in Steel Structures. [S. l. : s. n.], 1996: 441-452.

[182] LIANG G, GUO H, LIU Y, et al. A comparative study on tensile behavior of welded T-stub joints using Q345 normal steel and Q690 high strength steel under bolt preloading cases [J]. Thin-Walled Structures, 2019, 137: 271-283.

[183] FAELLA C, PILUSO V, RIZZANO G. Experimental analysis of bolted connections: Snug versus preloaded bolts [J]. Journal of Structural Engineering, 1998, 124(7): 765-774.

[184] LANGMUIR I. The adsorption of gases on plane surfaces of glass, mica and platinum [J]. Journal of the American Chemical society. 1918, 40 (9): 1361-1403.

[185] COELHO A M G. Characterization of the ductility of bolted end plate beam-to-column steel connections [D]. Coimbra: Universidade de Coimbra, 2004.

[186] ZOETEMEIJER P. A design method for the tension side of statically loaded, bolted beam-to-column connections [J]. Heron, 20(1): 1-59, 1974.

[187] 王中兴，王元清，欧阳元文，等. 环槽铆钉连接的铝合金半刚性梁柱节点：201910312444.1 [P]. 2019-08-06.

[188] 王中兴，王元清，张颖，等. 垫板加强型环槽铆钉连接的铝合金梁柱节点：201910312914.4 [P]. 2019-08-09.

[189] 王中兴，王元清，张颖，等. 槽钢加强型环槽铆钉连接的铝合金梁柱节点：201910312783.X [P]. 2019-08-16.

[190] CALADO L, DE MATTEIS G, LANDOLFO R. Experimental response of top and seat angle semirigid steel frame connections [J]. Materials and Structures, 2000, 33(8): 499-510.

[191] MOORE D B, SIMS P A C. Preliminary investigations into the behaviour of extended end-plate steel connections with backing plates [J]. Journal of Constructional Steel Research, 1986, 6(2): 95-122.

[192] KONG Z,KIM S E. Moment-rotation behavior of top-and seat-angle connections with double web angles [J]. Journal of Constructional Steel Research,2017,128: 428-439.

[193] ECCS, European Convention for Constructional Steelwork. Recommended testing procedure for assessing the behaviour of structural steel elements under cyclic loads [S]. Brussels,1986.

[194] ELFLAH M,THEOFANOUS M,DIRAR S,et al. Behaviour of stainless steel beam-to-column joints—Part 1: Experimental investigation [J]. Journal of Constructional Steel Research,2019,152: 183-193.

[195] DA SILVA L S,SIMOES R D,CRUZ P J. Experimental behaviour of end-plate beam-to-column composite joints under monotonical loading [J]. Engineering Structures,2001,23(11):1383-1409.

[196] CHEN W F,LUI F M. Stability design of steel frames [M]. Boca Raton: CRC Press,1991.

[197] 施刚. 钢框架半刚性端板连接的静力和抗震性能研究[D]. 北京：清华大学,2004.

[198] CHEN X,SHI G. Cyclic tests on high strength steel flange-plate beam-to-column joints [J]. Engineering Structures,2019,186: 564-81.

[199] EC 8. Design of structures for earthquake resistance—Part 1: General rules, seismic actions and rules for buildings [S]. EU: Comité Européen de Normalisation,2004.

[200] JGJ/T 101-2015. 建筑抗震试验规程[S]. 北京：中国建筑工业出版社,2015.

[201] TAMBOLI A R. Handbook of Structural Steel Connection Design and Details, Third Edition [M]. New York: McGraw-Hill Education,2016

[202] 司洋,李国强,郝坤超. 垫板对平齐式端板连接梁柱节点性能影响的试验研究[J]. 建筑结构学报,2009,30(05): 48-56.

[203] 向芳. 上下翼缘角钢半刚性连接的静力性能研究[D]. 长沙：湖南大学,2005.

[204] 王萌. 强烈地震作用下钢框架的损伤退化行为[D]. 北京：清华大学,2013.

[205] ELGHAZOULI A Y,MÁLAGA-CHUQUITAYPE C,CASTRO J M,et al. Experimental monotonic and cyclic behaviour of blind-bolted angle connections [J]. Engineering Structures,2009,31(11): 2540-2553.

[206] 刘晶波,杜修力. 结构动力学[M]. 北京：机械工业出版社,2005: 64-65.

[207] 常笑,杨璐,王萌,等. 循环荷载下奥氏体型和双相型不锈钢材料本构关系研究[J]. 工程力学,2019,36(5): 137-147.

[208] 班慧勇,朱俊成,施刚,等. 不同复合比下不锈钢复合钢材循环本构模型研究[J]. 土木工程学报,2019,52(10): 67-74.

[209] 王元清,常婷,石永久. 循环荷载下奥氏体不锈钢的本构关系试验研究[J]. 东南大学学报(自然科学版),2012,42(6): 1175-1179.

[210] KUKRETI A R,ABOLMAALI A S. Moment-rotation hysteresis behavior of top and seat angle steel frame connections [J]. Journal of Structural Engineering, 1999,125(8): 810-820.

[211] BARAKAT M,CHEN W F. Design analysis of semi-rigid frames: Evaluation and implementation [J]. Engineering Journal,1991,28(2): 55-64.

[212] 陈学森. 高强度钢材板式加强型梁柱节点抗震性能及设计方法[D]. 北京: 清华大学,2018.

[213] YAN S,JIANG L,RASMUSSEN K J R,et al. Full-range behaviour of top and seat angle connections [J]. Journal of Structural Engineering,2020(Submitted for publication).

[214] SONG Y, UY B, WANG J. Numerical analysis of stainless steel-concrete composite beam-to-column joints with bolted flush endplates [J]. Steel and Composite Structures,2019,33(1): 143-162.

[215] NETHERCOT D,ZANDONINI R. Methods of prediction of joint behaviour. In: Narayanan R, editor. Structural Connections—Stability and Strength [J]. Elsevier Applied Science Publisher,1989: 23-62.

[216] JASPART J P. General report: Session on connections [J]. Journal of Constructional Steel Research,2000,55(1-3): 69-89.

[217] SPYROU S. Development of a component based model of steel beam-to-column joints at elevated temperatures [D]. Sheffield: University of Sheffield,2002.

[218] YEE Y L, MELCHERS R E. Moment-rotation curves for bolted connections [J]. Journal of Structural Engineering,1986,112(3): 615-635.

[219] 王素芳,陈以一. 梁柱端板连接节点的初始刚度计算[J]. 工程力学,2008, 25(8): 109-115.

[220] FAELLA C,PILUSO V,RIZZANO G. Some proposals to improve EC3-Annex J approach for predicting the moment-rotation curve of extended plate connections [J]. Costruzioni Metalliche,1996,4: 15-31.

[221] 王素芳,陈以一. T形件连接初始刚度的理论计算模型[J]. 工业建筑,2007, 37(10): 80-83.

[222] SWANSON J A. Characterization of the strength,stiffness and ductility behavior of T-stub connections [D]. Atlanta: Georgia Institute of Technology,1999.

[223] YAN S,JIANG L,RASMUSSEN K J R. Full-range behaviour of double web angle connections [J]. Journal of Constructional Steel Research, 2020, 166: 105907.

[224] PUCINOTTI R. Top-and-seat and web angle connections: prediction via mechanical model [J]. Journal of Constructional Steel Research, 2001, 57: 661-694.

[225] MÁLAGA-CHUQUITAYPE C, ELGHAZOULI A Y. Component-based

mechanical models for blind-bolted angle connections [J]. Engineering Structures, 2010, 32(10): 3048-3067.

[226] GARLOCK M M, RICLES J M, SAUSE R. Cyclic load tests and analysis of bolted top-and-seat angle connections [J]. Journal of Structural Engineering, 2003, 129(12): 1615-1625.

[227] LEE S S, MOON T S. Moment-rotation model of semi-rigid connections with angles [J]. Engineering Structures, 2002, 24(2): 227-237.

[228] RICHARD R M, ABBOTT B J. Versatile elastic-plastic stress-strain formula [J]. Journal of the Engineering Mechanics Division, 1975, 101(4): 511-515.

[229] ANG K M, MORRIS G A. Analysis of three-dimensional frames with flexible beam-column connections [J]. Canadian Journal of Civil Engineering, 1984, 11(2): 245-254.

[230] LUI E M, CHEN W F. Analysis and behaviour of flexibly-jointed frames [J]. Engineering Structures, 1986, 8(2): 107-118.

[231] KISHI N, CHEN W F. Moment-rotation relations of semirigid connections with angles [J]. Journal of Structural Engineering, 1990, 116(7): 1813-1834.

[232] SWANSON J A, LEON R T. Stiffness modeling of bolted T-stub connection components [J]. Journal of Structural Engineering, 2001, 127(5): 498-505.

[233] IBARRA L F, MEDINA R A, KRAWINKLER H. Hysteretic models that incorporate strength and stiffness deterioration [J]. Earthquake Engineering & Structural Dynamics, 2005, 34(12): 1489-1511.

[234] MáLAGA-CHUQUITAYPE C. Seismic behaviour and design of steel frames incorporating tubular members [D]. London: Imperial College London, 2011.

[235] CLOUGH R W, JOHNSTON S B. Effect of stiffness degradation on earthquake ductility requirements [C]//Proceedings of Japan Earthquake Engineering Symposium[S. l.: s. n.], 1966.

附录A　环槽铆钉受剪连接有限元曲线验证汇总

本附录给出所有铝合金结构环槽铆钉受剪连接有限元荷载-位移曲线与试验曲线的对比。

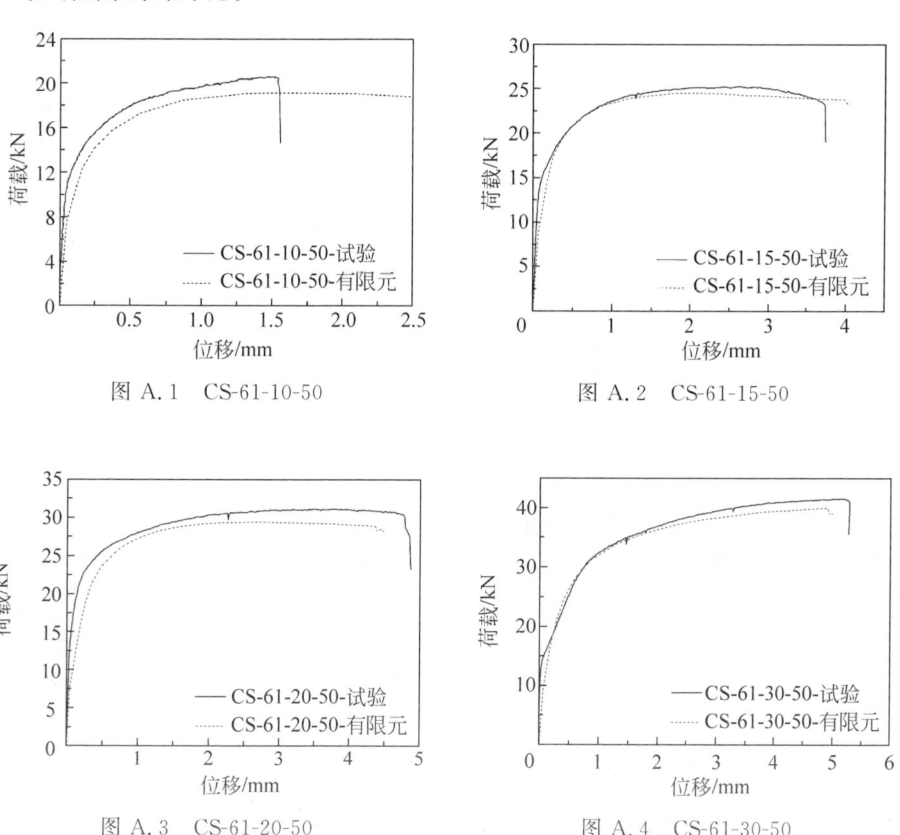

图 A.1　CS-61-10-50

图 A.2　CS-61-15-50

图 A.3　CS-61-20-50

图 A.4　CS-61-30-50

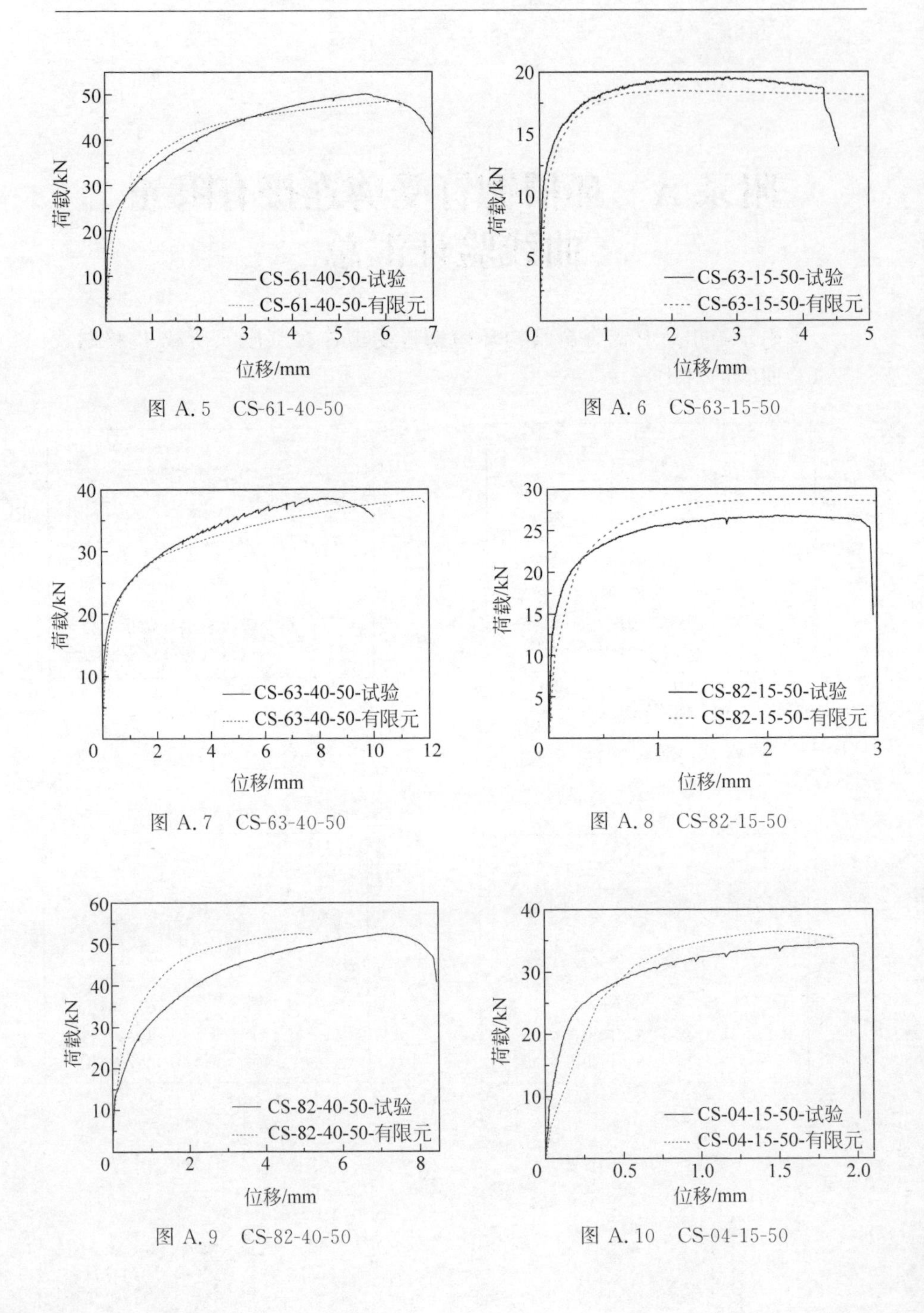

图 A.5　CS-61-40-50

图 A.6　CS-63-15-50

图 A.7　CS-63-40-50

图 A.8　CS-82-15-50

图 A.9　CS-82-40-50

图 A.10　CS-04-15-50

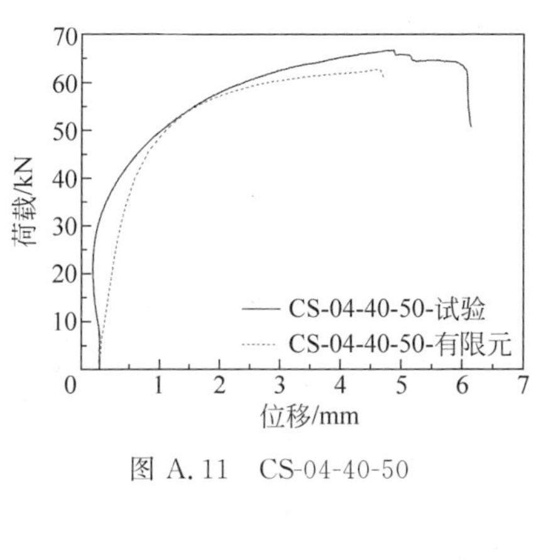

图 A.11 CS-04-40-50

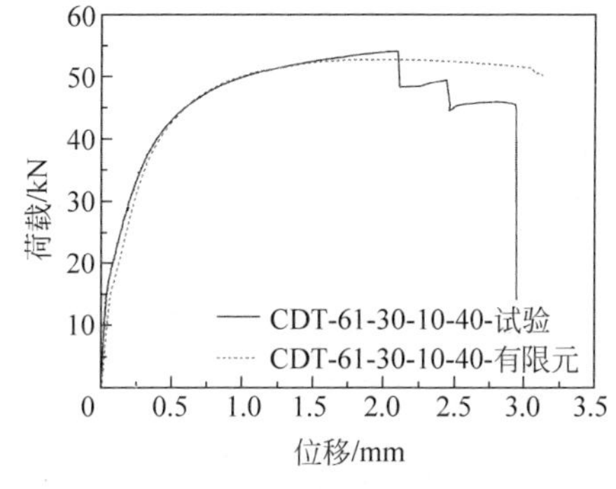

图 A.12 CDT-61-30-10-40

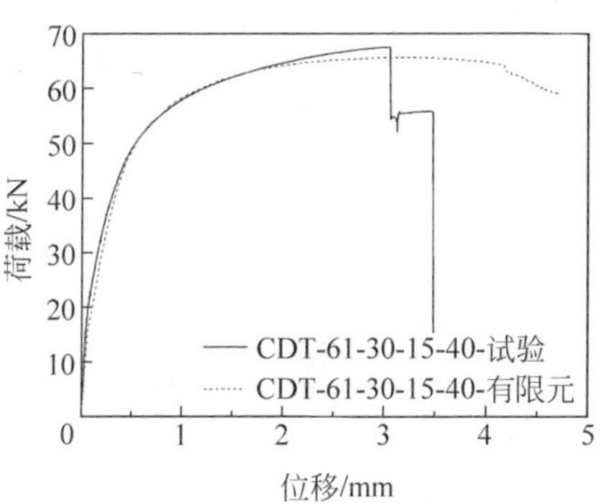

图 A.13 CDT-61-30-15-40

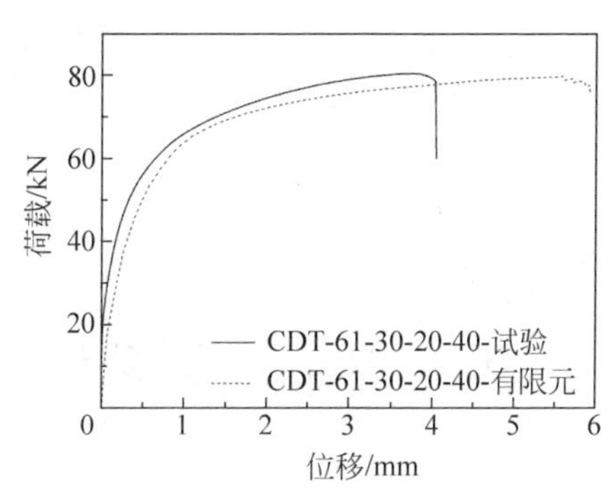

图 A.14 CDT-61-30-20-40

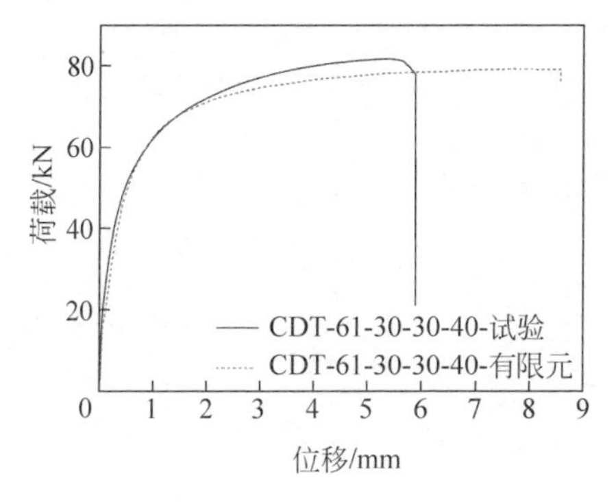

图 A.15 CDT-61-30-30-40

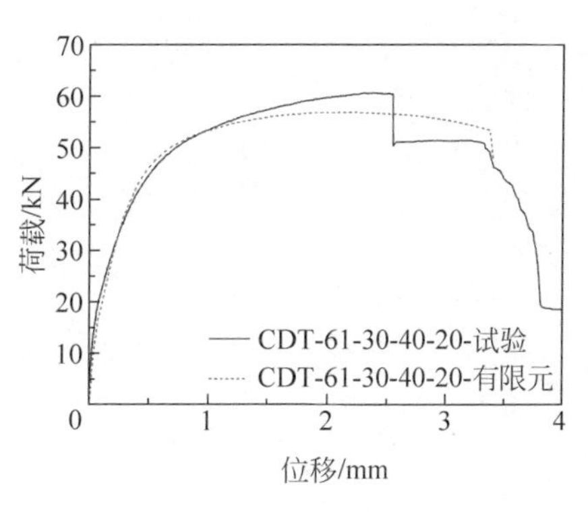

图 A.16 CDT-61-30-40-20

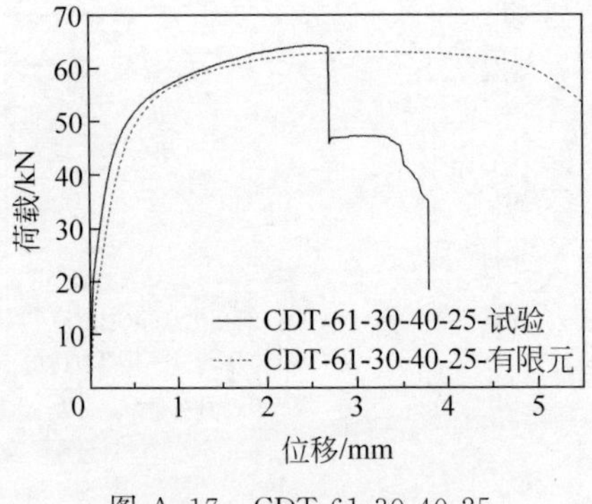

图 A.17　CDT-61-30-40-25

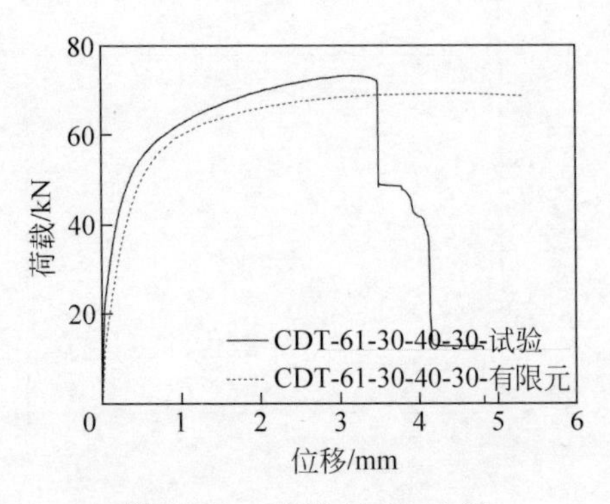

图 A.18　CDT-61-30-40-30

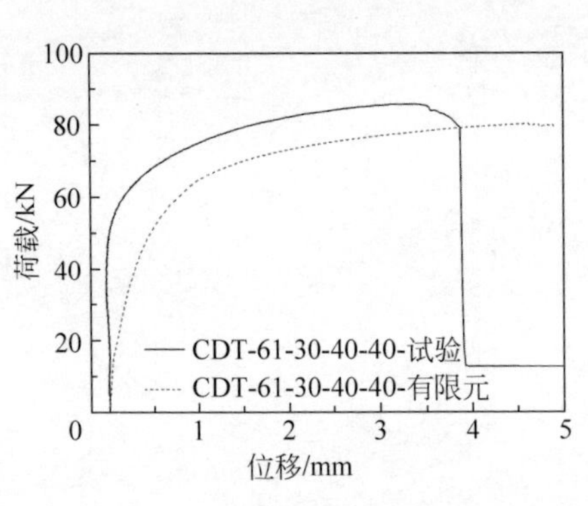

图 A.19　CDT-61-30-40-40

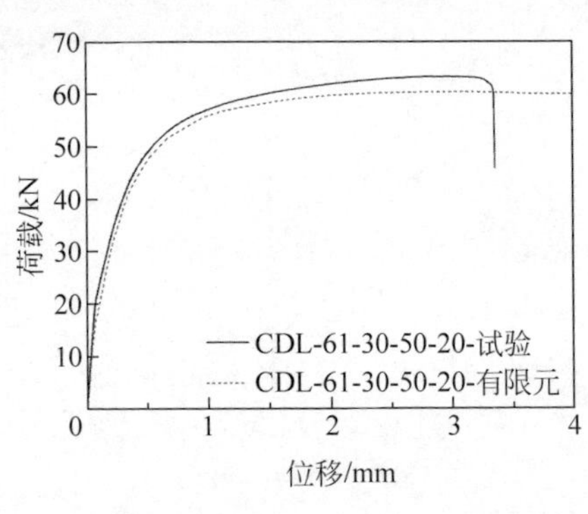

图 A.20　CDL-61-30-50-20

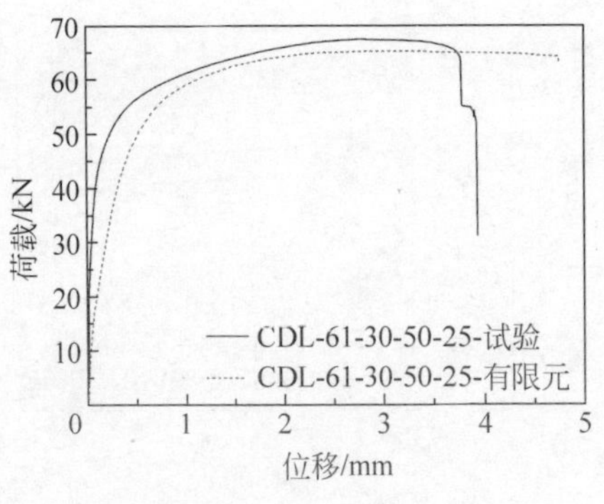

图 A.21　CDL-61-30-50-25

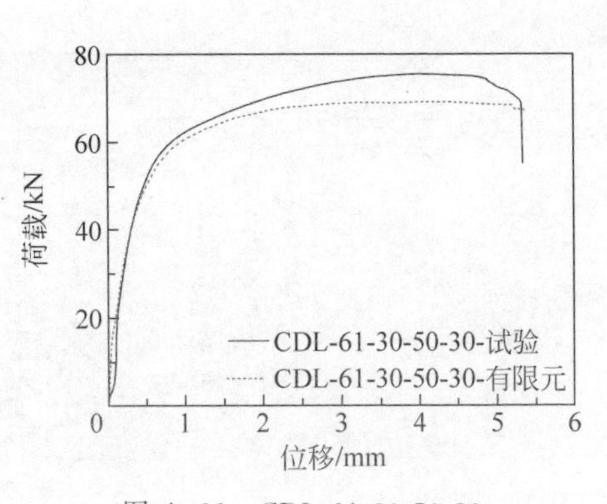

图 A.22　CDL-61-30-50-30

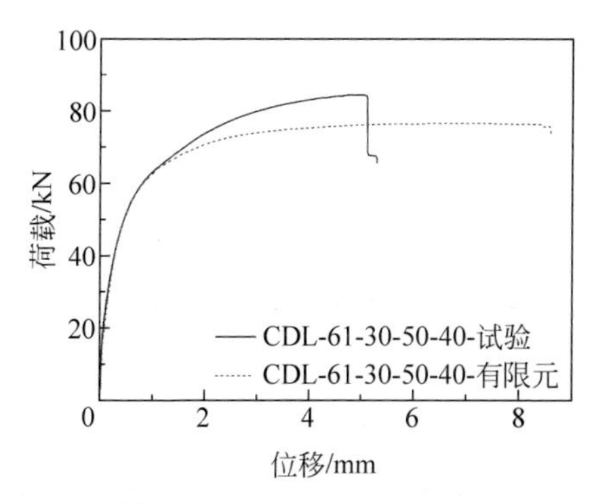

图 A.23　CDL-61-30-50-40

附录B 环槽铆钉受剪连接影响因素分析核心程序

本书在3.6节开展了针对铝合金结构环槽铆钉受剪连接的影响因素分析，由于分析模型数目庞大，所以采用MATLAB编写了可自动划分网格并建立单元的参数化计算程序。其中受剪连接铝合金内板的网格划分与单元建立对于整个模型计算最为重要，属于核心程序，所以本附录将其列出以供参考。

图B.1绘出了受剪连接内板网格划分和关键符号的示意图，其中 n_1 至 n_8 表示该范围内单元的数目。值得注意的是图B.1仅做示意，实际网格划分远比该图细密。程序中的e1和d0分别表示铆钉孔端距值和直径。其他未定义的变量在程序中通过已定义符号的函数关系表达。核心程序分两部分，具体如下：

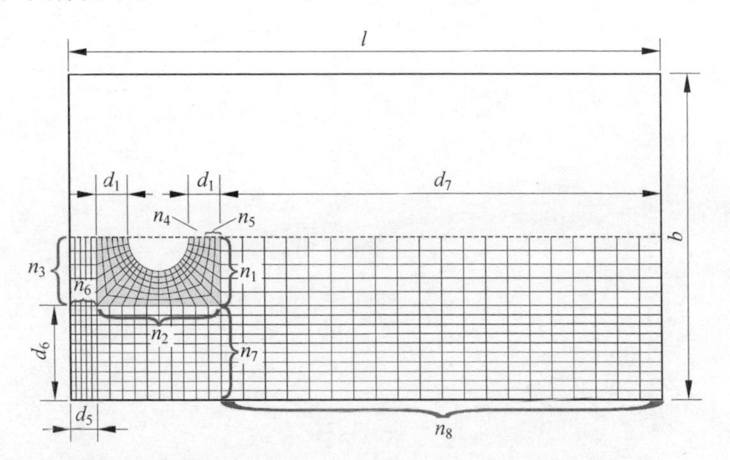

图B.1 受剪连接铝合金内板网格划分及关键符号示意图

```
% ****************************************************
% 核心程序第1部分：确定节点的空间坐标
dt1 = (1 + n4) * (n1 + n2 + n3 + 1);
dt2 = dt1 + (n3 + 1) * n6;
dt3 = dt2 + n7 * (n6 + 1);
```

```
dt4 = dt3 + n7 * n2;
dt5 = dt4 + n8 * (n1 + 1);
dt6 = dt5 + n8 * n7;
dt_total = dt6 * dt;
d5 = e1 - d0/2 - d1;
d6 = (b/2) - d0/2 - d1;
d7 = l - e1 - d0/2 - d1;
elecount1 = (n1 + n2 + n3) * n4 + (n3 + n7) * n6;
elecount2 = elecount1 + n2 * n7 + n1 * n8;
x = zeros(dt_total,1);
y = zeros(dt_total,1);
z = zeros(dt_total,1);
x(1) = 0;
y(1) = d0/2;
z(1) = 0;
x(1 + n4) = 0;
y(1 + n4) = d0/2 + d1;
z(1 + n4) = 0;
x((1 + n4) * n1 + 1) = d0/2 * ((d1 + d0/2)/sqrt((d0/2 + d1)^2 + (d0/2 +
d1)^2));
y((1 + n4) * n1 + 1) = d0/2 * cos(asin((d1 + d0/2)/sqrt((d0/2 + d1)^2 + (d0/2 +
d1)^2)));
z((1 + n4) * n1 + 1) = 0;
x((1 + n4) * (n1 + 1)) = d0/2 + d1;
y((1 + n4) * (n1 + 1)) = d0/2 + d1;
z((1 + n4) * (n1 + 1)) = 0;
for k = 1:1:n1 - 1
x(1 + k * (n4 + 1)) = d0/2 * sin(asin((k * (d0/2 + d1)/n1)/sqrt((d0/2 + d1)^2 +
(k * (d0/2 + d1)/n1)^2)));
y(1 + k * (n4 + 1)) = d0/2 * cos(asin((k * (d0/2 + d1)/n1)/sqrt((d0/2 + d1)^2 +
(k * (d0/2 + d1)/n1)^2)));
z(1 + k * (n4 + 1)) = 0;
end
for i = 2:1:n5 + 1
for k = 0:1:n1 % Part1.2, layerofperfectcircle
x(i + k * (n4 + 1)) = (d0/2 + (i - 1) * (d1/n4)) * sin(asin((k * (d0/2 + d1)/n1)/
sqrt((d0/2 + d1)^2 + (k * (d0/2 + d1)/n1)^2)));
y(i + k * (n4 + 1)) = (d0/2 + (i - 1) * (d1/n4)) * cos(asin((k * (d0/2 + d1)/n1)/
sqrt((d0/2 + d1)^2 + (k * (d0/2 + d1)/n1)^2)));
z(i + k * (n4 + 1)) = 0;
end
end
for k = 1:1:n1 - 1
```

```
x((1 + n4) + k * (n4 + 1)) = k * (d0/2 + d1)/n1;
y((1 + n4) + k * (n4 + 1)) = d0/2 + d1;
z((1 + n4) + k * (n4 + 1)) = 0;
end
for i = n5 + 2:1:n4
for k = 0:1:n1 % Part1.4,layerofpolygon
x(i + k * (n4 + 1)) = ((n4 - n5 - (i - n5 - 1))/(n4 - n5)) * (d0/2 + (n5) * (d1/
n4)) * sin(asin((k * (d0/2 + d1)/n1)/sqrt((d0/2 + d1)^2 + (k * (d0/2 + d1)/
n1)^2))) + ((i - n5 - 1)/(n4 - n5)) * (k * (d0/2 + d1)/n1);
y(i + k * (n4 + 1)) = ((n4 - n5 - (i - n5 - 1))/(n4 - n5)) * (d0/2 + (n5) * (d1/
n4)) * cos(asin((k * (d0/2 + d1)/n1)/sqrt((d0/2 + d1)^2 + (k * (d0/2 + d1)/
n1)^2))) + ((i - n5 - 1)/(n4 - n5)) * (d0/2 + d1);
z(i + k * (n4 + 1)) = 0;
end
end
x((1 + n4) * (n1 + n2) + 1) = d0/2 * sin(asin((d1 + d0/2)/sqrt((d0/2 + d1)^2 +
(d0/2 + d1)^2)));
y((1 + n4) * (n1 + n2) + 1) = d0/2 * cos(asin((d1 + d0/2)/sqrt((d0/2 + d1)^2 +
(d0/2 + d1)^2))) * ( - 1);
z = 0;
x((1 + n4) * (n1 + n2 + 1)) = d1 + d0/2;
y((1 + n4) * (n1 + n2 + 1)) = (d1 + d0/2) * ( - 1);
z((1 + n4) * (n1 + n2 + 1)) = 0;
for k = 1:1:n2 - 1 % Part2.1,firstlayer
x((1 + n4) * n1 + 1 + k * (n4 + 1)) = d0/2 * (d0/2 + d1)/sqrt((d0/2 + d1)^2 +
((d0/2 + d1) - (k * (d0 + 2 * d1)/n2))^2);
y((1 + n4) * n1 + 1 + k * (n4 + 1)) = d0/2 * ((d0/2 + d1) - (k * (d0 + 2 * d1)/
n2))/sqrt((d0/2 + d1)^2 + ((d0/2 + d1) - (k * (d0 + 2 * d1)/n2))^2);
z((1 + n4) * n1 + 1 + k * (n4 + 1)) = 0;
end
for i = 2:1:n5 + 1
for k = 0:1:n2 - 1 % Part2.2,layerofperfectcircle
x((1 + n4) * (n1 + 1) + i + k * (n4 + 1)) = (d0/2 + (i - 1) * (d1/n4)) * (d0/2 +
d1)/sqrt((d0/2 + d1)^2 + ((d0/2 + d1) - ((k + 1) * (d0 + 2 * d1)/n2))^2);
y((1 + n4) * (n1 + 1) + i + k * (n4 + 1)) = (d0/2 + (i - 1) * (d1/n4)) * ((d0/2 +
d1) - ((k + 1) * (d0 + 2 * d1)/n2))/sqrt((d0/2 + d1)^2 + ((d0/2 + d1) - ((k + 1)
 * (d0 + 2 * d1)/n2))^2);
z((1 + n4) * (n1 + 1) + i + k * (n4 + 1)) = 0;
end
end
for k = 1:1:n2 - 1
x((1 + n4) * (n1 + 1) + k * (n4 + 1)) = d0/2 + d1;
y((1 + n4) * (n1 + 1) + k * (n4 + 1)) = (d0/2 + d1) - k * (d0 + 2 * d1)/n2;
```

```
z((1 + n4) * (n1 + 1) + k * (n4 + 1)) = 0;
end
for i = n5 + 2:1:n4
for k = 0:1:n2 - 1
x((n4 + 1) * (n1 + 1) + i + k * (n4 + 1)) = ((n4 - n5 - (i - n5 - 1))/(n4 - n5)) *
(d0/2 + (n5) * (d1/n4)) * (d0/2 + d1)/sqrt((d0/2 + d1)^2 + ((d0/2 + d1) - ((k
+ 1) * (d0 + 2 * d1)/n2))^2) + ((i - n5 - 1)/(n4 - n5)) * (d0/2 + d1);
y((n4 + 1) * (n1 + 1) + i + k * (n4 + 1)) = ((n4 - n5 - (i - n5 - 1))/(n4 - n5)) *
(d0/2 + (n5) * (d1/n4)) * ((d0/2 + d1) - ((k + 1) * (d0 + 2 * d1)/n2))/sqrt
((d0/2 + d1)^2 + ((d0/2 + d1) - ((k + 1) * (d0 + 2 * d1)/n2))^2) + ((i - n5 - 1)/
(n4 - n5)) * ((d0/2 + d1) - (k + 1) * (d0 + 2 * d1)/n2);
z((n4 + 1) * (n1 + 1) + i + k * (n4 + 1)) = 0;
end
end
x((1 + n4) * (n1 + n2 + n3) + 1) = 0;
y((1 + n4) * (n1 + n2 + n3) + 1) = - d0/2;
z((1 + n4) * (n1 + n2 + n3) + 1) = 0;
x((1 + n4) * (n1 + n2 + n3 + 1)) = 0;
y((1 + n4) * (n1 + n2 + n3 + 1)) = - d0/2 - d1;
z((1 + n4) * (n1 + n2 + n3 + 1)) = 0;
for k = 1:1:n3 - 1
x((1 + n4) * (n1 + n2) + 1 + k * (n4 + 1)) = d0/2 * sin(asin(((d0/2 + d1) - k *
(d0/2 + d1)/n3)/sqrt((d0/2 + d1)^2 + ((d0/2 + d1) - k * (d0/2 + d1)/n3)^2)));
y((1 + n4) * (n1 + n2) + 1 + k * (n4 + 1)) = ( - 1) * d0/2 * cos(asin(((d0/2 + d1)
- k * (d0/2 + d1)/n3)/sqrt((d0/2 + d1)^2 + ((d0/2 + d1) - k * (d0/2 + d1)/
n3)^2)));
z((1 + n4) * (n1 + n2) + 1 + k * (n4 + 1)) = 0;
end
for i = 2:1:n5 + 1
for k = 0:1:n3 - 1
x((1 + n4) * (n1 + n2 + 1) + i + k * (n4 + 1)) = (d0/2 + (i - 1) * (d1/n4)) *
sin(asin(((d0/2 + d1) - (k + 1) * (d0/2 + d1)/n3)/sqrt((d0/2 + d1)^2 + ((d0/2
+ d1) - (k + 1) * (d0/2 + d1)/n3)^2)));
y((1 + n4) * (n1 + n2 + 1) + i + k * (n4 + 1)) = ( - 1) * (d0/2 + (i - 1) * (d1/n4))
* cos(asin(((d0/2 + d1) - (k + 1) * (d0/2 + d1)/n3)/sqrt((d0/2 + d1)^2 + ((d0/
2 + d1) - (k + 1) * (d0/2 + d1)/n3)^2)));
z((1 + n4) * (n1 + n2 + 1) + i + k * (n4 + 1)) = 0;
end
end
for k = 1:1:n3 - 1
x((1 + n4) * (n1 + n2 + 1) + k * (n4 + 1)) = (d0/2 + d1) - k * (d0/2 + d1)/n3;
y((1 + n4) * (n1 + n2 + 1) + k * (n4 + 1)) = - d0/2 - d1;
z((1 + n4) * (n1 + n2 + 1) + k * (n4 + 1)) = 0;
```

```
end
for i = n5 + 2:1:n4
for k = 0:1:n3 - 1
x((1 + n4) * (n1 + n2 + 1) + i + k * (n4 + 1)) = ((n4 - n5 - (i - n5 - 1))/(n4 -
n5)) * (d0/2 + (n5) * (d1/n4)) * sin(asin(((d0/2 + d1) - (k + 1) * (d0/2 + d1)/
n3)/sqrt((d0/2 + d1)^2 + ((d0/2 + d1) - (k + 1) * (d0/2 + d1)/n3)^2))) + ((i -
n5 - 1)/(n4 - n5)) * ((d0/2 + d1) - (k + 1) * (d0/2 + d1)/n3);
y((1 + n4) * (n1 + n2 + 1) + i + k * (n4 + 1)) = ((n4 - n5 - (i - n5 - 1))/(n4 -
n5)) * ( - 1) * (d0/2 + (n5) * (d1/n4)) * cos(asin(((d0/2 + d1) - (k + 1) * (d0/
2 + d1)/n3)/sqrt((d0/2 + d1)^2 + ((d0/2 + d1) - (k + 1) * (d0/2 + d1)/n3)^2)))
 + ((i - n5 - 1)/(n4 - n5)) * ( - d0/2 - d1);
z((1 + n4) * (n1 + n2 + 1) + i + k * (n4 + 1)) = 0;
end
end
for i = 1:1:n6
for k = 0:1:n3
x(dt1 + i + k * n6) = k * (d0/2 + d1)/n3;
y(dt1 + i + k * n6) = ( - d0/2 - d1) - i * d5/n6;
z(dt1 + i + k * n6) = 0;
end
end
for i = 1:1:n6 + 1
for k = 0:1:n7 - 1 % Part4.2(dt2 --- dt3)
x(dt2 + i + k * (n6 + 1)) = (d0/2 + d1) + (k + 1) * d6/n7;
y(dt2 + i + k * (n6 + 1)) = ( - d0/2 - d1) - (i - 1) * d5/n6;
z(dt2 + i + k * (n6 + 1)) = 0;
end
end
for i = 1:1:n2
for k = 1:1:n7 % Part5(dt3 --- dt4)
x(dt3 + i + (k - 1) * n2) = (d0/2 + d1) + k * d6/n7;
y(dt3 + i + (k - 1) * n2) = ( - d0/2 - d1) + i * (d0 + 2 * d1)/n2;
z(dt3 + i + (k - 1) * n2) = 0;
end
end
for i = 1:1:n8
for k = 0:1:n1
x(dt4 + i + k * n8) = k * (d0/2 + d1)/n1;
y(dt4 + i + k * n8) = (d0/2 + d1) + i * d7/n8;
z(dt4 + i + k * n8) = 0;
end
end
for i = 1:1:n8
```

```
for k = 0:1:n7 - 1
x(dt5 + i + k * n8) = (d0/2 + d1) + (k + 1) * d6/n7;
y(dt5 + i + k * n8) = (d0/2 + d1) + i * d7/n8;
z(dt5 + i + k * n8) = 0;
end
end
for i = 1:1:(dt + 1)
for k = 1:1:dt6
x(k + i * dt6) = x(k);
y(k + i * dt6) = y(k);
z(k + i * dt6) = ( - 1) * i * t/dt;
end
end
% ****************************************
%核心程序第 2 部分:连接已确立的节点形成单元
fprintf(fileID,'%s\r\n','****************************** ');
fprintf(fileID,'%s\r\n','** ElementtypeandGenerationofelements');
fprintf(fileID,'%s\r\n','****************************** ');
fprintf(fileID,'%s\r\n','* ELEMENT,TYPE = C3D8R');
for i = 1:1:(n1 + n2 + n3)
for j = 1:1:n4
fprintf(fileID,'%d\t\t, %d\t\t, %d\t\t, %d\t\t, %d\t\t, %d\t\t, %d\t\t, %d\t\t, %d\t\t\r\n',Elm_i((i - 1) * n4 + j),(i - 1) * (n4 + 1) + j,(i - 1) * (n4 + 1) + j + 1,(i - 1) * (n4 + 1) + j + (n4 + 2),(i - 1) * (n4 + 1) + j + (n4 + 1),(i - 1) * (n4 + 1) + j + dt6,(i - 1) * (n4 + 1) + j + 1 + dt6,(i - 1) * (n4 + 1) + j + (n4 + 2) + dt6,(i - 1) * (n4 + 1) + j + (n4 + 1) + dt6);
end
end
for i = 1:1:n3
fprintf(fileID,'%d\t\t, %d\t\t, %d\t\t, %d\t\t, %d\t\t, %d\t\t, %d\t\t, %d\t\t, %d\t\t\r\n',Elm_i((n1 + n2 + n3) * n4 + i),dt1 - i * (n4 + 1),dt1 + 1 + i * (n6),dt1 + 1 + (i - 1) * (n6),dt1 - (i - 1) * (n4 + 1),dt1 - i * (n4 + 1) + dt6,dt1 + 1 + i * (n6) + dt6,dt1 + 1 + (i - 1) * (n6) + dt6,dt1 - (i - 1) * (n4 + 1) + dt6);
end
for i = 1:1:(n6 - 1)
for j = 1:1:n3
fprintf(fileID,'%d\t\t, %d\t\t, %d\t\t, %d\t\t, %d\t\t, %d\t\t, %d\t\t, %d\t\t, %d\t\t\r\n',Elm_i((n1 + n2 + n3) * n4 + n3 + (i - 1) * n3 + j),dt1 + j * n6 + i,dt1 + j * n6 + (i + 1),dt1 + (j - 1) * n6 + (i + 1),dt1 + (j - 1) * n6 + i,dt1 + j * n6 + i + dt6,dt1 + j * n6 + (i + 1) + dt6,dt1 + (j - 1) * n6 + (i + 1) + dt6,dt1 + (j - 1) * n6 + i + dt6);
end
```

```
end
fprintf(fileID,'%d\t\t, %d\t\t, %d\t\t, %d\t\t, %d\t\t, %d\t\t, %d\t\
t, %d\t\t, %d\t\t\r\n',Elm_i((n1 + n2 + n3) * n4 + n3 * n6 + 1),dt2 + 1,dt2 +
2,dt2 - (n6 - 1),(n4 + 1) * (n1 + n2 + 1),dt2 + 1 + dt6,dt2 + 2 + dt6,dt2 - (n6 -
1) + dt6,(n4 + 1) * (n1 + n2 + 1) + dt6);
for i = 1:1:(n6 - 1)
fprintf(fileID,'%d\t\t, %d\t\t, %d\t\t, %d\t\t, %d\t\t, %d\t\t, %d\t\
t, %d\t\t, %d\t\t\r\n',Elm_i((n1 + n2 + n3) * n4 + n3 * n6 + 1 + i),dt2 + i + 1,
dt2 + i + 2,dt2 - (n6 - 1) + i,dt2 - (n6 - 1) + (i - 1),dt2 + i + 1 + dt6,dt2 + i +
2 + dt6,dt2 - (n6 - 1) + i + dt6,dt2 - (n6 - 1) + (i - 1) + dt6);
end
for i = 1:1:(n7 - 1)
for j = 1:1:n6
fprintf(fileID,'%d\t\t, %d\t\t, %d\t\t, %d\t\t, %d\t\t, %d\t\t, %d\t\
t, %d\t\t, %d\t\t\r\n',Elm_i((n1 + n2 + n3) * n4 + (n3 + 1) * n6 + (i - 1) * n6
 + j),dt2 + i * (n6 + 1) + j,dt2 + i * (n6 + 1) + j + 1,dt2 + (i - 1) * (n6 + 1) + j
 + 1,dt2 + (i - 1) * (n6 + 1) + j,dt2 + i * (n6 + 1) + j + dt6,dt2 + i * (n6 + 1) + j
 + 1 + dt6,dt2 + (i - 1) * (n6 + 1) + j + 1 + dt6,dt2 + (i - 1) * (n6 + 1) + j +
dt6);
end
end
fprintf(fileID,'%d\t\t, %d\t\t, %d\t\t, %d\t\t, %d\t\t, %d\t\t, %d\t\
t, %d\t\t, %d\t\t\r\n',Elm_i(elecount1 + 1),dt3 + 1,dt2 + 1,(n1 + n2 + 1) *
(n4 + 1),(n1 + n2) * (n4 + 1),dt3 + 1 + dt6,dt2 + 1 + dt6,(n1 + n2 + 1) * (n4 + 1)
 + dt6,(n1 + n2) * (n4 + 1) + dt6);
for i = 1:1:(n2 - 1)
fprintf(fileID,'%d\t\t, %d\t\t, %d\t\t, %d\t\t, %d\t\t, %d\t\t, %d\t\
t, %d\t\t, %d\t\t\r\n',Elm_i(elecount1 + 1 + i),dt3 + i + 1,dt3 + i,(n1 + n2
 + 1 - i) * (n4 + 1),(n1 + n2 - i) * (n4 + 1),dt3 + i + 1 + dt6,dt3 + i + dt6,(n1 +
n2 + 1 - i) * (n4 + 1) + dt6,(n1 + n2 - i) * (n4 + 1) + dt6);
end
for i = 1:1:(n7 - 1)
fprintf(fileID,'%d\t\t, %d\t\t, %d\t\t, %d\t\t, %d\t\t, %d\t\t, %d\t\
t, %d\t\t, %d\t\t\r\n',Elm_i(elecount1 + i * n2 + 1),dt3 + i * (n2) + 1,dt2 +
i * (n6 + 1) + 1,dt2 + (i - 1) * (n6 + 1) + 1,dt3 + (i - 1) * (n2) + 1,dt3 + i *
(n2) + 1 + dt6,dt2 + i * (n6 + 1) + 1 + dt6,dt2 + (i - 1) * (n6 + 1) + 1 + dt6,dt3
 + (i - 1) * (n2) + 1 + dt6);
end
for i = 1:1:(n7 - 1)
for j = 1:1:(n2 - 1)
fprintf(fileID,'%d\t\t, %d\t\t, %d\t\t, %d\t\t, %d\t\t, %d\t\t, %d\t\
t, %d\t\t, %d\t\t\r\n',Elm_i(elecount1 + 1 + i * n2 + j),dt3 + 1 + i * n2 + j,
dt3 + i * n2 + j,dt3 + (i - 1) * n2 + j,dt3 + 1 + (i - 1) * n2 + j,dt3 + 1 + i * n2 +
```

```
j + dt6,dt3 + i * n2 + j + dt6,dt3 + (i - 1) * n2 + j + dt6,dt3 + 1 + (i - 1) * n2 + j
 + dt6);
end
end
for i = 1:1:n1
fprintf(fileID,'%d\t\t,%d\t\t,%d\t\t,%d\t\t,%d\t\t,%d\t\t,%d\t\
t,%d\t\t,%d\t\t\r\n',Elm_i(elecount1 + n7 * n2 + 1 + (i - 1) * n8),dt4 + i *
n8 + 1,(i + 1) * (n4 + 1),i * (n4 + 1),dt4 + (i - 1) * n8 + 1,dt4 + i * n8 + 1 +
dt6,(i + 1) * (n4 + 1) + dt6,i * (n4 + 1) + dt6,dt4 + (i - 1) * n8 + 1 + dt6);
end
for i = 1:1:n1
for j = 1:1:(n8 - 1)
fprintf(fileID,'%d\t\t,%d\t\t,%d\t\t,%d\t\t,%d\t\t,%d\t\t,%d\t\
t,%d\t\t,%d\t\t\r\n',Elm_i(elecount1 + n7 * n2 + (i - 1) * n8 + j + 1),dt4 +
i * n8 + 1 + j,dt4 + i * n8 + j,dt4 + (i - 1) * n8 + j,dt4 + (i - 1) * n8 + j + 1,dt4
 + i * n8 + 1 + j + dt6,dt4 + i * n8 + j + dt6,dt4 + (i - 1) * n8 + j + dt6,dt4 + (i -
1) * n8 + j + 1 + dt6);
end
end
fprintf(fileID,'%d\t\t,%d\t\t,%d\t\t,%d\t\t,%d\t\t,%d\t\t,%d\t\
t,%d\t\t,%d\t\t\r\n',Elm_i(elecount2 + 1),dt5 + 1,dt3 + n2,(n1 + 1) * (n4
 + 1),dt5 - n8 + 1,dt5 + 1 + dt6,dt3 + n2 + dt6,(n1 + 1) * (n4 + 1) + dt6,dt5 - n8
 + 1 + dt6);
for i = 1:1:n8 - 1
fprintf(fileID,'%d\t\t,%d\t\t,%d\t\t,%d\t\t,%d\t\t,%d\t\t,%d\t\
t,%d\t\t,%d\t\t\r\n',Elm_i(elecount2 + i + 1),dt5 + i + 1,dt5 + i,dt5 - n8 +
i,dt5 - n8 + i + 1,dt5 + i + 1 + dt6,dt5 + i + dt6,dt5 - n8 + i + dt6,dt5 - n8 + i +
1 + dt6);
end
for i = 1:1:n7 - 1
fprintf(fileID,'%d\t\t,%d\t\t,%d\t\t,%d\t\t,%d\t\t,%d\t\t,%d\t\
t,%d\t\t,%d\t\t\r\n',Elm_i(elecount2 + i * n8 + 1),dt5 + i * n8 + 1,dt3 + (i
 + 1) * n2,dt3 + i * n2,dt5 + (i - 1) * n8 + 1,dt5 + i * n8 + 1 + dt6,dt3 + (i + 1)
 * n2 + dt6,dt3 + i * n2 + dt6,dt5 + (i - 1) * n8 + 1 + dt6);
end
for i = 1:1:n7 - 1
for j = 1:1:n8 - 1
fprintf(fileID,'%d\t\t,%d\t\t,%d\t\t,%d\t\t,%d\t\t,%d\t\t,%d\t\
t,%d\t\t,%d\t\t\r\n',Elm_i(elecount2 + i * n8 + j + 1),dt5 + i * n8 + 1 + j,
dt5 + i * n8 + j,dt5 + (i - 1) * n8 + j,dt5 + (i - 1) * n8 + j + 1,dt5 + i * n8 + 1 +
j + dt6,dt5 + i * n8 + j + dt6,dt5 + (i - 1) * n8 + j + dt6,dt5 + (i - 1) * n8 + j + 1
 + dt6);
end
```

```
end
Elm_section_top = elecount2 + n7 * n8;
fprintf(fileID,'%s\r\n','*ELGEN');
for i = 1:1:Elm_section_top
fprintf(fileID,'%d\t\t,%d\t\t,%d\t\t,%d\t\t,%d\t\t,%d\t\t,%d\t\t,%d\t\t,%d\t\t,%d\t\t\r\n',Elm_i(i),1,1,1,1,1,1,dt,dt6,Elm_section_top);
end
fprintf(fileID,'%s\r\n','*Nset,nset = Set - 1,generate');
fprintf(fileID,'%d\t\t,%d\t\t,%d\t\t\r\n',1,dt6 * (dt + 1),1);
fprintf(fileID,'%s\r\n','*Elset,elset = Set - 1,generate');
fprintf(fileID,'%d\t\t,%d\t\t,%d\t\t\r\n',1,(elecount2 + n7 * n8) * dt,1);
fprintf(fileID,'%s\r\n','*SolidSection,elset = Set - 1,material = Alu - 6061');
fprintf(fileID,'%s\r\n',',');
fprintf(fileID,'%s\r\n','*Elset,elset = Set - 2');
for i = 1:1:dt
for j = 1:1:(n1 + n7)
fprintf(fileID,'%d\t\t,\r\n',elecount2 - (n1 - j) * n8 + (i - 1) * (elecount2 + n7 * n8));
end
end
for i = 1:1:dt
for j = 1:1:(n1 + n7)
fprintf(fileID,'%d\t\t,\r\n',elecount2 - 1 - (n1 - j) * n8 + (i - 1) * (elecount2 + n7 * n8));
end
end
```

附录C　环槽铆钉T形连接有限元曲线验证汇总

本附录给出所有铝合金结构环槽铆钉T形连接有限元荷载-位移曲线与试验曲线的对比，其中试件TSDA-8-30和TSDA-10-20的试验全曲线由于故障未测得，试件TSDS-12-20位移测量中途意外停止，所以这3个试件仅绘出有限元曲线。

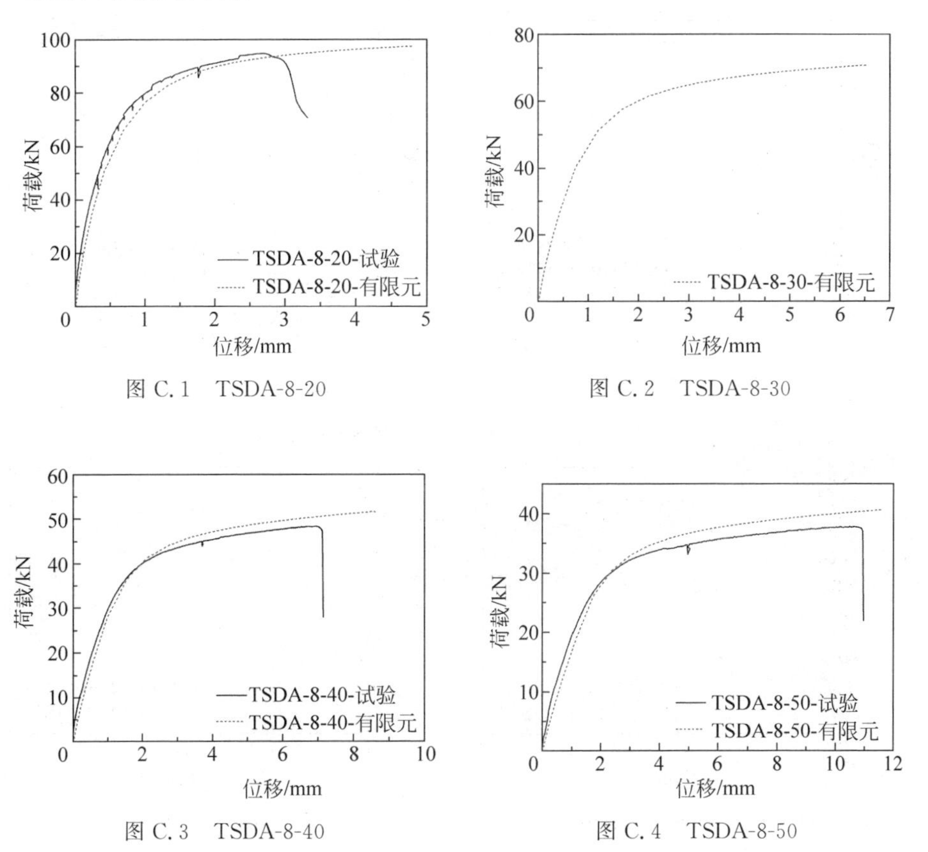

图C.1　TSDA-8-20

图C.2　TSDA-8-30

图C.3　TSDA-8-40

图C.4　TSDA-8-50

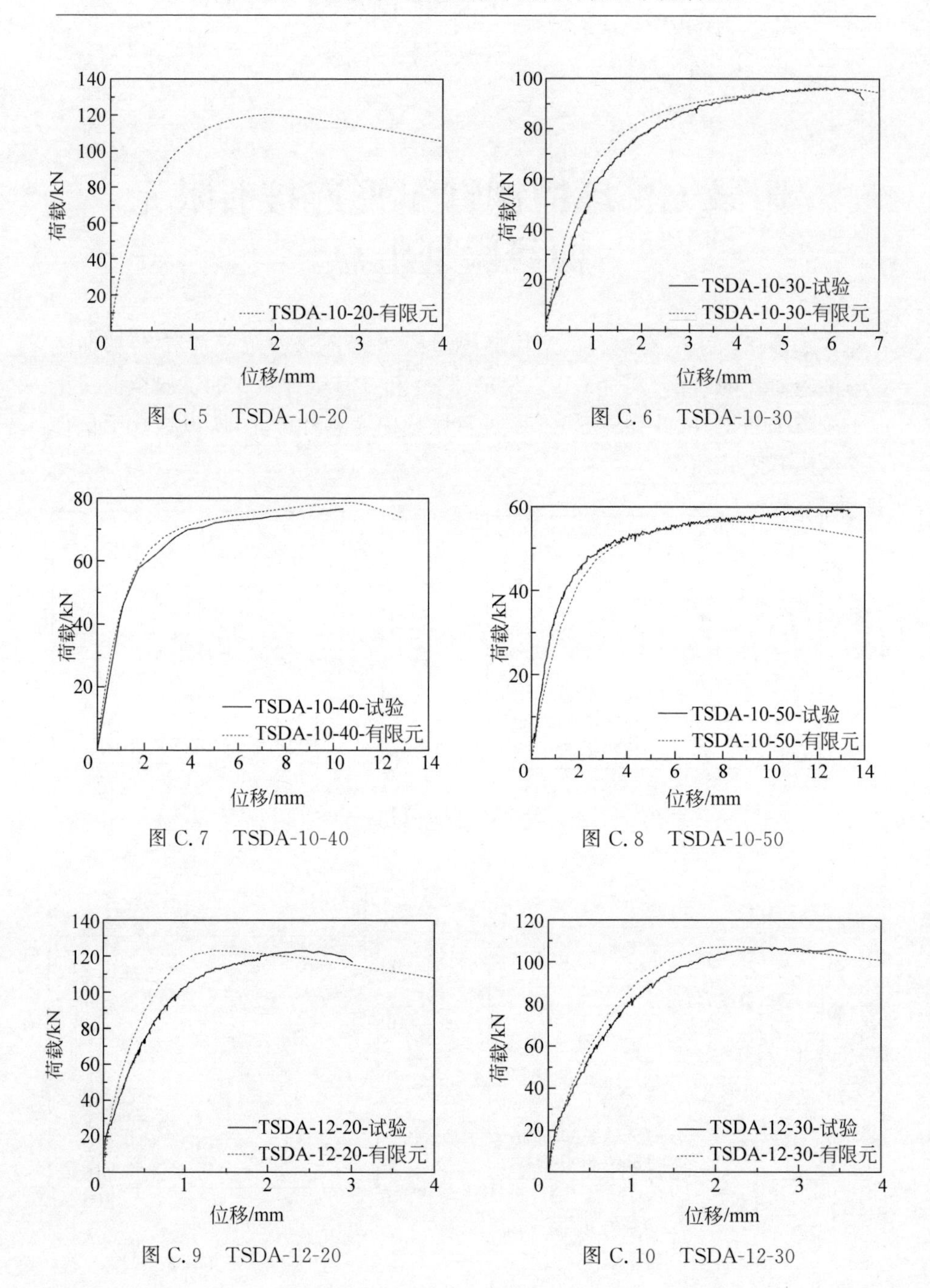

图 C.5 TSDA-10-20

图 C.6 TSDA-10-30

图 C.7 TSDA-10-40

图 C.8 TSDA-10-50

图 C.9 TSDA-12-20

图 C.10 TSDA-12-30

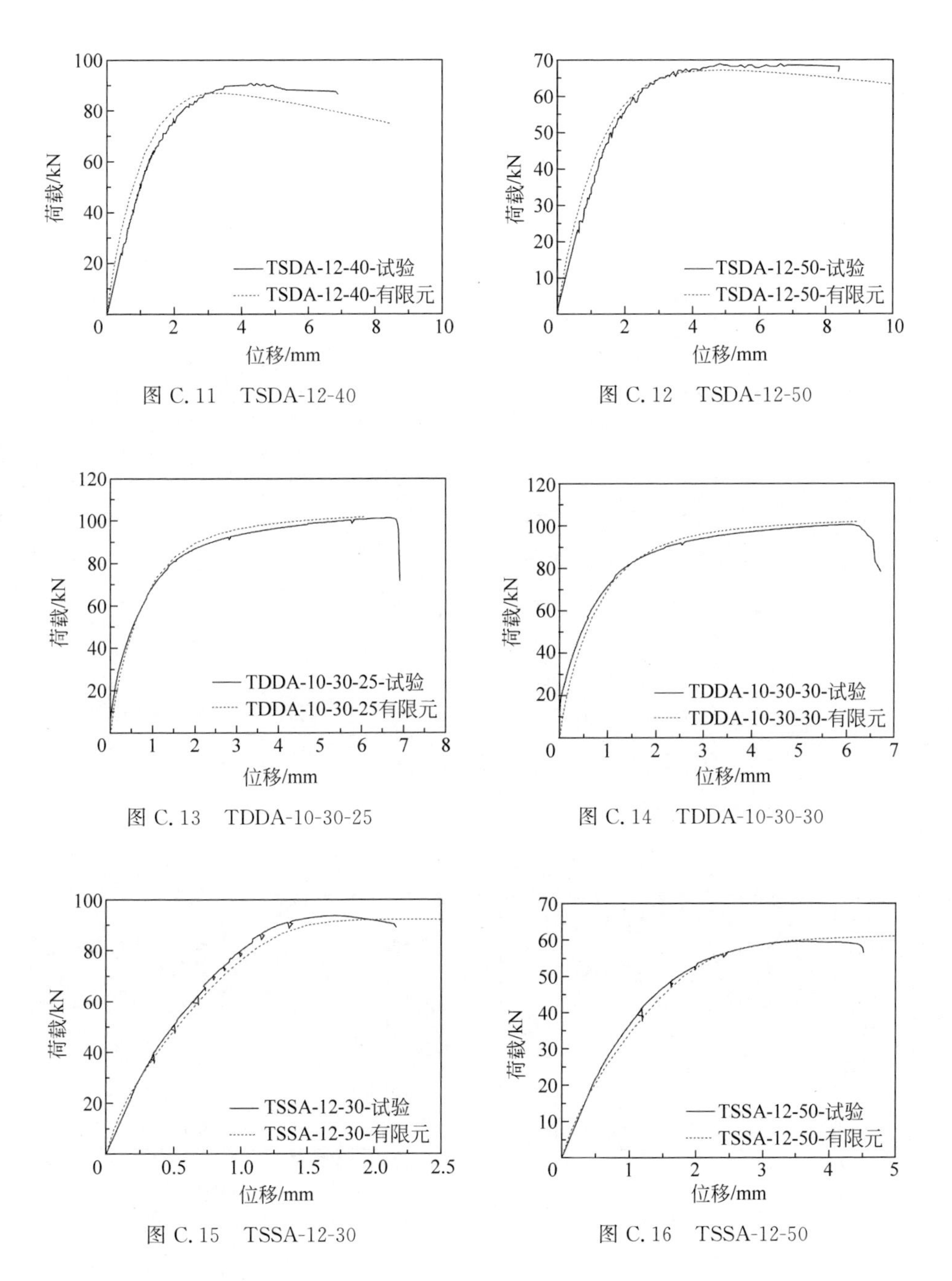

图 C.11　TSDA-12-40

图 C.12　TSDA-12-50

图 C.13　TDDA-10-30-25

图 C.14　TDDA-10-30-30

图 C.15　TSSA-12-30

图 C.16　TSSA-12-50

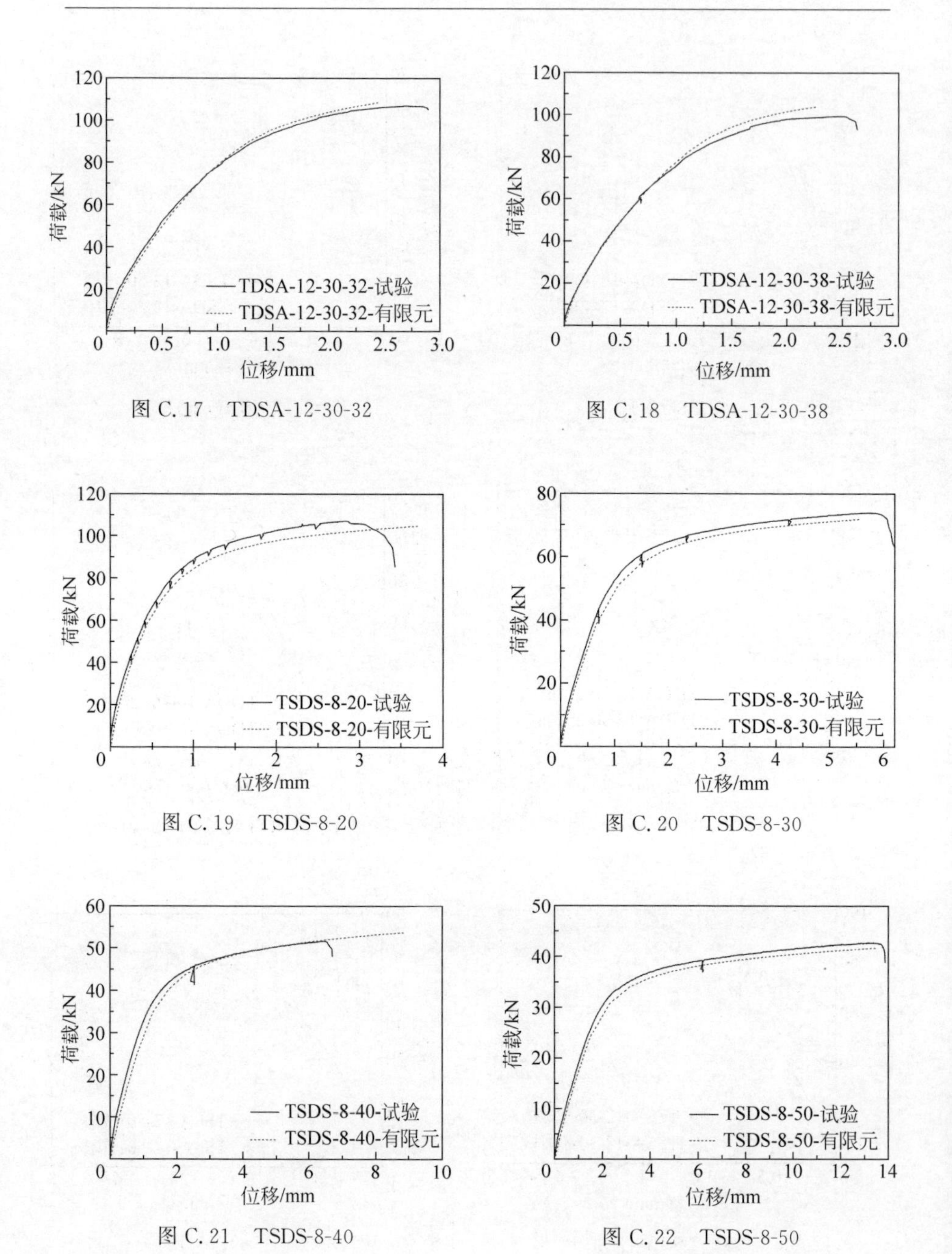

图 C.17 TDSA-12-30-32

图 C.18 TDSA-12-30-38

图 C.19 TSDS-8-20

图 C.20 TSDS-8-30

图 C.21 TSDS-8-40

图 C.22 TSDS-8-50

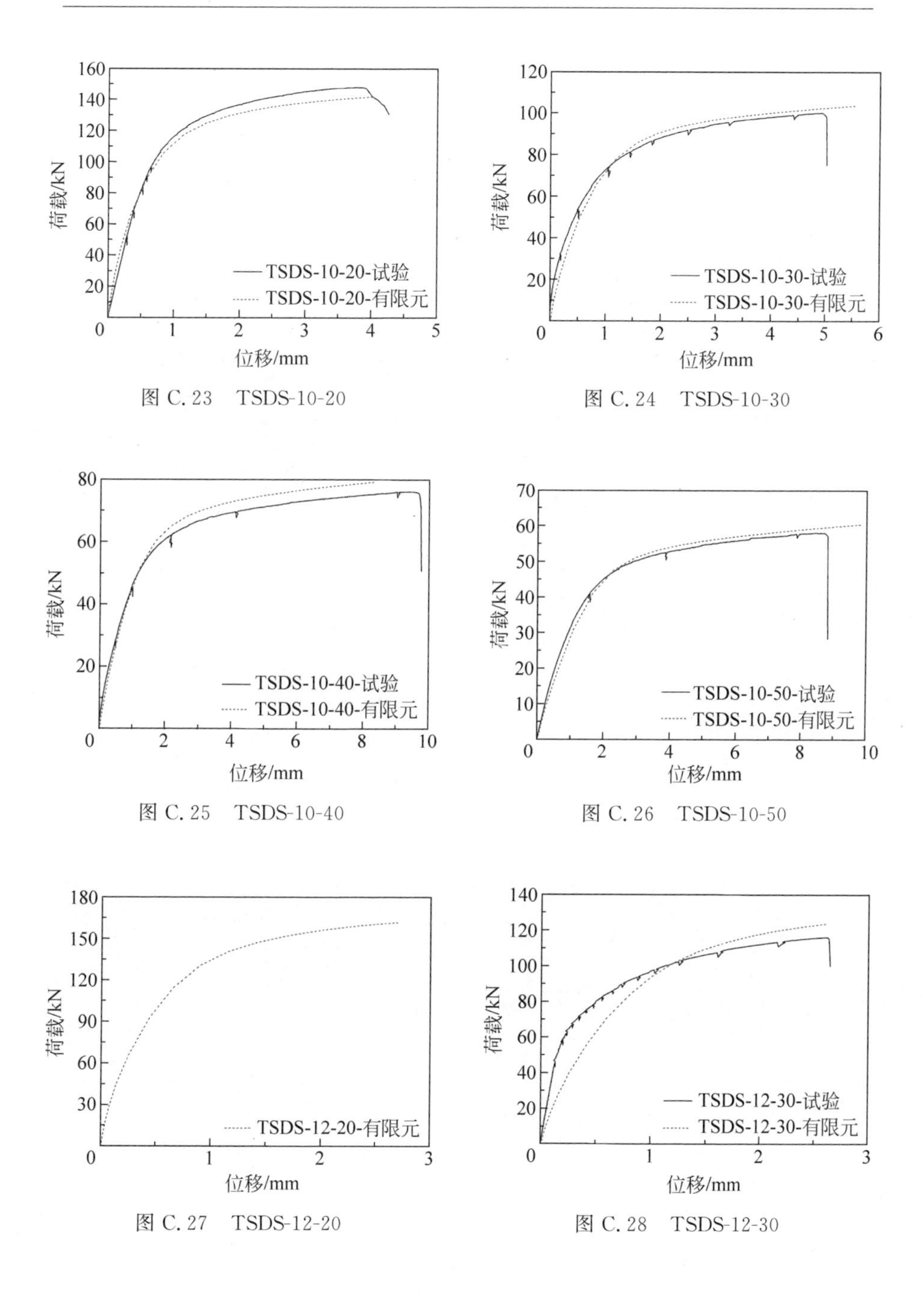

图 C.23 TSDS-10-20

图 C.24 TSDS-10-30

图 C.25 TSDS-10-40

图 C.26 TSDS-10-50

图 C.27 TSDS-12-20

图 C.28 TSDS-12-30

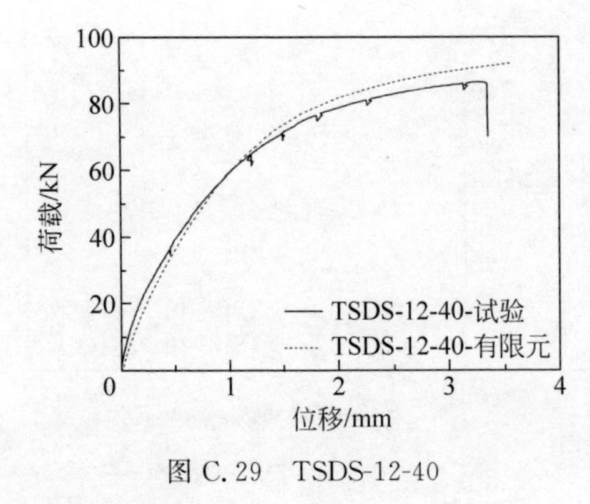

图 C.29 TSDS-12-40

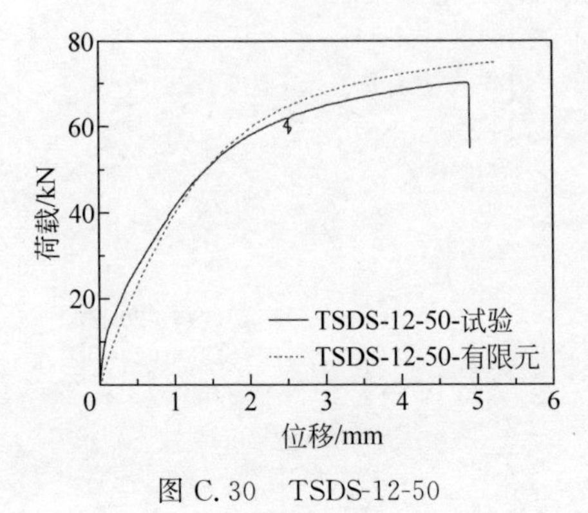

图 C.30 TSDS-12-50

在学期间发表的学术论文与研究成果

发表的学术论文

[1] Wang Y Q, **Wang Z X**, Yin F X, Yang L, Shi Y J, Yin J. Experimental study and finite element analysis on the local buckling behavior of aluminium alloy beams under concentrated loads. Thin-Walled Structures, 2016, 105: 44-56. (SCI 收录, 检索号: DP4LQ, 影响因子: 3.488)

[2] Wang Y Q, **Wang Z X**, Hu X G, Han J K, Xing H J. Experimental study and parametric analysis on the stability behavior of 7A04 high-strength aluminum alloy angle columns under axial compression. Thin-Walled Structures, 2016, 108: 305-320. (SCI 收录, 检索号: EA2DA, 影响因子: 3.488)

[3] Wang Y Q, **Wang Z X**. Experimental investigation and FE analysis on constitutive relationship of high strength aluminum alloy under cyclic loading. Advances in Materials Science and Engineering, 2016: 1-16. (SCI 收录, 检索号: DX2ND, 影响因子: 1.399)

[4] **Wang Z X**, Wang Y Q, Sojeong J, Ouyang Y W. Experimental investigation and parametric analysis on overall buckling behavior of large-section aluminum alloy columns under axial compression. Thin-Walled Structures, 2018, 122: 585-596. (SCI 收录, 检索号: FR9RE, 影响因子: 3.488)

[5] **Wang Z X**, Wang Y Q, Zhang G X, Shi Y J. Tests and parametric analysis of aluminum alloy bolted joints of different material types. Construction and Building Materials, 2018, 185: 589-599. (SCI 收录, 检索号: GS4YY, 影响因子: 4.046)

[6] **Wang Z X**, Wang Y Q, Zhang Y, Gardner L, Ouyang Y W. Experimental investigation and design of extruded aluminium alloy T-stubs connected by swage-locking pins. Engineering Structures, 2019, 200: 109675. (https://doi.org/10.1016/j.engstruct.2019.109675) (SCI 收录, 检索号: JU0SC, 影响因子: 3.084)

[7] **Wang Z X**, Wang Y Q, Zhang Y, Wang Z Y, Ouyang Y W. Experimental investigation on the behaviour of aluminium alloy beam-to-column joints connected by swage-locking pins. Engineering Structures, 2020, 213: 110578. (https://doi.org/10.1016/j.engstruct.2020.110578) (在线发表, SCI 源刊, 影响因子: 3.084)

[8] 王元清, **王中兴**, 殷福新, 杨璐, 石永久, 尹建. 铝合金受弯构件局部稳定性能试验

研究. 建筑结构学报,2015,36(8):42-48.(EI 收录,检索号:20153501211792)

[9] 王元清,**王中兴**,胡晓光,韩军科,邢海军. 7A04 高强铝合金 L 形截面柱轴压整体稳定性能试验研究. 建筑结构学报,2016,37(6):174-182.(EI 收录,检索号:20162702563953)

[10] 王元清,**王中兴**,胡晓光,韩军科,陈志华,邢海军. 大截面 7A04 高强铝合金角形柱轴压整体稳定试验研究. 天津大学学报(自然科学与工程技术版),2016,49(9):936-943.(EI 收录,检索号:20163802829276)

[11] 王元清,**王中兴**,胡晓光,邢海军,石永久. 循环荷载作用下高强铝合金本构关系试验研究. 土木工程学报,2016,49(S2):1-7.(EI 收录,检索号:20171903656939)

[12] 王元清,**王中兴**,殷福新,杨璐,石永久,尹建. 铝合金受弯构件局部稳定性能的有限元分析. 沈阳建筑大学学报(自然科学版),2015,31(4):577-584.(中文核心期刊)

[13] **Wang Z X**, Wang Y Q, Hu X G, Xing H J. Finite element analysis on the stability behavior of 7A04 high-strength aluminum alloy angle columns under axial compression. Proceedings of IASS Annual Symposia, Tokyo, Japan, September 26-30, 2016.(国际会议)

[14] **Wang Z X**, Wang Y Q, Yin F X. Experimental investigation and finite element analysis of local-overall buckling behavior of aluminum alloy beams. Proceedings of the Eighth International Conference on Steel and Aluminium Structures (ICSAS16), Hong Kong, China, December 7-9, 2016, No. 22: 1-13(国际会议)

[15] **Wang Z X**, Wang Y Q, Jeong S. An Ideal Alternative for Steel Structures: Numerical Analysis on Stability behavior of Large-section Aluminum Alloy Columns. 9th International Symposium on Steel Structures, Jeju, Korea, November 1-4, 2017: 554-557.(国际会议)

[16] **Wang Z X**, Wang Y Q, Zhang J G, Liu M, Ouyang Y W. Experimental investigation on deformation performance and stiffness of TEMCOR joints in aluminum alloy spatial reticulated shell structures. Proceedings of IASS Annual Symposia, Boston, USA, July 14-20, 2018, No. 23: 1-8.(国际会议)

[17] **Wang Z X**, Zhang Y, Wang Y Q, Ouyang Y W. Experimental investigation of aluminium alloy extruded T-stub joints connected by swage-locking pins. Proceedings of the Nighth International Conference on Steel and Aluminum Structures (ICSAS19), Bradford, UK, July 3-5, 2019: 140-151.(国际会议)

[18] **Wang Z X**, Wang Y Q, Yun X, Gardner L, Hu X G. Experimental and numerical study of fixed-ended high strength aluminum alloy angle section columns. ASCE Journal of Structural Engineering, 2020.(https://doi.org/10.1061/(ASCE)ST.1943-541X.0002773)(已录用,SCI 源刊,影响因子:2.528)

[19] Zhang Y, Wang Y Q, **Wang Z X**, Bu Y D, Fan S G, Zheng B F. Experimental

investigation and numerical analysis of pin-ended extruded aluminium alloy unequal angle columns. Engineering Structures. 2020,215: 110694. (https://doi.org/10.1016/j.engstruct.2020.110694)(在线发表,SCI源刊,影响因子:3.084)

[20] **王中兴**,王元清,殷福新,常婷. 铝合金受弯构件局部稳定与相关稳定研究现状. 钢结构工程研究(十)——中国钢结构协会结构稳定与疲劳分会第14届(ISSF-2014)学术交流会暨教学研讨会论文集,2014: 75-82.(国内会议)

[21] 胡晓光,**王中兴**,王元清,邢海军. 铝合金在输电塔与抢修塔中的应用与研究进展. 第十五届全国现代结构工程学术研讨会论文集,2015: 1625—1630.(国内会议)

研究成果

[1] 国家自然科学基金面上项目(51878377): 铝合金结构环槽铆钉连接受力机理及其梁柱节点承载性能研究,2019年至今,主要参与人(排名第2)

[2] 国家电网项目(20142001052): ±800kV直流输电线路优化研究-高强铝合金杆塔杆件轴压试验,2014年至2015年,主要参与人

[3] 王元清,王中兴,石永久. 在结构试验中准确固定等边角形受压构件的可调节装置: 中国,ZL 2014 2 0609324.0.(实用新型专利)

[4] 王元清,王中兴,叶国平. 一种适用于高温加热炉冷却管网的支撑组合钢梁: 中国,ZL 2015 1 0660635.9.(发明专利)

[5] 王中兴,王元清,欧阳元文. 一种多角度可调节的螺栓及铆钉同时承受拉力与剪力的试验装置: 中国,201711320296.5.(中国专利公开号)

[6] 王中兴,王元清,欧阳元文,张颖,尹建,李志强. 环槽铆钉连接的铝合金半刚性梁柱节点: 中国,201910312444.1.(中国专利公开号)

[7] 王中兴,王元清,张颖,欧阳元文,尹建,曾煜华. 垫板加强型环槽铆钉连接的铝合金梁柱节点: 中国,201910312914.4.(中国专利公开号)

[8] 王中兴,王元清,张颖,欧阳元文,邱丽秋. 槽钢加强型环槽铆钉连接的铝合金梁柱节点: 中国,201910312783.X.(中国专利公开号)

[9] 王中兴. 硕士研究生国家奖学金. 中华人民共和国教育部. 2016年12月31日.

[10] 王中兴. 清华大学研究生特等奖学金. 清华大学. 2016年12月.

[11] 王中兴. 2017—2018学年度综合一等奖学金. 清华大学土木工程系. 2018年11月.

[12] 王中兴. 清华大学土木工程系暨建设管理系研究生"学术新秀". 清华大学土木工程系. 2020年5月.

致　谢

时光荏苒，从我大四毕设进入清华土木系至今，六年青葱岁月悄然流逝。回首漫漫的攻博之路，首先要感谢悉心指导我完成博士学位论文的导师王元清教授。得遇王老师的指导，我是幸运的。王老师为人宽厚大度、品行崇高、学识渊博，在我读研及攻博期间给予我无数的教诲和帮助。王老师行不言之教，不断地用他的行为春风化雨般地让我了解如何做人、如何做学问。王老师不仅是经师，更是人师，跟随老师的这六年让我受益终生！

感谢我在帝国理工学院联培期间的导师，英国皇家工程院院士 Leroy Gardner 教授。Gardner 教授勤奋精进、自强不息的治学品格让我被深深地触动，我不会忘记老师深夜仍帮我修改文章、反复讨论的情谊，更不会忘记老师对学术精益求精、永不止步的精神。

我要感谢金属结构课题组的石永久教授和班慧勇助理教授。两位老师学术精湛、乐于助人，在这几年的时光里给予了我很多科研上的帮助，这些宝贵的启发和指导让我的学术之路走得更顺畅。也感谢课题组徐悦工程师对我生活上的帮助。

感谢澳大利亚伍伦贡大学的 Lip H. Teh 教授。Teh 教授是螺栓受剪连接方向最权威的学者之一，他在我联培期间访问帝国理工学院并指导我环槽铆钉受剪连接（本书第 3 章）的研究。在他的帮助下，我对博士课题的理解深度更进了一步。

感谢在 2017 年暑假海外研修期间接收并指导我的澳大利亚新南威尔士大学 Yong-Lin Pi 教授和澳洲工程院院士 Mark A. Bradford 教授。

感谢华诚博远工程技术集团有限公司总经理王立军先生、东南大学舒赣平教授、清华大学纪晓东和李全旺老师在对本书内容打磨、修改期间提出的宝贵建议。

感谢清华大学土木工程结构实验室的王宗纲、金同乐、余莹、韩元彬和闫闻老师对课题试验工作的指导和帮助。感谢上海通正铝业及其董事长欧阳元文先生为本书试验提供的试件和环槽铆钉紧固设备。

我还要感谢帝国理工学院贠翔师兄，不会忘记师兄对我生活的照顾和科研上的帮助，师兄对学术严谨求实的态度深深地影响了我。感谢课题组徐咏雷、王综轶和叶全喜师兄在生活和学术上的帮助。感谢师妹张颖对我课题试验的辛勤帮助，也感谢孟令野、刘牧明、刘晓玲、罗家伟、周国浩等师弟师妹们在试验中的付出。感谢帝国理工学院的孟欣、张瑞芝和黄诚，谢谢在异国他乡给予我的支持和鼓励。感谢研究生李梦屿、马春印、韩晔声、高天翼、侯宇航对本书的校对工作。

最后，感谢父母二十几年来的养育之恩，感谢他们对我读博的支持，他们永远是我最强大的后盾。

本课题承蒙国家自然科学基金面上项目(51878377)资助，特此致谢。

王中兴

2021年8月